Vorwort zur 5. Auflage

In der 5. Auflage ist der Arbeitstext teilweise völlig neu geschrieben worden. Das gilt vor allem für den gesamten Bereich der molekularen genetischen Diagnostik. Sämtliche übrigen Abschnitte wurden überarbeitet und auf den aktuellen Kenntnisstand gebracht.

Dabei wurde der neue Gegenstandskatalog „Humangenetik", der sich sowohl in der Gliederung als auch in den Lernzielen von den früheren Ausgaben unterscheidet, in allen Einzelheiten berücksichtigt.

Wie in allen früheren Auflagen, wurden einzelne klinisch wichtige Abschnitte, so z. B. der genetische Anteil an der Entstehung psychischer Störungen, Fragen der Immungenetik und vor allem die genetische Beratung, die letzten Endes die Anwendung der Humangenetik bedeutet, umfassender dargestellt, als vom Gegenstandskatalog vorgegeben; hier sind besonders die Abschnitte pränatale Diagnostik, teratogene Fruchtschäden und Therapie von Erbkrankheiten zu nennen.

Spezielle Bereiche, u. a. die Dysmorphiediagnostik, das Bayessche Theorem, Ergebnisse der Enquete-Kommission „Chancen und Risiken der Gentechnologie" und Fragen, die von großem öffentlichen Interesse sind, wie „Genomanalyse bei Arbeitnehmern" oder „Genetisches Screening", sind in einem Anhang zusammengefaßt.

Auch die Voraussetzungen für die Weiterbildung zum „Facharzt für Humangenetik", der in der Weiterbildungsordnung der Bundesärztekammer jetzt neu geschaffen wurde, sind im Anhang abgedruckt.

Wie seit der ersten Auflage angestrebt, soll der Text einen ersten Überblick über das Gesamtgebiet der klinischen Genetik ermöglichen. Unsere grundsätzlichen Ziele sind heute die gleichen wie damals.

Hinweise und Anregungen, die uns seit der 4. Auflage 1988 wieder dankenswerterweise zugingen, wurden soweit wie möglich aufgenommen. In diesem Zusammenhang danken wir besonders: *Brigitta Bondy*, München, *Thomas Cremer*, Heidelberg, *Cornelia Daumer*, München, *Karl Daumer*, München, *Joachim Dudenhausen*, Berlin, *Astrid Golla*, München, *Rudolf Happle*, Marburg, *Erik Harms*, Münster, *Alfons Meindl*, München, *Eva Posselt*, Freiburg, *Heinz Reichmann*, Würzburg, *Traute Schroeder-Kurth*, Heidelberg, *Eberhard Schwinger*, Lübeck, *Peter Steinbach*, Ulm, *Friedrich Stieve*, Neuherberg, *Gert Utermann*, Innsbruck, *Antje Wirtz*, München.

W. Irmer, Bonn, führte einen Teil der Zeichnungen aus, *Thomas Meitinger* hat wesentliche Hilfe bei der Herausgabe geleistet.

Dem Ferdinand Enke Verlag, besonders Frau Dr. *Marlis Kuhlmann*, danken wir wiederum für die sorgfältige und geduldige Betreuung des Arbeitstextes, dessen Herstellung in den Händen von Herrn *Michael Heft* lag.

München, Oktober 1993   *Jan Murken   Hartwig Cleve*

Vorwort zur 1. Auflage

Der vorliegende Arbeitstext soll eine Lernhilfe für das Fach Humangenetik sein. Er hält sich eng an den Gegenstandskatalog für den ersten Abschnitt der ärztliche Prüfung nach der Approbationsordnung für Ärzte, da „in ihm grundsätzlich das einzelne Stoffgebiet so aufgefächert wird, daß gleichsam 'abgelesen' werden kann, was von den angehenden Medizinern an Wissen erwartet wird. Konkret bedeutet das, daß der Student damit rechnen muß, daß ihm Fragen auf der Grundlage der Kataloge im schriftlichen Examen vorgelegt werden".

Der Arbeitstext ist aus der Vorlesung „Klinische Genetik" an der Universität München entstanden. Die an der Vorlesung beteiligten Dozenten und Mitarbeiter haben den Stoff, der im Kolleg ausführlich und detailliert dargestellt werden konnte, so gestrafft, daß er den einzelnen Ziffern des Gegenstandskatalogs zugeordnet werden konnte. Das führte zwangsläufig zu so weitgehenden Überschneidungen, daß es nicht möglich war, die einzelnen Beiträge der Mitarbeiter einzeln zu kennzeichnen — alle Mitarbeiter sind am ganzen Text beteiligt.

Trotz der Straffung des Stoffes werden einzelne klinisch wichtige Abschnitte, so z. B. der genetische Anteil an der Entstehung der psychischen Störungen und Fragen der Immungenetik, ausführlicher als im Gegenstandskatalog verlangt behandelt. Der Text soll so wenigstens einen ersten Überblick über die klinische Genetik im ganzen ermöglichen.

Ausdrücklich möchten wir betonen, daß dieser Arbeitstext die Lehrbücher der klinischen Genetik und der Humangenetik keineswegs ersetzen will oder kann. Um tiefer in das faszinierende Gebiet der menschlichen Vererbungslehre einzudringen, sollte jeder Medizinstudent eines der im Literaturverzeichnis angegebenen Lehrbücher durcharbeiten. Dieser Arbeitstext soll ihm lediglich dabei helfen, seine Examensvorbereitungen zu erleichtern.

München, Juni 1975   *J. Murken   H. Cleve*

HUMANGENETIK

Herausgegeben von
Jan Murken und Hartwig Cleve

5., neu bearbeitete Auflage
206 Einzeldarstellungen, 56 Tabellen

Ferdinand Enke Verlag Stuttgart 1994

Professor Dr. med. Jan Murken
Abteilung für pädiatrische Genetik und pränatale Diagnostik
der Kinderpoliklinik der Universität München
Goethestraße 29, D-80336 München

Professor Dr. med. Hartwig Cleve
Institut für Anthropologie und Humangenetik
der Universität München
Richard-Wagner-Straße 10/I, D-80333 München

Die überwiegende Zahl der Zeichnungen wurde von
W. Irmer, Bonn, gefertigt

Die Deutsche Bibliothek-CIP-Einheitsaufnahme

Humangenetik: 56 Tabellen / hrsg. von Jan Murken und
Hartwig Cleve.
− 5., neu bearb. Aufl. − Stuttgart: Enke, 1994
  (Enke-Reihe zur AO, [Ä])
  ISBN 3-432-88175-4
NE: Murken, Jan-Diether [Hrsg.]

Wichtiger Hinweis

Wie jede Wissenschaft ist die Medizin ständigen Entwicklungen unterworfen. Forschung und klinische Erfahrung erweitern unsere Kenntnisse, insbesondere was Behandlung und medikamentöse Therapie anbelangt. Soweit in diesem Werk eine Dosierung oder eine Applikation erwähnt wird, darf der Leser zwar darauf vertrauen, daß Autoren, Herausgeber und Verlag große Sorgfalt darauf verwandt haben, daß diese Angabe dem **Wissensstand bei Fertigstellung des Werkes** entspricht.

Für Angaben über Dosierungsanweisungen und Applikationsformen kann vom Verlag jedoch keine Gewähr übernommen werden. **Jeder Benutzer ist angehalten,** durch sorgfältige Prüfung der Beipackzettel der verwendeten Präparate und gegebenenfalls nach Konsultation eines Spezialisten, festzustellen, ob die dort gegebene Empfehlung für Dosierungen oder die Beachtung von Kontraindikationen gegenüber der Angabe in diesem Buch abweicht. Eine solche Prüfung ist besonders wichtig bei selten verwendeten Präparaten oder solchen, die neu auf den Markt gebracht worden sind. **Jede Dosierung oder Applikation erfolgt auf eigene Gefahr des Benutzers.** Autoren und Verlag appellieren an jeden Benutzer, ihm etwa auffallende Ungenauigkeiten dem Verlag mitzuteilen.

Geschützte Warennamen (Warenzeichen®) werden **nicht immer** besonders kenntlich gemacht. Aus dem Fehlen eines solchen Hinweises kann also nicht geschlossen werden, daß es sich um einen freien Warennamen handelt.

1. Auflage 1975
2. Auflage 1978
3. Auflage 1984
4. Auflage 1988

© 1975, 1994 Ferdinand Enke Verlag, P.O. Box 30 03 66, D-70443 Stuttgart − Printed in Germany

Satz und Druck: Calwer Druckzentrum GmbH, D-75365 Calw
Schrift 9/10 p Times, System Compugraphic 8600   5 4 3 2 1

Inhalt

4 Chromosomenaberrationen

Mitarbeiterverzeichnis

Professor Dr. med. Ekkehard Albert
Kinderpoliklinik der Universität München
Pettenkoferstraße 8 A, D-80337 München

Professor Dr. rer. nat. Manfred Bauchinger
Institut für Biologie der Gesellschaft für
Strahlen- und Umweltforschung mbH
Neuherberg/München
Ingolstädter Landstraße 1
D-85764 Neuherberg

Professor Dr. med. Hartwig Cleve
Institut für Anthropologie und
Humangenetik der Universität München
Richard-Wagner-Straße 10/I
D-80333 München

Dr. med. Manfred Endres
Abteilung für pädiatrische Genetik und
pränatale Diagnostik der Kinderpoliklinik
der Universität München
Goethestraße 29, D-80336 München

Professor Dr. med. Tiemo Grimm
Institut für Humangenetik der
Universität Würzburg
Am Hubland, D-97074 Würzburg

Professor Dr. med. Holger Höhn
Institut für Humangenetik der
Universität Würzburg
Am Hubland, D-97074 Würzburg

Professor Dr. med. Dietrich Knorr
Universitätskinderklinik im
Dr. v. Haunerschen Kinderspital, München
Lindwurmstraße 4, D-80337 München

Professor Dr. med. Detlef Kunze
Kinderpoliklinik der Universität München
Pettenkoferstraße 8 A, D-80337 München

Professor Dr. med. Frank Majewski
Institut für Humangenetik der
Universität Düsseldorf
Universitätsstraße 1, D-40225 Düsseldorf

Dipl.-Biol. Dr. med. Thomas Meitinger
Abteilung für pädiatrische Genetik und
pränatale Diagnostik der Kinderpoliklinik
der Universität München
Goethestraße 29, D-80336 München

Priv.-Doz. Dr. med. Clemens Müller
Institut für Humangenetik der
Universität Würzburg
Am Hubland, D-97074 Würzburg

Professor Dr. med. Jan Murken
Abteilung für pädiatrische Genetik und
pränatale Diagnostik der Kinderpoliklinik
der Universität München
Goethestraße 29, D-80336 München

Dipl.-Biol. Simone Schuffenhauer
Abteilung für pädiatrische Genetik und
pränatale Diagnostik der Kinderpoliklinik
der Universität München
Goethestraße 29, D-80336 München

Professor Dr. med. Sabine Stengel-Rutkowski
Genetische Diagnostik- und Beratungsstelle
am Kinderzentrum
Heiglhofstraße 63, D-81377 München

Priv.-Doz. Dr. med. Joachim Ulrich Walter
Kinderpoliklinik der Universität München
Pettenkoferstraße 8 A, D-80337 München

1 Molekulare Grundlagen der Humangenetik

Avery, MacLeod und McCarty führten 1944 als erste den Nachweis, daß das Molekül Desoxyribonukleinsäure (DNA) die genetische Information enthält. Watson und Crick entwickelten 1953 das Doppelhelixmodell der DNA mit zwei komplementären Strängen von Nukleotidbasen. Der genetische Code wurde 1961/62 von Nirenberg, Matthaei sowie von Ochoa entschlüsselt. Die zur DNA-Sequenzanalyse und für gentechnologische Untersuchungen erforderlichen Restriktionsenzyme wurden 1974/75 von Arber sowie Nathans und Smith entdeckt. Southern publizierte 1975 eine Methode, die es ermöglichte, DNA-Fragmente direkt zu untersuchen. Maxam, Gilbert sowie Sanger publizierten 1977 Methoden zur Bestimmung von Nukleotidsequenzen. Das humane plazentale Laktogen war das erste Gen, das von Shine im gleichen Jahr aus dem Humangenom kloniert wurde. Mehr als 500 Gene waren bekannt, bevor es in den späten achtziger Jahren zum ersten Mal gelang, mutierte Gene von Krankheiten zu klonieren, bei denen der Primärdefekt bis dahin unbekannt war. Dazu gehören das Gen für die Duchennesche Muskeldystrophie (1986), das Retinoblastom-Gen (1986) und das Gen für die zystische Fibrose (1989). Saiki und Ehrlich entwickelten 1988 die Methode der Polymerase-Ketten-Reaktion (PCR), die der molekularen DNA-Analyse neue Möglichkeiten eröffnet hat. Inzwischen (Juli 93) sind mehr als 5000 Gene kloniert, davon mehr als 100, in denen Mutationen monogene Erkrankungen zur Folge haben.

1.1 Aufbau und Funktion des Genoms

1.1.1 Grundlagen

In allen Organismen sind die Nukleinsäuren Träger der genetischen Information.

Zwei wesentliche Aufgaben kommen den Nukleinsäuren zu: sie dienen als Vorlage für die Proteinsynthese und sie gewährleisten die Weitergabe der in ihnen niedergelegten Information bei jeder Zellteilung. Proteine, ob Enzyme, Hormone, Rezeptoren oder Strukturbestandteile der Zelle sind aus einer Kette der 20 verschiedenen Aminosäuren zusammengesetzt. Reihenfolge und Länge der Aminosäuresequenz bestimmen die Form und Funktion des betreffenden Proteins. Derjenige DNA-Abschnitt, der die Information für ein Protein enthält, wird als Gen definiert. Historisch sind die molekularbiologischen Grundlagen zellulärer Prozesse zunächst bei Bakterien, Phagen und niederen Eukaryonten untersucht worden. Sie haben sich beim Studium menschlicher Zellen bestätigt. Der genetische Code ist mit wenigen Ausnahmen universell, d. h. die Proteinsynthese auf der Informationsvorlage einer DNA-Sequenz verläuft bei den verschiedensten Organismen nach identischen Regeln. Ein bestimmtes Triplett-Kodon ist für den Einbau einer bestimmten Aminosäure verantwortlich (Tab. 1.1).

Tabelle 1.1   Der genetische Code

Erste Position (5'-Ende)	Zweite Position				Dritte Position (3'-Ende)
	U	C	A	G	
U	Phe	Ser	Tyr	Cys	U
	Phe	Ser	Tyr	Cys	C
	Leu	Ser	Stop	Stop	A
	Leu	Ser	Stop	Trp	G
C	Leu	Pro	His	Arg	U
	Leu	Pro	His	Arg	C
	Leu	Pro	Gln	Arg	A
	Leu	Pro	Gln	Arg	G
A	Ile	Thr	Asn	Ser	U
	Ile	Thr	Asn	Ser	C
	Ile	Thr	Lys	Arg	A
	Met	Thr	Lys	Arg	G
G	Val	Ala	Asp	Gly	U
	Val	Ala	Asp	Gly	C
	Val	Ala	Glu	Gly	A
	Val	Ala	Glu	Gly	G

Bei jeder Zellteilung wird das Genom verdoppelt, bevor es an die Tochterzellen weitergegeben wird. Bei diesem Kopiervorgang treten Fehler auf, es entsteht genetische Diversität. Störungen auf chromosomaler Ebene sowie exogene Faktoren wie Chemikalien oder ionisierende Strahlung liefern einen zusätzlichen Beitrag zur Variation der DNA-Sequenzen, die sich damit von Zelle zu Zelle ein und desselben Organismus unterscheiden. Die Variation nimmt zu, wenn man DNA-Sequenzen zweier Individuen untersucht und ist zwischen Individuen evolutionär weit entfernter Spezies am größten. Auf Protein-Ebene können sich mehrere DNA-Änderungen verstärken oder gegenseitig ausgleichen. Und auf der Merkmalsebene schließlich wird die Variation durch die Zunahme der Wechselwirkung und durch Einflüsse exogener Faktoren noch einmal erweitert. Variation kann somit auf verschiedenen Ebenen untersucht werden (Abb. 1.1).

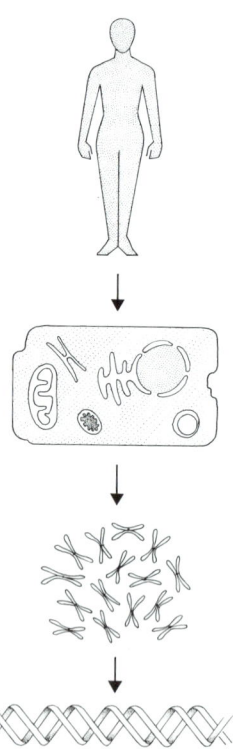

Abb. 1.1 Schematische Darstellung der Ebenen genetischer Diagnostik

Die Humangenetik analysiert die genetische Information und deren Variation auf der Ebene der Nukleinsäuren (Kap. 1 u. 2), der Chromosomen (Kap. 3 u. 4), der Genprodukte und der phänotypischen Merkmale (Kap. 5 u. 6).

1.1.2 Eukaryontengenom

Das menschliche Genom ist auf 23 Chromosomenpaaren verteilt. Die genetische Information liegt jeweils doppelt vor, wobei je ein vollständiger Chromosomensatz vom Vater und einer von der Mutter stammt. Eine Ausnahmestellung nehmen die Gonosomen X und Y ein (XX, weibliche Zellen, XY, männliche Zellen). Ein Chromosom ist aus Proteinen und einem durchgehenden DNA-Strang aufgebaut (s. Abb. 3.11). Das gesamte Genom hat eine Länge von 3 Milliarden Basenpaaren. Darauf verteilt sind 50 000 bis 100 000 Gene, die für Proteine kodieren (Abb. 1.2). Mit einer geschätzten durchschnittlichen Länge von ungefähr 10 000 bp machen die Gene nur einen geringen Prozentsatz des Gesamtgenoms aus. In den Mitochondrien findet sich ein extrachromosomales Genom, das maternal vererbt wird und hauptsächlich Proteine für die Atmungskette kodiert (s. 5.5).

Gene, die für die Bildung von Strukturproteinen oder Enzymen benötigt werden, besitzen neben den kodierenden Bereichen (Exons) auch nicht-kodierende Bereiche (Introns), deren Länge die der Exons oft um ein Vielfaches übertreffen. Regulatorische DNA-Abschnitte finden sich in der Regel am Anfang und am Ende der Gene.

Der Rest des menschlichen Genoms besteht aus nicht-kodierenden Bereichen zwischen den Genen (spacer) und repetitiven DNA-Sequenzen. Bei den repetitiven Sequenzen unterscheidet man zwischen hintereinander angeordneten (tandem repeats) und über das Genom verstreuten Sequenzen (interspersed nuclear sequences). Zu den tandemartigen Sequenzen gehören die Mikrosatelliten (simple repeats), die eine wichtige Rolle bei der Analyse individueller Sequenz-Unterschiede spielen, die Minisatelliten und die eigentlichen Satelliten.

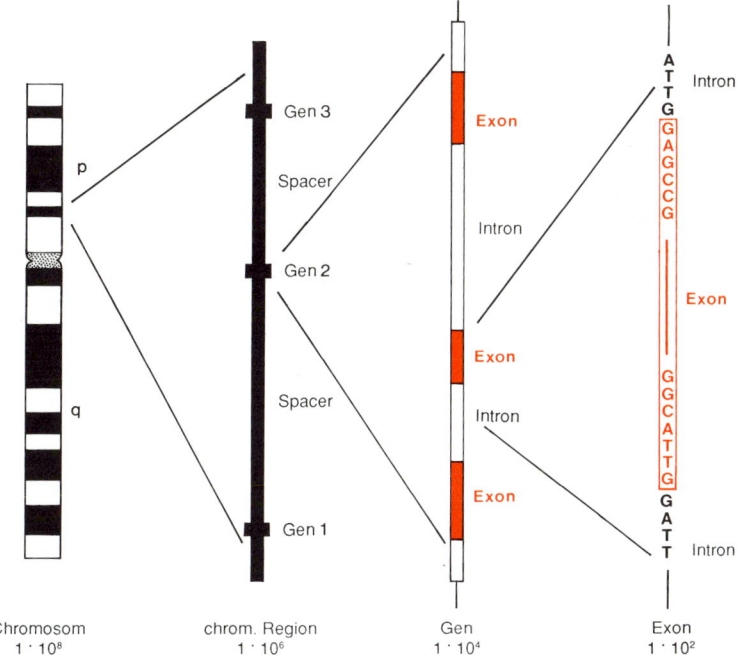

Abb. 1.2 Hierarchische Darstellung der Größenverhältnisse vom Chromosom zum Gen. Schematisch sind von links nach rechts dargestellt: ein Chromosom, eine chromosomale Region mit drei Genen, ein Gen, hier bestehend aus 3 Exons und 2 Introns, ein Exon mit einer durchschnittlichen Länge von 100 Basenpaaren

Zu den über das Genom verstreuten Sequenzen zählen die Sine-Sequenzen (short interspersed nuclear sequences) und die Line-Sequenzen (long interspersed nuclear sequences). Beide liegen im Humangenom mit Kopienzahlen von ungefähr 10^6 vor. Satelliten-Sequenzen sind beteiligt an der Organisation von Telomer und Centromer der Chromosomen. Darüber hinaus kann den repetitiven Sequenzen beim heutigen Wissensstand keine eindeutige Funktion zugeordnet werden.

Mit der Identifizierung von Genen und deren Zuordnung zu bestimmten Positionen im Genom entstehen Genkarten. Eine vollständige DNA-Sequenz aller Chromosomen ist Voraussetzung für eine Idealkarte des Humangenoms, ein Ziel, das unter der Bezeichnung „Humangenom-Projekt" von internationalen wissenschaftlichen Gremien koordiniert (HUGO = human genome organisation) und von den Regierungen mehrerer Länder finanziert wird. Aufgrund der doppelläufigen Struktur der DNA kann eine bekannte einzelsträngige Nukleotidsequenz mit Hilfe der Hybridisierungstechnik einer komplementären DNA-Sequenz zugeordnet werden. Damit können bekannte Nukleotidsequenzen in-situ entlang der Chromosomen sichtbar gemacht werden. Die Hybridisierungstechnik ist Voraussetzung für die Erstellung physikalischer Genkarten. Genetische Karten dagegen entstehen mit Hilfe von Familienuntersuchungen. Dabei wird die Segregation von Merkmalen in Familien untersucht, wobei die Merkmale auf Einzelmutationen zurückgehen müssen. Reihenfolge und Abstände der entsprechenden Genorte können auf diese Weise bestimmt werden, ohne daß die pathophysiologischen und biochemischen Zusammenhänge bekannt sein müssen. Neben der Analyse zytogenetisch sichtbarer Veränderungen wie Deletionen und Translokationen, stellen solche Familienuntersuchungen (Kopplungsanalysen) die wichtigste Methode zur Lokalisation der Gene monogener Erkrankungen dar.

1.1.3 Variabilität des Genoms

Eine Änderung einer Sequenz beim Vergleich zweier Nukleotidketten wird Mutation genannt. Mit dem Ausdruck Polymorphismus werden Mutationen beschrieben, die in einer Population mit einer Frequenz von mehr als 1 % auftreten. Praktisch alle bisher sequenzierten Gene weisen DNA-Polymorphismen auf.

Diese DNA-Varianten können zu einem funktionell unverändertem Genprodukt führen, wenn sich die Mutation im Intron befindet oder die Aminosäuresequenz durch die Mutation nicht beeinflußt wird. Oder sie führen zu einem veränderten Produkt mit einer veränderten oder unveränderten Funktion. Punktmutationen, die eine monogene Erkrankung zur Folge haben, können als Spezialfall dieser Art von Variation betrachtet werden.

Mutationen, die für den Organismus von Vorteil sind, oder die in enger Nachbarschaft zu einem Allel liegen, das einen Selektionsvorteil verschafft, können durch die natürliche Selektion eine Erhöhung ihrer Frequenz erfahren. Die beobachtete Variabilität des Genoms wird außerdem beeinflußt durch zufällige Frequenzveränderungen (genetic drift) oder andere, bisher nicht identifizierte Faktoren (s. S. 143).

1.2 Transkription und Translation der genetischen Information

1.2.1 DNA und RNA

Die beiden wesentlichen Nukleinsäuren sind DNA (Desoxyribonukleinsäuren) und RNA (Ribonukleinsäuren). Sie bestehen aus einer Nukleotidkette mit einem Gerüst aus Zucker- und Phosphatmolekülen, an der vier verschiedene Basen aufgereiht sind. In DNA finden sich zwei Purin-Basen, Adenin (A) und Guanin (G), und zwei Pyrimidin-Basen, Cytosin (C) und Thymin (T) (Abb. 1.3). RNA besteht ebenfalls

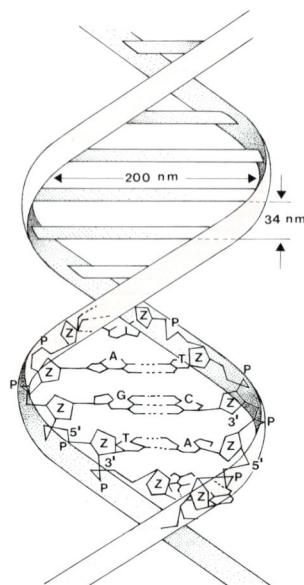

Abb. 1.3 Modell der DNA-Struktur. (P = Phosphatrest, Z = Zuckerrest, A = Adenin, T = Thymin, G = Guanin, C = Cytosin)

aus Adenin, Guanin und Cytosin, Thymin ist durch Uracil (U) ersetzt. Ein Molekül bestehend aus einer der Basen, einer Zucker- und Phosphat-Gruppe heißt Nukleotid. Nukleotide werden asymmetrisch miteinander verknüpft. Dadurch entstehen gerichtete Moleküle mit einem 5'- und einem 3'-Ende.

Ein DNA-Molekül besteht aus zwei Nukleotidketten, die sich in Form einer Doppelhelix anordnen. RNA besteht aus einer einzigen Kette. Die Nukleotidketten in DNA sind in gegensätzlicher Richtung angeordnet (5' − 3' gegen 3' − 5') und werden durch Wasserstoffbrückenbindungen zwischen den Basen A und T bzw. zwischen G und C zusammengehalten. Die Basenpaarung ist spezifisch. Einer Sequenz 5'-ATCG-3' auf einem Strang entspricht eine Sequenz 3'-TAGC-5' auf dem komplementären Strang.

Das Verhältnis von T zu A und das zwischen G und C ist damit immer 1 : 1 (Chargaffs Regel). Das Verhältnis (A + T) zu (G + C) variiert zwischen verschiedenen Spezies. Beim Menschen beträgt es 1,4 zu 1.

Sowohl DNA als auch RNA werden durch Nukleasen enzymatisch abgebaut. DNA ist durch seine doppelsträngige Helix-Struktur und durch die chemische Natur der Zucker-Phosphat-Ketten stabiler als RNA.

1.2.2 Verarbeitung der hnRNA

Bei der Transkription wird die genetische Information im Zellkern mit Hilfe einer Polymerase von der DNA in RNA umgeschrieben. Die Geschwindigkeit der Transkription wurde im Säuger-Genom gemessen mit 1,8 kb/min. Der Beginn der Transkription wird gesteuert durch regulatorische DNA-Abschnitte, die entweder am Anfang eines Gens (Promotor) oder mehrere Kilobasen davon entfernt liegen können (Enhancer). An diese DNA-Segmente binden regulatorische Proteine oder Hormon-Rezeptor-Komplexe, die direkt mit der RNA-Polymerase interagieren. Während Promotoren nicht transkribiert werden, können sich Enhancer-Elemente auch in Introns befinden (Beispiel: Immunglobulingene). Wichtige Regulationsmechanismen stellen außerdem die Modifikation der DNA-Kette durch Methylierung von Cytosin-Resten und die Veränderungen in der tertiären räumlichen Anordnung des DNA-Moleküls (Chromatinstruktur, Chromosomenstruktur) dar.

Einen Spezialfall eines Enhancers stellen die Hormon-Rezeptor-Komplexe bindenden DNA-Abschnitte bestimmter Gene dar. Steroidhormone wie Kortison oder Aldosteron binden dabei an Rezeptoren (z. B. Mineralkortikoid-Rezeptor) und bilden einen Komplex, der sich an regulatorische Gensequenzen anlagert. Die Genexpression für das Wachstumshormon wird auf diese Weise gesteuert. Als „Housekeeping"-Gene werden Gene bezeichnet, wenn sie in der Mehrzahl aller Zellen eines Organismus exprimiert werden. Sie unterscheiden sich von zellspezifisch exprimierten Genen in ihren regulatorischen Sequenzen.

Nach Induktion der RNA-Polymerase werden zuerst Exons, Introns und Teile im 5'- wie auch 3'-Bereich eines Gens in die sogenannte hnRNA umgeschrieben (heterogene nukleäre RNA) (Abb. 1.4). In den meisten Fällen beginnt die Transkription mit einem G- oder A-Nukleotid in einer definierten Entfernung vom Startkodon eines Gens.

Die hnRNA-Moleküle wandern vom Kern in das Zytosol und werden dort prozessiert, d. h. für die Translation vorbereitet. Diese Verarbeitung der hnRNA läßt sich in mehrere Schritte unterteilen:

(1) **Anhängen einer Schutzgruppe** (cap): Diese Modifikation der RNA geschieht noch im Kern und ist wichtig für Spleißen und Stabilität der RNA. hnRNA-Moleküle ohne Schutzgruppen (cap = Kappe) werden sofort wieder abgebaut.

(2) **Anhängen eines poly-A Endes:** Poly-A Enden sind wichtig für die Stabilität der RNA-Moleküle (allerdings besitzen Histongene keine poly-A Enden).

(3) **Entfernung der Intron-Sequenzen durch Spleißen:** Mit Hilfe von Spleißorganellen (Spleißosom) werden dabei die Introns aus der hnRNA exzidiert. Spleißorganellen entstehen durch die Aneinanderlagerung sechs verschiedener Formen kleiner nukleärer RNA-Moleküle (snRNA = small nuclear RNA), von denen drei mit der RNA interagieren. Diese wurden entdeckt durch Autoantikörper, die von Patienten mit systemischen Lupus erythematodes (SLE) isoliert wurden. snRNA-Moleküle binden an die Akzeptor-Spleißstelle, an die Donor-Spleißstelle und an eine „branching"-site im Intron. Nach einer erfolgten „Lassobildung" kann das Intron herausgeschnitten werden. Die prozessierte Boten-RNA (mRNA) verläßt den Kern und steht jetzt für die Proteinsynthese an den Ribosomen zur Verfügung.

1.2.3 Proteinsynthese

Der translatierbare Bereich einer mRNA wird durch ein Start- und ein Stopkodon festgelegt. Dazwischen befindet sich ein offener Leseraster (open reading frame, ORF). Dieser Bereich dient als Vorlage für die Aminosäuresequenz der Proteine und damit für die Synthese von Polypeptiden.

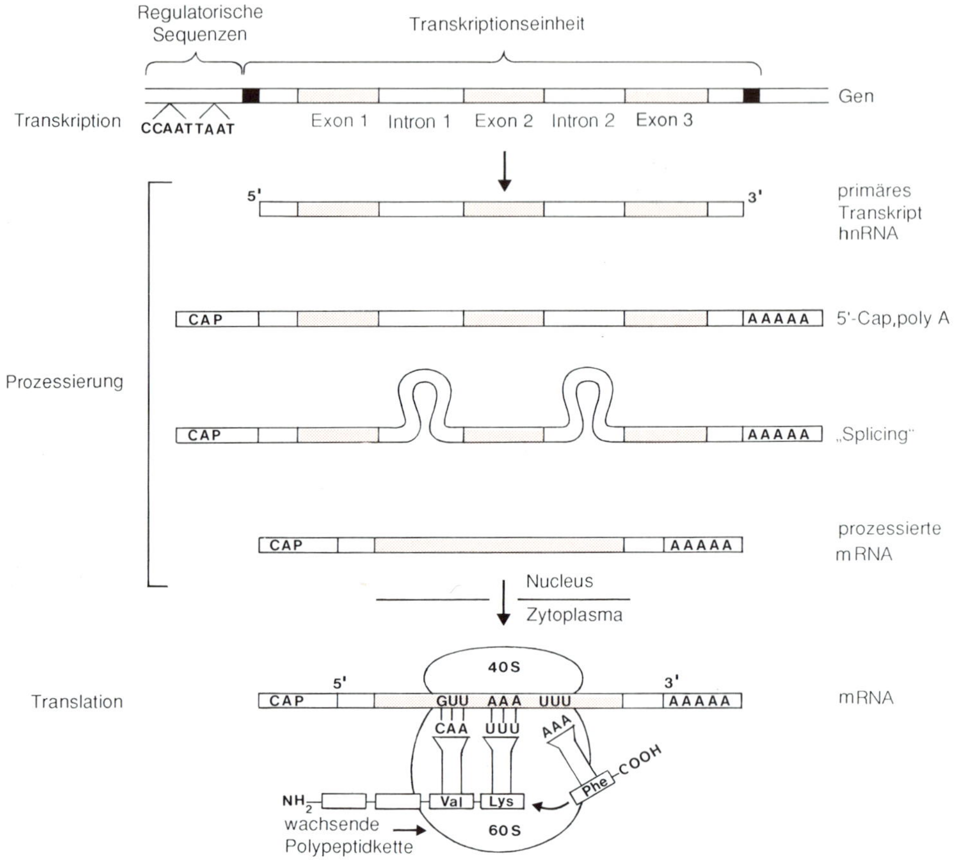

Abb. 1.4 Schema der Protein-Biosynthese

Für jede der 20 Aminosäuren gibt es mindestens eine spezifische Transfer-RNA (tRNA), die den Einbau der Aminosäure in die richtige Position übernimmt. Für die Ausbildung eines Initiationskomplexes werden die mRNA, 40S- und 60S-Ribosomen benötigt sowie eine Reihe kleiner Proteine (EF, elongation factor; IF, initiation factor), die bei der Regulation der Translation eine Rolle spielen.

Proteine sind äußerst variabel in ihrer Zusammensetzung und Struktur. Elf verschiedene Gene und deren Proteine, in denen Mutationen zu Erkrankungen führen, sind in der Tabelle 1.2 zusammengestellt. Länge des biologisch aktiven Proteins und Länge des Gens sowie deren Chromosomenlokalisation und Anzahl der Exons sind angegeben.

1.2.4 Biologisch aktive Proteine

Proteine zeigen in Abhängigkeit von ihren Funktionen eine bestimmte Struktur und Zusammensetzung der Aminosäuren.

Beispiele für den Zusammenhang zwischen Struktur und biologischer Funktion von Proteinen sind in der Abb. 1.5 gezeigt. Vier verschiedene Proteine sind dargestellt, die in unterschiedlichen Kompartimenten der Zelle vorkommen. DNA-bindende Proteine mit einer typischen Struktur, dem sogenannten Zinkfinger-Motiv, finden sich im Zellkern. Transkriptionsfaktoren mit solchen Strukturen sind bekannt. Das W1-Gen, das in der Genese des Wilms-Tumors und beim Denys-Drash Syndrom eine Rolle spielt, weist ein solches Zinkfinger-Motiv

Tabelle 1.2 Beispiele für Gene und deren Genprodukte

Protein	Erkrankung	Anzahl der Aminosäurereste	Chromo-som	Länge des Gens (bp)	Anzahl der Exons
α-Globin	Thalassämie	141	16	850	3
α1-Antitrypsin	α1AT-Mangel	394	14	10 000	5
β-Globin	Thalassämie	146	11	1 600	3
Factor VIII	Hämophilie	2 332	X	186 000	26
CFTR*-Protein	Mukoviszidose	1 480	7	250 000	27
Dystrophin	Duchenne/Becker	3 700	X	2 300 000	79
Insulin	Diabetes (MOD)	51	11	1 430	3
Rhodopsin	Retinitis pigmentosa	348	3	6 000	5
p53	Li-Fraumeni Syndrom	393	17	20 000	11
Phenylalanin-Hydroxylase	Phenylketonurie	451	12	90 000	13

* cystic fibrosis transmembrane regulator protein

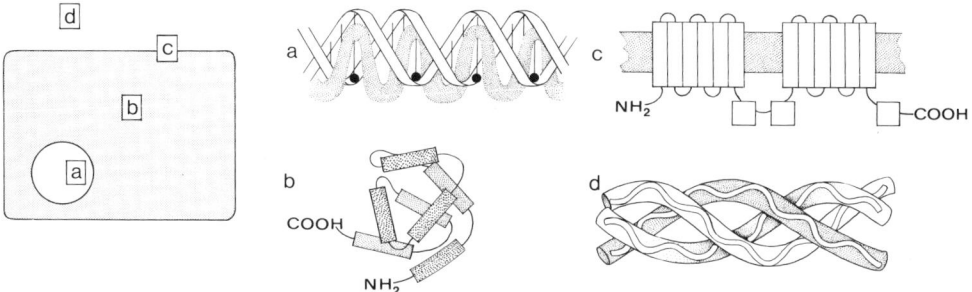

Abb. 1.5 a – d Beispiele für Struktur-Funktionszusammenhänge bei Proteinen (schematisch)
a Zinkfingermotiv eines DNA-bindenden Proteins im Zellkern (Zinkatome sind durch schwarze Punkte dargestellt)
b globuläres Protein im Zytoplasma
c in die Zellmembran integriertes Ionenkanal-Protein
d Ausschitt aus der Tripelhelix eines Tropokollagenmoleküls

auf (Abb. 1.5 a). Die Mehrzahl der Enzyme und der Transportproteine im Zytoplasma haben globuläre Strukturen. Abb. 1.5 b zeigt eine globuläre Struktur des Myoglobins. In die Zellmembran integrierte Proteine fallen durch ihre Transmembrandomänen auf, das sind in typischer Weise angeordnete helikale Proteinanteile wie sie auch beim CFTR-Protein, einem Chlorid-Ionen-Kanal gefunden werden (Abb. 1.5 c). Membrangebundene Rezeptoren sind in der Regel über solche Transmembrandomänen in der Membran verankert. Strukturproteine der extrazellulären Matrix bilden eine weitere Gruppe von Molekülen, bei der die Beziehung zwischen Proteinstruktur und biologischer Funktion unmittelbar sichtbar wird. Als Fibrillen angeordnete Kollagenmoleküle, die zum Aufbau von Haut, Knorpel und Knochen benötigt werden, haben einen hohen Anteil von Glycin-Resten, die eine helikale Anordnung der Polypeptidkette ermöglichen und die Struktur des Proteins dominieren (Abb. 1.5 d). Die Mehrzahl der Proteine besteht aus mehreren strukturell abgegrenzten Einheiten, den sogenannten Domänen. Einzelne Domänen werden nicht selten von einzelnen Exons kodiert und stellen meist funktionelle Einheiten dar. Zum Beispiel werden die DNA-bindende Domäne und die Hormon-bindende Domäne des Kortikoidrezeptors von verschiedenen Exons kodiert. Der Kern des Myoglobin-Moleküls wird vom zentralen Exon des Myoglobin-Gens kodiert.

Außer Azetylierungen und Phosphorylierungen ist die Glykosylierung eine wich-

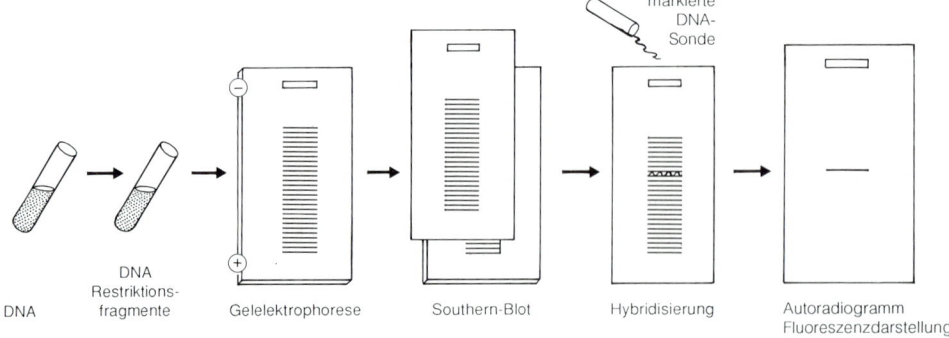

Abb. 1.6 Darstellung spezifischer Restriktionsfragmente der menschlichen DNA durch die Southern-Hybridisierungstechnik. Prinzip der Methode: DNA wird aus peripheren Lymphozyten isoliert und mit Restriktionsendonukleasen spezifisch geschnitten. Die resultierenden Fragmente werden elektrophoretisch der Länge nach getrennt. Die aufgetrennten Fragmente werden durch eine Kapillarmethode (Southern blotting) aus einem Gel auf eine Trägermembran übertragen. Im nächsten Schritt erfolgt eine Hybridisierung mit einer DNA-Sonde, die komplementär zu dem zu untersuchenden DNA-Fragment ist. Schließlich wird das Hybridisierungssignal über ein Autoradiogramm oder durch Fluoreszenz dargestellt

tige Form der posttranslationellen Modifikation von Proteinen. So wird durch die Glykosylierung bei Kollagenen die Tertiärstruktur des Moleküls mitbestimmt. Ein anderes Beispiel sind Membranglykoproteine, bei denen die Zuckerreste über die Positionierung der Proteine in der Membran und über zelluläre Interaktionen entscheiden. Falsche Glykosylierungen spielen bei der Entstehung bestimmter Tumoren eine wichtige Rolle.

1.3 DNA-Untersuchung – diagnostische Anwendung beim Menschen

Die Anwendung molekularbiologischer Methoden erlaubt nicht nur eine detaillierte Analyse menschlicher Gene, sondern eröffnet auch neue Möglichkeiten der Heterozygoten- und der Pränataldiagnostik. Monogene Erkrankungen können mit Hilfe dieser Methoden auf DNA-Ebene nachgewiesen oder ausgeschlossen werden (Genotyp-Diagnostik).

1.3.1 Prinzipien der DNA-Analyse

1.3.1.1 DNA-Enzyme

Eine Grundvoraussetzung für die DNA-Analyse des menschlichen Genoms wurde durch die Isolierung von prokaryontischen Enzymen geschaffen, die in vitro, im Reagenzglas, DNA-Moleküle spalten, ligieren und amplifizieren können. Dazu gehören die Restriktionsendonukleasen, die Lipasen und die Polymerasen.

Restriktionsendonukleasen erkennen in doppelsträngiger DNA eine spezifische Sequenz von 4 – 8 Nukleotiden und zerschneiden dort die DNA (*Smith* 1979). Mehrere hundert solcher „enzymatischer Scheren" mit unterschiedlicher Erkennungssequenz sind bekannt. Mit ihrer Hilfe kann hochmolekulare DNA reproduzierbar in definierte Restriktionsfragmente zerlegt und durch Gelelektrophorese aufgetrennt werden. Menschliche DNA wird so in $10^5 – 10^7$ Fragmente zerlegt. Nach Anfärbung mit einem DNA-Farbstoff erscheinen sie im Gel als ein gleichmäßiger Schleier, der ein Kontinuum von Fragmenten aller Größen darstellt. Mit Hilfe von DNA-Sonden lassen sich jedoch diskrete Fragmente sichtbar machen. Man wendet dabei ein Verfahren an, das 1975 von *E. Southern* entwickelt wurde. Das Prinzip dieses Verfahrens in ist Abb. 1.6 erläutert. Als DNA-Sonden werden synthetische Oligonukleotide oder klonierte DNA-Fragmente verwendet. Sie sind mit einem Fluoreszenzfarbstoff oder radioaktiv markiert und lagern sich spezifisch an komplementäre, membrangebundene DNA-Fragmente an, die damit sichtbar gemacht werden.

Ist eine Erkennungssequenz für ein Restriktionsenzym auf einem der beiden homologen Chromosomen einer Zelle mutiert, kommt es beim Restriktionsverdau zu unterschiedlich langen DNA-Fragmenten. Man bezeichnet diese Längenvariabilität als Restriktions-Fragment-Längen-Polymorphismus (RFLP). Die verschiedenen Allele werden kodominant vererbt. RFLPs reflektieren die Variabilität der DNA. Die molekulare Ursache eines RFLP kann eine Deletion bzw. Insertion von DNA-Sequenzen oder eine einzelne Basensubstitution sein, die eine Restriktionsstelle verändert. Die Mutation wird weitervererbt und erreicht in einer Population schließlich eine bestimmte Frequenz. Mehr als 3 000 RFLPs der menschlichen DNA sind inzwischen bekannt.

DNA-Ligasen liefern zusammen mit den Restriktionsendonukleasen die entscheidenden Werkzeuge für die Neurekombination von DNA-Fragmenten und deren Klonierung. Unter Klonierung versteht man die identische Vermehrung eines DNA-Fragments in einer Wirtszelle nach Einbau in einen prokaryontischen oder eukaryontischen Vektor (z. B. in ein Plasmid). Auf diese Weise lassen sich aus einem einzigen DNA-Abschnitt beliebig viele Kopien erzeugen. Genomische DNA und Vektor-DNA werden zuerst mit einem Restriktionsenzym verdaut. Die entstehenden Fragmente werden dann ligiert. Das entstandene Konstrukt aus neurekombinierter DNA wird in Wirtszellen eingebracht (Transformation) und die Wirtszellen mitsamt dem Konstrukt werden vermehrt (Abb. 1.7). Als Genbanken bezeichnet man eine Sammlung von Zellklonen, die zusammen das Gesamtgenom eines Organismus bzw. Teile daraus repräsentieren.

Polymerasen ermöglichen es, Kopien von einzelsträngigen RNA- und DNA-Molekülen anzufertigen. Unter in vitro Bedingungen dient einzelsträngige DNA als Vorlage. Ein kurzes synthetisches Oligonukleotid schafft einen doppelsträngigen Abschnitt und dient damit als „Primer" der Synthese. Die wichtigsten Anwendungen von Polymerasen bei der Genomanalyse betreffen die Synthese von cDNA (complementary DNA), die DNA-Sequenzierung und die Polymerase-Ketten-Reaktion (PCR).

RNA-Polymerase (reverse Transkriptase) wird verwendet, um in vitro einzel-

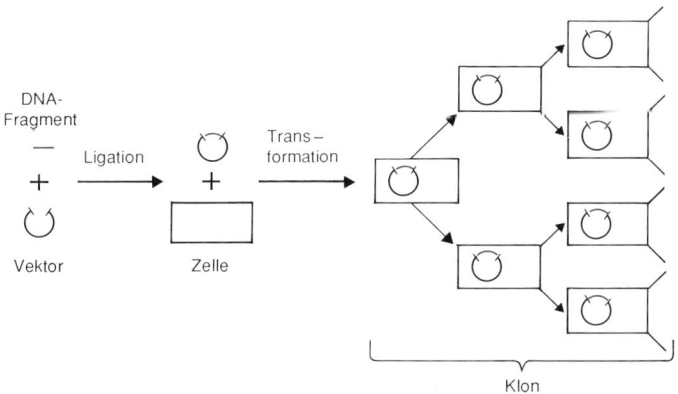

Abb. 1.7 Klonierung von DNA-Fragmenten. Das zu klonierende DNA-Fragment wird mit Hilfe eines Vektors in eine Zelle eingeschleust (Transformation) und mit dieser vermehrt

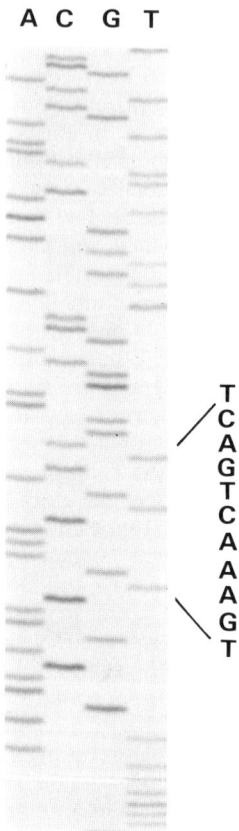

Abb. 1.8 Ausschnitt aus einer DNA-Sequenz. Aus dem Bandenmuster gelelektrophoretisch aufgetrennter DNA-Fragmente läßt sich die Sequenz bestimmen

strängige mRNA Moleküle in komplementäre DNA (cDNA) zu überschreiben. Wird die mRNA aus einem bestimmten Gewebe, z. B. Leberzellen gewonnen, in cDNA umgeschrieben und die entstandenen cDNA-Fragmente kloniert, entsteht eine sogenannte Leber-cDNA-Bank. Eine solche cDNA-Bank stellt damit eine Sammlung all derjenigen Sequenzen dar, die in Leberzellen exprimiert werden.

Zur enzymatischen Sequenzierung werden verschiedene DNA-Polymerasen verwendet. Wieder dient ein einzelsträngiges DNA-Fragment als Vorlage für die Synthese. In vier verschiedenen Reaktionsansätzen wird die Synthesereaktion jeweils

abgebrochen durch die Zugabe eines modifizierten Nukleotids. Die neusynthetisierten DNA-Stränge werden außerdem radioaktiv oder durch einen Fluoreszenzfarbstoff markiert. Abb. 1.8 zeigt das Ergebnis einer Sequenzierung nach elektrophoretischer Auftrennung der synthetisierten Einzelstränge.

Bei der Polymerase-Kettenreaktion (PCR) werden durch einen zyklischen Prozeß mit Hilfe einer DNA-Polymerase identische Kopien eines spezifischen DNA-Abschnitts in geometrischer Progression erzeugt (Abb. 1.9). Zwei Primer werden bei der Reaktion verwendet, so daß Strang und Gegenstrang in einer Reaktion simultan synthetisiert werden. Die Reaktion ist auch an biologischem Spurenmaterial und sogar an fixiertem oder fossilem Gewebe durchführbar. Sie ersetzt in vielen Fällen die Klonierung und Hybridisierung von DNA und beschleunigt die Analysezeiten erheblich.

1.3.1.2 Direkter Nachweis von Genmutationen

Nachweis einer Punktmutation durch spezifische Oligonukleotid-Sonden

Punktmutationen können durch synthetische Oligonukleotid-Sonden nachgewiesen werden. Im allgemeinen werden zwei verschiedene Oligonukleotide verwendet. Ein Oligonukleotid ist dabei komplementär zur Normal-Sequenz des untersuchten DNA-Abschnitts, das andere ist komplementär zur mutierten Sequenz. Unter streng kontrollierten Reaktionsbedingungen reicht die eine Basenfehlpaarung zwischen „Normal"-Sonde und der mutierten Sequenz aus, um eine Hybridisierung zu verhindern. Umgekehrt bindet die „Mutations"-Sonde perfekt an den mutierten Genbereich, nicht aber an den entsprechenden Abschnitt des Normalgens (Abb. 1.10). Der Nachweis von Punktmutationen mit synthetischen DNA-Sonden setzt voraus, daß sowohl die Nukleotidsequenz des Normalgens als auch die des mutierten Gens im Bereich der Mutation bekannt ist. Dieser Bereich muß ferner frei von DNA-Polymorphismen sein.

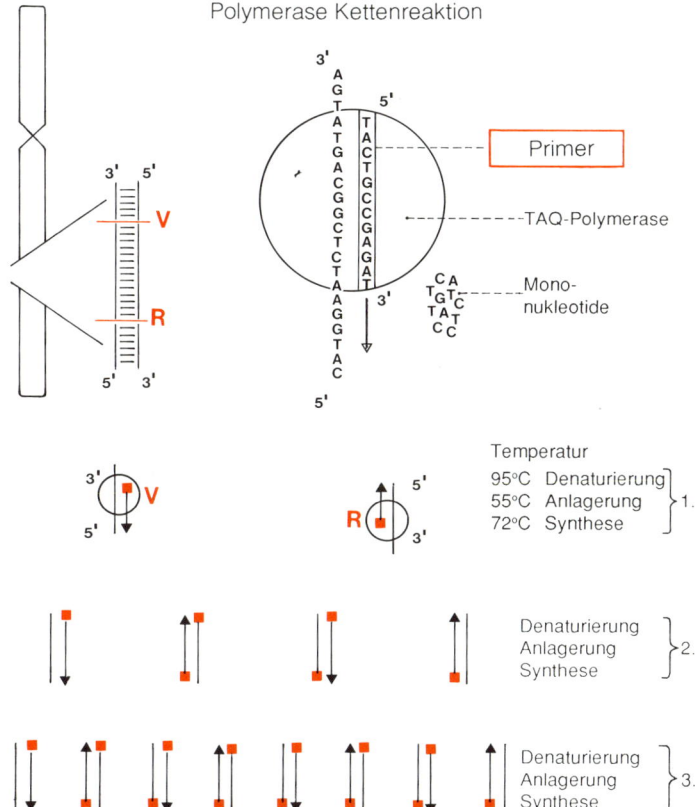

Abb. 1.9 Polymerasekettenreaktion (PCR = Polymerase chain reaction): In geometrischer Progression wird durch drei Schritte – Denaturierung, Primer-Anlagerung und Synthese – ein spezifischer DNA-Abschnitt in kurzer Zeit vervielfacht. Der Reaktionsansatz erfordert das zu kopierende DNA-Fragment, den „primer", eine hitze-stabile Polymerase (gewonnen aus Thermophilus aquaticus = Taq) und die vier Mononukleotide A, C, G und T

Nachweis von Deletionen, Duplikationen und Punktmutationen durch klonierte DNA-Sonden

Beruht eine Erbkrankheit auf der Deletion eines Gens oder eines Genabschnitts, so kann dieser Verlust mit einer genspezifischen Sonde direkt nachgewiesen werden, wenn durch diese Deletion ein Restriktionsfragment verschwindet bzw. verändert wird (Abb. 1.11). Der Nachweis einer Duplikation beruht auf dem gleichen Prinzip. Die Fragmente werden mit Hilfe markierter DNA-Sonden nach dem Southern-Verfahren dargestellt. Punktmutationen können direkt nachgewiesen werden, wenn die Mutation eine Spaltstelle für ein Restriktionsenzym zerstört oder neu schafft. Bei der Spaltung mit dem betreffenden Restriktionsenzym entstehen Fragmente, die für das normale Gen bzw. das mutierte Gen charakteristisch sind.

Nachweis von Mutationen durch PCR-Techniken

Mit Hilfe der PCR-Technik kann ausgehend von kleinsten DNA-Mengen, die als Vorlage zur Synthese dienen, im Extremfall genügt eine einzige DNA-Kopie, eine DNA-Sequenz mit einer Länge zwischen 100 und 5000 Basenpaaren amplifiziert

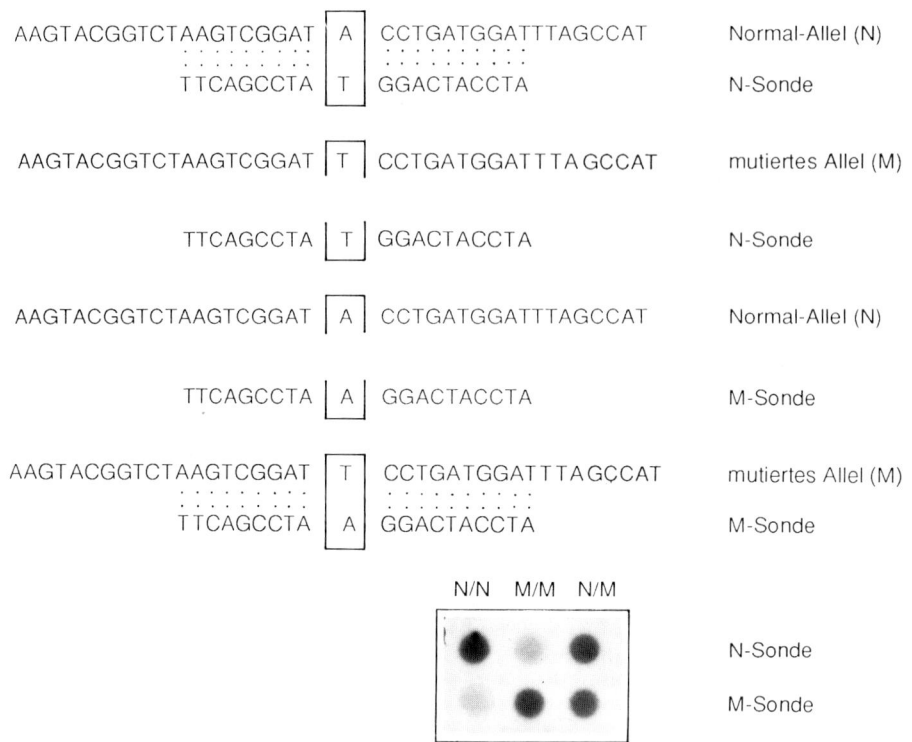

Abb. 1.10 Nachweis der Punktmutation durch spezifische Oligonukleotid-Sonden. Die synthetisierte Sonde mit der Normal-Sequenz (N-Sonde) und das Normal-Allel N unterscheiden sich von der synthetisierten Sonde mit der Mutations-Sequenz (M-Sonde) durch den Austausch eines einzigen Basenpaares (T → A). Die experimentellen Bedingungen sind so gewählt, daß nur vollständig komplementäre Sequenzen ein Hybridisierungssignal ergeben

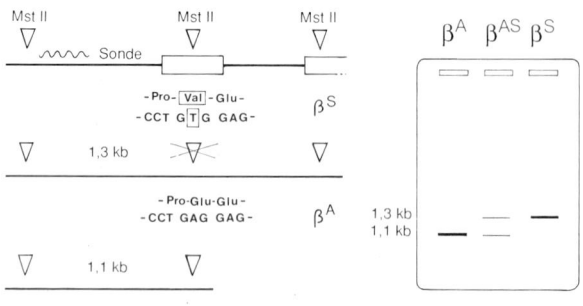

Abb. 1.11 Nachweis einer Mutation durch veränderte Restriktionsfragmentlänge. Durch den Austausch A → T wird eine Erkennungsstelle für die Restriktiosendonuklease MstII zerstört. Die hier dargestellte Mutation findet sich bei der Sichelzellanämie (die durch den Einbau der Aminosäure Valin statt Glutamin in die β-Globin-Kette verursacht wird)

K   1 2 3 4 5 6 7 8 9 10 11 12 13 14 15 16

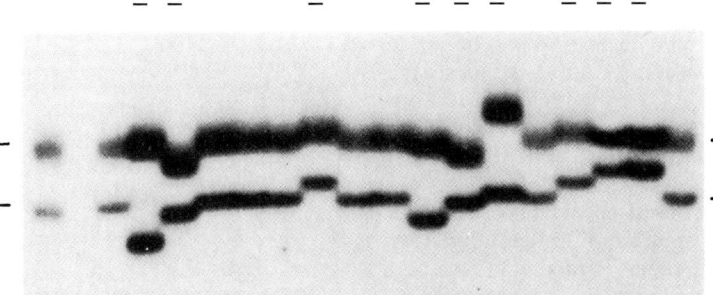

Abb. 1.12 Identifizierung von DNA-Abschnitten mit Punktmutationen durch SSCP-Analyse. Bei neun (unterstrichen) von 16 Patienten findet sich ein verändertes Banden-Muster bei der gelelektrophoretischen Auftrennung. K = Kontrolle; (Foto *Wolfgang Berger*, Nijmegen). Durch anschließende DNA-Sequenzierung kann die Mutation genau charakterisiert werden

werden. Ein die Mutation enthaltendes DNA-Fragment wird vervielfältigt. Anschließend wird die Basenzusammensetzung des amplifizierten Fragments analysiert und so die Mutation bestimmt. Fragmente mit Deletionen und Duplikationen können aufgrund unterschiedlicher Laufeigenschaften gelelektrophoretisch aufgetrennt werden. Für die Analyse von Punktmutationen stehen eine Reihe von Verfahren zur Verfügung:

(1) SSCP-Gelelektrophorese (single-strand-conformation-polymorphism)

Ein mutierter DNA-Einzelstrang weist unter geeigneten gelelektrophoretischen Bedingungen aufgrund unterschiedlicher Konformation veränderte Laufeigenschaften auf. Die Auftrennung der Einzelstränge erfolgt auf nicht-denaturierenden Gelen (Abb. 1.12).

(2) DGGE/TGGE (Denaturierende-Gradienten-Gel-Elektrophorese, Temperatur-Gradienten-Gel-Elektrophorese)

Amplifizierte DNA-Doppelstränge werden bei dieser Methode auf Polyacrylamidgele aufgetragen und aufgetrennt. In einem chemischen (Harnstoff) oder in einem Temperaturgradienten kommt es zur Denaturierung der Doppelstränge. Der Zeitpunkt der Denaturierung und damit die elektrophoretische Auftrennung ist abhängig von der Basenzusammensetzung des DNA-Fragments.

(3) RNase-Protektion

PCR-Produkte werden aus Patienten-DNA amplifiziert und mit Wildtyp-RNA hybridisiert. Die RNA-DNA Hybride werden anschließend mit RNase A behandelt. Hybride ohne Fehlpaarungen werden nicht abgebaut, jene mit Fehlpaarungen werden abgebaut. Durch Auftrennung der Fragmente kann die Mutation sichtbar gemacht werden.

(4) Direkt-Sequenzierung

Die direkte Sequenzierung amplifizierter DNA-Fragmente wird mit enzymatischen Methoden durchgeführt. Für die Elektrophoretische Auftrennung stehen inzwischen Sequenzautomaten zur Verfügung (s. Abb. 1.8).

1.3.1.3 Indirekter Nachweis von Genmutationen

Die Kenntnis der Gensequenz ermöglicht die Analyse einzelner Mutationen und damit eine direkte Gendiagnostik bei monogenen Erkrankungen. Ist das Gen nicht identifiziert und die einzelne Mutation nicht nachweisbar, bleibt die Möglichkeit der indirekten Gendiagnostik. Voraussetzung dafür ist die Kenntnis der Kartenposition des betreffenden Gens im Genom und ein polymorpher DNA-Abschnitt im oder in der Nähe des Gens. Die Mutation wird indirekt diagnostiziert, indem die Segregation des mutierten Gens in einer Familie untersucht wird. Je näher die DNA-Marker am Krankheitsgen liegen und je genauer deren Kartenposition bekannt ist, desto geringer die Wahrscheinlichkeit von Rekombinationen zwischen DNA-Marker und Krankheitsgen und desto präziser die Risikoberechnung für den Probanden. Um eine präsymptomatische Diagnose zu stellen, müssen mehrere Familienmitglieder, darunter Genträger, untersucht werden. Die Familienstruktur ist daher häufig ein begrenzender Faktor. Die klinische Diagnose bei den Betroffenen muß zweifelsfrei gesichert sein.

Bei einigen Erkrankungen wird die indirekte Gendiagnostik dadurch erschwert, daß sie durch Mutationen verschiedener Gene hervorgerufen werden können (nichtallelische Heterogenität). So segregiert die Charcot-Marie-Tooth Erkrankung in manchen Familien mit einem Abschnitt auf dem Chromosom 1, in anderen mit dem Chromosom 17 und in wieder anderen wird sie X-chromosomal vererbt. Eine indirekte Diagnostik ist in solchen Fällen nur in größeren Familien mit mehreren Betroffenen möglich. Bei Erkrankungen mit hohen Neumutationsraten wie z. B. bei der Muskeldystrophie Duchenne und der Neurofibromatose Typ I ist die Risikoabschätzung erschwert.

1.3.2 Genkopplung

Gene, die zusammen auf einem Chromosom liegen, werden gemeinsam, d. h. gekoppelt von einer Generation zur nächsten weitergegeben. Während der Meiose bilden väterliche und mütterliche Chromosomen Überkreuzungsstrukturen (crossing-over), es kommt zum Austausch entsprechender (homologer) Chromosomensegmente (Rekombination). Je weiter zwei Gene auf einem Chromosom voneinander entfernt liegen, desto größer ist die Wahrscheinlichkeit, daß im Chromosomenabschnitt zwischen ihnen ein crossing-over stattfindet.

Die Rekombinationshäufigkeit zwischen zwei Genen ist ein Maß für die Entfernung zweier Genorte und wird in Zentimorgan (cM) angegeben. 1 % Rekombination (= 1 cM) zwischen zwei Genorten bedeutet, daß sie in 100 untersuchten Meiosen 99mal gemeinsam und 1mal getrennt vererbt werden. Ein Abstand von 1 cM entspricht über das gesamte Genom gemittelt etwa 1 Million Basenpaaren (1 000 kb = 1 Mb).

Das Ergebnis einer Kopplungsanalyse wird statistisch ausgewertet. Je mehr Meiosen und damit Rekombinationsmöglichkeiten untersucht werden, um so sicherer wird die Aussage über genetische Distanzen. Die statistische Maßzahl für diese Sicherheit ist der sogenannte LOD-Score (log of the odds). Sie gibt an, um wieviel wahrscheinlicher „Kopplung" im Verhältnis zu „Nichtkopplung" vorliegt und wird logarithmisch angegeben. Ein LOD-Score von mehr als 3 gilt als Nachweis für Kopplung zwischen zwei Markern, sofern die Parameter der Analyse wie Allelfrequenzen, Penetranz und Erbgang einer Erkrankung vorher eindeutig festgelegt wurden. Gene und deren Merkmale müssen in unterschiedlichen Zustandsformen vorliegen, um für Kopplungsuntersuchungen geeignet zu sein. DNA-Polymorphismen, Proteinpolymorphismen oder Polymorphismen auf der phänotypischen Merkmalsebene − Krank/Gesund − sind daher notwendig. Abb. 1.13 zeigt einen Ausschnitt aus einer inzwischen klassischen Kopplungsuntersuchung aus dem Jahre 1983 zwischen dem polymorphen DNA-Marker G8 und dem Genort für die Chorea Huntington mit dem Merkmal-Polymorphismus Gesund/Krank. Der Genort für die Chorea Huntington wurde mit dieser Untersuchung in der Telomerregion des kurzen Arms von Chromosom 4 kartiert.

1.3.3 Genkartierung

Die Kartierung des Humangenoms hat zum Ziel, die Positionen und die Zusammensetzung aller menschlicher Gene zu

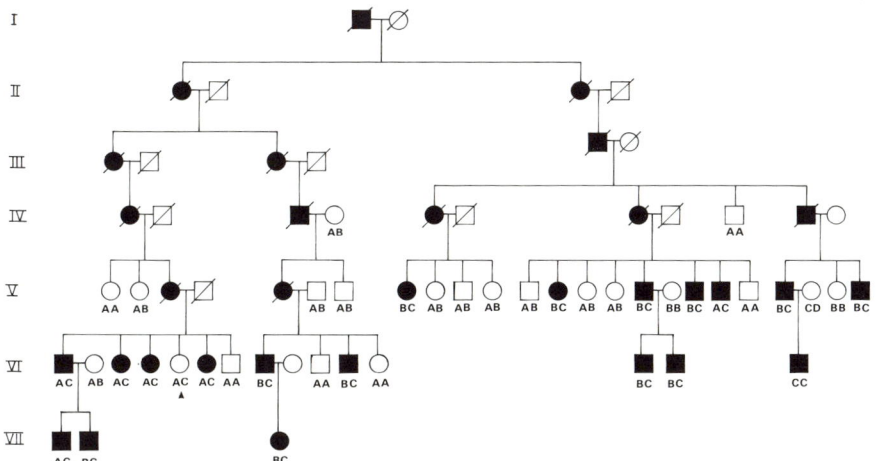

Abb.1.13 Kopplungsanalyse bei Chorea Huntington. (Originalabb. aus *Gusella* et al., 1983). Das Allel C des DNA-Markers G8 segregiert bis auf eine Ausnahme (Pfeil) immer mit der Erkrankung

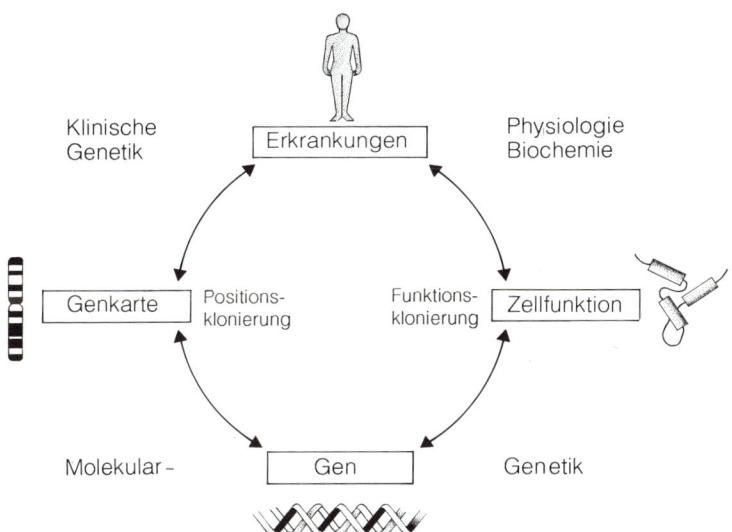

Abb.1.14 Genkartierung durch Positionsklonierung oder Funktionsklonierung (Kandidatengenmethode). Klinische Genetik, Physiologie, Biochemie und Molekulargenetik können schwerpunktmäßig den verschiedenen Stufen der Kartierung zugeordnet werden

katalogisieren. Es entsteht eine Anatomie des Humangenoms, die als Grundlage dienen wird für das Studium der Variabilität des Genoms, für die Diagnostik von Keimbahn- als auch somatischen Mutationen sowie für die Untersuchung der Wechselwirkung zwischen den einzelnen Genen.

Weit über 2000 Genorte sind bisher (Juli 93) bestimmten Chromosomenabschnitten zugeordnet. Eine vollständige Genkarte des Humangenoms wird neben der Gesamtsequenz des Humangenoms auch Informationen enthalten über Art und Bedeutung der Sequenzen, sowie über die Verfügbarkeit von Klonen, die einzelne Sequenzabschnitte enthalten.

Tabelle 1.3 Kandidatengenmethode

Erkrankung	Protein/Gen	Chrom.-Position
fam. Alzheimer-Erkrankung	amyloid precursor	21q
fam. hypertrophe Cardiomyophathie	Myosin	14q
Li-Fraumeni-Syndrom	p53	17p
Marfan-Syndrom	Fibrillin	15q
Retinitis pigmentosa	Rhodopsin	3q
Retinitis pigmentosa	Peripherin	6p
Waardenburg-Syndrom	Pax-Gen HuP2	11p

Tabelle 1.4 Positionsklonierung

Erkrankung	Chrom.-Aberration	Chrom.-Position
Duchenne	Deletion/Translokation	Xp
Chorea Huntington	− (*)	4p
Fragiles X	Translokation (*)	Xq
Familiäre Polyposis	Translokation	5q
Kallmann-Syndrom	Deletion	Xp
Mukoviszidose	−	7q
Myotone Dystrophie	− (*)	19q
Neurofibromatose Typ 1 (NF1)	Translokation	17p
Norrie-Syndrom	Deletion	Xp
Retinoblastom	Deletion	13q
Wilms-Tumor	Deletion	11p

* Trinukleotid-Mutation

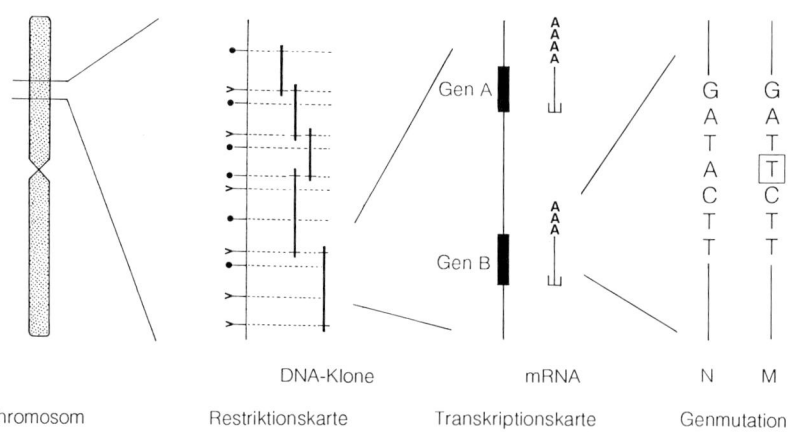

Abb. 1.15 Schematische Darstellung methodischer Schritte bei der Positionsklonierung: Ausgangspunkt ist eine chromosomale Region. DNA-Fragmente aus dieser Region werden kloniert und überlappend angeordnet. Es entsteht eine Restriktionskarte (physikalische Karte). Im nächsten Schritt werden Gensequenzen auf den klonierten Fragmenten identifiziert. Es entsteht eine Transkriptionskarte. Durch Vergleich dieser Gensequenzen bei Gesunden und Erkrankten werden Genmutationen nachgewiesen

Mehr als 1000 Gene sind bisher im Humangenom lokalisiert, in denen Mutationen zu Erkrankungen führen. Die Zuordnung von Erkrankungen zu einzelnen Genen kann auf zwei verschiedenen Wegen erfolgen, die in der Abb. 1.14 dargestellt sind. Bei der Positionsklonierung steht die Kartenposition am Anfang. Die Positionsbestimmung bildet wie im Fall der Chorea Huntington den Ausgangspunkt für die Klonierung des Gens. Aus der Gensequenz läßt sich schließlich auf die Funktion des betreffenden Proteins schließen.

Bei der Kandidatengenmethode wird ausgehend von einer erblichen Erkrankung zuerst der biochemische Defekt analysiert, so daß in einem zweiten Schritt Kandidatengene benannt werden können. So war z. B. beim Marfan-Syndrom bekannt, daß ein Bestandteil der extrazellulären Mikrofibrillen, das Fibrillin, in der Pathogenese der Erkrankung eine Rolle spielt. Aus der Abfolge der Aminosäuren wird auf die DNA-Sequenz (genetischer Code) rückgeschlossen. Damit konnte das Fibrillin-Gen auf dem Chromosom 15 identifiziert werden. Mutationen im Fibrillin-Gen sind inzwischen beschrieben. Zu den Erkrankungen, die über „Kandidatengene" kartiert worden sind, gehören neben dem Marfan-Syndrom auch Formen der Retinitis pigmentosa sowie familiäre Krebserkrankungen (Tab. 1.3).

Ist der zugrundeliegende biochemische Defekt unbekannt, kann das entsprechende Gen auf dem Weg der Positionsklonierung identifiziert werden. Zytogenetisch auffällige Deletionen und Translokationen können direkt den Weg weisen zu einem Gendefekt. Bei der Mehrzahl der in Tabelle 1.4 aufgeführten Erkrankungen lieferten chromosomale Aberrationen eine erste Kartenposition des Gens. Im Fall der Mukoviszidose, der Myotonen Dystrophie und der Chorea Huntington waren es allein genetische Karten, die eine ungefähre Positionsbestimmung der Gene auf den Chromosomen zuließen. Die weitere Eingrenzung der Mutation gelingt mit einer Abfolge molekulargenetischer Methoden, die in der Abb. 1.15 schematisch dargestellt sind.

2 Mutationen beim Menschen und ihre Folgen

Der Begriff „Mutation" wurde 1901 von de Vries geprägt. Die mutagene Wirkung von Röntgenstrahlen wurde 1927 von Muller durch Versuche mit Drosophila melanogaster entdeckt. Chemische Mutagene wurden 1943 von Auerbach und Robson nachgewiesen. Haldane publizierte 1935 die Grundlagen für indirekte Schätzungen von Mutationsraten.

Mit dem Begriff Mutation bezeichnet man eine Veränderung der genetischen Information einzelner Gene (Genmutation) oder der Struktur oder Anzahl von Chromosomen (Chromosomenmutation bzw. Genommutation).

2.1 Arten von Mutationen

2.1.1 Klassifizierung

Genommutationen sind numerische Änderungen des Chromosomensatzes.

Sie entstehen meist als Neumutation. Vermehrung um ganze Chromosomensätze werden als Polyploidien bezeichnet (z. B. Triploide = 69 Chromosomen, Tetraploidie = 92 Chromosomen). Für die Evolution der Pflanzen spielt die Polyploidie eine bedeutende Rolle. Durch Fehlverteilung einzelner Chromosomen (Nondisjunction) in der Meiose oder Mitose entstehen numerische Chromosomenaberrationen (Aneuploidie). Bei überzähligen Chromosomen spricht man von Hyperploidie (z. B. Trisomie, Tetrasomie, Polysomie). Der Verlust von einzelnen Chromosomen wird als Hypoploidie bzw. Monosomie bezeichnet. Auf 100 Zellteilungen tritt eine Aneuploidie auf.

Chromosomenmutationen sind strukturelle Chromosomenveränderungen (s. 4.4).

Die Häufigkeit von Chromosomenmutationen beträgt etwa 1 auf 1 500 Zellteilungen.

Die Genmutation betrifft ein einzelnes Gen.

Als Häufigkeit wird 1 Mutation auf 10 000 000 000 Basenpaare je Zellteilung angenommen, dies entspricht etwa einer Mutationsrate von 1 auf 10 000 bis 100 000 je Genlocus und Generation.

2.1.2 Mechanismen der Genmutation

Unter einer Genmutation versteht man eine stoffliche Veränderung der DNA eines Gens, die auf die Tochterzellen bzw. den DNA-Tochterstrang übertragen wird. Eine Mutation kann entweder bei der DNA-Replikation entstehen oder ein Mutagen verursacht einen Basenaustausch. Von Punktmutationen spricht man, wenn die Änderungen nur ein einziges Basenpaar betrifft. Je nach ihrem Auftreten in Körperzellen oder in Keimzellen liegt eine somatische oder eine gametische Mutation vor (Abb. 2.1). Es lassen sich folgende molekulare Typen von Mutationen unterscheiden (Abb. 2.2).

(1) Substitution (Punktmutation): Austausch einer einzelnen Base im Triplet-Kodon durch eine andere Base; entweder als Transition oder etwas seltener als Transversion. Bei der Transition wird ein Purin (Adenin oder Guanin) durch ein anderes Purin oder ein Pyrimidin (Cytosin oder Thymin) durch ein anderes Pyrimidin ersetzt. Bei der Transversion wird Purin durch Pyrimidin oder umgekehrt ersetzt. Bei der Transitionsmutation handelt es sich um den häufigsten Mutationstyp. Er bewirkt in der Polypeptidkette den Austausch eines Aminosäurerestes. Punktmutatio-

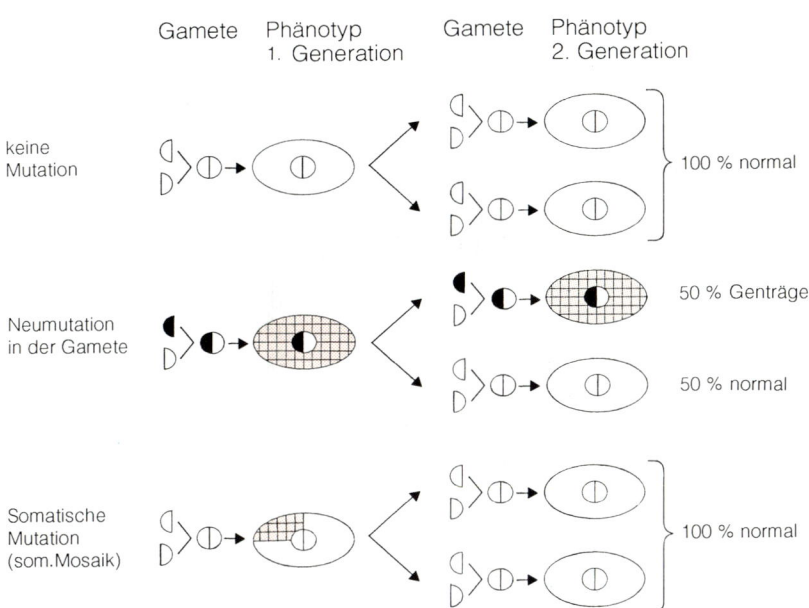

Abb. 2.1 Modell der gametischen und der somatischen Mutation. Zwei Generationen sind berücksichtigt. Keimzellinie (Kreise) und Somazellinien (Ovale) werden unterschieden

Wildtyp	MAX	HOL	MIR	EIN	EIS			
Substituation								
a) Sinnveränderung	MAX	HOL	**D**IR	EIN	EIS			
b) Sinnentstellung	MAX	HOL	MIR	EIN	E**F**S			
Deletion								
a) Deletion von 1 Base	MAX	HO|M	IRE	INE	IS			
b) Deletion von 3 Basen	MAX	HOL	| EIN	EIS				
Insertion/Duplikation								
a) Insertion	MAX	HOL	**A**MI	REI	NEI	S		
b) Duplikation	MAX	HOL	**OLM**	MIR	EIN	EIS		
Instabile Trinukleotidsequenz								
Amplifikation von 3 Basen	MAX	HOL	**HOL**	**HOL**	**HOL**	MIR	EIN	EIS

Abb. 2.2 Mutationstypen im Triplett-Kodon, dargestellt am Beispiel des Satzes „MAX HOL MIR EIN EIS"

nen, die den Austausch einer Aminosäure bewirken, werden als sinnverändernde (missense) Mutation bezeichnet. Entsteht durch die Punktmutation jedoch ein Stop-kodon (TAG = Amber-Kodon; TGA = Opal-Kodon; TAA = Ochre-Kodon; bzw. in der mRNA: UAG, UGA und UAA) liegt eine sinnentstellende (nonsense) Mutation

Abb. 2.3 Punktmutation: Sinnverändernde (missense) Mutation bei der Sichelzellanämie
Rechts: Darstellung der verschiedenen Fragment-Längen bei Heterozygoten und Homozygoten im Southern Blot nach Mst II-Verdau (s. Abb. 1.11)

Abb. 2.4 Punktmutation: Sinnentstellende (nonsense) Mutation bei einem Fall von Neurofibromatose Typ I (NF1)

vor. Punktmutationen im Intron können dazu führen, daß Fehler beim Spleißen eintreten (Spleißmutation).

Beispiel für sinnverändernde Mutation: Bei der Sichelzellanämie liegt eine Transversion vor, Austausch von Adenin (A) durch Thymin (T), dadurch wird in der Position 6 der β-Kette Glutaminsäure (GAG) durch Valin (GTG) ersetzt (Abb. 2.3).

Beispiel für sinnentstellende Mutation: Bei der Neurofibromatose Typ 1 ist ein Basenaustausch bekannt, der zu einem Stopkodon führt (Abb. 2.4).

Beispiel für eine Spleißmutation: Beim Tay-Sachs-Syndrom führt ein Basenaustausch am Beginn des Introns 12 zu einem Spleißfehler (Abb. 2.5).

(2) **Deletion:** Verlust eines oder mehrerer Basenpaare. In der Regel führt dieser Verlust, falls nicht vollständige Triplett-Ko-

dons betroffen sind, zu einer Verschiebung des Ableserasters und bedingt vom Punkt der Deletion ausgehend Veränderungen der Aminosäuresequenz, die häufig in einem Stopkodon endet. Die Rasterverschiebung wird als „frame shift" bezeichnet.

Beispiel: Bei ca. 60 % der Mutationen im Dystrophin-Gen handelt es sich um Deletionen. Wird durch eine Deletion das Leseraster verschoben (out of frame) entsteht kein funktionsfähiges Protein. Diese Patienten erkranken an der schwer verlaufenden Muskeldystrophie Typ Duchenne. Bleibt durch die Deletion das Leseraster erhalten (in-frame), entsteht ein Protein mit einer Restfunktion und die Patienten haben die leichter verlaufende Muskeldystrophie Typ Becker.

Beispiel: Die häufigste Mutation bei der zystischen Fibrose ist die Deletion

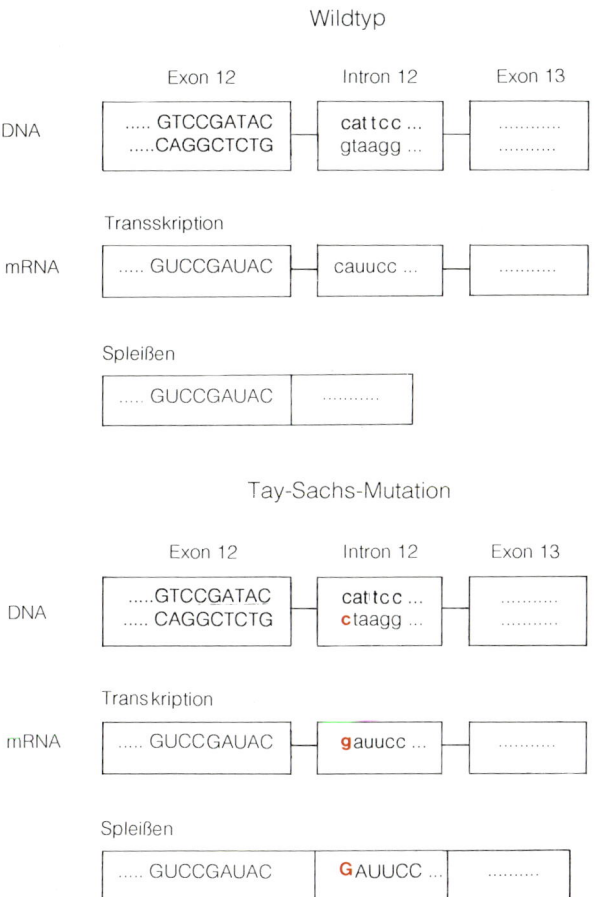

Abb. 2.5 Punktmutation: Beispiel für eine Spleißmutation bei der Tay-Sachs Erkrankung. Der Basenaustausch am Beginn des Intron 12 blockiert den weiteren Spleißvorgang

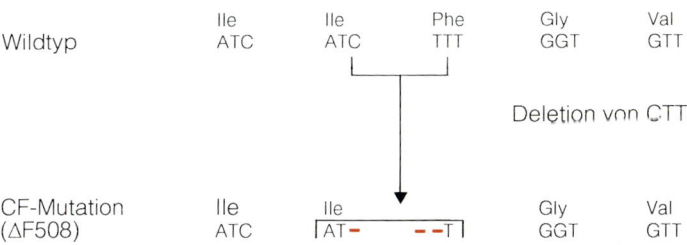

Abb. 2.6 Deletion: Beispiel für eine 3 bp Deletion, der häufigsten Mutation bei der Mukoviszidose. Das Leseraster bleibt erhalten, ein Phenylalaninrest fällt aus

DeltaF508. Es fehlen drei Basen im Exon 10. Durch diese Deletion bleibt das Leseraster erhalten (Abb. 2.6, s. 10.2.1.1).

(3) Insertion und Duplikation: Einbau von Sequenzen in die DNA. Falls die Insertion nicht aus einem oder mehreren Triplett-Kodons besteht, bewirkt sie eine Verschiebung des Leserasters.

Genduplikationen können partiell oder vollständig sein. Sie entstehen z. B. durch ein ungleiches crossing-over entweder zwischen homologen Chromosomen oder zwischen Schwester-Chromatiden des gleichen Chromosoms. Die Duplikation von Genen spielt in der Evolution eine besondere Rolle. Bei nichthomologem crossing-over können Anteile nicht-alleler Gene zu einem neuen Gen fusioniert werden.

Beispiel für Insertion: Die häufigste Mutation beim Tay-Sachs-Syndrom ist eine Insertion von vier Basenpaaren, die eine Leserasterverschiebung hervorrufen (Abb. 2.7).

Beispiel für Duplikation: Im Hämoglobin-Genkomplex sind die Sequenzen für die delta- und beta-Kette sehr ähnlich. In der Meiose kann daher ein delta-Gen mit einem beta-Gen falsch paaren. Ereignet sich in diesem Bereich ein crossing-over,

entsteht entweder eine Deletion (Lepore-Hämoglobin) oder eine Duplikation (Anti-Lepore-Hämoglobin = Congo- oder Miyada-Hämoglobin) (Abb. 2.8).

Nachdem eine Mutation einmal eingetreten ist, wird das mutierte Gen den Mendelschen Gesetzen folgend weitervererbt (sog. stabile Mutationen).

(4) **Instabile Trinukleotidsequenz:** Bei dieser Mutation liegt eine Amplifikation von drei Basenpaaren vor. Gesunde Personen haben in der Regel eine niedrige Anzahl von Kopien des Trinukleotids. Patienten haben dagegen eine hohe Kopienzahl. Von Generation zu Generation kann sich die Zahl der Kopien verändern. Es besteht eine Korrelation zwischen dem Schweregrad der klinischen Ausprägung und der Anzahl der Kopien (Abb. 2.9). Die Antizipation beim autosomal dominanten Erbgang kann dadurch erklärt werden (s. 10.3.1.1). Auch in

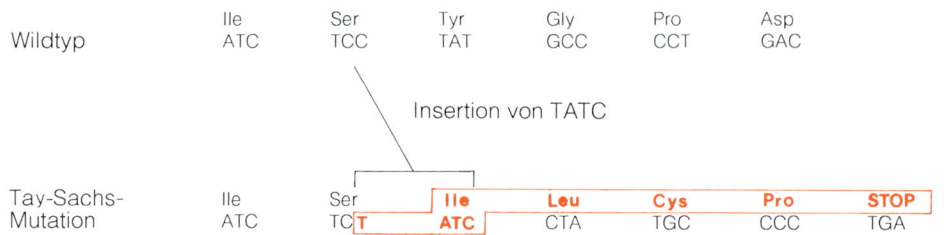

Abb. 2.7 Insertion: Beispiel für eine 4 bp Insertion, der häufigsten Mutation bei der Tay-Sachs Erkrankung. Durch die Verschiebung des Leserasters kommt es zunächst zum Einbau falscher Aminosäuren, dann zum Stop

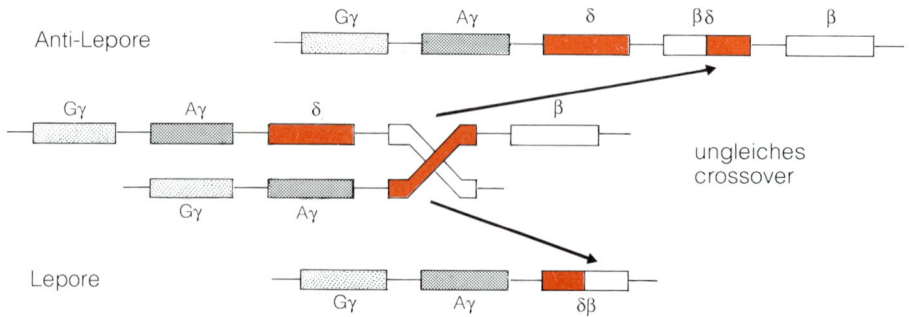

Abb. 2.8 Duplikation: Beispiel eines ungleichen crossing-over: Es entstehen dadurch z. B. Deletionen und Duplikationen von Hämoglobingenen

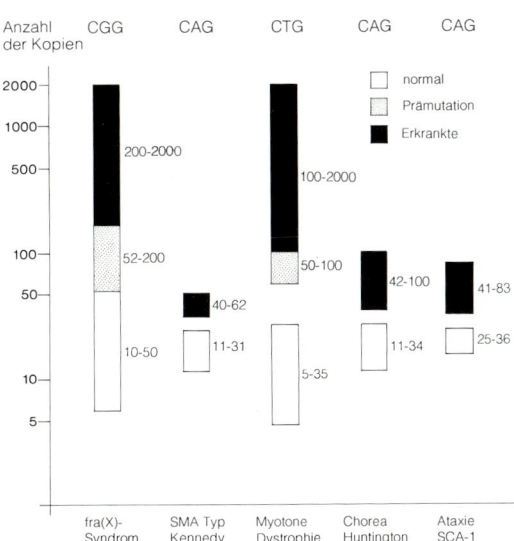

Abb. 2.9 Instabile Trinukleotid-sequenzen beim Fragilen X-Syndrom, Spinaler Muskelatrophie (Typ Kennedy), Myotoner Dystrophie, Chorea Huntington und Spinocerebelläre Ataxie. Dargestellt sind die bisher identifizierten Kopienzahlen der Trinukleotidsequenz bei Gesunden und bei Erkrankten. Beim Fragilen X-Syndrom und bei der Myotonen Dystrophie werden Prämutationen beschrieben. Die Wahrscheinlichkeit, daß solche Sequenzen expandieren, ist erhöht im Vergleich zu Sequenzen mit kleineren Kopienzahlen

einem Individuum kann in verschiedenen Geweben die Kopienzahl unterschiedlich sein (somatisches Mosaik).

Beispiel: Beim Martin-Bell-Syndrom (fra-X) liegt eine Amplifikation einer hochpolymorphen Trinukleotidsequenz mit der Basenwiederholung CAG vor. Gesunde Personen haben 6 bis 54 Kopien dieser Trinukleotidsequenz, unauffällige Genträger (Prämutation) haben 52 bis etwa 200 Kopien, und bei Patienten findet man mehr als 200 Kopien, betroffene Männer können bis zu 2000 Kopien haben. Expandierende Trinukleotidsequenzen finden sich auch bei spinaler Muskelatrophie (Typ Kennedy), der Myotonen Dystrophie, der Chorea Huntington und der spinocerebellaren Ataxie.

2.2 Ursachen von Mutationen

2.2.1 Spontanmutationen

Mutationen treten in der Regel ohne erkennbare Ursache auf (Spontanmutation oder Neumutation).

Bei dominant und X-chromosomal rezessiv ererbten Leiden sind sporadische Fälle häufig Ursache einer Neumutation. Von einem sporadischen Fall spricht man, wenn bei völlig gesunden Eltern erstmals in einer Familie ein Kind mit einer regelmäßig

dominant vererbten Krankheit oder Anomalie auftritt.

Mutationen während der Keimzellentwicklung können zu einer Mosaikbildung in den Gameten führen (Keimzell-Mosaik). Beim autosomal dominanten und beim X-chromosomalen Erbgang hat dies zur Folge, daß gesunde Eltern mehrere kranke Kinder haben können (z. B. Achondroplasie, Muskeldystrophie Typ Duchenne) (Abb. 2.10).

Die Mutationshäufigkeit bezogen auf die Anzahl der Gameten (= Mutationsrate; μ) kann direkt oder indirekt geschätzt werden. Die Mutationsrate wird für jeden Genort einzeln ermittelt und auf die haploiden Keimzellen (Gameten) bezogen. Bei der direkten Methode wird daher der Anteil der Neumutationen an der zweifachen Gesamtzahl der Neugeborenen bestimmt. Die Formel für die Berechnung der Mutationsrate lautet:

$$\mu = \frac{\text{Zahl der Neumutationen}}{\text{doppelte Zahl aller Geborenen}}$$
$$(= \text{Zahl der Gameten})$$

Die indirekte Schätzung der Mutationsrate geht von der Beobachtung aus, daß bei vielen Erbkrankheiten ein Gleichgewicht zwischen Mutation und Selektion besteht. In diesen Fällen entspricht die Zahl der Neumutationen der Zahl der durch Auslese

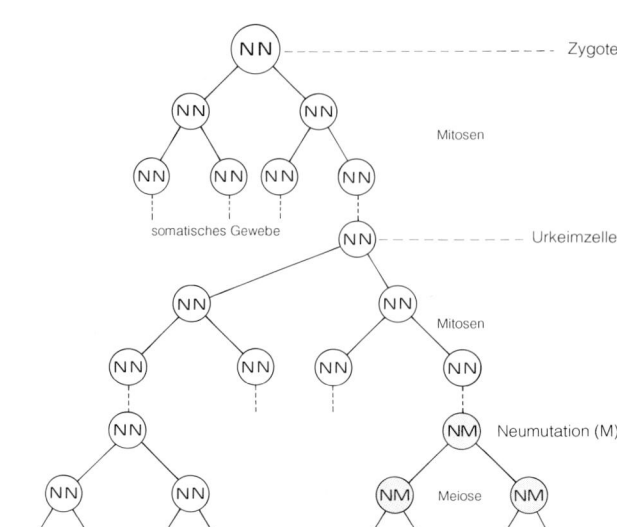

Abb. 2.10 Modell eines Keimzellmosaiks: Die Mutation in der Keimbahn trifft nicht die Urkeimzelle sondern eine Zelle, die nach mehreren mitotischen Teilungen daraus hervorgegangen ist. Es entsteht ein Mosaik

Tabelle 2.1 Ausgewählte Mutationsraten menschlicher Gene (nach *Vogel* und *Motulsky* 1986)

Dominante Mutationen	Mutationsrate	X-rezessive Mutationen	Mutationsrate
Achondroplasie	$1 - 1{,}3 \times 10^{-5}$	Hämophilie A	$3{,}2 - 5{,}7 \times 10^{-5}$
Retinoblastom	$6 - 7 \times 10^{-6}$	Hämophilie B	$2 - 3 \times 10^{-6}$
Neurofibromatose	1×10^{-4}	Muskeldystrophie	$4{,}3 - 9{,}5 \times 10^{-5}$
Polyposis intestini	$1{,}3 \times 10^{-5}$	Typ Duchenne	
Akrozephalosyndaktylie (Apert)	3×10^{-5}		
Osteogenesis imperfecta	$0{,}7 - 1{,}3 \times 10^{-5}$		
Multiple kartilaginäre Exostosen	$6{,}3 - 9{,}1 \times 10^{-6}$		

verloren gegangener Gene, so daß die Häufigkeit einer genetischen Krankheit in einer Bevölkerung von Generation zu Generation etwa gleich bleibt. Unter dieser Voraussetzung kann die Bestimmung der relativen (nicht der biologischen) Fruchtbarkeit der Patienten mit einem Erbleiden zur Schätzung der Mutationsrate herangezogen werden. Die Formel für diese sog. indirekte Methode lautet bei autosomal dominanter Vererbung:

$$\mu = \frac{\text{Anzahl der Merkmalsträger}}{2 \times \text{Gesamtbevölkerung}} \times (1\text{-}f)$$

f = relative Fruchtbarkeit der Patienten (Bevölkerungsdurchschnitt: f = 1)

Beim X-chromosomal rezessiven Erbgang wird die Anzahl der Merkmalsträger auf die X-Chromosomen in der männlichen Bevölkerung bezogen, die ein Drittel aller X-Chromosomen ausmachen:

$$\mu = \frac{1}{3} \times \frac{\text{Anz. männl. Merkmalstr.}}{\text{männl. Gesamtbevölker.}} \times (1\text{-}f)$$

Beim autosomal rezessiven Erbgang ist eine indirekte Schätzung nicht möglich.

Die Mutationsraten liegen beim Menschen in der Größenordnung von 10^{-4} bis 10^{-6} bezogen auf jeden einzelnen Genort; ausgewählte Beispiele zeigt die Tabelle 2.1.

2.2.2 Väterliches Alter und Geschlechtsunterschiede bei Genmutationen

Spontanmutationen treten bei älteren Männern gehäuft auf. Als Beispiele können die Achondroplasie und das Apert-Syndrom angeführt werden (Abb. 2.11). Sie weisen eine Zunahme der Mutationsrate um etwa das Fünffache auf, wenn 20jährige Väter mit 40jährigen Vätern verglichen werden. Eine Ursache könnte die altersabhängige höhere Zellteilungsrate in der Spermatogenese gegenüber der Oogenese sein. Allerdings zeigen nicht alle autosomal dominanten Erbkrankheiten diesen Alterseffekt bei der Neumutation. Er fehlt z. B. bei Osteogenesis imperfecta, Neurofibromatosis und Tuberöse Sklerose (Abb. 2.11).

Bei einigen X-chromosomalen Erbkrankheiten wird eine höhere Mutationsrate im männlichen als im weiblichen Geschlecht beobachtet (z. B. Hämophilie A, Lesch-Nyhan-Syndrom). Zusätzlich kann auch noch ein Alterseffekt bei den mütterlichen Großvätern der Patienten vorliegen (z. B. Hämophilie A; Abb. 2.11). Die Mutationsrate in der Spermatogenese gegenüber der Oogenese dürfte in der Hämophilie A um etwa das Zehnfache höher sein.

2.2.3 Induzierte Mutationen

Mutationen können durch Mutagene künstlich erzeugt (induziert) werden. Als Mutagene wirken ionisierende Strahlen wie Röntgenstrahlen, γ-Strahlen oder kosmische Strahlen. Nichtionisierende Strahlen wie ultraviolettes Licht wirken ebenfalls mutagen, das Wirkungsmaximum liegt bei 260 nm Wellenlänge, dem Absorptionsmaximum der DNA.

Chemische Mutagene sind Substanzen wie DNA- oder RNA-Analoge, z. B. 5-Bromuracil, alkylierende Substanzen wie Senfgas, Akridin-Farbstoffe, Karzinogene wie Benzpyren, Nitrite u. v. a. Auch Viren kommen als mutagene Faktoren in Betracht (s. 4.7.1.2).

Natürliche und künstliche Strahlenexposition des Menschen

Der Mensch ist ständig ionisierender Strahlung ausgesetzt, die aus natürlichen Quellen stammt. In Deutschland führen kosmische und terrestrische Strahlung durch externale und internale Bestrahlung pro Kopf im Mittel zu einer jährlichen effektiven Äquivalentdosis von 2.0 mSv (Tabelle 2.2). Die Dosisbeiträge der einzelnen Komponenten zeigen allerdings z. T. erhebliche Schwankungen, die z. B. durch den Aufenthalt in unterschiedlichen Meereshöhen oder durch den unterschiedlichen Gehalt natürlicher radioaktiver Nuklide im Boden, in Baustoffen für Häuser und in der Luft bewirkt werden. Beim Aufenthalt in Häusern kommen Radon und seinen Zerfallsprodukten, vor allem für die Strahlenbelastung der Lunge, eine besondere Bedeutung zu. Insgesamt erfolgt hierdurch bereits die Hälfte der natürlichen Strahlenexposition. Mit im Mittel 1.5 mSv effektiver Dosis erreicht gegenwärtig die zivilisa-

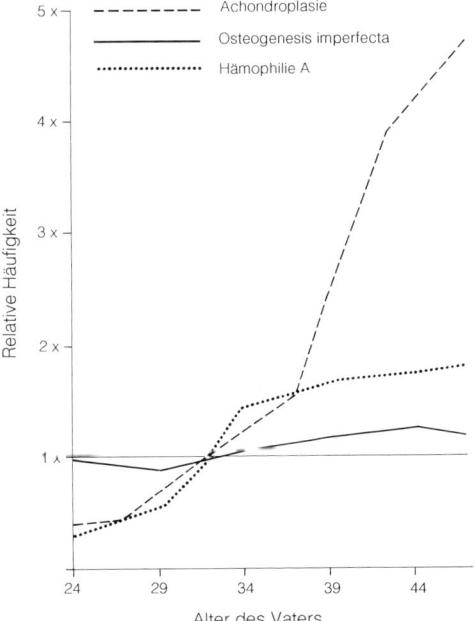

Abb. 2.11 Mutationsraten in Abhängigkeit vom Alter des Vaters (relative Häufigkeit zum Populations-Durchschnitt = 1×) (nach: *F. Vogel, A. G. Motulsky:* Human Genetics. Springer, Heidelberg – New York 1986)

Tabelle 2.2 Natürliche und künstliche Strahlenexposition des Menschen in mSv

Strahlenquelle	jährliche effektive Äquivalentdosis	(mSv)
Kosmische Strahlung	0,30	
Terrestrische Strahlung	0,45	
Körperinnere Bestrahlung	0,25	
Strahlenbelastung in Häusern	1,00	
Natürliche Strahlenexposition	2,00	2,00
Medizinische Strahlenexposition	1,50	
Fallout	0,02	
Technik und Forschung	<0,02	
Kerntechnische Anlagen	<0,01	
Berufliche Strahlenexposition	<0,01	
Künstliche Strahlenexposition	~1,50	1,50
Gesamt		3,50

1 mSv = 100 m rem

torische Strahlenbelastung des Menschen nahezu den Anteil der natürlichen Strahlenexposition. Sie geht im wesentlichen auf medizinisch diagnostische Bestrahlungsmaßnahmen zurück. Die Dosisbeiträge durch andere künstliche Strahlungsexpositionen (Fallout 0.02 mSv, Technik und Forschung < 0.02 mSv, kerntechnische Anlagen < 0.01 mSv, berufliche Exposition < 0.01 mSv) sind demgegenüber relativ gering. Als zusätzliche Strahlenexposition durch den Reaktorunfall in Tschernobyl wird im Mittel, z. B. im Raum München, im ersten Jahr mit 0.2 − 0.5 mSv effektiver Dosis gerechnet. Die effektive mittlere 50-Jahresdosis wird auf 0.80 − 2.5 mSv geschätzt. Die mittlere natürliche Strahlenexposition im gleichen Zeitraum beträgt 100 mSv. Die mittlere effektive Gesamtdosis von 3.5 mSv aus allen natürlichen und künstlichen Strahlenquellen (auch die Dosisbeiträge durch den Tschernobylunfall müssen hier mit einbezogen werden) bildet die Grundlage zur Abschätzung des somatischen Strahlenrisikos (Leukämie, Krebs). Abschätzungen des genetischen Risikos können mit Hilfe der genetisch signifikanten Dosis (GSD) durchgeführt werden. Hierzu wird lediglich die Strahlenbelastung der Keimzellen berücksichtigt. Die Beiträge durch Radon und seine Folgeprodukte sind hierbei gering; auch der Dosisanteil durch Röntgendiagnostik ist stark vermindert. Dies erklärt,

warum für Einwohner der Bundesrepublik Deutschland die mittlere GSD lediglich mit 1.7 mSv (170 m rem) pro Jahr angesetzt wird, wobei etwa zwei Drittel aus natürlichen und ein Drittel aus zivilisatorischen Expositionen stammen.

Mutagenitätstestung

Mutagene Noxen führen zu einer Zunahme der spontanen Mutationsraten in somatischen Zellen und Zellen der Keimbahn.

Wegen der hohen Korrelation zwischen mutagener und kanzerogener Wirkung ergibt sich somit für das betroffene Individuum ein *erhöhtes Krebsrisiko*, für seine Nachkommen ein *erhöhtes genetisches Risiko*. Ziel der angewandten Mutagenitätsforschung wird es daher sein, Mutagene zu erkennen, ihre Wirkung zu charakterisieren, das Schadensrisiko zu definieren und geeignete Maßnahmen zu ergreifen, um dieses soweit wie möglich zu begrenzen.

Für eine relevante Mutagenitätstestung müssen Methoden verfügbar sein, mit denen Genmutationen, strukturelle Chromosomenaberrationen und Genommutationen erfaßt werden können.

Ionisierende Strahlen induzieren sämtliche Typen genetischer Schäden. Dabei sind dichtionisierende Strahlen (α-Strahlen, Neutronen) biologisch wirksamer als locker-ionisierende Strahlen (Röntgen- und γ-Strahlen).

Chemische Substanzen induzieren Genmutationen, Non-disjunction (Spindelgifte) und strukturelle Chromosomenaberrationen (Klastogene). Für eine Reihe von verbreiteten Umweltsubstanzen und insbesondere für viele mutagene Karzinogene wurden nachgewiesen, daß sie in hohem Ausmaß SCEs induzieren (s. 4.7).

Verschiedene *Virusarten, Schimmelpilze* und *Mykoplasmen* induzieren Chromosomenbrüche in somatischen Zellen. Für Adenoviren, Papovaviren und Retroviren ist auch die Auslösung von Genmutationen in Säugerzellen nachgewiesen.

Zur Erfassung der verschiedenen Mutationstypen müssen spezielle *Testsysteme* und *Testverfahren* eingesetzt werden.

Die **Induktion von Genmutationen** kann in mikrobiellen Testsystemen bestimmt werden. Im sogenannten *Ames-Test* werden hierzu verschiedene mutierte Bakterien- oder Pilzstämme benützt, die z. B. auf Substrat ohne Histidin nicht wachsen. Durch chemische Mutagene induzierte Rückmutationen zur Prototrophie können mit Hilfe von Selektionstechniken erkannt werden.

Um die metabolische Aktivierung einer chemischen Substanz im Säugerorganismus zu berücksichtigen, werden den Testorganismen z. B. mikrosomale Leberfraktionen beigegeben. Im „*Host-Mediated-Assay*"-System werden hierzu die Test-Bakterien in die Leibeshöhle von behandelten Mäusen eingebracht und nach Wiedergewinnung auf induzierte Mutationen hin untersucht. Genmutationen können aber auch in gezüchteten Säugetierzellen, z. B. Lymphozyten, nachgewiesen werden. Am bekanntesten ist hierbei die Selektion von Mutanten, die z. B. gegenüber den toxischen Purinanalogen 8-Azaguanin oder 6-Thioguanin resistent sind. Die Resistenz entsteht durch eine im HGPRT-Locus des X-Chromosoms verursachte Mutation, die zu einer Verringerung der Aktivität des Enzyms **Hypoxanthin-Guanin-Phosphoribosyl-Transferase** führt. Im „*Specific-Locus-Test*", der mit einem besonderen Mäuseteststamm durchgeführt wird, können rezessive Genmutationen an 7 Genorten, die Fell- und Augenfarbe sowie die Ohrgröße bestimmen und die in den Keimzellen behandelter Tiere ausgelöst wurden, direkt in der F_1-Generation beobachtet werden.

Strukturelle und numerische Chromosomenaberrationen können sowohl nach Applikation der zu prüfenden Substanz in vitro, als auch im lebenden Organismus nachgewiesen werden. Als Testsysteme eignen sich kultivierte Zell-Linien verschiedener somatischer Zellen von Tier und Mensch (insbesondere auch periphere Lymphozyten) sowie Keimzellen und frühe Embryonalstadien. Die Mehrzahl dieser Systeme kann auch für eine *SCE-Analyse* benutzt werden. Als Vortest zur Erfassung von numerischen und strukturellen Chromosomenmutationen ist der *Mikronukleustest* im Knochenmark von Nagern weit verbreitet. Im *Dominant-Letaltest* gilt die Zahl der abgestorbenen Embryonen bei behandelten Mäusen als Hinweis auf die in Keimzellen induzierten Chromosomenmutationen. Erbliche reziproke Translokationen können z. B. bei der Maus in männlicher Nachkommen in der 1. meiotischen Teilung der Keimzellen als Multivalente oder Ringe nachgewiesen werden.

2.3 Beziehungen zwischen Genotyp und Phänotyp

Zu den Erbleiden mit bekanntem primären genetischen Defekt gehören die **Hämoglobinanomalien**, bei denen die strukturellen Änderungen des Hämoglobin-Moleküls biochemisch charakterisiert und ihre Auswirkungen auf Tertiärstruktur, Löslichkeitsverhalten und Funktion aufgeklärt sind.

Bei Schwarzen häufig ist das Sichelzell-Hämoglobin HbS, das im homozygoten Zustand mit dem Krankheitsbild der Sichelzellanämie einhergeht. Das Sichelzellhämoglobin ist im Sauerstoffmangelmilieu schlecht löslich, es fällt in den Erythrozyten kristallin aus. Die Erythrozyten werden dadurch bizarr verformt und unelastisch. Es bilden sich sog. Sichelzellen, die die kapillären Strombahnen infarzieren können. Dadurch werden sehr vielgestaltige Krankheitserscheinungen bedingt, je nachdem,

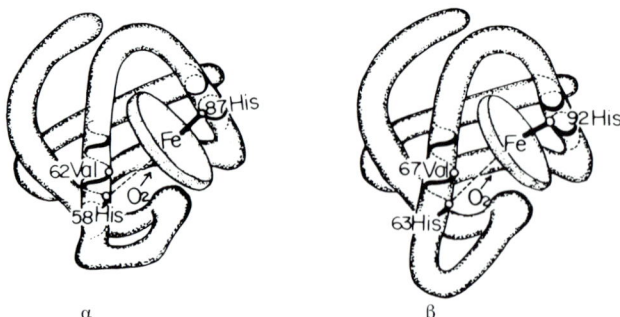

α   β

Abb. 2.12 α- und β-Ketten des Hämoglobins mit Lagebeziehungen zum eisenhaltigen Häm. Substitution des Histidins α58, α87, β63 oder β92 durch Tyrosin führt zu Methämoglobinämie (aus: *W. Lenz:* Medizinische Genetik. Thieme, Stuttgart 1978)

welches Organ betroffen ist: akute abdominale Symptome bei Milzinfarzierung, pleuropneumonieartige Zustände bei Infarzierungen der Lungenkapillaren, Osteomyelitisartige Krankheitserscheinungen bei Befall der großen oder kleinen Röhrenknochen; passagere Erblindungen bei Infarzierungen im Bereich der Sehrinde u. a. m. Die Sichelzellen werden beschleunigt abgebaut, woraus eine hämolytische Anämie resultiert.

Die molekulare Ursache für diese vielfältigen Krankheitszeichen ist einheitlich: eine Hämoglobinanomalie mit einem Aminosäureaustausch in der 6. Position der β-Kette; Glutaminsäure ist durch Valin ersetzt (s. Abb. 2.3 u. 1.11). Durch diesen Austausch wird die Oberfläche des Moleküls verändert, so daß sich durch Polymerisation lange Ketten aneinandergelagerter Hämoglobinmoleküle bilden, die den Erythrozyten deformieren.

2.3.1 Funktionelle Folgen von Genmutationen

Von der Lokalisation und Art der Genmutation hängt es ab, zu welchen funktionellen Folgen der Aminosäureaustausch führt.

Zur Beurteilung der Auswirkung ist die dreidimensionale Struktur des Genproduktes, des Proteins, zu berücksichtigen, z. B. ob der Aminosäureaustausch die Oberfläche des Moleküls oder das Molekülinnere betrifft. Ob ein funktionell aktiver Anteil des Moleküls betroffen ist oder nicht, ist für die Auswirkung einer Mutation von entscheidender Bedeutung. Funktionell aktive Anteile sind z. B. das aktive Zentrum eines Enzyms oder der Rezeptor für einen Liganden.

Substitutionen, die Häm-Kontakte betreffen, können zu Methämoglobinämie führen, z. B. Ersatz bestimmter Histidin-Reste durch Tyrosin führt zu irreversibler Umwandlung des 2wertigen Eisens des Häms in 3wertiges Eisen (Abb. 2.12). Letzteres kann keinen Sauerstoff binden und ist somit funktionsuntüchtig.

Substitutionen, die Kontakte der Ketten des Hämoglobinmoleküls untereinander betreffen ($α_1β_1$, $α_1β_2$), führen mitunter zu instabilen Hämoglobinen, die eine hämolytische Anämie zur Folge haben. Außerdem gibt es auch Hämoglobin-Mutanten, die eine erhöhte bzw. eine verminderte Sauerstoffaffinität aufweisen.

Manche Substitutionen an der Moleküloberfläche bleiben ohne Einfluß auf die Funktion und die Löslichkeit. Es gibt zahlreiche Hämoglobin-Mutanten, die nur zufällig bei Routine-Elektrophoreseuntersuchungen entdeckt wurden.

Thalassämien sind Erbkrankheiten, die zu einer hämolytischen Anämie führen. Bei ihnen ist die Synthese bestimmter Hämoglobin-Polypeptidketten vermindert oder aufgehoben (α- bzw. β-Globinketten bei α- bzw. β-Thalassämien). Einige der Thalassämie-Syndrome sind durch Deletionen eines ganzen Gens bedingt, z. B. des α-Ketten-Strukturgens bei der α-Thalassämie 1, die in Südostasien häufiger vorkommt.

2.3.2 Multiple Allelie

Als Allel bezeichnen wir eine von zwei oder mehreren verschiedenen Zustandsformen eines Gens.

Die Begriffe homozygot und heterozygot beziehen sich immer auf ein Allelenpaar: sind die Allele identisch, ist das Individuum homozygot, sind die Allele verschieden, ist es heterozygot.

Am AB0-Blutgruppen-Locus können beide Allele die Information 0 tragen, der Genotyp ist homozygot 00. Trägt dagegen ein Allel die Information A, das andere die Information 0, so ist der Genotyp A0, das Individuum ist heterozygot. Da ein Individuum im diploiden Chromosomensatz von jedem Gen nur ein Paar hat, kann es selber immer nur zwei allele Gene haben. Dagegen kann es in einer Bevölkerung für einen bestimmten Genort eine Reihe verschiedener Allele geben, so für den AB0-Genort die Allele A_1, A_2, B und 0. Man spricht in einem solchen Fall von einer allelen Reihe oder multipler Allelie.

HbS und HbC sind beides Mutationen im gleichen Strukturgen für die β-Kette des Hämoglobins, und zwar sind beide durch Aminosäuresubstitutionen in der 6. Position gekennzeichnet. Bei einigen negriden Populationen kommen beide mutierte Gene vor; sie verhalten sich wie Allele: Wir kennen nicht nur die Genotypen $\beta^A\beta^A$, $\beta^A\beta^S$, $\beta^S\beta^S$ und $\beta^A\beta^C$, $\beta^C\beta^C$, sondern auch $\beta^S\beta^C$. Die korrespondierenden Phänotypen sind HbA, HbAS, HbS, HbAC, HbC, sowie HbSC. In diesen negriden Populationen sind also drei allele Gene (β^A, β^S, β^C) vorhanden.

2.3.3 Mutationen nicht gekoppelter Loci mit verwandter Funktion

Das Hämoglobin-Molekül des Erwachsenen, HbA, ist ein Tetramer, das aus zwei verschiedenen Arten von Ketten zusammengesetzt ist, $Hb\alpha_2\beta_2$. Mutationen der

Gene für α- und β-Ketten vererben sich voneinander unabhängig, da die Gene für die α-Kette und die β-Kette genetisch nicht gekoppelt sind und auf verschiedenen Chromosomen liegen.

Funktionsänderung von Proteinen als Folge von Mutationen

Die am „Modell" Hämoglobin gewonnenen Erkenntnisse sind sinngemäß auf Enzym-Proteine zu übertragen, wie sich jetzt durch die Analyse der Glukose-6-Phosphat-Dehydrogenase-Mutanten abzeichnet.

Mutanten von Enzym-Proteinen können mit einer Beeinträchtigung der Enzym-Aktivität einhergehen, wenn die Aminosäuresubstitution das aktive Zentrum oder das allosterische Zentrum in Mitleidenschaft zieht.

Auswirkung von Homozygotie und Heterozygotie bei Enzymveränderungen

Mutanten von Enzym-Proteinen sind die Ursache erblicher Stoffwechselkrankheiten. Meistens sind nur für die Mutante homozygote Personen von der Krankheit betroffen. Ist das mutierte Gen auf einem Autosom lokalisiert, spricht man von autosomal rezessivem Erbmodus. Auch auf dem X-Chromosom lokalisierte Gene können zu erblichen Stoffwechselkrankheiten führen. X-chromosomal rezessiver Erbgang liegt vor, wenn die für das X-Chromosom hemizygoten, von der Mutation betroffenen Männer an einer klinisch manifesten Erkrankung leiden, während die heterozygoten Trägerinnen des mutierten Gens (Konduktorinnen) zumeist symptomfrei sind.

Heterozygote für ein rezessiv vererbtes Leiden, die ein normales Allel und ein mutiertes Allel aufweisen, sind unter normalen Lebensumständen gesund und unauffällig. Bei Stoffwechselleiden mit bekanntem Enzymdefekt beträgt die Enzymaktivität der Heterozygoten um 50 % der Norm.

2.3.4 Zeitliche und örtliche Unterschiede von Genaktivitäten

Das Genom einer jeden Zelle eines höheren Organismus ist komplett, d. h. jede

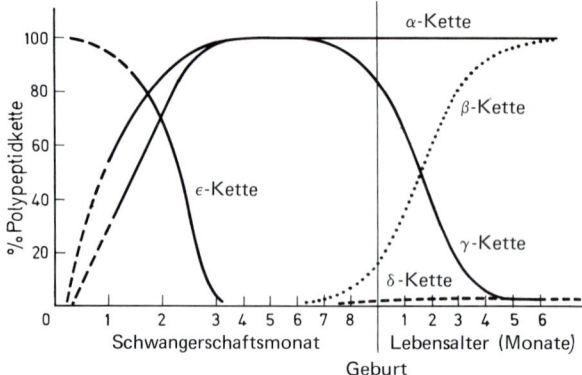

Abb. 2.13 Bildung der Polypeptidketten der verschiedenen Hämoglobine des Menschen (nach: *T. H. J. Huisman:* Advances in Clinical Chemistry. Academic Press Inc. 1972)

somatische Zelle hat den gleichen Bestand an Genen wie die aus der Vereinigung von Eizelle und Spermium entstandene Zygote.

Eine Ausnahme bilden die Antikörpersynthetisierenden B-Lymphozyten und Plasmazellen, sowie die T-Lymphozyten, deren Differenzierung mit Deletionen und Translokationen von genetischem Material einhergeht.

In jeder Zelle ist der größte Anteil des Genoms inaktiv, d. h. dessen genetische Information wird nicht in Genprodukte übersetzt.

Unter Mitwirkung von Kontrollgenen wird in jeder Zelle jeweils nur ein relativ kleiner Anteil des Genoms aktiviert. In den Zellen verschiedener Gewebe sind verschiedene Gene aktiv, z. B. in der Leberzelle wird Albumin synthetisiert, in den Inselzellen des Pankreas Insulin, in den Plasmazellen Antikörpermoleküle, in den kernhaltigen Zellen des Knochenmarks Hämoglobin. Zu verschiedenen Zeitpunkten der Entwicklung sind im gleichen Zellverband oder Organ verschiedene Gene aktiv. Als Beispiel kann die Hämoglobin-Synthese angeführt werden: im Fetus wird das fetale Hämoglobin F gebildet, das aus zwei α- und zwei γ-Ketten besteht. Zu diesem Zeitpunkt sind somit die Strukturgene für die α-Kette und die γ-Kette aktiv. Nach der Ge-

burt wird das fetale Hämoglobin F weitgehend durch Hämoglobin A ersetzt. Hämoglobin A_1 besteht aus zwei α- und zwei β-Ketten (Abb. 2.13). Nach der Geburt sind folglich die Strukturgene für die α-Kette und die β-Kette aktiv.

Zelldifferenzierung kann demnach interpretiert werden als das Resultat der Inaktivierung und Aktivierung verschiedener Gene. Der spezialisierten Funktion einer differenzierten Zelle entspricht die Aktivität eines ganz bestimmten, von Gewebe zu Gewebe verschiedenen Anteils von Kontroll- und Strukturgenen des gesamten Genoms.

Erbkrankheiten manifestieren sich häufig nur in bestimmten Zellsystemen; das mutierte Gen gibt sich in der Regel nur in den Zellsystemen zu erkennen, in denen auch das normale Wildtyp-Gen aktiv ist und sich manifestiert.

Hämoglobinsynthese findet nur in den Vorstufen der Erythrozyten statt. Zum Nachweis einer Hämoglobinmutante bedarf es daher der Analyse von Zellen der Erythropoese bzw. ihrer Differenzierungsstufe, den kernlosen Erythrozyten. Die Phenylalanin-Hydroxylase wird nur in Leberzellen synthetisiert; ein Defekt dieses Enzyms führt zur Phenylketonurie. Dieser Enzym-Defekt kann in Blutzellen oder in Fibroblasten nicht diagnostiziert werden, da dieses Enzym in diesen Zellen auch bei gesunden Personen nicht nachgewiesen werden kann.

3   Chromosomen des Menschen

Menschliche Chromosomen wurden erstmals 1874 von Arnold und 1881 von Flemming beobachtet. Den Begriff „Chromosomen" prägte Waldeyer 1888. Die Erkenntnis, daß die Chromosomen die Träger der Erbanlagen sind, stammt von Sutton und Boveri (Chromosomentheorie der Vererbung, 1904). Klinische Bedeutung bekam die Chromosomenforschung erst seit 1956, nachdem Tjio und Levan neue Präparationsmethoden entwickelt hatten. Seither ist bekannt, daß die Chromosomenzahl beim Menschen 46 beträgt.

Die Entdeckung der Chromosomenbanden durch Caspersson und Zech 1970 ermöglichte erstmals die Identifizierung jedes einzelnen menschlichen Chromosoms und ebnete den Weg zu einer genauen Analyse von Strukturveränderungen menschlicher Chromosomen.

Ein neuer Durchbruch in der Chromosomendiagnostik gelang durch die Chromosomen-in situ-Suppressions-Hybridisierung (CISS-Hybridisierung, 1988) bzw. die Fluoreszenz-in situ-Hybridisierung (FISH). Mit diesen Methoden gelingt es, durch molekulargenetische Techniken bestimmte Chromosomen bzw. auch kleinste Chromosomenabschnitte bis hin zu einzelnen Genen in der Metaphase und im Interphasekern spezifisch zu markieren.

McKusick (1980) hat das Bild gebraucht, daß die Fortschritte der Chromosomendarstellung dem klinischen Genetiker sein Untersuchungsorgan zur Verfügung gestellt haben: „Heute ist der klinische Genetiker in der gleichen Lage wie der Nephrologe mit der Niere, der Kardiologe mit dem Herz usw. Wir können heute, wie das bei jedem Organ oder Organsystem möglich ist, von der pathologischen Anatomie des menschlichen Genoms sprechen".

3.1 Charakterisierung und Darstellung menschlicher Chromosomen

Man unterscheidet 22 Autosomenpaare (homologe Chromosomen) und 2 Geschlechtschromosomen: das homologe XX-Paar im weiblichen und das nicht homologe XY-Paar im männlichen Karyotyp. Eine Charakterisierung der 23 Chromosomenpaare aufgrund differentieller Färbemuster ist seit 1970 möglich.

Eine Auflösung auch feinster Chromosomenstrukturen bis hin zu einzelnen Genen gelingt durch die Chromosomen-in situ-Suppressions-(CISS-)Hybridisierung (s. 3.1.7).

Homologe Chromosomen stimmen sowohl in Zahl und Anordnung ihrer Banden als auch in Zahl und Anordnung ihrer Gene überein. In einem lichtmikroskopisch sichtbaren Metaphasechromosom liegt in einer Chromatide jeweils eine DNA-Doppelhelix mit ihren assoziierten Proteinen in dichten Spiral- und Faltungskomplexen vor. Die exakte Konfiguration ist noch nicht bekannt (s. 3.1.3).

Als Untersuchungsmaterial zur Routine-Chromosomendarstellung genügen wenige ml heparinisiertes Blut. Die im peripheren Blut nicht proliferierenden Lymphozyten befinden sich in einer mitotischen Ruhephase (G_0). Nach Stimulation mit einem Mitogen (z. B. Phytohämagglutinin) treten sie zunächst in die präsynthetische Phase (G_1) des Zellzyklus ein, durchlaufen die DNA-Synthesephase (S) sowie die postsynthetische Phase (G_2) und führen schließlich die mitotische Teilung durch (Abb. 3.1).

Prinzipiell können alle Zellen zytogenetisch untersucht werden, die sich spontan oder nach Stimulation teilen, z. B. Fibroblasten und Knochenmarkgewebe. Eine besondere Bedeutung hat die Kultivierung von Amnion- und Chorionzellen für

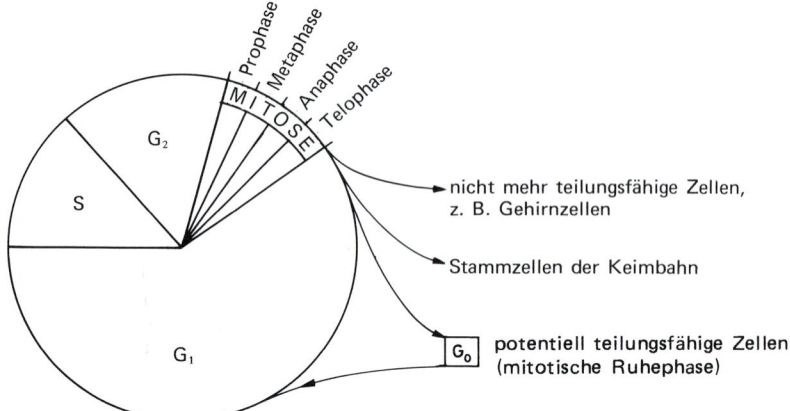

Abb. 3.1 Schema des mitotischen Zellzyklus

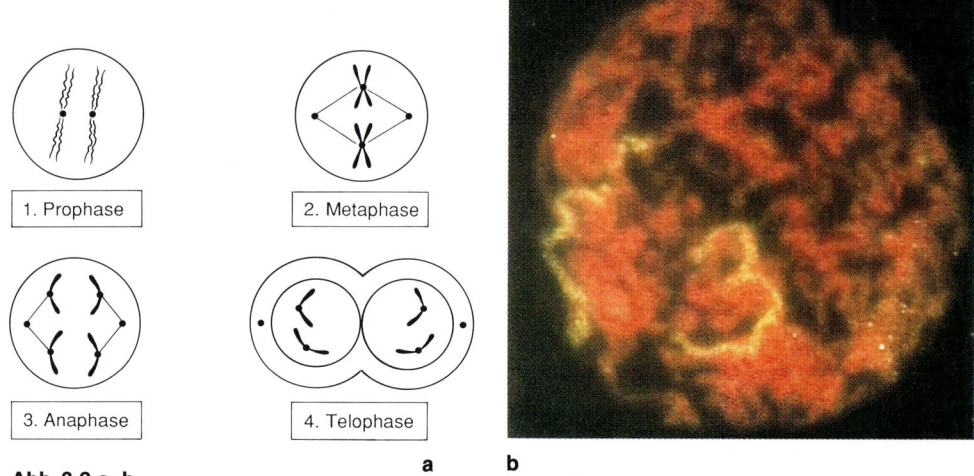

a   b

Abb. 3.2 a, b
a Stadien der Mitose
b Beginnende Kondensation der Chromosomen in der Prophase; spezifische Markierung der beiden Chromosomen 3 mittels CISS-Hybridisierung (s. 3.1.7). Die beiden Chromatiden sind noch nicht getrennt wahrnehmbar

die pränatale genetische Diagnostik gewonnen (s. 10.7).

3.1.1 Mitose

Die mitotische Teilung (Abb. 3.2) beginnt mit der **Prophase,** in der sich die in der S-Phase reduplizierten Chromosomen kondensieren und dadurch als Fäden mikroskopisch sichtbar werden.

Die Kernmembran wird aufgelöst, die Zentriolen wandern an die beiden Zellpole und bilden die Spindelfasern, die sich an die Zentromerregion der Chromosomen anheften. Die Chromosomen ordnen sich in der Äquatorialebene der Zelle, der sog. Metaphaseplatte an. Im Stadium der **Metaphase** sind die Chromosomen kontrahiert und daher der mikroskopischen Analyse zugänglich. Im späten Metaphasestadium erkennt man zwei Chromatiden, die am

Zentromer miteinander verbunden sind. In der folgenden **Anaphase** werden die beiden Chromatiden jedes Chromosoms voneinander getrennt und durch die Spindelfasern zu den entgegengesetzten Polen der Zelle transportiert. In der **Telophase** entspiralisieren sich die Chromatiden. Um jede der beiden genetisch identischen Tochterkerne wird eine neue Kernmembran gebildet. Zum Abschluß teilt sich das Zytoplasma. In der **Interphase** finden die physiologischen Arbeitsleistungen statt.

3.1.1.1 Chromosomendarstellung und -identifizierung

Zur Darstellung der Chromosomen wird die Mitose im Metaphasestadium arretiert. Dazu wird der Blutkultur mit den proliferierenden Lymphozyten nach 2 – 3 Tagen das Spindelgift Kolchizin für 1 – 2 Stunden zugesetzt.

Da durch die Zerstörung der Spindelfasern das Auseinanderweichen der Schwester-Chromatiden verhindert ist, bleiben alle Zellen, die während dieser Zeit in die Mitose eintreten, im Stadium der Metaphase und können für die Chromosomenanalyse präpariert werden.

Die Chromosomenpräparation nach dem Kolchizinstop umfaßt zwei Schritte:

(1) Die hypotone Behandlung mit einer Salzlösung (z. B. 0,075 molares KCl), die das Chromatin in einen Quellungszustand bringt.

(2) Die Fixierung mit einem Gemisch aus Essigsäure und Methanol (1 : 3).

Die so präparierten Zellen werden auf einen Objektträger aufgetropft und die Präparate mit verschiedenen Färbetechniken behandelt.

Man erkennt im Mikroskop bei etwa 100facher Vergrößerung die Metaphasen neben den Lymphozytenkernen, die sich in der Interphase befinden (Abb. 3.3).

Die Chromosomenfeinstruktur läßt sich bei etwa 1 000facher Vergrößerung beobachten.

Die Metaphasen werden fotografiert (Abb. 3.4) oder mit Videoprintern ausgedruckt. Aus den Abbildungen können die Chromosomen ausgeschnitten und zum Karyogramm geordnet werden (Abb. 3.5). Die handwerkliche Arbeit des Ausschnei-

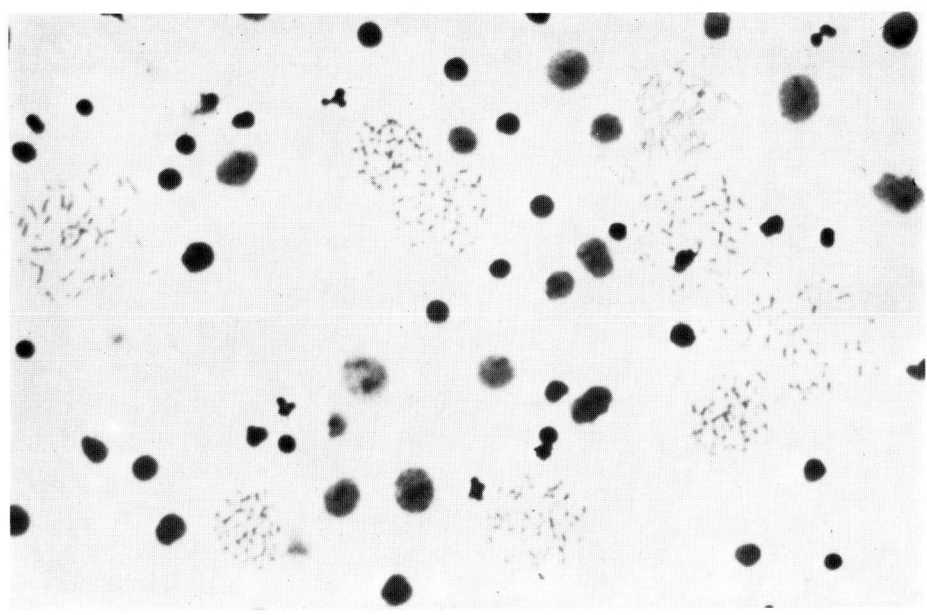

Abb. 3.3 Aufgetropfte Zellsuspension mit Metaphasen und Interphasekernen der Lymphozyten (Giemsa-Färbung, Vergrößerung ca. 150 : 1, Foto *Karl Daumer,* München)

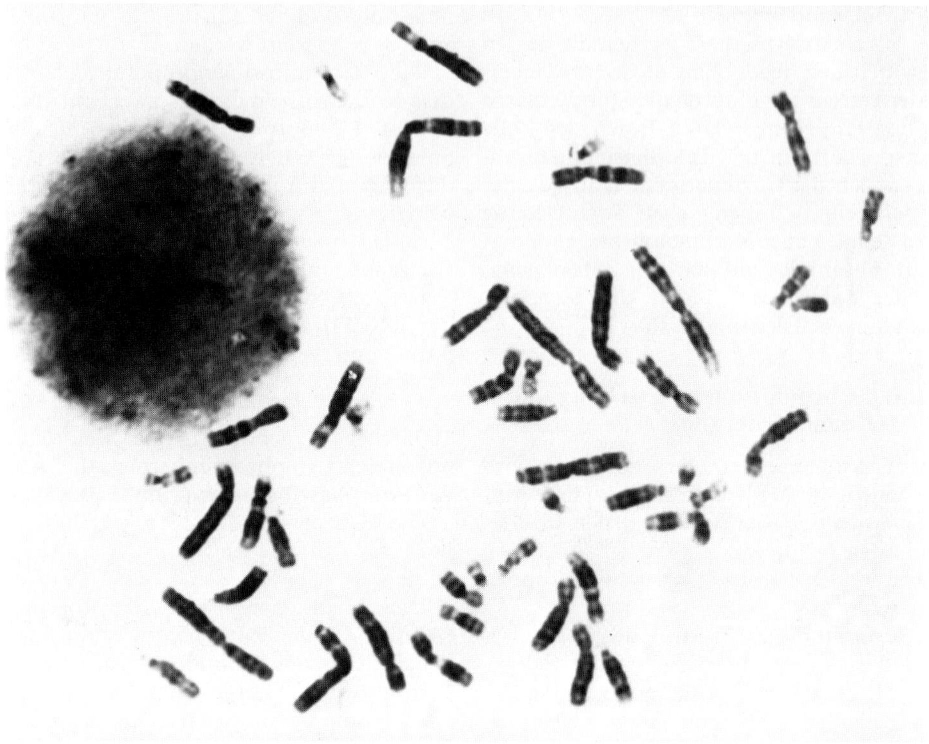

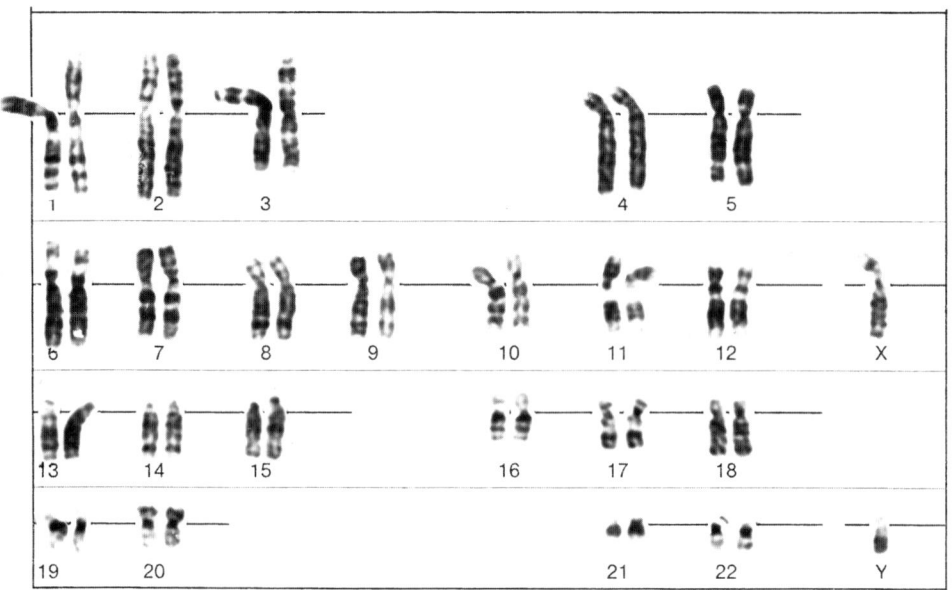

Abb. 3.4 Feinstruktur der Chromosomen in der Metaphase (G-Bandenfärbung, Vergrößerung ca. 2000 : 1)

Abb. 3.5 Karyogramm: männlicher Karyotyp (46,XY); G-Bandenfärbung, etwa 400 Banden pro haploidem Chromosomensatz sind dargestellt

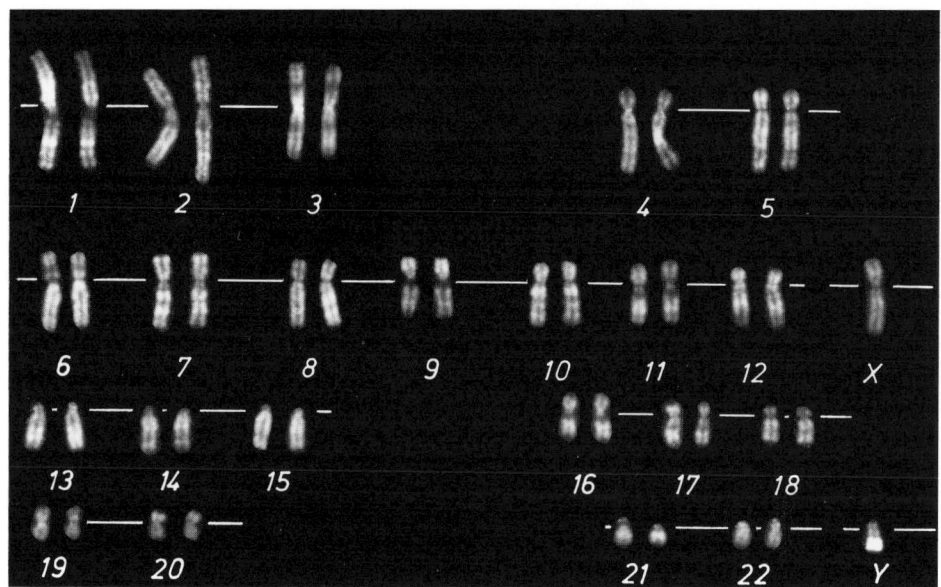

Abb. 3.6 Karyogramm: männlicher Karyotyp (46,XY); Quinacrin-Bandenfärbung, ca. 400 Banden pro haploidem Chromosomensatz sind dargestellt; das Y-Chromosom ist stark fluoreszierend
(Foto *E. Schwinger,* Institut für Humangenetik, Med. Universität Lübeck)

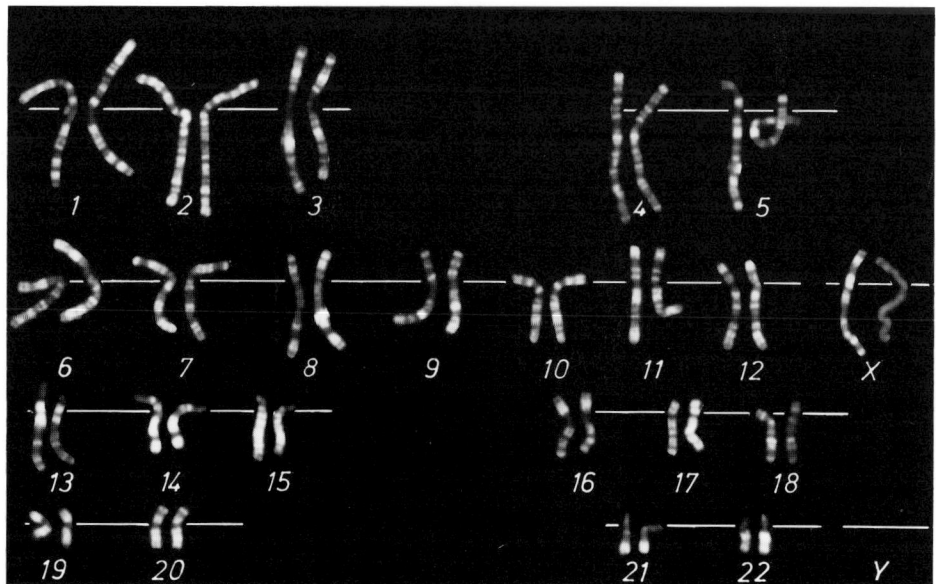

Abb. 3.7 Karyogramm: weiblicher Karyotyp (46,XX); R-Bandenfärbung mit Akridin-Orange, ca. 550 Banden pro haploidem Chromosomensatz sind dargestellt; das spät replizierende, inaktivierte X-Chromosom ist schwach fluoreszierend (s. 3.3)

dens wird in zunehmendem Maße durch Computerprogramme, mit Hilfe derer die einzelnen Chromosomen zum Karyogramm geordnet werden, ersetzt.

Seit der Entdeckung der Bandenfärbung menschlicher Chromosomen wurde durch Verwendung verschiedener Farbstoffe und Vorbehandlungsmethoden eine immer bessere Differenzierung einzelner Chromosomensegmente erreicht.

Die ursprüngliche Färbung mit Fluoreszenzfarbstoff (Quinacrin-Mustard = Q-Banden) (Abb. 3.6) wurde in der Routinediagnostik von der G-Bandenfärbung mit Giemsa-Farbstoff, die lichtmikroskopisch leichter darstellbar ist, abgelöst (Abb. 3.5). Stark angefärbte Chromosomenabschnitte in der G-Bandenfärbung und stark fluoreszierende Abschnitte in der Q-Bandentechnik entsprechen einander.

Das Y-Chromosom zeigt bei der Q-Färbung eine besonders starke Fluoreszenz, die sogar in der Interphasezelle als hell leuchtendes Körperchen (Y-Chromatin) darzustellen ist und zur Kerngeschlechtsbestimmung herangezogen wird (s. Abb. 3.20 und Tab. 3.2).

Eine Ergänzung der zytogenetischen Diagnostik stellen die R(Reverse)-Bandentechniken dar. Die Chromosomen zeigen hier dunkle und helle Banden, deren Topo-

graphie ein Negativ der G- bzw. Q-Bandenfärbung ist (Abb. 3.7).

Für die Bandenmuster wurde eine internationale Standard-Chromosomen-Nomenklatur (ISCN) festgelegt. Dabei werden die 22 Autosomenpaare fortlaufend numeriert. Die Chromosomen werden in den kurzen Arm (p = petit) und den langen Arm (q = der auf p folgende Buchstabe) eingeteilt. Begrenzt werden diese Abschnitte durch die Chromosomenenden (Telomere) und das Zentromer.

Die Chromosomenarme sind weiterhin durch charakteristische Banden in Regionen unterteilt, die vom Zentromer ausgehend nach distal fortlaufend numeriert werden. Innerhalb dieser Regionen werden die hellen und die dunklen Banden numeriert. In der Routinepräparation sind etwa 350 Banden zu unterscheiden.

Durch Synchronisation der Zellen in Kultur (z. B. nach Zugabe von Methotrexat) gelingt es, die Chromosomen in der Prometaphase darzustellen.

Chromosomenabschnitte, die in der Metaphase als eine Bande erscheinen, können in der Prometaphase in mehrere Banden aufgelöst werden. Die Zahl der unterscheidbaren Banden im haploiden Chromosomensatz erhöht sich so auf etwa 850 (Abb. 3.8).

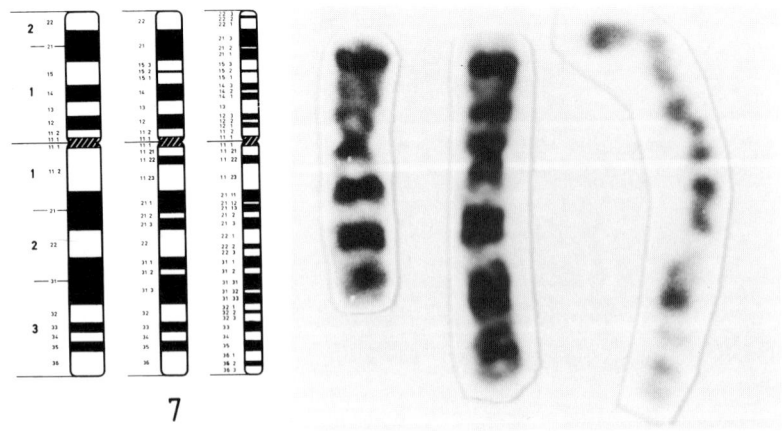

7

Abb. 3.8 Chromosom 7 mit unterschiedlichem Kondensationsgrad des Chromatins und damit steigender Bandenauflösung (Prometaphase-Hochauflösungs-Bänderung); das ISCN-Schema entspricht dem 400, 650- und 850-Bandenstadium pro haploidem Chromosomensatz

3.1.2 Meiose

Als Meiose werden die beiden Reifeteilungen der ursprünglich diploiden Keimzellen bezeichnet (Abb. 3.9). Die morphologischen Prozesse der Reifeteilungen sind im männlichen und weiblichen Geschlecht sehr ähnlich, allerdings bestehen beträchtliche Unterschiede in Zeitpunkt und Dauer der Teilungsvorgänge (Abb. 3.10). Die be-

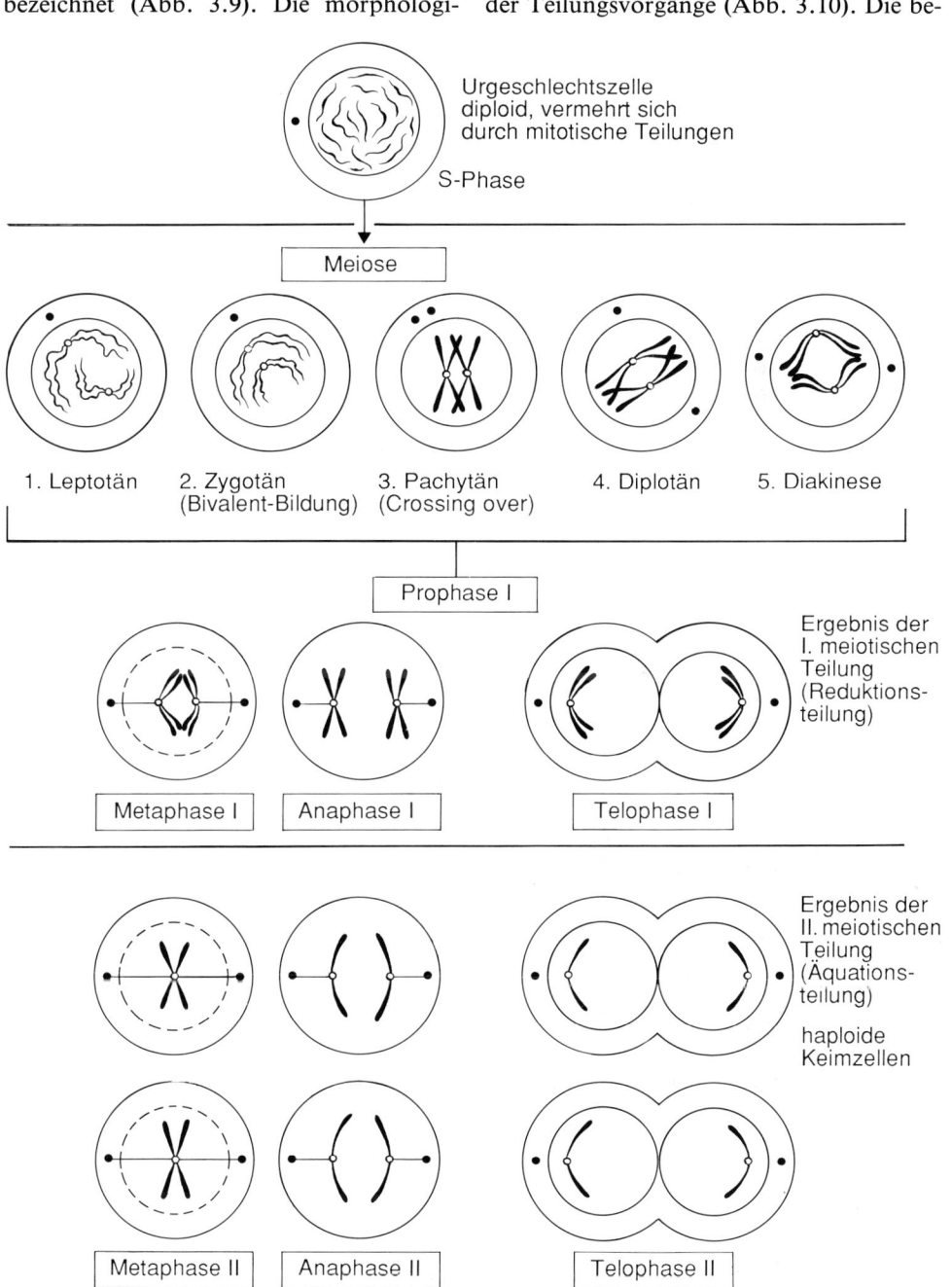

Abb. 3.9 Stadien der Meiose

fruchtungsfähigen Keimzellen enthalten im Gegensatz zu allen anderen Zellen des Körpers nur einen einfachen (haploiden) Chromosomensatz.

Die meiotische Teilung (Abb. 3.9) beginnt nach einer S-Phase (Verdoppelung der Chromosomen) mit der **Prophase I.** Sie ist das längste und komplizierteste Stadium des meiotischen Prozesses und wird in 5 Abschnitte unterteilt:

(1) Im **Leptotän** werden die Chromosomen im Kern als feine Fäden sichtbar.

(2) Im **Zygotän** beginnen sich die homologen Chromosomen zu paaren (Bivalentbildung) und verkürzen sich durch Spiralisation des Chromatins. Die nicht homologen Geschlechtschromosomen beim Mann (XY) paaren sich nur am distalen Ende des kurzen Armes (homologe Region = pseudoautosomale Region) sowie im Telomerbereich des langen Armes und kondensieren zu einem dunkel färbbaren Körperchen, dem „Sex-Vesicle".

Die Zahl der Bivalente entspricht der haploiden Chromosomenzahl (= 23). Da die homologen Chromosomen jeweils aus zwei Chromatiden bestehen, sind die Bivalente 4strängige Strukturen (Tetraden).

(3) Im **Pachytän** erreichen die Chromosomen den maximalen Kontraktionszustand. Die Bivalente werden als Tetraden sichtbar. Im Tetradenstadium findet das crossing over statt, dessen Folge ein wechselseitiger Austausch homologer Chromosomenabschnitte, d. h. ein Austausch von mütterlichen und väterlichen Genen ist (Rekombination).

(4) Im **Diplotän** beginnen die homologen Chromosomen auseinanderzuweichen. Sie bleiben an den Stellen, an denen crossing over stattgefunden haben, etwas länger in Kontakt (Chiasmata).

Nach Auflösung der Kernmembran bilden sich die Spindelfasern aus, die sich an die Zentromerstrukturen der Bivalente anheften. In der Metaphase I liegen die homologen Zentromere getrennt voneinander jeweils zu den Zentriolen hin orientiert in der Äquatorialebene des Zellkerns. In der Anaphase I wird die Tetrade getrennt, die homologen Chromosomen werden jeweils als ganze Chromosomen (2 Chromatiden) an die entgegengesetzten Zellpole transpor-

tiert, wobei die Verteilung der väterlichen und mütterlichen Homologen auf die Tochterzellen zufällig ist (Neukombination). In den entstehenden neuen Kernen sind jetzt jeweils nur noch 23 ehemals väterliche oder mütterliche, durch crossing over veränderte Chromosomen vorhanden (Reduktion der Chromosomenzahl = Reduktionsteilung).

An die erste meiotische Teilung schließt sich ohne vorhergehende Prophase eine zweite Teilung an, die wie eine Mitose mit den Stadien Metaphase II, Anaphase II und Telophase II abläuft und die Schwester-Chromatiden trennt (Äquationsteilung). Nach der Meiose sind 4 haploide Zellen entstanden.

Im **männlichen** Geschlecht beginnen die Spermatogonien ihre Reifeteilung und ihre Differenzierung in Spermatozyten zum Zeitpunkt der Pubertät unter dem Einfluß der gonadotropen Hormone (Abb. 3.10). Aus einer Spermatogonie entstehen 4 befruchtungsfähige Spermien.

Im **weiblichen** Geschlecht beginnt die meiotische Teilung der Oogonien bereits während der intrauterinen Entwicklung. Die erste meiotische Teilung wird jedoch nicht abgeschlossen. Im Diplotän werden die Bivalente durch Entspiralisierung des Chromatins lang und dünn. Die Oozyten treten in ein Ruhestadium (**Dictyotän**) ein, indem sie bis kurz vor der Ovulation (12 – 45 Jahre) verbleiben. Die ruhende Oozyte wird von Follikelzellen umgeben. Von der Pubertät an reift i. d. R. jeweils ein Ovarialfollikel im Monat unter dem Einfluß von Gonadotropinen. Die erste meiotische Teilung der Oozyte wird vollendet. Die Bivalente kondensieren sich erneut, es folgt das Stadium der Diakinese, der Metaphase I und der Anaphase I, indem sich die Homologen trennen (Reduktionsteilung). Eine Tochterzelle erhält bei der Teilung fast das gesamte Zytoplasma (Oozyte II), während die andere Tochterzelle, die praktisch nur den Kernanteil erhält, zum ersten Polkörperchen wird.

Zu diesem Zeitpunkt findet die Ovulation statt. Die Oozyte II wandert, begleitet von ihrem ersten Polkörperchen durch die Tube. Erst nach der Fertilisation läuft in der Oozyte II, die schon den haploiden

Chromosomensatz des Spermiums (männlicher Vorkern) enthält, und im Polkörperchen jeweils die Äquationsteilung ab. Aus einer Oogonie entstehen so eine befruchtete Oozyte und drei Polkörperchen (Abb. 3.10).

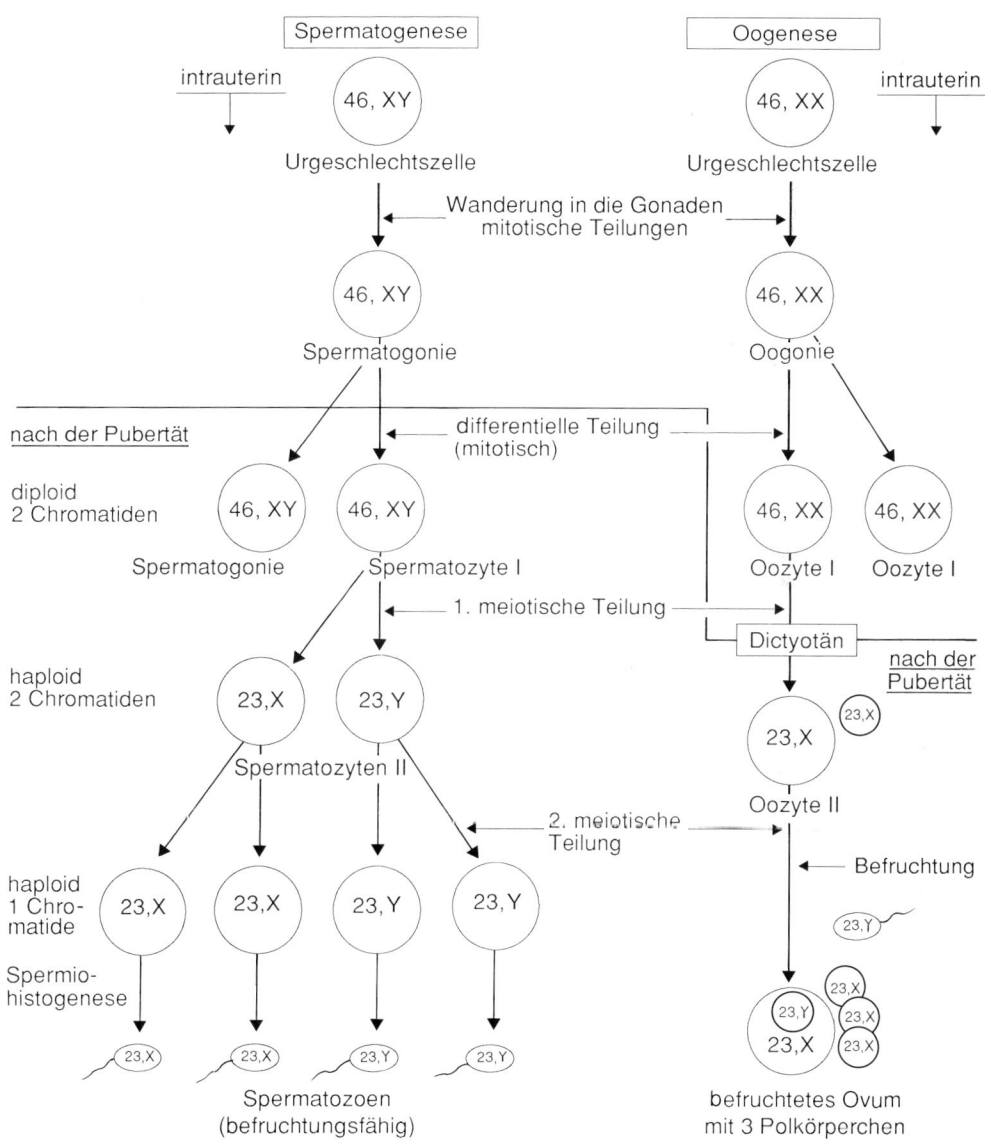

Abb. 3.10   Schema der Gametogenese

3.1.3 Chromosomenstruktur und -funktion

Die Grundstruktur des Chromatins besteht aus einem Nukleoproteinfaden von ca. 10 nm Durchmesser (Abb. 3.11 a, f), der aus perlenkettenartig aneinandergereihten Nukleosomen besteht. Das sind basische Proteinkörper, um die sich der doppelsträngige DNA-Faden windet.

Ein Nukleosom (Abb. 3.11 a) setzt sich aus 8 Histonen zusammen (jeweils einem Paar der Histone H2a, H2b, H3 und H4). Eine Kondensierung des Chromatins wird durch eine „Superwendelung" der 10 nm-Nukleoproteinfaser erreicht. Es entsteht eine Faser von ca. 30 nm Durchmesser (Abb. 3.11 b), deren Struktur durch das Histon H1 aufrechterhalten wird. Die Anordnung dieser 30 nm-Fasern in Metaphasechromosomen ist bisher noch nicht vollständig geklärt. Vieles spricht für die Beteiligung saurer Proteine (Nicht-Histon-Proteine) an der Struktur der Chromosomen,

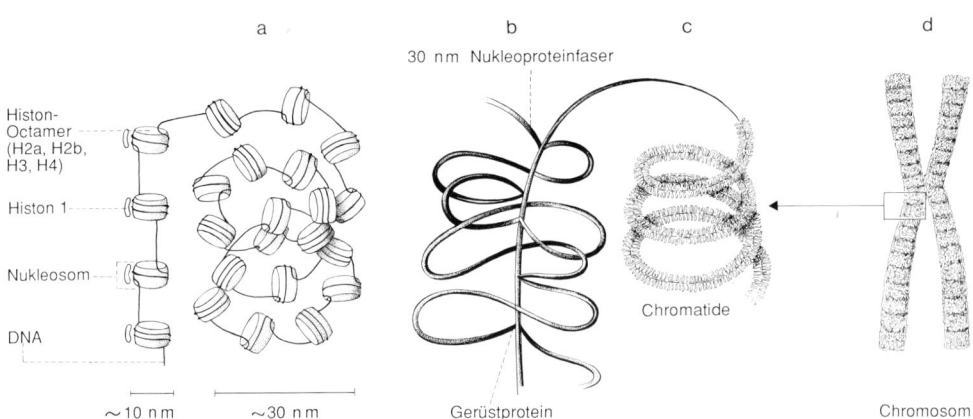

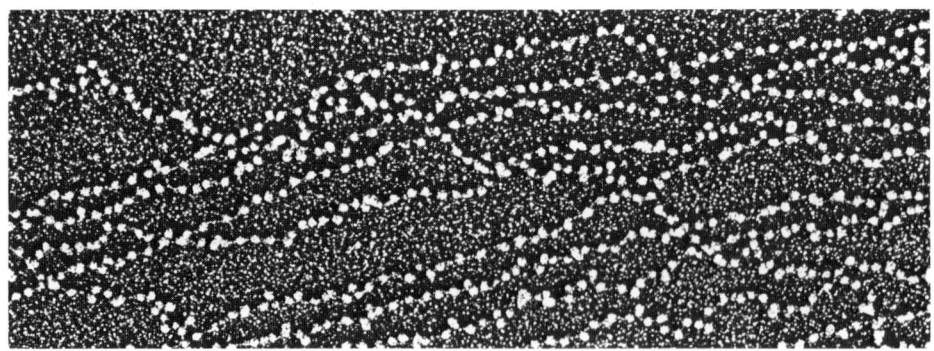

Abb. 3.11 a–e Struktur des Chromatins

a Nukleoproteinfaser; Nukleosomen, um die sich das DNA-Molekül wickelt und deren Struktur durch Histon H1 stabilisiert wird

b Modell der Chromosomenstruktur mit zentralem Gerüst und rosettenförmiger Anordnung der Nukleoproteinfaser

c Chromatidenausschnitt

d Chromosom

e Elektronenmikroskopische Aufnahme von Chromatin (Hühner-Erythrozyten, Vergrößerung 50 500 : 1) mit der typischen „Perlenketten"-Anordnung der Nukleosomen (vgl. a) (Foto *H.-W. Zentgraf*, Dt. Krebsforschungszentrum Heidelberg)

möglicherweise in Form eines zentralen Gerüsts, an welches die 30 nm-Nukleoprotein-faser schleifenförmig angeheftet ist (Abb. 3.11 c). Der Mechanismus der Chromosomenkondensation im Laufe der Mitose ist noch ungeklärt.

Auch die molekulare Grundlage für die färberische Differenzierung der Chromosomenabschnitte konnte bisher nicht umfassend aufgeklärt werden.

Molekulargenetische Befunde legen einen Zusammenhang zwischen Gendichte und Färbeeigenschaft nahe: helle G-Banden enthalten mehr Gene als dunkle; nicht fluoreszierende Abschnitte in der Q-Banden-Färbung sind genreicher als fluoreszierende.

3.1.4 Nomenklatur von Chromosomenaberrationen

Der Chromosomensatz des Menschen wird durch international festgelegte Zahlen- und Buchstabenformeln definiert. Dabei wird die Gesamtzahl der Chromosomen (im Normalfall 46) mit einer arabischen Ziffer angegeben. Zusätzlich wird die Geschlechtschromosomen-Konstellation XX oder XY, von dieser ersten Zahl durch ein Komma getrennt, angegeben. Die Formel für einen normalen männlichen Chromosomensatz lautet 46,XY, die für einen normalen weiblichen Chromosomensatz 46,XX.

Numerische Chromosomenaberrationen werden analog wiedergegeben (Gesamtzahl der Chromosomen, Gonosomen-Konstellation). Bei numerischen Autosomenaberrationen wird das zusätzliche Autosom hinter der Geschlechtschromosomen-Konstellation genau bezeichnet. Als Beispiele seien hier die Karyotypformeln 47,XY, + 21 bei einem Knaben mit einer Trisomie 21, 47,XXY bei einem Knaben mit einem überzähligen X-Chromosom (Klinefelter-Syndrom) und 45,X bei einem Mädchen mit dem Ullrich-Turner-Syndrom genannt (s. 4.2 u. 4.3).

Bei strukturellen Chromosomenaberrationen wird der Typ der Strukturveränderung durch ein Kürzel bezeichnet, danach werden die betroffenen Chromosomen und die entsprechenden Bruchpunkte angegeben. Einzelne Beispiele sind im Kapitel 4.4 bei der Beschreibung der strukturellen Chromosomenaberrationen und ihren klinischen Bildern dargelegt.

3.1.5 Strukturelle Varianten menschlicher Chromosomen

3.1.5.1 Bedeutung von Formunterschieden

Es gibt Variationen in der Chromosomenstruktur, die keinen Krankheitswert haben. Diese als **chromosomale Polymorphismen** bezeichneten Strukturvarianten finden sich nur in bestimmten Chromosomenregio-

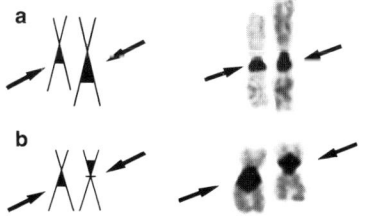
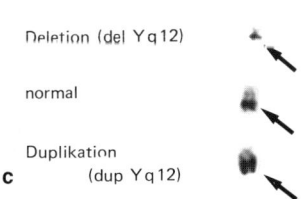

Deletion (del Y q 12)

normal

Duplikation
c (dup Y q 12)

Abb. 3.12 a – c Normvarianten an den Chromosomen 1, 9 und Y (C-Banden)
a Chromosom 1: Verlängerung des zentromernahen Heterochromatins infolge Duplikation; var(1) (q12) oder 1qh +
b Chromosom 9: Inversion des zentromernahen Heterochromatins; inv(9) (p11q12) oder inv(9qh)
c Y-Chromosom: variable Länge des Heterochromatins am langen Arm bei 3 gesunden Männern

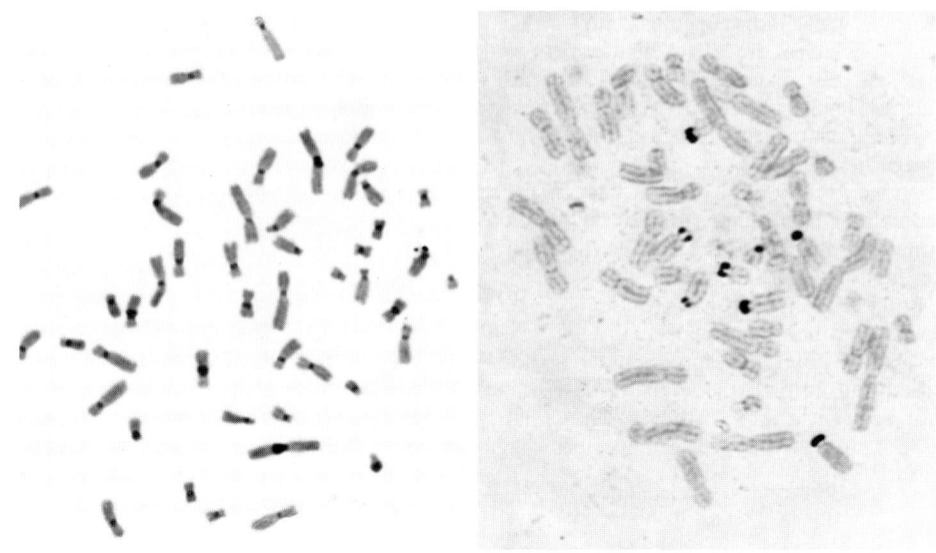

Abb. 3.13 a, b Darstellung variabler Chromosomenregionen
a C-Banden, **b** NOR-Färbung

nen, die vermutlich genetisch inaktive DNA enthalten oder deren Gen-Dosis kompensierbar ist. Solche DNA befindet sich z. B. in der Zentromerregion aller Chromosomen, im proximalen langen Arm der Chromosomen 1, 9 und 16 sowie im distalen langen Arm des Y-Chromosoms (Abb. 3.12 a – c). Auch die kurzen Arme der akrozentrischen Chromosomen (13, 14, 15, 21 und 22) sind sehr variabel. Hier sind die Gene für verschiedene Typen der am Ribosomenaufbau beteiligten RNA-Moleküle (rRNA) lokalisiert, welche in mehreren hundert Kopien vorliegen (Nukleolus organisierende Region NOR). Ein Verlust oder Zugewinn von mehreren solchen Genkopien ist durch Regulation der Genaktivität kompensierbar und hat keinen Einfluß auf den Phänotyp.

Die variablen Abschnitte auf den Chromosomen lassen sich mit speziellen Färbeverfahren spezifisch abgrenzen. Die **C-(Centromer)-Bandentechnik** (Abb. 3.13 a) färbt speziell die zentromernahe Chromatinfraktion und den distalen q-Arm des Y-Chromosoms. Die variable Kurzarmregion der akrozentrischen Chromosomen kann mit Hilfe der Quinacrin-Fluoreszenz und der **NOR-**(Nukleolus organisierende Region)-Färbung (Abb. 3.13 b) markiert werden.

Chromosomenvarianten entstehen durch Duplikation (Triplikation, höhergradige Repetitionen), Deletion oder perizentrische Inversion. Sie treten meist heterozygot (nur eines der homologen Chromosomen betroffen), seltener homozygot (beide Homologen betroffen) auf. Sie werden wie die Mendelschen Merkmale vererbt und lassen sich als „Marker" durch Generationen hindurch verfolgen.

3.1.5.2 Bedeutung brüchiger („fragiler") Stellen

Auf den Autosomen sowie auch auf dem X-Chromosom können spezifische Bruchstellen (fragile sites) auftreten. Es handelt sich dabei um Diskontinuitäten der Chromosomenstruktur (Spiralisationsstörung des Chromatins), die durch bestimmte Zellkulturbedingungen induziert werden (z. B. Folsäuremangel) oder − seltener − spontan auftreten. Die fragilen Stellen des

Chromosomensatzes werden sowohl nach der Häufigkeit ihres Vorkommens als auch nach der Art ihrer Induzierbarkeit klassifiziert. Träger von fragilen Stellen im Chromosomensatz sind mit einer Ausnahme (Syndrom des fragilen X, s. 4.4.4.4) phänotypisch unauffällig. Jedoch besteht möglicherweise ein Zusammenhang zwischen fragilen Stellen und der Lokalisation von bestimmten Protoonkogenen.

3.1.6 Grenzen der diagnostischen Möglichkeiten der Chromosomenanalyse

Bisher waren die diagnostischen Möglichkeiten der Zytogenetik durch die Auflösung des Lichtmikroskopes begrenzt. Mit den Prometaphase-Bandentechniken gelingt es, bis zu 850 Abschnitte auf dem haploiden Chromosomensatz zu unterscheiden. Jeder dieser Bandenabschnitte besteht aus mehreren Millionen Basenpaaren, umfaßt also einen Bereich, in dem eine große Zahl von Genen liegt.

Deletionen oder Duplikationen, die nur wenige Millionen Basenpaare umfassen, können zytogenetisch nicht erkannt werden. Auch die Charakterisierung von zusätzlichem Chromosomenmaterial, z. B. bei unbalancierten, neu entstandenen Translokationen, ist mit den herkömmlichen zytogenetischen Methoden häufig nicht möglich. Hier bietet die FISH- oder CISS-Hybridisierung einen Ausweg.

3.1.7 Fluoreszenz-in situ- Hybridisierung (FISH)

Als Fluoreszenz-in situ-Hybridisierung (FISH) bezeichnet man eine molekularzytogenetische Technik, bei der chemisch markierte DNA-Sonden direkt auf Chromosomenpräparate hybridisiert und durch Fluoreszenzsignale sichtbar gemacht werden. Als Ergebnis intensiver Forschungsarbeiten der letzten 5 Jahre steht heute ein umfangreiches Potential an DNA-Sonden und entsprechenden Methoden zur Verfügung, die in Abhängigkeit von den diagno-

stischen zytogenetischen Fragestellungen wahlweise Anwendung finden.

Folgende DNA-Sonden können z. B. verwendet werden:
− Phagen- und Plasmid-DNA-Bibliotheken von sortierten menschlichen Chromosomen (Abb. 3.14)
− spezielle Cosmide und YAC's (Yeast Artificial Chromosomes), (s. 1.15) die ganz bestimmte menschliche DNA-Abschnitte enthalten und
− Plasmide, die hochspezifische menschliche DNA-Sequenzen z. B. von Zentromeren einzelner Chromosomen (zentromerspezifische Sonden) oder von Chromosomentelomeren (Telomersonden) enthalten.

Da die meisten der genannten DNA-Sonden neben spezifischen DNA-Sequenzen auch unspezifische, d. h. repetitive Sequenzen, die auf allen Chromosomen annähernd gleichmäßig verteilt sind, (s. 1.1.2), besitzen, würde eine direkte Hybridisierung der DNA-Sonden auf die Chromosomenpräparate keine spezifischen Signale ergeben.

Die Technik der **Chromosomen-in situ-Suppressions-(CISS-)Hybridisierung,** hat den entscheidenden Durchbruch bei der Chromosomen-in situ-Hybridisierung, die früher mit radioaktiv markierten singlecopy DNA-Sonden durchgeführt wurde, gebracht. Damit wurde der Weg zur Anwendung in der Routine-Chromosomendiagnostik eröffnet (*Lichter* et al. 1988).

Die Methode der CISS-Hybridisierung ist in Abb. 3.14 am Beispiel der Verwendung einer Phagen-DNA-Bibliothek als DNA-Sonde erläutert.

Sowohl in der Routine-Chromosomendiagnostik als auch in der Tumorzytogenetik stellt die FISH- bzw. CISS-Hybridisierung bei zahlreichen Fragestellungen eine unentbehrliche Ergänzung der konventionellen Chromosomenbänderungstechniken dar. Darüber hinaus findet sie in der Forschung z. B. bei der Genkartierung (physikalische Kartierung, s. 1.3.3) Anwendung. Die Tabelle 3.1 gibt einen Überblick über die verwendeten DNA-Sonden (auszugsweise), deren Markierungseigenschaften und Anwendungsmöglichkeiten. Spezielle Beispiele zeigen die Abb. 3.15 − 3.17.

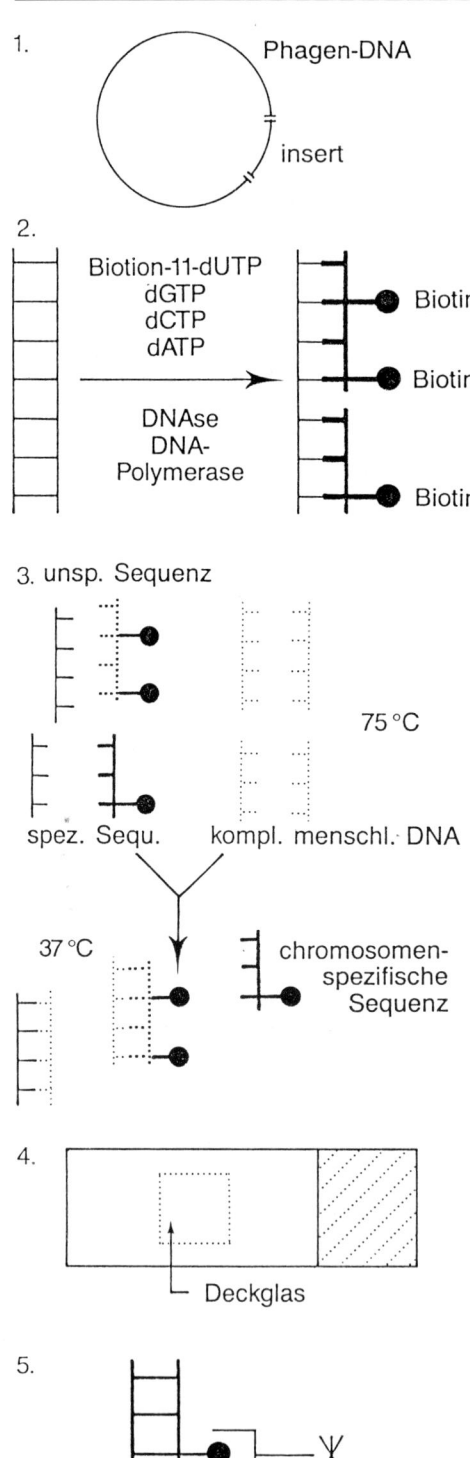

1.

Phagen-DNA

insert

2.

Biotion-11-dUTP
dGTP
dCTP
dATP

DNAse
DNA-
Polymerase

Biotin

Biotin

Biotin

3. unsp. Sequenz

75 °C

spez. Sequ.   kompl. menschl. DNA

37 °C

chromosomen-
spezifische
Sequenz

4.

Deckglas

5.

Avidin-FITC

Abb. 3.14 Die Methode der CISS-Hybridisierung

1. Vermehrung der Phagen-DNA-Bibliothek und DNA-Präparation
Die Phagen, die als „inserts" ein Stück eines bestimmten menschlichen Chromosoms enthalten, werden in Bakterien (E. coli) vermehrt, und die DNA wird präpariert.
Das Gemisch von vielen Millionen Phagen, die in ihrer Gesamtheit die DNA eines bestimmten menschlichen Chromosoms enthalten, wird als Phagen-DNA-Bibliothek bezeichnet. Jeder einzelne Phage enthält nur einen Bruchteil, d. h. etwa 1 000 – 5 000 Bp, der DNA des menschlichen Chromosoms (Chromosom X enthält ca. 150 Millionen Bp).

2. Nichtradioaktive Markierung der DNA
Zu der aus der Phagen-Bibliothek isolierten DNA wird ein Nukleotidgemisch aus dGTP, dCTP,dATP und Biotin-11-dUTP, eine DNase und eine DNA-Polymerase gegeben. Die DNase baut einen Einzelstrang abschnittweise ab, den die Polymerase neu synthetisiert mit Einbau von Biotin-11-dUTP anstelle von dTTP. Durch Säulenfiltration werden die nicht eingebauten Nukleotide von der DNA getrennt. Die markierte DNA dient als Sonde für die Hybridisierung.

3. Vorhybridisierung der markierten DNA-Sonde mit Competitor-DNA
Da in jedem Chromosom neben den für das jeweilige Chromosom spezifischen DNA-Sequenzen auch unspezifische (repetitive) Sequenzen vorliegen, die nach der Hybridisierung mit markierter Phagen-DNA auf allen Chromosomen Signale geben würden, müssen diese unspezifischen Sequenzen unterdrückt werden. Dazu erfolgt eine Vorhybridisierung der markierten Phagen-DNA (Sonde) mit kompletter, unmarkierter menschlicher DNA (Suppression). Da unter den gewählten Vorhybridisierungsbedingungen die markierten, chromosomenspezifischen Sequenzen im Überschuß vorhanden sind, werden sie nicht abgedeckt und bleiben zur endgültigen Hybridisierung übrig.

4. Hybridisierung der markierten DNA-Sonde auf das Chromosomenpräparat
Die Chromosomen werden bei 75 °C denaturiert und über Nacht mit der markierten vorhybridisierten DNA-Sonde hybridisiert.

5. Nachweis mittels Fluoreszenz
Das Präparat wird nach der Hybridisierung mit Avidin-FITC (Fluorescein Isothiocyanat) inkubiert. Fluoreszierendes Avidin-FITC bindet an das Biotin und kann im Fluoreszenzmikroskop nachgewiesen werden.

(aus: Praxis der Biologie, 40, 6, 1991, Aulis, Köln)

Tabelle 3.1 DNA-Sonden und deren Anwendungsmöglichkeiten bei der Fluoreszenz-in situ-Hybridisierung von Chromosomen

DNA-Sonde	Markierung	Anwendung
Phagen- oder Plasmid-DNA Bibliothek	ganze Chromosomen (chromosome painting)	Turmorzytogenetik und Routine-Chromosomendiagnostik – Bestimmung von Bruchpunkten bei Translokationen (bal. oder unbal.) – Identifizierung von unbekannten Chromosomensegmenten, z. B. zusätzliche Markerchromosomen
Cosmid YAC	Chromosomenabschnitte der Größe von etwa 10 – 40 kb (Cosmid) bzw. 40 – 2000 kb (YAC)	– Interphasekern-Zytogenetik z. B. Nachweis von numerischen Aberrationen (Trisomie 13, 18, 21) – Nachweis von Mikrodeletionen – physikalische Genkartierung
zentromerspezifisches Plasmid	Zentromerregion spezifischer, homologer Chromosomen	– Identifizierung kleiner Marker-chromosomen – Interphasekern-Zytogenetik (numerische Aberrationen)

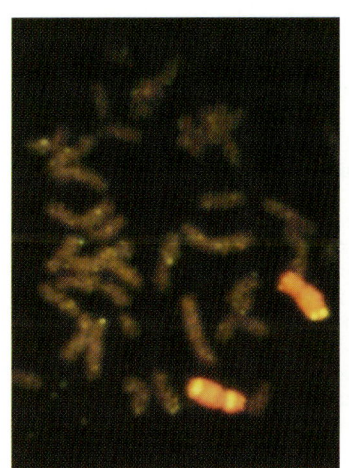
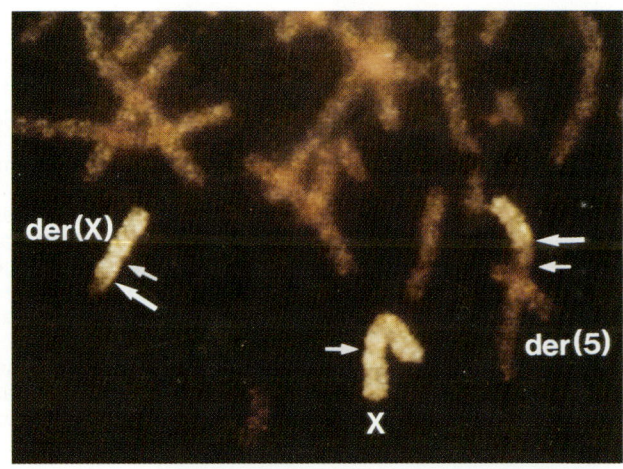

Abb. 3.15 a, b

a Nachweis einer Mikrodeletion im Muskeldystrophie Duchenne-Gen (DMD) einer Überträgerin. (Indikation: ein betroffener Sohn mit Muskeldystrophie Duchenne und nachgewiesener partieller Gendeletion).
Methode: Zweifarben-Hybridisierung; die X-Chromosomen sind mit einer Plasmid-DNA-Bibliothek vollständig angefärbt (rot). Während beide X-Chromosomen im langen Arm Signale mit einer Referenz-Cosmid-Sonde zeigen (gelb), zeigt nur ein X-Chromosom (das normale) ein Signal für die Cosmid-Sonde aus dem DMD-Gen im kurzen Arm.
(Foto *T. Cremer* und *A. Jauch,* Institut für Humangenetik der Univesität Heidelberg)

b Lokalisierung der Bruchpunkte einer balancierten Translokation.
Zytogenetischer Vorbefund: 46,X,t(X;5) mit zwei Bruchpunktvarianten (Xq21, und 5p14 oder Zentromerregion beider Translokationschromosomen).
Methode: CISS-Hybridisierung mit einer Phagen-DNA-Bibliothek des X-Chromosoms; kleiner Pfeil: markiert die Zentromere der Chromosomen, großer Pfeil: Markiert die Grenze der fluoreszierenden X-Chromosomenabschnitte, die den Bruchpunkten entsprechen.
Ergebnis: Die Bruchpunkte liegen nicht in der Zentromerregion, es handelt sich um die Translokation t(X;5) (q21;p14) (Abb. 3.29)

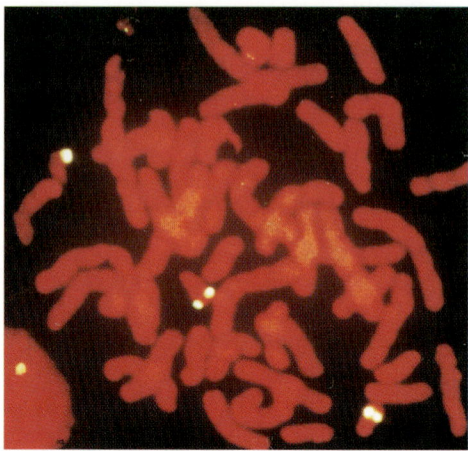

a

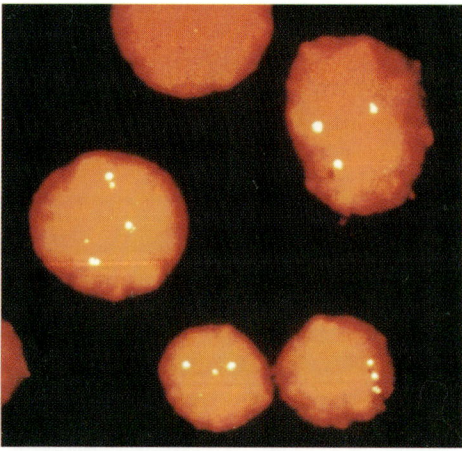

b

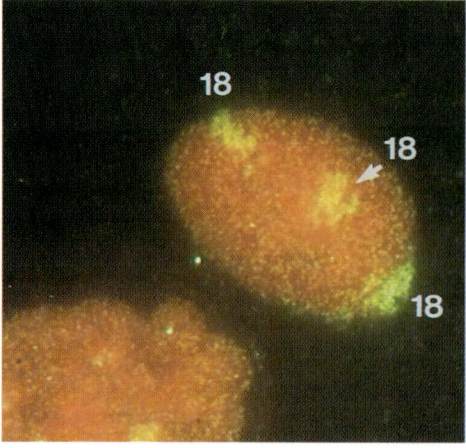

c

Abb. 3.16 a – c   Nachweis von Trisomien
a, b Trisomie 21 (Indikation: erhöhtes Alter der Mutter, pränatale Diagnostik, Amniocentese)
Methode: CISS-Hybridisierung mit einer Cosmid-Sonde, die komplementär zu Gensequenzen der Bande 21q22.3 ist
(Fotos *T. Cremer* und *A. Jauch,* Institut für Humangenetik der Universität Heidelberg)
a Metaphase
Die 3 Chromosomen 21 zeigen Signale auf dem langen Arm. Die Signale sind meist paarweise zu sehen, da die Cosmid-Sonde auf beiden Schwester-Chromatiden hybridisiert.
b Interphasekern
Drei deutlich getrennte, fluoreszierende Signalbereiche. Die Signale können in Abhängigkeit vom Stadium des Zellzyklus als Einzel- oder Doppelspot auftreten. Vor der DNA-Replikation (G1-Phase): Einzelspot; nach der DNA-Synthese (G2-Phase): Doppelspot. In der G2-Phase sind jedoch aufgrund der teilweisen Überlagerung nicht alle Signale als Doppelspots wahrnehmbar (dargestellter Interphasekern: G2-Phase).
Ergebnis: Trisomie 21 bestätigt
c Trisomie 18 im Interphasekern
(Indikation: pathologischer Ultraschallbefund in der 20. SSW, Amniocentese)
Methode: CISS-Hybridisierung mit einer Phagen-DNA-Bibliothek von Chromosom 18
Im Kern sind 3 gelb-grün fluoreszierende Domänen sichtbar.
Ergebnis: Trisomie 18 bestätigt

Abb. 3.17 Charakterisierung eines Markerchromosoms
Zytogenetischer Vorbefund: Chromosomenmosaik 46,XY/47,XY, + mar (i(12p)?), d. h. ein zusätzliches metazentrisches Markerchromosom im Mosaik, bei dem es sich möglicherweise (G-Bänderung) um ein Isochromosom des kurzen Arms von Chromosom 12 handelt (Indikation: erhöhtes Alter der Mutter, pränatale Diagnostik, Amniocentese); Methode: CISS-Hybridisierung mit einer Plasmid-DNA-Bibliothek des Chromosoms 12;
Ergebnis: Das metazentrische Markerchromosom zeigt gelbe Fluoreszenzsignale über die gesamte Länge, so wie auch die beiden normalen Chromosomen 12. Der Verdacht, daß es sich bei dem Markerchromosom um ein Isochromosom des kurzen Arms von Chromosom 12 handelt, ist damit bestätigt

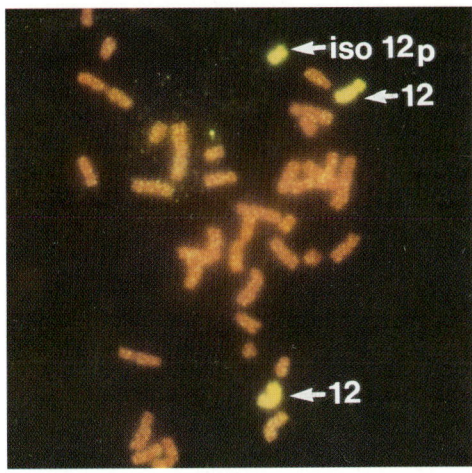

3.2 Störungen der Geschlechtsentwicklung

3.2.1 Geschlechtsbestimmung und Geschlechtsdifferenzierung

Das Gonadengeschlecht wird durch die Geschlechtschromosomen bestimmt.

Bei der Reifeteilung bildet die Frau nur **einen** Typ von Eizellen mit jeweils einem X-Chromosom **(homogametisch)**, der Mann **zwei** Typen von Spermien, einen mit einem X- und einen mit einem Y-Chromosom **(heterogametisch)**.

Bei der Befruchtung können zwei Typen von Zygoten entstehen: 46,XX-Zygoten führen zur Entwicklung eines Mädchens, 46,XY-Zygoten zur Entwicklung eines Knaben (Abb. 3.18).
Bereits in der 4. Woche der embryonalen Entwicklung ist die undifferenzierte Gonadenanlage in Form von beidseitigen Epithelverdickungen in der Genitalleiste erkennbar (Abb. 3.19). Die Urkeimzellen wandern aus ihrem Ursprungsort im Dottersack in die primordiale Gonade ein; bei weiblichen Individuen in die Rinde, bei

männlichen in das Mark der Gonade. Die Aktivität eines Y-chromosomalen Gens (SRY = sex-determining region on the Y) kontrolliert die Synthese des für die männliche Entwicklung notwendigen Testes determining factor (TDF). In Abwesenheit des TDF entwickelt sich die Gonade zum Ovar. Für die endgültige Ausdifferenzierung der Ovarien werden zwei X-Chromosomen benötigt. Ist nur ein X-Chromosom

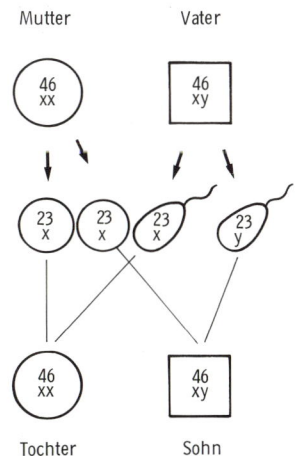

Abb. 3.18 Vererbung des Geschlechts

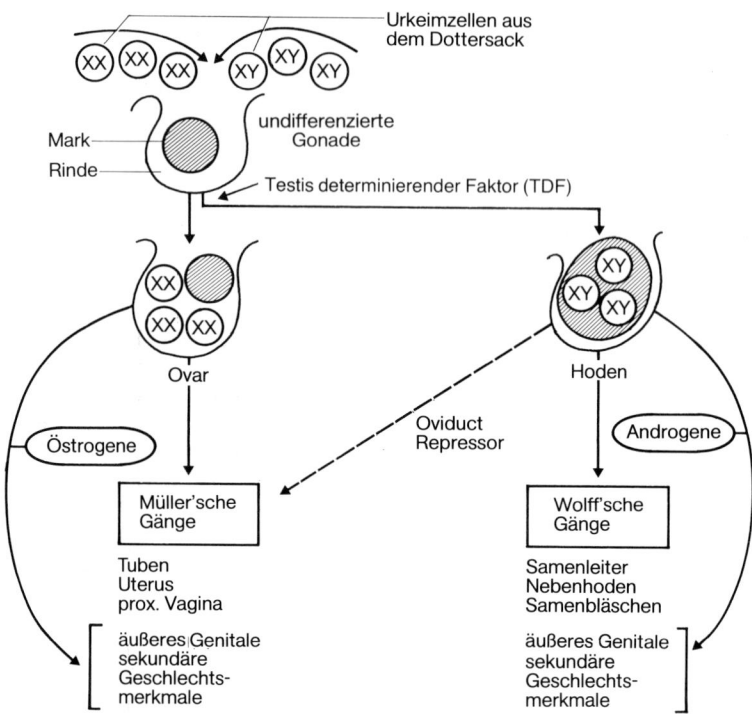

Abb. 3.19 Schema der Geschlechtsdifferenzierung

vorhanden (Ullrich-Turner-Syndrom, (s. 4.2.1), bildet sich das Ovar zu einem fibrösen Strang zurück.

Bei der Y-chromosomal gesteuerten Entwicklung der Gonade zum Hoden bildet sich die Rinde zurück. Bei der Differenzierung des Ovars proliferieren die Rindenanteile und das Mark bildet sich zurück.

Die inneren Genitalien entwickeln sich beim Mann aus den Wolffschen, bei der Frau aus den Müllerschen Gängen. Ein Anlagedefekt der Müllerschen Gänge führt bei weiblichen Patienten mit normalen Ovarien und normalen sekundären Geschlechtsmerkmalen zum Fehlen von Vagina und/oder Uterus.

Das im Hoden gebildete Testosteron stimuliert die Wolffschen Gänge zur Ausbildung von Nebenhoden, Samenleiter und Samenbläschen. Der Oviduct-Repressor verhindert die weitere Entwicklung der Müllerschen Gänge. Eine Störung der Sekretion des Oviduct-Repressors führt zur

Persistenz der Müllerschen Gänge beim Mann.

Auch die sekundären Geschlechtsmerkmale (Körperbau, Haarwuchs, psychosexuelle Prägung) werden beim Mann über das Testosteron induziert. Für die Testosteronwirkung ist die Aktivität des Androgen-Rezeptor-Gens (AR) notwendig, das auf dem X-Chromosom lokalisiert ist (Xcen-q13) und die Körperzellen mit einem Androgen-Rezeptor ausstattet.

Bei der Frau findet normalerweise wegen des Fehlens von Testosteron keine Virilisierung statt. Bei endo- oder exogener Testosteron-Zufuhr bildet jedoch auch die Frau wegen der Empfänglichkeit ihrer Zellen für Testosteron männliche Geschlechtsmerkmale aus. Ist das AR-Gen mutiert, entwickelt sich auch bei männlichem Karyotyp ein weiblicher Phänotyp, weil das vorhandene Testosteron nicht wirken kann. Es resultiert das Krankheitsbild der testikulären Feminisierung (s. 3.2.3.4, Abb. 3.22 u. 3.23).

3.2.2 Bedeutung der Chromosomenaberrationen für die Differenzierung und Entwicklung des Geschlechts

Zygoten, die nach Verlust eines X- oder Y-Chromosoms während der Spermatogenese oder − seltener − durch Befruchtung einer Eizelle ohne X-Chromosom mit einem X-Spermium entstehen, entwickeln sich zum Ullrich-Turner-Syndrom (45,X), einem klinisch und zytogenetisch definierten Erscheinungsbild innerhalb der Gruppe der **Gonadendysgenesien** (s. 4.2.1).

Die 45,Y-Konstitution ist letal.

Die Entstehung von Zygoten mit **überzähligen** X- oder Y-Chromosomen führt zu Phänotypen, die beim Mann den Formenkreis des Klinefelter-Syndroms (47,XXY, s. 4.2.3) bzw. der XYY-Konstitution (47,XYY, s. 4.2.4) zuzuordnen sind.

Überzählige X-Chromosomen beim Mann stören die Keimzellreifung und die Entwicklung der Leydigzellen. Männer mit 47,XYY-Konstitution haben in der Regel einen normal differenzierten Hoden und sind fertil, in einem Teil der Fälle findet sich jedoch auch ein Hypogonadismus mit herabgesetzter Fertilität.

Frauen mit überzähligem X-Chromosom (47,XXX, s. 4.2.2) sind in der Regel fertil, jedoch finden sich häufig Zyklusstörungen und vorzeitige Menopause.

Bei Patienten mit Störungen der Geschlechtsentwicklung finden sich neben den genannten numerischen Aberrationen der Geschlechtschromosomen auch strukturelle Aberrationen des X- oder Y-Chromosoms. So weisen Frauen mit einer Deletion des kurzen Arms vom X-Chromosom (46,XXp-) viele Symptome des Ullrich-Turner-Syndroms auf. Liegt eine Deletion am langen Arm des X-Chromosoms (46,XXq-) vor, so besteht kein umschriebenes Syndrom, jedoch in der Regel Infertilität.

Bei gonosomalen **Mosaiken** mit 2 oder mehreren Zellinien kann der Phänotyp unauffällig sein oder verschiedene Abweichungen in der Geschlechtsdifferenzierung zeigen, die vom Zeitpunkt der Mosaikentstehung, der Verteilung der Mosaikzellinien im Körper sowie dem Typ der Aberration abhängig sind. Eines der häufigsten Chromosomenmosaike ist die Kombination einer 45,X- mit einer 46,XX-Zellinie (45,X/46,XX) (Tab. 4.2).

Die früher häufig angewendete Kerngeschlechtsdiagnostik mit Hilfe des X-Chromatins (Barr-Körperchen, Abb. 3.20 a) bzw. Y-Chromatins (Abb. 3.20b) ist heute in der klinischen Diagnostik unzureichend, da Chromosomenmosaike damit nicht ausreichend diagnostiziert werden können.

3.2.3 Monogene Syndrome mit Störung der Geschlechtsentwicklung

Die in diesem Abschnitt zusammengefaßten monogen bedingten Syndrome mit Stö-

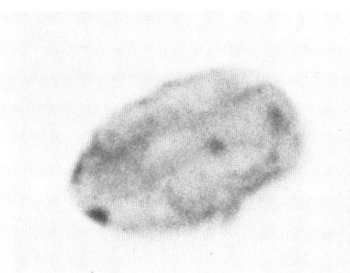
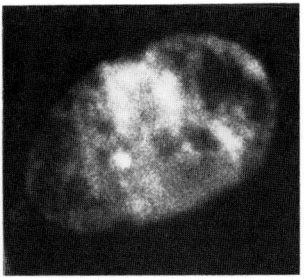

a   b

Abb. 3.20 a, b Kerngeschlechtsbestimmung in Interphasezellen der Mundschleimhaut
a X-Chromatin (Barr-body) in Zellen weiblicher Individuen
b Y-Chromatin (Quinacrin-Fluoreszenz) in Zellen männlicher Individuen

rungen der Geschlechtsentwicklung haben ihre Ursache in einer Veränderung der genetischen Information. Aufgrund der Infertilität der meisten Betroffenen ist der Begriff „erblich" nur mit Einschränkung anzuwenden.

3.2.3.1 Echter Hermaphroditismus

Bei echtem Hermaphroditismus liegt gleichzeitig Hoden- und Ovarialgewebe vor. Es gibt Fälle mit Hoden auf der einen und Ovar auf der anderen Seite oder solche, in denen uni- oder bilateral Ovotestes vorhanden sind. Die beiden Gonaden liegen meist intraabdominal und ein Uterus ist in der Regel vorhanden. Der äußere Phänotyp kann unauffällig männlich oder weiblich sein, ist jedoch meist intersexuell. Zur Zeit der Pubertät tritt eine Gynäkomastie auf, die Betroffenen haben Menstruationen, die bei männlichem Phänotyp als zyklische Hämaturie bemerkbar werden. Nach der Pubertät degenerieren die Hodenelemente.

Die Ursachen des echten Hermaphroditismus sind vielfältig und im einzelnen noch nicht sicher bekannt. In einigen Fällen findet man Gonosomenmosaike (46,XX/ 46,XY oder 45,X/46,XY). Die meisten Betroffenen haben jedoch in den Hautfibroblasten und Lymphozyten einen unauffälligen weiblichen Karyotyp.

3.2.3.2 XX-Männer

Bei XX-Männern (Häufigkeit ca. 1 : 20 000 Männer) liegt häufig eine Translokation der SRY-Region auf eines der X-Chromosomen vor. Der Phänotyp dieser Männer ähnelt dem des Klinefelter-Syndroms, sie sind immer infertil.

3.2.3.3 Reine Gonadendysgenesie

Das Krankheitsbild der reinen Gonadendysgenesie liegt bei Frauen vor, die Stranggonaden und daraus resultierend eine Amenorrhoe sowie eine mangelhafte Entwicklung der sekundären Geschlechtsmerkmale aufweisen. Im Gegensatz zum Ullrich-Turner-Syndrom ist das Größenwachstum nicht betroffen, und es finden sich auch keine anderen somatischen Anomalien. Der Chromosomensatz kann 46,XX oder 46,XY sein. Letztere Kombination wird auch als **Swyer-Syndrom** bezeichnet und

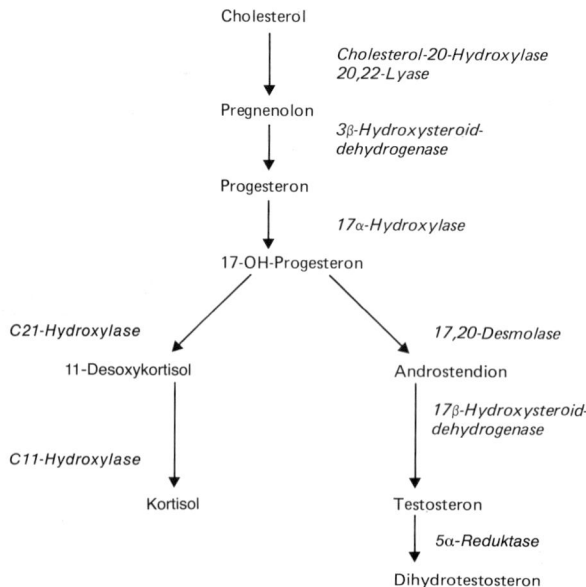

Abb. 3.21 Die wichtigsten Schritte der Androgen-Biosynthese

kann Folge einer Mutation im SRY-Gen (z. B. Deletion oder Punktmutation) sein.

3.2.3.4 Pseudo-Hermaphroditismus masculinus

Beim Pseudo-Hermaphroditismus masculinus stimmt das chromosomale Geschlecht (46,XY) nicht mit den äußeren Geschlechtsmerkmalen überein. Karyotyp und Gonaden sind männlich, die äußeren Genitalien sind jedoch durch eine embryonale Störung der Virilisierung intersexuell bis weiblich. Eine Hypospadie kann als mildeste Form eines Pseudo-Hermaphroditismus beim Mann angesehen werden.

Drei Entstehungsursachen des pseudo-Hermaphroditismus masculinus sind zu unterscheiden.

(1) Testikuläre Störungen

Bei der Hodenagenesie hat sich embryonal die primär vorhandene Hodenanlage zurückgebildet. Die Entwicklung der Müllerschen Gänge kann unterdrückt sein, zur Differenzierung der Wolffschen Gänge reicht die frühembryonale Testosteronproduction jedoch nicht aus. Das Erscheinungsbild ist daher gekennzeichnet durch ein weibliches oder intersexuelles äußeres Genitale, fehlende Vagina, eunuchoiden Körperbau und fehlende Pubertät.

(2) Störungen der Androgen-Biosynthese

Die Androgen-Biosynthese verläuft in enzymatischen Schritten vom Cholesterol bis zum Dihydrotestosteron (Abb. 3.21).

Für alle dargestellten Enzyme sind klinisch relevante Defekte bekannt, die autosomal-rezessiv erblich sind. Alle Enzymdefekte der Androgen-Biosynthese sind selten (Häufigkeit unter 1 : 30 000).

(3) Störungen in der Androgen-Wirkung

Die **testikuläre Feminisierung** ist das typische Beispiel (Abb. 3.22).

Die Patientinnen (46,XY) sind in ihrem äußeren Phänotyp und auch in der psychosexuellen Prägung normal weiblich.

Zur Zeit der Pubertät tritt eine weibliche Brustentwicklung ein. Die Sexualbehaarung ist spärlich oder fehlt („hairless wo-

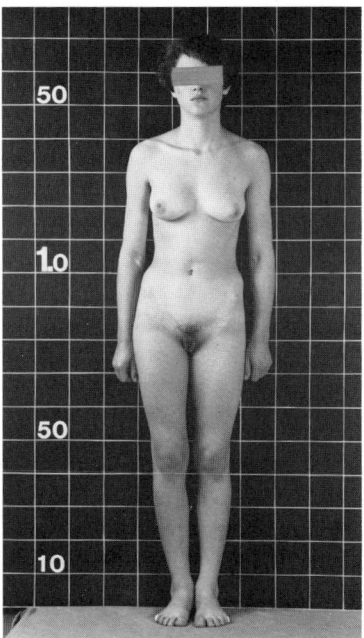

Abb. 3.22 18jährige Patientin mit testikulärer Feminisierung; weiblicher Phänotyp; Karyotyp: 46,XY; Größe: 172 cm; Gonadenhistologie: Hoden; Gynäkologischer Befund: blind endende Vagina, keine Anlage von Uterus und Tuben, fast fehlende Pubes; Laborwerte: Plasma-Testosteron auf 1200 ng/dl erhöht (Mann: 300 – 900 ng/dl, Frau: 30 – 50 ng/dl)

men"). Die Vagina endet blind, die Gonaden sind männlich differenziert und liegen im Leistenkanal oder intraabdominal. Dem Erscheinungsbild liegt eine Mutation des Androgen-Rezeptor-Gens (AR) zugrunde, welche die Zielgewebe unempfänglich für Testosteron macht. Der Plasmatestosteronspiegel liegt bei diesen Frauen über dem männlichen Normalwert.

Der Erbgang der testikulären Feminisierung ist X-chromosomal-rezessiv. Das Syndrom kann durch Frauen (46,XX) mit dem Defekt-Gen auf einem ihrer X-Chromosomen übertragen werden (Abb. 3.23).

3.2.3.5 Pseudo-Hermaphroditismus femininus

Beim Pseudo-Hermaphroditismus femininus entsprechen Karyotyp (46,XX), Gona-

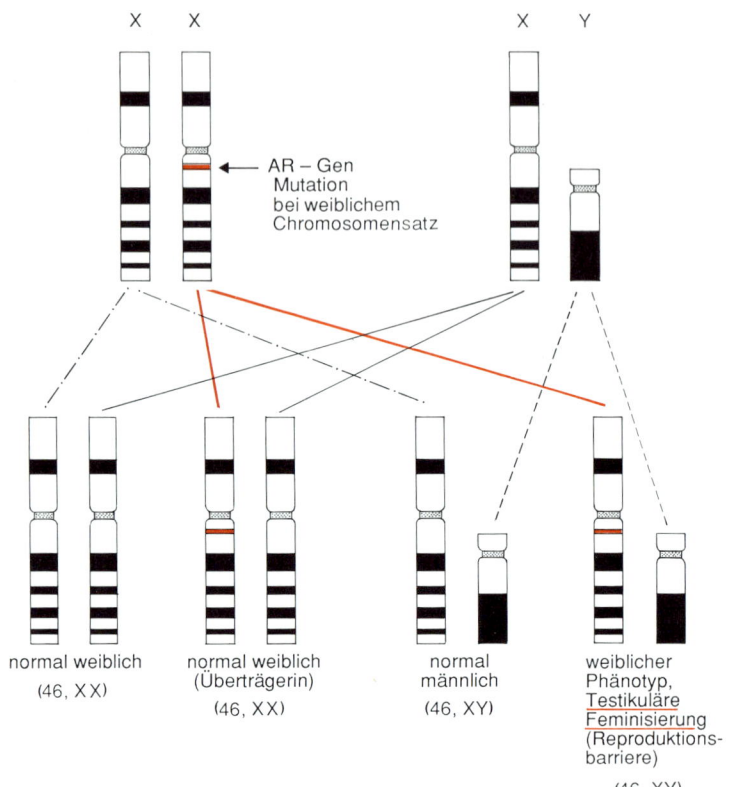

Abb. 3.23 Erbliche Störung der Geschlechtsentwicklung durch Mutation des Androgen-Rezeptor-Gens (AR), dessen Position auf dem langen Arm des X-Chromosoms markiert ist; heterozygote, unauffällige Frauen sind Überträgerinnen

den und **innere** Genitalien dem weiblichen Geschlecht.

Frauen mit Pseudo-Hermaphroditismus können fertil sein, falls die Störung der Genitalentwicklung nicht zu stark ist. Die bei diesen Frauen vorliegende Virilisierung der **äußeren** Genitalien ist in den meisten Fällen auf überschüssige Androgenzufuhr im Embryonalstadium zurückzuführen. Der Grund kann exogen sein, z. B. Zufuhr androgenhaltiger Medikamente, oder endogen, z. B. ein androgenproduzierender Nebennierentumor.

Am häufigsten liegt die Ursache jedoch in autosomal-rezessiv vererbten Störungen der Kortisol-Biosynthese, die wie die Androgen-Biosynthese über definierte enzymatische Schritte verläuft (Abb. 3.21).

Adrenogenitales Syndrom

(1) C21-Hydroxylasemangel

Ein Mangel des Enzyms C21-Hydroxylase führt zum klassischen Krankheitsbild des Adrenogenitalen Syndroms (AGS). Die Häufigkeit des AGS vom Typ des C21-Hydroxylasedefektes beträgt in unserer Population etwa 1 : 6 400, daraus errechnet sich eine Heterozygotenfrequenz von 1 : 40 (s. 8.2).

Die Ursache für das AGS liegt in einer Mutation (Deletion, Gen-Konversion oder Punktmutation) des Genes, das für die C21-Hydroxylase codiert und auf den kurzen Arm des Chromosoms 6 in unmittelbarer Nähe der HLA-Loci lokalisiert ist (Abb. 5.18).

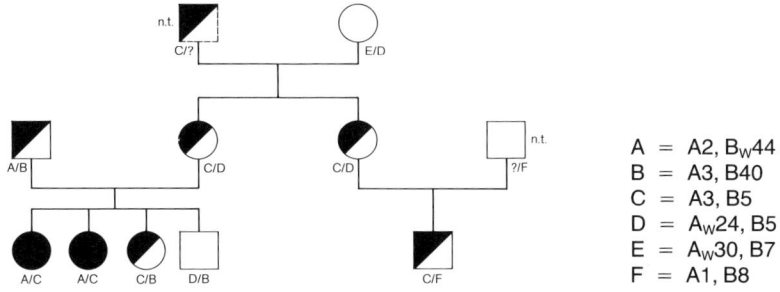

Abb. 3.24 HLA-Haplotypen in einer Familie mit AGS; die Haplotypen A and C sind in dieser Familie mit dem mutierten C21-Hydroxylase-Gen gekoppelt (n.t. = nicht getestet)

A = A2, B$_W$44
B = A3, B40
C = A3, B5
D = A$_W$24, B5
E = A$_W$30, B7
F = A1, B8

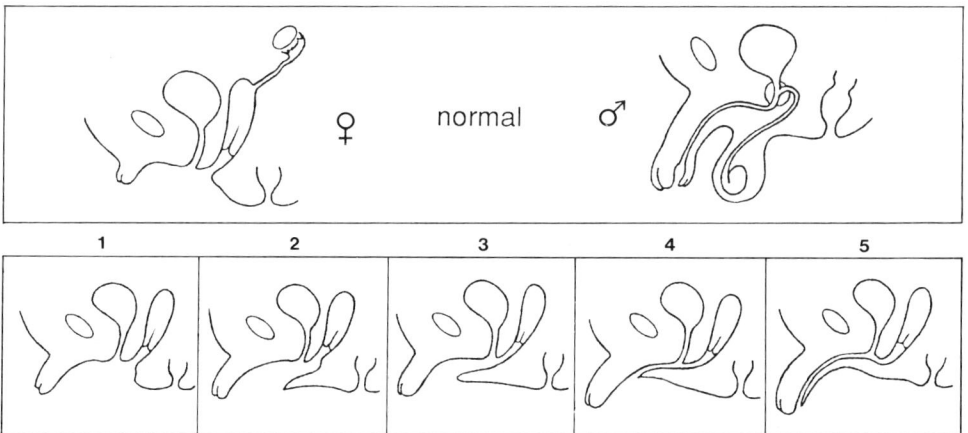

Abb. 3.25 Stufen 1 – 5 der Virilisierung der weiblichen Genitale durch pränatalen Androgeneinfluß (nach *Prader*)

AGS-kranke Geschwister einer Familie sind HLA-identisch (Abb. 3.24).

Es wurden inzwischen mehr als 10 verschiedene C21-Hydroxylase-Defektallele molekular charakterisiert (d. h. teilweise sequenziert).

Aufgrund der Bevölkerungsstruktur in Deutschland (niedrige Frequenz von Verwandtenehen) tragen etwa 90 % der deutschen Patienten mit AGS zwei verschiedene C21-Hydroxylase-Defektallele. Es handelt sich also um sog. Compound-Heterozygote.

Da die verschiedenen Defektallele unterschiedliche Restaktivität in der Kortisol- und Aldosteronsynthese aufweisen, ergibt sich eine große Heterogenität der klinischen Manifestation des AGS. Dennoch ist eine Einteilung in 3 klinische Hauptgruppen sinnvoll.

1. *Unkompliziertes AGS: C21-Hydroxylasemangel ohne Defekt der Mineralkortikoidsynthese*

Die Aldosteronbiosynthese ist ungestört, der Elektrolytstoffwechsel normal. Betroffene Mädchen zeigen aufgrund von erhöhter adrenaler Androgenproduktion Virilisierungserscheinungen des Stadiums 1 – 5 nach *Prader* (Abb. 3.25). Bleibt die Krankheit unbehandelt, so schreitet die Virilisierung nach der Neugeborenenperiode fort.

Betroffene Knaben entwickeln im Kleinkindesalter eine Pseudopupertas praecox mit zunächst beschleunigtem Längen-

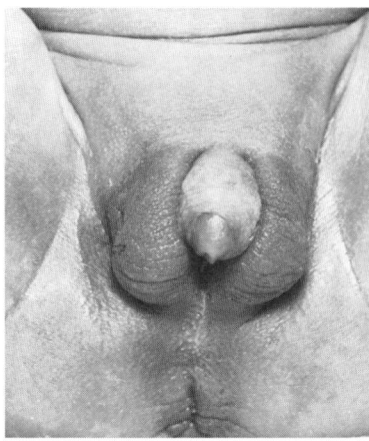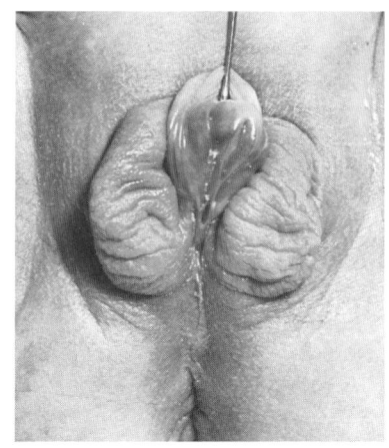

Abb. 3.26 Genitale eines 1 Monat alten Mädchens mit adrenogenitalem Salzverlust-Syndrom

wachstum, aber sehr frühem Epiphysenschluß und resultierendem Kleinwuchs. Die Behandlung besteht in einer Kortisol-Dauersubstitution.

2. *Adrenogenitales Salzverlustsyndrom (salt wasting): C21-Hydroxylasemangel mit defekter Mineralokortikoidsynthese*

Kinder mit gleichzeitig gestörter Aldosteronsekretion entwickeln ohne Behandlung ein Salzverlustsyndrom mit Hyponatriämie und schwerer Hyperkaliämie. Die Mädchen sind immer stark virilisiert (Prader 3−5, Abb. 3.25 u. 3.26). Die Kinder sterben in den ersten Lebenswochen, wenn nicht sofort mit der lebenslang durchzuführenden Substitution von Kortisol und Mineralokortikoiden begonnen wird.

3. *Late-onset-Form (non-classical or cryptic form)*

Sie stellt eine leichte Form des C21-Hydroxylasedefektes dar, welche sich klinisch meist erst im Schulalter oder später manifestiert. Bei Knaben wird sie klinisch nicht erkannt.

Die Diagnose des AGS wird durch den Nachweis der erhöhten Plasmaspiegel von 17-OH-Progesteron (500−70 000) ng/dl) (Norm um 100 ng/dl) gestellt oder durch den Nachweis der stark erhöhten Ausscheidung von Pregnan-3α, 17α, 20α-triol sowie von Pregnantriolon im Harn. Auf der Ebene der DNA kann das AGS mit Hilfe von RFLP-Untersuchungen sowie mit Oligo-Nukleotid-Hybridisierung PCR-amplifizierter DNA charakterisiert werden. Eine pränatale Diagnostik durch HLA-Typisierung oder DNA-Analyse ist möglich.

Das Adrenogenitale Syndrom ist auch eines der ersten Beispiele für die Möglichkeiten der pränatalen Therapie. Wenn in einer Risikoschwangerschaft (Eltern heterozygote Anlageträger für AGS) ein weiblicher betroffener Fet diagnostiziert worden ist, so ist analog der postnatalen Therapie eine pränatale Dauersubstitution mit Kortison angezeigt. Damit können die Virilisierungserscheinungen des Feten vermieden werden.

(2) C11-Hydroxylasemangel

Auch beim **C11-Hydroxylasemangel,** der die Kortikosteron- und die Kortisol-Biosynthese blockiert, resultiert ein intersexuelles Genitale bei weiblichem und eine vorzeitige Geschlechtsreifung bei männlichem Gonadengeschlecht.

Die Patienten leiden ferner an einem Bluthochdruck aufgrund des vermehrten Anfalls von 11-Desoxykorticosteron, welches schwach mineralocorticoid wirkt.

In der Tabelle 3.2 ist eine Zusammenfassung der verschiedenen zytogenetischen und monogenen Ursachen der gestörten Geschlechtsentwicklung gegeben.

Tabelle 3.2 Schema der normalen und gestörten Geschlechtsentwicklung (nach *Prader* und *v. Harnack*)

äußeres Genitale Karyotyp	weiblich	männlich	intersexuell
46,XX	Normales Mädchen	AGS mit kompletter Virilisierung XX-Mann	Inkomplettes AGS Adrenogenitales Salzverlust-Syndrom Virilisierende NNR- und Ovarialtumoren Exogene Virilisierung
46,XY	Testikuläre Feminisierung Kompl. Testosteron-synthesestörungen Swyer-Syndrom	Normaler Junge	Testikuläre Feminisierung (inkomplette Form) Testosteron-Synthese-störungen
Pathologischer Gonosomen-satz	Karyotyp 45,X (Ullrich-Turner-Syndrom) Karyotyp 47,XXX	Karyotyp 47,XXY (Klinefelter-Syndrom) Karyotyp 47,XYY	X/XY-Mosaik XX/XY-Mosaik u. a. Mosaike u. Poly-somieformen der Gonosomen

3.2.4 Kriterien für die Geschlechtszuordnung und die standesamtliche Eintragung des Geschlechtes

Nach § 21, Abs. 1, Nr. 3 des Personen-standsgesetzes ist das Geschlecht des Kindes in das Geburtenbuch einzutragen. Das Kind darf nur als Knabe oder Mädchen bezeichnet werden, keinesfalls als Zwitter, da das deutsche Recht den Begriff des Zwitters nicht kennt. Im Zweifelsfall soll die Eintragung des Geschlechts bis zur medizinischen Klärung aufgeschoben werden. Ausschlaggebend ist das praktikable Geschlecht, d. h. jene Geschlechtsrolle, in welcher das Kind später voraussichtlich sozial und sexuell am besten eingeordnet ist.

Das praktikable Geschlecht hängt weitgehend von der Ausbildung des äußeren Genitale ab. Bei guter Scheidenanlage (Zystogenitographie) und rudimentärer Penis-anlage ist das weibliche bürgerliche Geschlecht vorzuziehen, unabhängig vom gonadalen und chromosomalen Geschlecht.

Kinder mit testikulärer Feminisierung sind aufgrund ihres weiblichen Phänotyps unabhängig von ihrem Karyotyp (46,XY) zweifellos Mädchen und als solche einzutragen. Nach dem 3. bis 4. Lebensjahr sollte aus psychologischen Gründen keine Änderung des bürgerlichen Geschlechts mehr vorgenommen werden.

Bei Transsexualität ist durch das Gesetz über die Änderung der Vornamen und die Feststellung der Geschlechtszugehörigkeit in besonderen Fällen (Transsexuellengesetz TSG vom 10. Sept. 1980) die Änderung des standesamtlichen Geschlechts möglich.

3.3 X-Inaktivierung

3.3.1 Lyon-Hypothese

Die Geschlechtschromosomen haben sich im Laufe der Evolution aus einem Autoso-menpaar entwickelt. Eines dieser beiden Chromosomen sonderte sich von seinem homologen Partner durch Verlust autoso-maler Gene und Ansammlung geschlechts-bestimmender Faktoren ab und wurde zum Y-Chromosom.

Das andere, das X-Chromosom, trägt noch seine aus der „autosomalen Vergangenheit" stammenden, „geschlechtsgebundenen" Gene (s. 5.4). Da keine Ungleichheit in der Dosis der meisten X-chromoso-malen Genprodukte zwischen dem männlichen (**ein** X) und weiblichen (**zwei** X) Geschlecht festzustellen ist, war theoretisch ein Mechanismus zur Dosiskompensation X-chromosomaler Genprodukte zu fordern. Aufgrund genetischer Beobachtungen an der Maus formulierte die englische Genetikerin *Mary Lyon* 1961 die folgen-

Tabelle 3.3 Anzahl der X- bzw. Y-Chromatinkörperchen bei verschiedenen gonosomalen Chromosomenkonstellationen

Kerngeschlecht		Gonosomenbefund	Klinische Diagnose
X-Chromatin	Y-Chromatin		
–	–	X	Ullrich-Turner-Syndrom
+	–	XX	weiblich, normal
–	+	XY	männlich, normal
–	+ +	XYY	XYY-Konstitution
+	+ +	XXYY	XXYY-Konstitution
+	+	XXY	Klinefelter-Syndrom und Varianten
+ +	+	XXXY	
+ + +	+	XXXXY	
+ +	–	XXX	XXX-Konstitution
+ + +	–	XXXX	Poly-X-Syndrome
+ + + +	–	XXXXX	

den, heute bewiesenen Hypothesen zur Erklärung einer solchen Dosiskompensation:

(1) In den Zellen normaler weiblicher Säuger ist eines der beiden X-Chromosomen genetisch inaktiviert.
(2) Das inaktive X-Chromosom kann in verschiedenen Zellen des gleichen Individuums entweder väterlicher oder mütterlicher Herkunft sein.
(3) Die Inaktivierung eines X-Chromosoms tritt früh in der embryonalen Entwicklung auf und bleibt für das betreffende X-Chromosom (väterlich oder mütterlich) in allen von dieser Zelle abstammenden Zellen bestehen (klonale Inaktivierung).

Gesteuert wird die X-Inaktivierung durch ein sog. Inaktivierungszentrum (Xist), ein Gen, das auf dem langen Arm des X-Chromosoms im Bereich Xq13 lokalisiert ist. In weiblichen Keimzellen sind immer **beide** X-Chromosomen aktiv, denn das ursprünglich inaktive X wird während der Oogenese noch im Embryonalstadium reaktiviert. Bei fehlendem oder pathologisch verändertem zweiten X-Chromosom entwickeln sich nur rudimentäre Strang-(= streak) Gonaden.

Das inaktivierte X-Chromosom ist in weiblichen Somazellen als randständiges, dunkel anfärbbares, kondensiertes Heterochromatinkörperchen nachweisbar. Nach dem kanadischen Anatomen *Barr* (1949) wird dieses Kernchromatin als „Barr-body" (Sex-Chromatin, X-Chromatin) bezeichnet (Abb. 3.20 a).

Das inaktive X-Chromosom läßt sich ferner durch einen anderen Kondensationszustand in der mitotischen Prophase und durch einen späteren Replikationszeitpunkt in der S-Phase von den Autosomen und dem aktiven X-Chromosom unterscheiden.

Das spät replizierende X-Chromosom kann in Metaphasepräparationen z. B. mit der R-Bandenfärbung an einer schwachen Fluoreszenz erkannt werden (Abb. 3.7 u. 3.29).

Für männliche und weibliche Individuen mit überzähligem X-Chromosom (X-Polysomien) ergibt sich, daß alle X-Chromosomen bis auf eines inaktiviert werden (Tab. 3.3). Daher führt der Karyotyp 47,XXX oder 47,XXY nur zu relativ geringfügigen phänotypischen Auffälligkeiten.

Das Vorliegen von zusätzlichem autosomalen Genmaterial (z. B. Trisomie 13 und 18), das nicht inaktiviert werden kann, hat dagegen schwerwiegende Störungen der körperlichen und geistigen Entwicklung zur Folge.

Wäre die Inaktivierung eines X-Chromosoms vollständig, müßte ein Individuum mit Imbalance eines X-Chromosoms (z. B. 45,X oder 47,XXY) unauffällig sein. Wir wissen aber vom Ullrich-Turner-Syndrom und vom Klinefelter-Syndrom, daß dies nicht der Fall ist. Die Tatsache, daß in Somazellen nicht alle Gene auf dem inaktiven X-Chromosom inaktiviert sind, kann eine Erklärung dafür sein. Beispiele für Gene, welche auf beiden X-Chromosomen aktiviert sind, d. h. in RNA transkribiert und in Protein übersetzt werden, sind die in der pseudoautosomalen Region (distaler kurzer Arm; Bande Xp22.3) lokalisierten Gene für die Steroidsulfatase (Ichthyosis-Locus) und die Xg-Blutgruppe.

3.3.2 Bedeutung der X-Inaktivierung für die Genwirkung

Bei einer Konduktorin für eine X-chromosomal-rezessive Krankheit ist nach der Lyon-Hypothese statistisch gesehen in 50 % der Körperzellen das X-Chromosom mit dem normalen Gen und in 50 % das X-Chromosom mit dem mutierten Gen inaktiviert. Die Somazellen der Frau sind also ein Mosaik für solche X-gebundenen Merkmale. Konduktorinnen mit hereditärem Mangel an Glukose-6-Phosphat-Dehydrogenase haben Erythrozyten mit normalem Enzymspiegel und Erythrozyten, in denen das Enzym fehlt.

Bei Konduktorinnen einer X-chromosomalen Form des Okulokutanen Albinismus

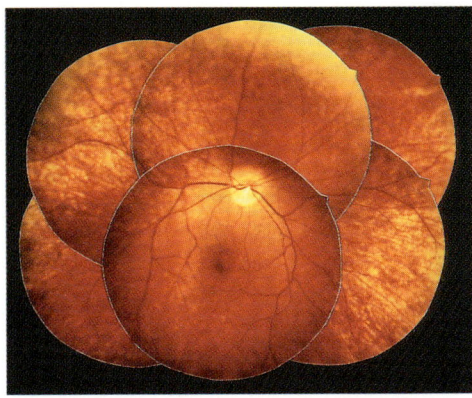

Abb. 3.27 Fundusaufnahmen einer Überträgerin des okulokutanen Albinismus (X-chromosomal); neben normal pigmentierten Bereichen (überwiegend normales X-Chromosom aktiv) finden sich hypopigmentierte Bereiche (überwiegend X-Chromosom mit dem Gendefekt aktiv)
Foto *B. Lorenz,* Augenklinik der Universität Regensburg)

(OA) findet die zufällige X-Inaktivierung ihr morphologisches Korrelat in der Mosaikstruktur der Retina: Neben Arealen mit

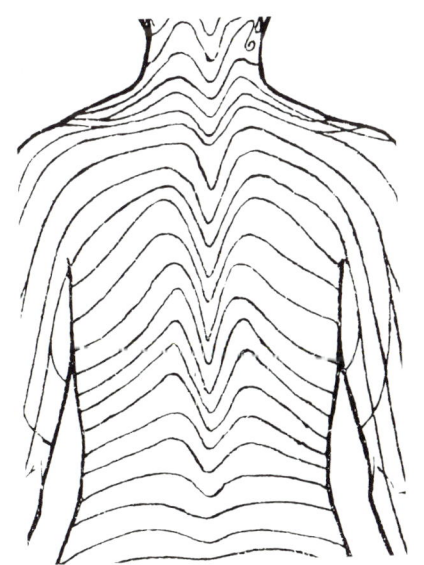

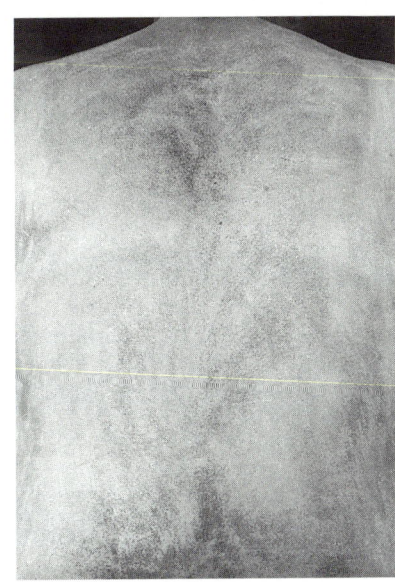

a

b

Abb. 3.28 a, b
a Schema der Blaschkoschen Linien auf dem Rücken (gezeichnet nach Blaschkos Originalarbeit 1901, s. *Happle* 1985)
b Muster der hypohydrotischen Bezirke auf dem Rücken einer 31jährigen Frau, die heterozygot ist für die X-chromosomal rezessive hypohydrotische ektodermale Dysplasie
(Zeichnungen und Foto *R. Happle,* Dermatologische Klinik der Universität Marburg)

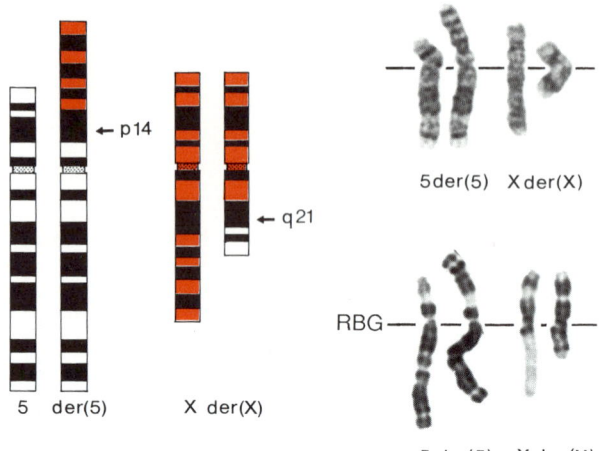

Abb. 3.29 Balancierte reziproke Translokation zwischen den Chromosomen 5 und X bei einer Frau mit primärer Amenorrhoe; Karyotyp: 46,X,t(X;5)(q21;p14); ISCN-Schema (G-Banden) mit Markierung der Bruchpunkte, die mit Hilfe der CISS-Hybridisierung bestimmt wurden (s. Abb. 3.15 b) (Translokationschromosomen jeweils rechts); das normale X-Chromosom ist inaktiviert und stellt sich deshalb bei der R-Bänderung mit BrdU-Einbau und Giemsa-Färbung (RBG) hell dar

normaler Pigmentierung (überwiegend Zellen, in denen das X-Chromosom mit dem Gendefekt inaktiviert ist) gibt es Areale mit Pigmentstörungen (überwiegend Zellen, in denen das normale X-Chromosom inaktiviert ist) (Abb. 3.27). *Happle* (1985) konnte zeigen, daß bei Frauen mit X-chromosomal-rezessiven Hautkrankheiten die „Blaschkoschen Linien" die klonale Proliferation zweier funktionell unterschiedlicher Zellpopulationen während der frühen Embryogenese der Haut darstellen. Das Muster der Linien, die Blaschko 1901 beschrieb, bildet auf dem Rücken eine typische V-förmige Figur (Abb. 3.28 a, b)

Aus der Bedeutung der X-Inaktivierung für die Genwirkung ergeben sich Ausnahmen von der zufälligen X-Inaktivierung:

– Bei unbalancierten X-chromosomalen Strukturaberrationen (z. B. Isochromosom Xq oder X-Autosomen-Translokationen) ist das pathologische X-Chromosom inaktiviert.
– Bei balancierten X-autosomalen Translokationen ist das unveränderte X-Chromosom inaktiviert (Abb. 3.29).
– Bei Überträgerinnen bestimmter X-chromosomal-rezessiver Immundefizienzen (z. B. Agammaglobulinämie Typ Bruton) ist in bestimmten Zellpopulationen immer das X-Chromosom mit dem pathologisch veränderten Gen inaktiviert. Diese nicht zufälligen X-Inaktivierungen werden interpretiert als Folge eines Selektionsprozesses zugunsten der Zellpopulationen, in welchen das normale Allel aktiviert und das pathologische inaktiviert ist.

4 Chromosomenaberrationen

Als erste Chromosomenaberration beim Menschen wurden 1959 von Lejeune die Trisomie 21 beim Down-Syndrom („Mongolismus") entdeckt. Noch im gleichen Jahr folgte die Erstbeschreibung der gonosomalen Chromosomenaberrationen beim Ullrich-Turner-Syndrom (45, X), beim Klinefelter-Syndrom (47, XXY) sowie die Beschreibung des 47, XXX-Karyotyps.

Mit der Entdeckung der beiden autosomalen Trisomien 13 und 18 (1960) und dem 47, XYY-Karyotyp (1963) waren die wesentlichen numerischen Chromosomenaberrationen beim Menschen erkannt.

Auch die ersten klinisch bedeutsamen strukturellen Chromosomenaberrationen wurden bereits zu Beginn der 60er Jahre beschrieben: Die Veränderung am langen Arm eines Chromosoms 22 bei Patienten mit chronisch-myeloischer Leukämie (Philadelphia-Chromosom, nach dem Entdeckungsort Philadelphia benannt) und die partielle Monosomie am kurzen Arm eines Chromosoms 5 (Cri-du-chat-Syndrom, 1963).

Seit Beginn der 60er Jahre sind die Chromosomenanalysen ein fester Bestandteil der klinischen Diagnostik.

Grundsätzlich wird zwischen **numerischen** und **strukturellen** Chromosomenaberrationen unterschieden.

Treten sie in den Keimzellen oder ihren Vorläufern auf und werden an die Nachkommen weitergegeben, so bezeichnet man sie als **konstitutionelle** Chromosomenaberrationen. Sie stellen eine wesentliche Ursache kongenitaler Anomalien und genetisch bedingter Erkrankungen dar. Als Faustregel für ihre **Häufigkeit** können folgende Zahlen dienen:

bei Spontanaborten:	1 von 2	(50 %)
bei Totgeburten:	1 von 20	(5 %)
bei Lebendgeburten:	1 von 200	(0,5 %)

Ihnen gegenübergestellt werden die **somatischen** Chromosomenveränderungen, die in Somazellen auftreten und nicht an die Nachkommen weitervererbt werden. Sie können zum Zelltod, zu Fehl- oder Minderfunktion von Zellpopulationen führen oder zur malignen Transformation von Zellen beitragen (s. 4.8).

Die Entstehungsmechanismen für numerische und strukturelle Chromosomenaberrationen sind unterschiedlich.

4.1 Nondisjunction

Numerische Chromosomenaberrationen entstehen meist als „Neumutationen" durch Fehlverteilung, d. h. durch das Nichtauseinandertreten (Nondisjunction) einzelner Chromosomen während der elterlichen Keimzellreifung. Durch Nondisjunction in der ersten, der zweiten oder in beiden Reifeteilungen kommt es zur Bildung aneuploider (normal = euploid) Keimzellen und nach der Befruchtung zu aneuploiden Zygoten. Bei überzähligen Chromosomen spricht man von Hyperdiploidie (z. B. Trisomie, Tetrasomie, Pentasomie). Der Verlust von Chromosomen wird als Hypodiploidie (Monosomie, im Gegensatz zum normalen Zustand mit 2 homologen Chromosomen = Disomie) bezeichnet.

Bei polyploiden Zellen ist der haploide Chromosomensatz mehr als zweimal vorhanden (Triploidie = 69 Chromosomen, Tetraploidie = 92 Chromosomen).

4.1.1 Faktoren, die die Häufigkeit meiotischer Nondisjunction beeinflussen

Nondisjunction-Prozesse ereignen sich offensichtlich mit zunehmendem Alter häufiger. Es läßt sich bei Kindern mit Trisomien nachweisen, daß eine direkte Beziehung zum mütterlichen Alter besteht. Die Gesamthäufigkeit von Feten mit Chromosomenaberrationen übersteigt bei Müttern mit 35 Jahren die 1%-Grenze (s. 10.7.2). (Möglicherweise ist zusätzlich auch die Selektion gegen chromosomal unbalancierte Feten durch Fehlgeburt bei älteren Müttern vermindert.)

Ein signifikanter väterlicher Alterseffekt ist nur beim Klinefelter-Syndrom (s. 4.2.3) nachweisbar.

Molekulargenetische Untersuchungen zur Herkunft des überzähligen Chromosoms 21 haben in mehr als 90% der Fälle ein mütterliches Nondisjunction nachgewiesen (*Hassold* 1992).

Die für die genetische Beratung wichtigsten Risikozahlen sind in Tabelle 10.4 (s. S. 169) dargestellt.

4.1.2 Mitotische Nondisjunction und deren Folgen

Fehlverteilungen einzelner Chromosomen in somatischen Zellen können während des ganzen Lebens entstehen. Ist die Aneuploidie mit dem Überleben der Zellen vereinbar, so können sich aberrante Zellklone bilden.

Die Proportion der verschiedenen Zellklone hängt vom Zeitpunkt des Nondisjunction nach der Zygotenbildung ab. Je später in der Entwicklung eines ursprünglich euploiden Organismus eine solche Mosaikbildung auftritt, um so geringer ist der Anteil des aberranten Zellklons und damit die Ausprägung des pathologischen Phänotyps (Abb. 4.1).

Darüber hinaus kann sich durch Proliferationsnachteile des aberranten Zellklons

Tabelle 4.1 Häufigkeit numerischer Geschlechtschromosomen-Abrrationen

Karyotyp	Vorkommen auf 1000 lebend geborene		Geschätzte absolute Häufigkeit* in Deutschland
	Knaben	Mädchen	
45,X	–	0,4	16 500
47,XXX	–	1,0	41 500
47,XXY	1,0	–	38 500
47,XYY	1,0	–	38 500
Gesamt	2,0	1,4	135 000

* Berechnet auf der Grundlage der Bevölkerung Deutschlands. 1990: 38 285 000 Männer und 41 475 000 Frauen

im betroffenen Gewebe oder Organ sein Anteil durch nachfolgende sekundäre Zellsektion zugunsten der normalen Zellinie verkleinern.

Bei trisomen Zygoten kann es zur „Spontanheilung" durch Mosaikbildung kommen, wenn in einem Teil der Zellen das überzählige Chromosom verloren geht. So kann z. B. aus einer zunächst reinen Trisomie 21 ein Disomie 21/Trisomie 21-Mosaik entstehen.

4.2 Fehlverteilungen der Geschlechtschromosomen und deren klinische Bilder

Fehlverteilungen der Geschlechtschromosomen (gonosomale Aberrationen) bewirken verglichen mit autosomalen Aberrationen eine relativ geringe Störung des Phänotyps.

Geschlechtsentwicklung, Körperbau und geistige Entwicklung können unauffällig oder leicht gestört sein. Schwerwiegende körperliche oder geistige Störungen gehören bei gonosomalen Aberrationen zur Ausnahme. Die relative und absolute Häufigkeit der vier wichtigsten numerischen Gonosomen-Aberrationen in Deutschland zeigt die Tabelle 4.1.

4.2.1 Karyotyp 45,X (Ullrich-Turner-Syndrom)

Ullrich beschrieb 1929 ein „typisches" Syndrom mit „Pterygium colli, Zwergwuchs, Cubiti valgi und typischer Fazies" (Abb. 4.2). 1938 folgte eine weitere Beschreibung von *Turner*, welcher zusätzlich die fehlende Pubertät mit primärer Amenorrhoe und Infertilität feststellte. Da *Ullrichs* Kind präpubertär war, blieb die Gonadendysgenesie bei dieser Beschreibung unentdeckt. 1959 wiesen *Ford* und Mitarb. den Karyotyp 45,X als Ursache dieses Phänotyps nach.

Phänotyp: Das Ullrich-Turner-Syndrom ist charakterisiert durch eine deutliche, bereits intrauterin vorhandene Wachstumsretardierung. Die Körpergröße bei erwachse-

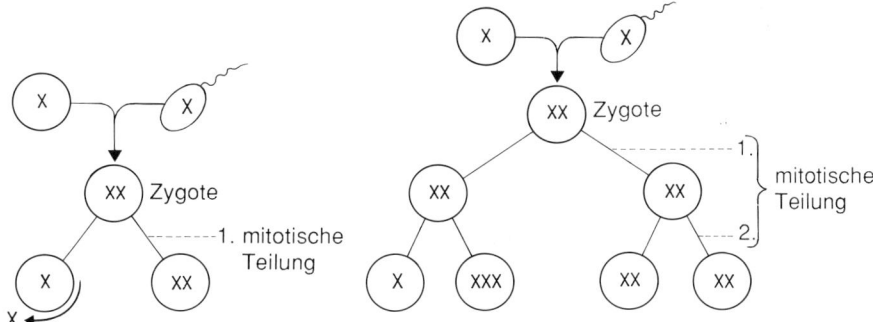

Verlust in der 1. postzygotischen Teilung
Karyotyp: 45,X / 46, XX (1:1)
Phänotyp: weiblich, Turner-Stigmata

Non-disjunction in der 2. postzygotischen
Teilung
Karyotyp: 45,X / 46,XX /47,XXX (1:2:1)
Phänotyp: weiblich, Turner-Stigmata

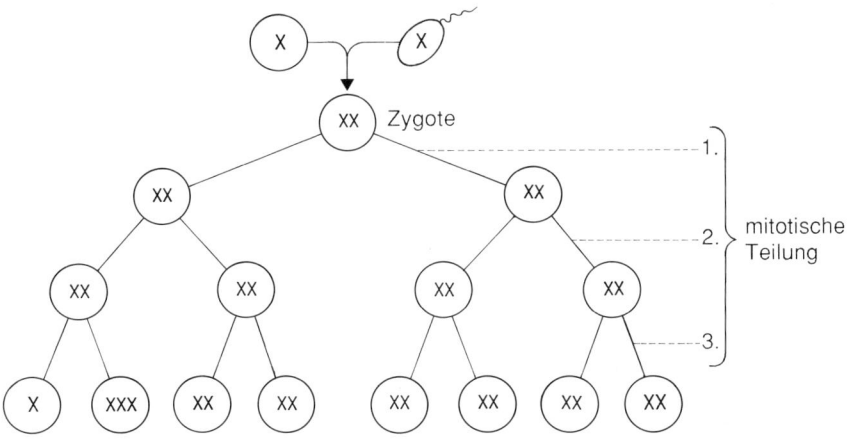

Non-disjunction in der 3. postzygotischen
Teilung
Karyotyp: 45,X / 46,XX / 47,XXX (1:6:1)
Phänotyp: weiblich, Turner-Stigmata

Abb. 4.1 Entstehung eines Chromosomenmosaiks durch mitotische (postzygotische) Teilungsstörung. Durch Chromosomenverlust kommt es zu verschiedenen Mosaikformen mit abgeschwächter Ausprägung des Ullrich-Turner-Syndroms

nen Patienten liegt zwischen 114 und 155 cm.

Weitere Symptome sind: Strang-Gonaden, primäre Amenorrhoe, hypergonadotroper Hypogonadismus und, fakultativ, Dysmorphiezeichen wie: Flügelfellbildung im Halsbereich (Pterygium colli), Schildthorax, tiefer Haaransatz im Nacken mit reversem Haarstrich, Cubitus valgus, Verkürzung des 4. Mittelhandknochens, hypo-

plastische Nägel. Pathognomonisch bei der Geburt sind Lymphödeme an Hand- und Fußrücken. Später kann eine Osteoporose auftreten. Das Ausbleiben der Pubertät und die primäre Amenorrhoe sind auf die Gonadendysgenesie (Strang-Gonaden) zurückzuführen.

Als Fehlbildungen der inneren Organe treten gehäuft Herz- und Aortenfehler (Isthmusstenose, Aneurysmen) und Nie-

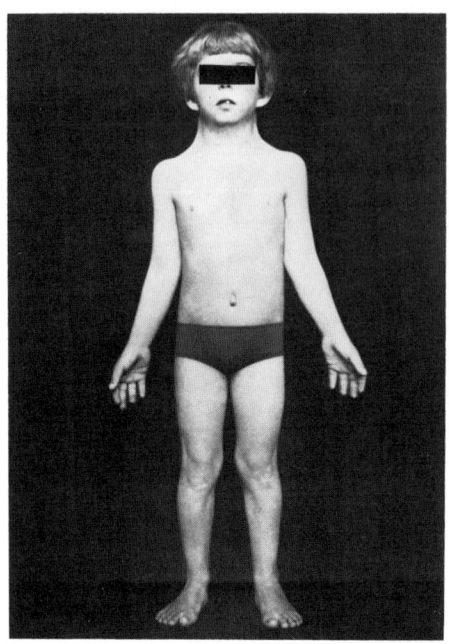

X

Abb. 4.2 Ullrich-Turner-Syndrom (X-Monoso-mie). Leitsymptome: Kleinwuchs, Strang-Go-naden, primäre Amenorrhoe, somatische Anomalien. Dies ist die von dem Münchner Pädiater *Ullrich* 1929 beschriebene Patientin, bei welcher die Merkmalskombination Klein-wuchs, Pterygium colli, cubitus valgus und Fußödeme erstmals erkannt wurde. Der Ka-ryotyp 45,X wurde bei der 1922 geborenen Pa-tientin 1977 nachträglich bestätigt

renanomalien (Hufeisennieren, Agenesie, Duplikations- oder Spaltbildungen, Rota-tionsanomalien) auf.

Prognose: Die Lebenserwartung der Pa-tientinnen ist i. d. R. nicht eingeschränkt. In seltenen Fällen kommt es zu Komplika-tionen im Zusammenhang mit den beste-henden Aortenfehlern. Die psychosoma-tische Entwicklung verläuft normal und der durchschnittliche IQ entspricht dem der Durchschnittsbevölkerung. Zum Teil wird die Diagnose erst zur Zeit der Pubertät auf-

grund des zunehmenden Minderwuchses und der primären Amenorrhoe gestellt.

Therapie: Durch eine mehrjährige Dauertherapie mit Wachstumshormon vor und während des pubertalen Wachstums-schubs wird die Endgröße um durch-schnittlich 5 cm angehoben.

Bei einem Knochenalter von etwa 13 Jah-ren ist zusätzlich eine Substitution mit Se-xualsteroiden angezeigt, um die Ausbil-dung der sekundären Geschlechtsmerk-male zu induzieren und einer Osteoporose vorzubeugen.

Zytogenetik: Bei etwa der Hälfte aller Frauen und Mädchen mit Ullrich-Turner-Phänotyp findet man den reinen 45,X-Ka-ryotyp. In etwa 45 % liegen Mosaike mit normalen oder anderen aberranten Zell-linien vor, oder es finden sich verschiedene X-chromosomale Strukturaberrationen (Isochromosom Xq, Deletion des kurzen Arms, Ringchromosom) (Tab. 4.2).

Bei Mosaiken mit normaler 46,XX-Zell-linie wird die Störung, die die Zellinie mit der numerischen oder strukturellen Gono-somaberration bewirkt, gemildert (Abb. 4.1). Es kann dann Fertilität bestehen.

Das Alter der Mütter von Kindern mit Ullrich-Turner-Syndrom ist im Gegensatz zum Mutteralter bei Kindern mit autoso-malen Trisomien, dem 47,XXY oder dem 47,XXX-Karyotyp nicht erhöht. Der grö-ßere Teil der Patientinnen trägt das mütter-liche X-Chromosom (etwa 80 %), d. h. bei der Keimzellbildung oder nach der Be-

Tabelle 4.2 Beobachtete Karyotypen beim Ullrich-Turner-Syndrom

Karyotyp	Häufigkeit
1. 45,X	ca. 55 %
2. Mosaike 45,X/46,XX 45,X/47,XXX 45,X/46,XX/47,XXX 45,X/46,XY	
3. Isochromosom X 46,X,i(Xq)	ca. 45 %
4. Deletion X 46,X,del(Xp)	
5. Ringchromosom X 46,X,r(X)	

fruchtung kam es zum Verlust des väterlichen Gonosoms (X oder Y).

Auffallend hoch ist die Häufigkeit von 45,X-Embryonen unter Spontanaborten; sie liegt in einer Größenordnung von 20 % (s. 4.5)

Differentialdiagnostisch ist vom Ullrich-Turner-Syndrom das Noonan-Syndrom abzugrenzen. Betroffene Mädchen und Knaben weisen Symptome des Ullrich-Turner-Syndroms auf, der Karyotyp ist jedoch unauffällig.

4.2.2 Karyotyp 47,XXX

Der Karyotyp 47,XXX wurde 1959 von *Jacobs* und Mitarb. erstmals beschrieben. Der Befund ist nicht mit einem umschriebenen Syndrom assoziiert, i. d. R. wird er durch pränatale Diagnostik aus Altersindikation entdeckt.

Phänotyp: Bei der Mehrzahl der Frauen sind Phänotyp, Pubertät und Fertilität unauffällig (Abb. 4.3). Es kann jedoch zu Zyklusstörungen und früher Menopause kommen.

Prognose: Der durchschnittliche Gesamtintelligenzquotient von Mädchen und Frauen mit 47,XXX-Karyotyp liegt etwa 10 – 15 Punkte unter dem ihrer Geschwister oder dem von Kontrollgruppen. Entwicklungsstörungen des verbalen Bereichs fallen dabei besonders ins Gewicht. Die Schwankungsbreite der geistigen Entwicklung ist beträchtlich und vergleichbar mit der von Frauen mit normalem Chromosomensatz. Verhaltensprobleme treten nicht häufiger auf als bei Mädchen/Frauen mit normalem Chromosomensatz.

Therapie: Eine gezielte Förderung im Kindes- und Schulalter ist vor allem im Hinblick auf die Überwindung der gehäuft vorkommenden Sprachprobleme und Leseschwäche indiziert und erfolgreich. Eine spezielle hormonelle Therapie ist i. d. R. nicht erforderlich.

Frauen mit 47,XXX-Karyotyp im fortpflanzungsfähigen Alter sollten über ihre gonosomale Konstitution aufgeklärt sein. Da sie formalgenetisch Eizellen mit 1 und mit 2 X-Chromosomen in einem 1 : 1 Verhältnis bilden, ist ihr Risiko für eigene Kinder mit einer X-Aneuploidie (47,XXY oder 47,XXX) erhöht.

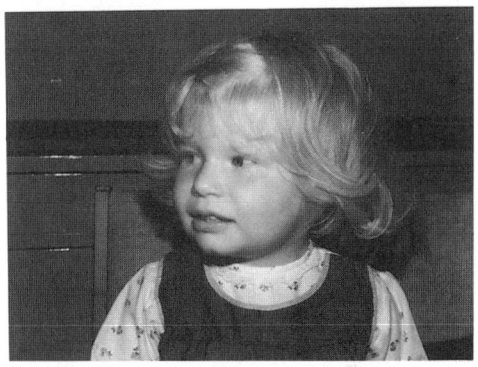

XXX

Abb. 4.3 4jähriges Mädchen mit 47,XXX-Karyotyp und unauffälligem Phänotyp

Zytogenetik: Neben dem 47,XXX-Karyotyp werden auch Mosaike mit normaler Zellinie sowie gelegentlich X-Tetrasomien (48,XXXX) oder X-Pentasomien (49,XXXXX) beobachtet. Bei diesen X-Polysomien findet man gehäuft kraniofaziale Dysmorphien, Anomalien im Skelettsystem und geistige Retardierung.

Das überzählige X-Chromosom stammt in etwa 90 % von der Mutter (*May* et al. 1990). Das durchschnittliche Alter der Mutter bei der Geburt von Mädchen mit dem 47,XXX-Karyotyp ist erhöht (s. 10.6.2).

4.2.3 Karyotyp 47,XXY (Klinefelter-Syndrom)

Der Phänotyp dieses Syndroms wurde 1942 von *Klinefelter* beschrieben. Das Syndrom betrifft immer männliche Patienten und ist gekennzeichnet durch Hochwuchs, Gynäkomastie, Hodenatrophie, Azoospermie, Leydigzellhyperplasie und erhöhte FSH-Produktion (hypergonadotroper Hypogonadismus). 1959 wurde von *Jacobs* und

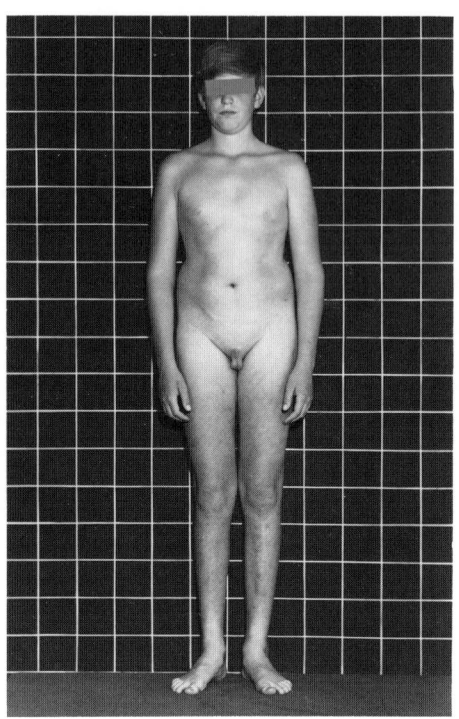

XXY

Abb. 4.4 14jähriger Knabe mit Klinefelter-Syndrom, 47,XXY; Größe: 169 cm, Gynäkomastie, breites Becken, kleines Genitale

Die Körperlänge ist nach Abschluß des Wachstums gegenüber der Norm um durchschnittlich etwa 10 cm erhöht.

Libido und sexuelle Aktivität sind häufig vermindert. Der Karyotyp 47,XXY bewirkt immer Infertilität.

Prognose: Der durchschnittliche Intelligenzquotient von Knaben und jungen Männern mit 47,XXY-Karyotyp liegt zwar signifikant (ca. 10 Punkte) unter dem ihrer Geschwister oder dem von Kontrollgruppen, geistige Behinderung ist jedoch selten. Die Schwankungsbreite ist wie die der Durchschnittsbevölkerung groß, nicht selten sind Patienten mit Klinefelter-Syndrom auch überdurchschnittlich intelligent. Im Kindes- und Jugendalter ist häufig die Entwicklung der verbalen Fähigkeiten eingeschränkt bzw. verzögert. Zu den im Vergleich zu Kontrollpersonen häufiger vorkommenden Verhaltensauffälligkeiten gehören Passivität und Schwierigkeiten bei der sozialen Integration, insbesondere Kontaktarmut und Affektlabilität. Diese Probleme treten besonders in ungünstigem sozialen Milieu auf, während sie unter guten familiären Bedingungen selten sind.

Therapie: Gezielte Förderungsmaßnahmen spielen bei der Verbesserung der verbalen Fähigkeiten eine wichtige Rolle, ebenso wie entsprechende psychologische/psychotherapeutische Behandlung evtl. auftretender Verhaltensprobleme. Nach der Pubertät ist eine Hormonsubstitution, auch zur Vorbeugung der sonst frühzeitig auftretenden Osteoporose, indiziert.

Zytogenetik: In etwa 80 % der Fälle liegt ein 47,XXY-Karyotyp vor, in etwa 20 %

Mitarb. der Chromosomensatz 47,XXY als Ursache des Klinefelter-Syndroms festgestellt.

Phänotyp: Außer den erwähnten Merkmalen zeigen die Betroffenen keine größeren somatischen Auffälligkeiten (Abb. 4.4). Die Differenzierung des Genitales verläuft unauffällig, Penis und Hoden bleiben jedoch klein. Der Körperbau ist variabel: er kann eunuchoid (kurzer Rumpf, lange Extremitäten), gynäkoid (breites Becken, Gynäkomastie, weiblicher Typ der Schambehaarung) oder auch normal männlich sein.

Tabelle 4.3 Beobachtete Karyotypen beim Klinefelter-Syndrom

Karyotyp	Häufigkeit
1. 47,XXY	ca. 80 %
2. 48,XXXY 48,XXYY 49,XXXXY	ca. 20 %
3. Mosaike 47,XXY/46,XY 47,XXY/46,XX 47,XXY/46,XY/45,X 47,XXY/46,XY/46,XX	

finden sich andere X-Polysomien oder Mosaike (Tab. 4.3).

Etwa die Hälfte der Patienten mit 47,XXY-Karyotyp haben das überzählige X-Chromosom von der Mutter geerbt und etwa die Hälfte vom Vater. In der ersten Gruppe ist das mütterliche Alter signifikant erhöht, in der letzteren Gruppe das väterliche Alter (*Lorda-Sanchez* 1992).

4.2.4 Karyotyp 47,XYY

Der 47,XYY-Karyotyp wurde zum ersten Mal 1963 beobachtet. 1965 fanden *Jacobs* und Mitarb. bei 197 Anstaltsinsassen, die wegen aggressiver oder krimineller Delikte interniert waren, 7 Männer mit einer 47,XYY-Konstitution. Es wurde die Vermutung ausgesprochen, daß eine Beziehung zwischen überzähligem Y-Chromosom und aggressivem Verhalten bestehe. Spätere Untersuchungen haben jedoch dargelegt, daß eine solche unmittelbare Beziehung nicht vorliegt.

Der **Phänotyp** (Abb. 4.5) ist unauffällig männlich. Die durchschnittliche Körperlänge ist erhöht und liegt etwa 10 cm über der Größe von Männern mit 46,XY-Karyotyp. In Kollektiven mit steigender Körpergröße erhöht sich die Häufigkeit des 47,XYY-Karyotyps und beträgt etwa 5 % bei Männern über 2 m. Der endokrinologische Befund ist unauffällig, die Testosteronproduktion ist nicht erhöht. Die Mehrzahl der Männer ist fertil.

Prognose: Die IQ-Mittelwerte liegen um 5 – 10 Punkte unter denen der männlichen Durchschnittsbevölkerung. Es besteht analog zur Durchschnittsbevölkerung eine große Schwankungsbreite. Im Vergleich zu Kontrollgruppen mit normalem Chromosomensatz treten im Verhaltensspektrum häufiger Anpassungsschwierigkeiten, Kontaktprobleme und psychische Unausgeglichenheit auf. Der Grad der Ausprägung solcher Verhaltensmuster ist wesentlich vom familiären Hintergrund abhängig. Von 14 durch Neugeborenenscreening oder pränatale Diagnostik entdeckten Knaben mit 47,XYY-Karyotyp, die inzwischen das Erwachsenenalter erreicht haben, zeigt keiner ein aggressives oder kriminelles Verhalten (*Evans, Hamerton, Robinson* 1990).

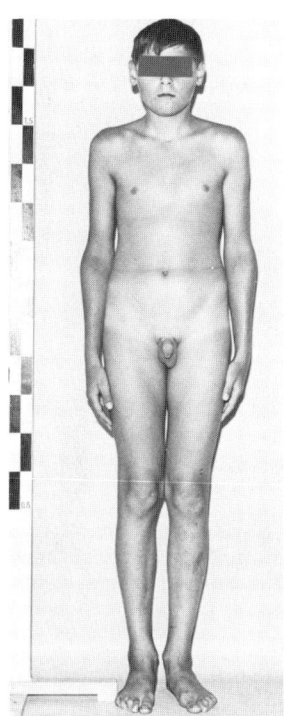

XYY

Abb. 4.5 14jähriger Knabe mit 47,XYY-Karyotyp; Größe: 181 cm; unauffällige Genitale

Therapie: Eine psychologische oder psychotherapeutische Betreuung kann erforderlich sein, ebenso besondere Förderungsmaßnahmen bei Sprach- oder Lernproblemen. In der Regel ist keine hormonelle Substitution notwendig.

Zytogenetik: Neben dem 47,XYY-Karyotyp treten Y-Polysomien auch zusammen mit X-Polysomien auf (z.B. 48,XXYY, Tab. 4.3). Der Phänotyp entspricht dann eher dem Klinefelter-Syndrom.

Bei Meiose-Untersuchungen an XYY-Männern fand man ein normales XY-Bivalent. Das überzählige Y, das sich nicht an der XY-Paarung beteiligt, wird in der Sper-

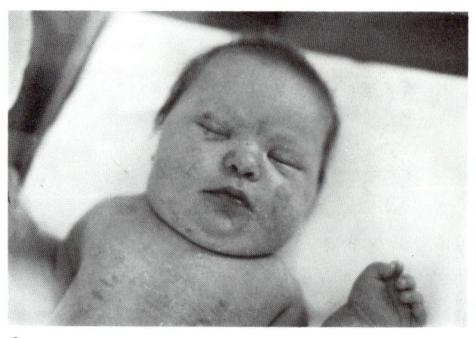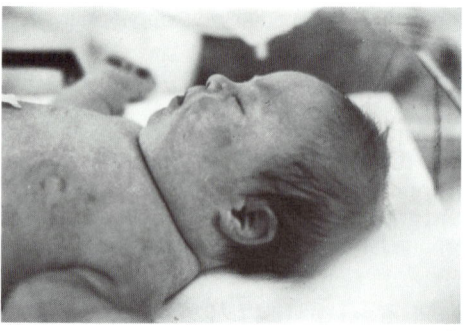

a   b

21

Abb. 4.6 a, b Down-Syndrom (Trisomie 21) bei 7 Tage altem Mädchen. Leitsymptome: Hypotonie, rundes, flaches Gesicht, nach außen oben verlaufende Lidspaltenachsen, Brushfieldflecken auf der Iris, kleine Ohren, kurzer Hals, Vierfingerfurche

matogenese entfernt. Nur selten wird die Konstitution vererbt, genaue Zahlen über das Wiederholungsrisiko liegen nicht vor.

4.3 Fehlverteilung von Autosomen und deren klinische Bilder

Fehlverteilungen von Autosomen (autosomale Aneuploidien) bewirken immer eine deutliche Beeinträchtigung der geistigen und körperlichen Entwicklung.

Die klinisch bedeutsamen autosomalen Trisomien sind die der Chromosomen 21, 18 und 13, wobei die Einschränkung der körperlichen und geistigen Entwicklungsmöglichkeiten bei der Trisomie 21 relativ geringfügig sind im Vergleich zu den beiden anderen autosomalen Trisomien.

Autosomale Monosomien sind nicht lebensfähig.

4.3.1 Trisomie 21 (Down-Syndrom)

Der englische Kinderarzt *Langdon Down* beschrieb 1866 erstmals dieses Krankheitsbild unter dem Namen „Mongoloide Idio-

tie". Die 1959 von *Lejeune* bei diesem Syndrom beobachtete Trisomie 21 war die erste nachgewiesene Chromosomenaberration beim Menschen. Sie tritt etwa mit einer Frequenz von 1,5‰ auf und gehört zu den häufigsten genetischen Ursachen geistiger Behinderung.

Der **Phänotyp** der Trisomie 21 ist gut bekannt (Abb. 4.6). Neugeborene Kinder sind häufig hypoton und zeigen eine Überstreckbarkeit der Gelenke. Folgende kraniofaziale Dysmorphien werden gefunden: kleiner, runder Schädel mit flachem Hinterkopf; kurzer, breiter Hals mit überschüssiger Nackenhaut; rundes Gesicht mit flachem Profil; schräg nach außen oben verlaufende (mongoloide) Lidachsen; weiter Augenabstand (Hypertelorismus); Epikanthus; spärliche, kurze Augenwimpern; weiße Flecken auf der Iris (Brushfieldspots); flache Nasenwurzel; kurze Nase; kleiner Mund; evertierte Unterlippe; große, vorstehende, stark gefurchte Zunge, kleine runde Ohren.

Die Hände und Finger sind kurz und breit. Am 5. Finger liegt häufig eine Brachymesophalangie und Klinodaktylie vor; manchmal findet man nur eine einzige Beugefurche. Auch die Füße sind klein. Der Abstand zwischen der 1. und 2. Zehe ist meist vergrößert (Sandalenlücke). Die charakteristischen Hautleistenveränderungen haben ebenfalls diagnostische Bedeutung; typisch ist die Vierfingerfurche (s. 4.6.3; Abb. 4.21).

Organfehlbildungen sind häufig. 40 % der Neugeborenen haben einen Herzfehler (atrioventrikulärer oder ventrikulärer Septumdefekt). Zu den Fehlbildungen gehören Duodenalstenosen, außerdem werden Pankreas anulare, Analatresie, Megakolon und Rektumproplaps beobachtet. Am Skelettsystem findet man Anomalien des Beckens (verkleinerte Azetabulum- und Ileumwinkel) und atlanto-occipitale Instabilität. Das Knochenalter ist leicht retardiert.

Prognose: Der Grad der Einschränkung der kognitiven Fähigkeiten und Entwicklungsmöglichkeiten variiert stark. Im Schulalter werden die meisten Kinder mit Trisomie 21 als geistig behindert, einige als lernbehindert eingestuft. Sie benötigen Sonderpädagogik. Generell kann die Fähigkeit zum abstrakten Denken nur wenig entwickelt werden. Die Stärke dieser Kinder und Erwachsenen liegt im konkret kognitiven Bereich und im Sozialverhalten. Sie sind gut förderbar. Sowohl in der Schule als auch im Berufsleben sollte eine beschützende Integration in das normale Sozialleben ermöglicht werden. Da gehäuft Leukämien auftreten, sind regelmäßige hämatologische Vorsorgeuntersuchungen indiziert.

Bei beiden Geschlechtern tritt die Pubertät zum normalen Zeitpunkt ein. Mädchen mit Trisomie 21 sind fertil. Das Risiko für Nachkommen mit Trisomie 21 beträgt etwa 40 %. Die Fehlgeburtenrate bei den theoretisch mit 50 % Wahrscheinlichkeit entstehenden Trisomie 21-Schwangerschaften ist erhöht. Männer mit Trisomie 21 sind infertil.

Man beobachtet im Erwachsenenalter häufig einen vorzeitigen Alterungsprozeß. Beziehungen zu ähnlichen Vorgängen bei der Alzheimerschen Krankheit werden diskutiert.

Zytogenetik: Dem Down-Syndrom liegt in etwa 92 % der Fälle eine freie Trisomie 21 aller Zellen zugrunde, wobei das überzählige Chromosom 21 in etwa 90 % von der Mutter stammt. Das durchschnittliche Alter der Mütter von Kindern mit Down-Syndrom ist erhöht (die Altersverteilung ist im Kap. 10.6.2 dargestellt).

Etwa 5 % der Patienten mit Down-Syndrom haben eine Translokationstrisomie, die zur Hälfte neu entstanden und zur Hälfte von einem Elternteil (meist der Mutter) ererbt ist.

In etwa 3 % der Fälle werden **Mosaike** mit normalen Zellinien beobachtet. Der Ausprägungsgrad des Syndroms wird durch die normale Zellinie gemildert.

Das charakteristische Erscheinungsbild des Syndroms wird hauptsächlich durch die Trisomie des Chromosomenabschnitts 21q22 verursacht, wie Untersuchungen von Patienten mit partieller Trisomie 21 gezeigt haben. In diesem Chromosomensegment ist auch das Gen für das Enzym Superoxyddismutase (SOD) lokalisiert. Bei Trisomie 21 beträgt der Enzymspiegel das 1,5fache des Normalwertes (Gen-Dosis-Effekt).

4.3.2 Trisomie 18 (Edwards-Syndrom)

Die Trisomie 18 wurde zuerst 1960 von *Edwards* und Mitarb. beschrieben.

Das Syndrom tritt bei ca. 1 von 3000 Neugeborenen auf, wobei mehr Mädchen als Knaben betroffen sind (4 : 1). Die klinischen Symptome zeigt die Abb. 4.7.

Das schlechte Gedeihen und die geringen Entwicklungsmöglichkeiten der Neugeborenen sind auf eine ungenügende cerebrale Differenzierung zurückzuführen. Die mittlere Lebenserwartung ist kurz. Etwa 30 % der Kinder sterben im ersten Lebensmonat, nur etwa 10 % überleben das erste Lebensjahr. Vereinzelt wurden auch Kleinkinder mit einer Trisomie 18 beobachtet.

In 80 % der Fälle liegt eine freie Trisomie 18 vor, in 20 % handelt es sich um Mosaike oder Translokationstrisomien.

4.3.3 Trisomie 13 (Pätau-Syndrom)

Die Trisomie 13 wurde erstmals von *Pätau* und Mitarb. 1960 beschrieben.

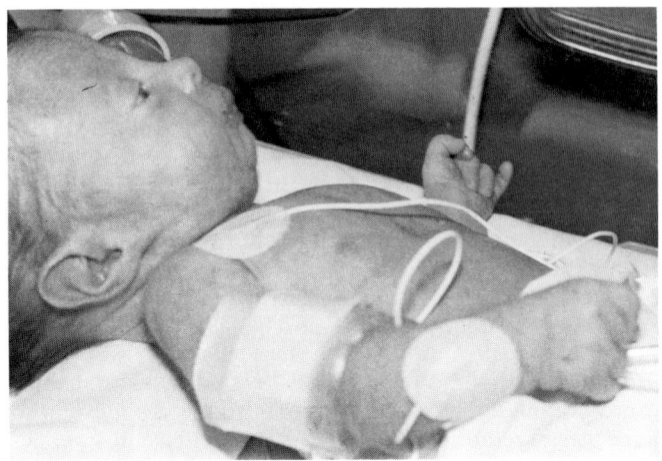

Abb. 4.7 Edwards-Syndrom (Trisomie 18) bei neugeborenem Mädchen. Leitsymptome: „Faunenohren", Mikroretrogenie, prominentes Okziput, Beugekontrakturen der Finger und Hände, Fingerüberlagerungen, Häufung von Bogenmustern auf den Fingerbeeren, enges Becken, Wiegenkufenfüße, Untergewicht

Die Häufigkeit des Syndroms beträgt etwa 1 : 6000 Neugeborene, wobei männliche und weibliche gleich häufig betroffen sind.

Die charakteristischen Fehlbildungen sind ein- oder doppelseitige LKG-Spalten, Hexadaktylie, Mikrophthalmie und Holoprosencephalie (Abb. 4.8). Krampfanfälle und Herzfehler sind ebenfalls häufig. Es besteht stets eine schwere psychomotorische Retardierung.

Die mittlere Lebensdauer beträgt unabhängig vom Geschlecht etwa 4 Monate.

In 80 % der Fälle liegt eine freie Trisomie 13 vor, in 20 % handelt es sich um Mosaike oder Translokationstrisomien.

4.3.4 Triploidie

Eine Triploidie, d. h. das dreifache Vorliegen des haploiden Chromosomensatzes (3 × 23 = 69 Chromosomen) tritt in etwa 2 % aller Konzeptionen auf. Sie führt in der Regel zum Abort in der Frühschwangerschaft; der Anteil der Triploiden unter Fehlgeburten in der 8. – 12. SSW mit Chromosomenstörungen beträgt etwa 20 %.

Zytogenetik: Der überzählige Chromosomensatz stammt in etwa 90 % vom Vater. In ca. 70 % dieser Fälle fand die Befruchtung durch 2 Spermien statt, in ca. 30 % durch ein diploides Spermium. Am häufigsten findet sich der Chromosomensatz 69,XXY (Abb. 4.9).

Klinischer Befund: Die Entwicklung von Fetus und Placenta hängt von der Herkunft des zusätzlichen Chromosomensatzes ab.

Ist er väterlicher Herkunft, so entwickelt sich eine große zystische Placenta (partielle Blasenmole). Der Embryo/Fetus ist altersentsprechend groß und fast immer mikrocephal. Meist kommt es bereits im Embryonalstadium zur Fehlgeburt.

Ist der zusätzliche Chromosomensatz mütterlicher Herkunft, so ist die Placenta nicht zystisch, eher fibrotisch und bleibt klein. Beim Embryo/Feten liegt eine

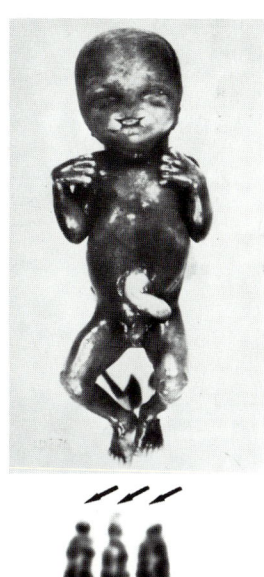

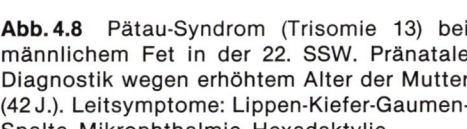

Abb. 4.8 Pätau-Syndrom (Trisomie 13) bei männlichem Fet in der 22. SSW. Pränatale Diagnostik wegen erhöhtem Alter der Mutter (42 J.). Leitsymptome: Lippen-Kiefer-Gaumen-Spalte, Mikrophthalmie, Hexadaktylie

schwere Wachstumsretardierung und Makrocephalie vor. Das durchschnittliche Schwangerschaftsalter beim Eintreten der Fehlgeburt ist höher als bei den triploiden Konzeptionen mit überzähligem väterlichen Chromosomensatz.

Extrem selten sind Totgeburten oder lebend geborene Kinder, die jedoch in den ersten Lebenstagen versterben.

Ein erhöhtes Wiederholungsrisiko besteht nicht.

4.4 Strukturelle Chromosomenaberrationen und deren klinische Bilder

Strukturelle Chromosomenaberrationen entstehen durch Umbauten innerhalb eines Chromosoms (intrachromosomal) oder zwischen verschiedenen Chromosomen (interchromosomal).

Verlust oder Zugewinn von Chromosomensegmenten führt zu **unbalancierten** Genverhältnissen. Strukturumbauten ohne Verlust oder Zugewinn chromosomalen

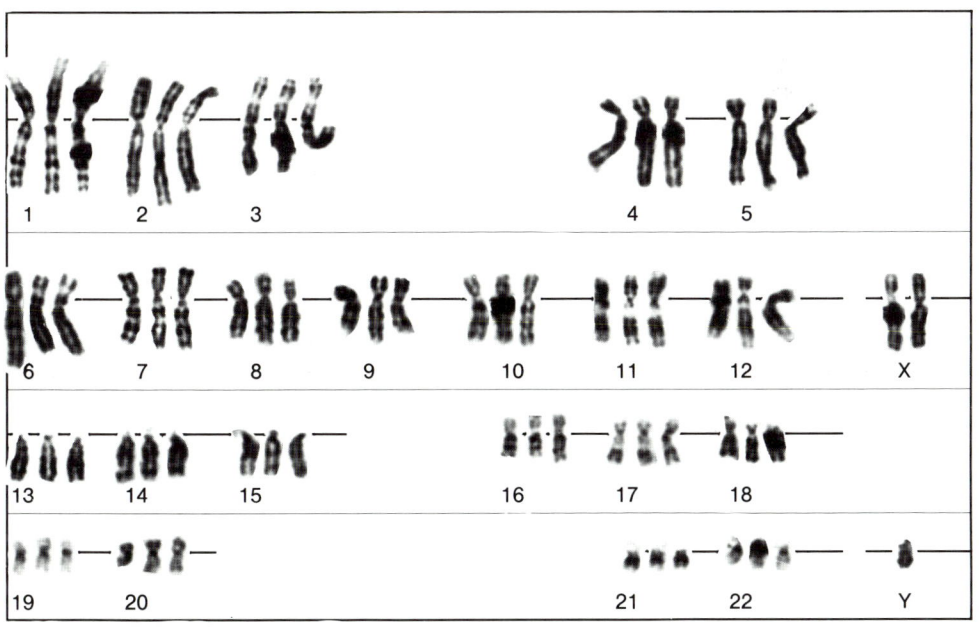

Abb. 4.9 Karyogramm: Triploidie (69,XXY); Chorionzottenpräparation bei „missed abortion" (aus: *J. Murken*: Pränatale Diagnostik und Therapie. Enke, Stuttgart 1987)

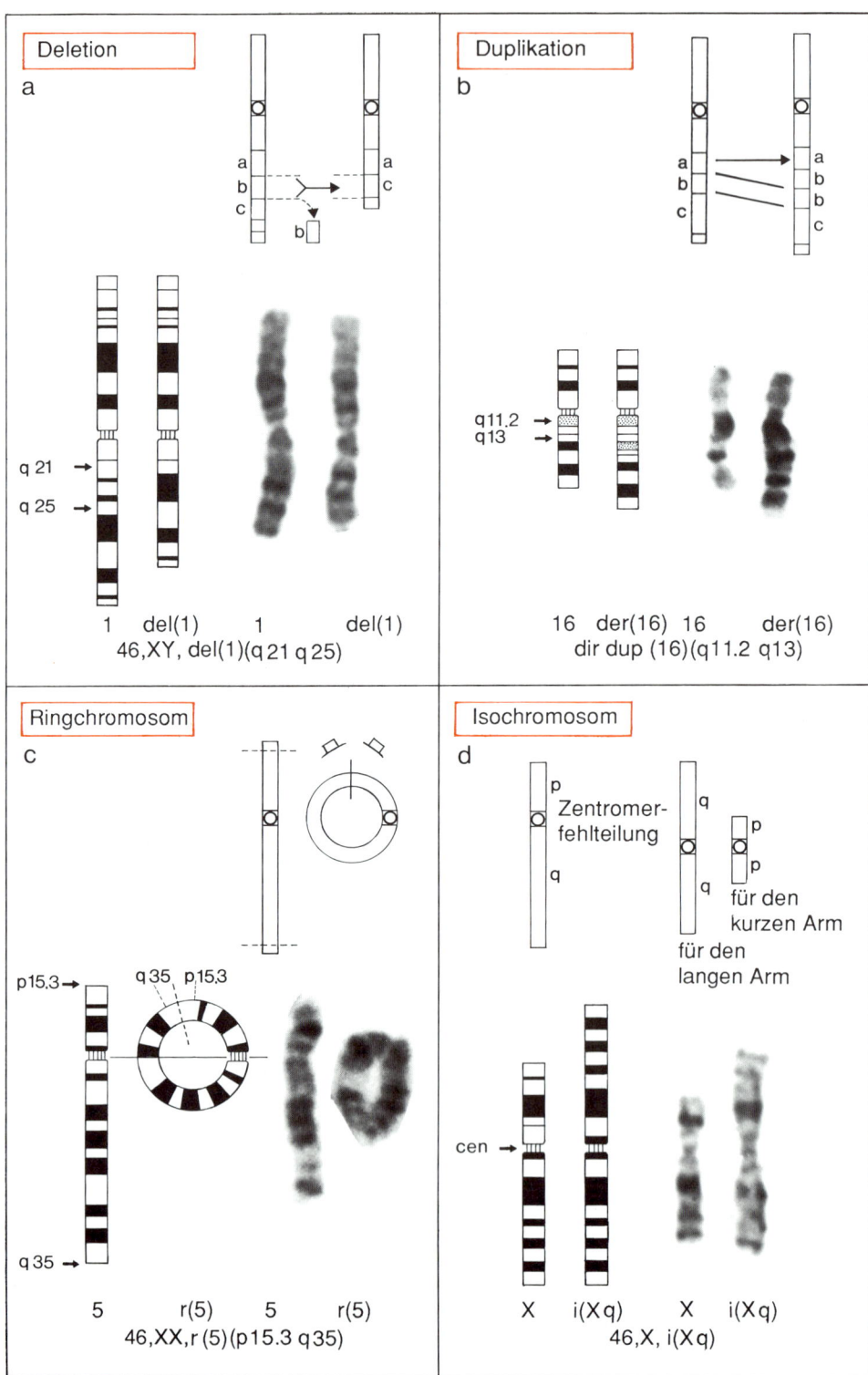

Deletion
a

q 21 →
q 25 →

1   del(1)   1   del(1)
46,XY, del(1)(q 21 q 25)

Duplikation
b

q11.2 →
q13 →

16   der(16) 16   der(16)
dir dup (16)(q11.2 q13)

Ringchromosom
c

p15.3 →
q 35 p 15.3

q 35 →

5   r(5)   5   r(5)
46,XX,r (5)(p15.3 q35)

Isochromosom
d

p
Zentromer-
fehlteilung
q

q

q

p
p

für den
kurzen Arm

für den
langen Arm

cen →

X   i(Xq)   X   i(Xq)
46,X, i(Xq)

Materials werden als **balanciert** bezeichnet. Sie haben meist keinen Einfluß auf den Phänotyp und können über mehrere Generationen vererbt werden.

Unbalancierte Strukturaberrationen (Abb. 4.10), die zu Monosomien oder Trisomien von Chromosomensegmenten führen, sind für alle Autosomen bekannt. Die Betroffenen haben Fehlbildungs-Retardierungs-Syndrome und sind durch einen charakteristischen, chromosomensegmentspezifischen Phänotyp erkennbar (Dysmorphiesyndrome, s. 4.6). Kinder mit einer Trisomie oder Monosomie des gleichen Segments sehen einander ähnlicher als ihren chromosomal gesunden Geschwistern. Generell gilt, daß Monosomien schwerwiegender sind als Trisomien des gleichen Segments.

Für die genetische Beratung ist die Unterscheidung zwischen **ererbten** (elterlicher Chromosomensatz balanciert) und **neu entstandenen (de novo)** Strukturaberrationen (elterlicher Chromosomensatz normal) wichtig.

Trisomien oder Monosomien von Chromosomenabschnitten (partielle Trisomien oder Monosomien) entstehen etwa in der Hälfte der beobachteten Fälle de novo (Neumutation) während der Gametogenese eines Elternteils. Die andere Hälfte der Betroffenen hat die Chromosomenaberration in unbalancierter Form von einem Elternteil mit balancierter Strukturaberration geerbt. Bei jeder Strukturaberration muß daher der Karyotyp der Eltern untersucht

werden. Liegt eine elterliche balancierte Strukturaberration vor, so sollte eine umfangreiche Familienuntersuchung und -beratung im Hinblick auf zukünftige Schwangerschaftsplanungen (s. 10.7) angeboten werden.

Die wichtigsten Chromosomenstrukturaberrationen sind Translokationen (Robertsonsche T., reziproke T.), Inversion, Duplikation, Deletion, Insertion, Isochromosom und Ringchromosom (Abb. 4.10 – 4.15). Für ihre Bezeichnung sind folgende Kurzschreibweisen eingeführt:

t   = Translokation
inv = Inversion
del = Deletion
dup = Duplikation
r   = Ringchromosom
i   = Isochromosom
ins = Insertion

4.4.1 Elterliche Robertsonsche Translokation

Bei einer Robertsonschen Translokation (zentrische Fusion, Häufigkeit 1:1000, Abb. 4.11) vereinigen sich zwei der akrozentrischen Chromosomen 13, 14, 15, 21 oder 22 nach Brüchen im oder unmittelbar neben dem Zentromer. Ihre kurzen Arme, deren genetischer Gehalt phänotypisch unwirksam bzw. kompensierbar ist, gehen verloren. Die Chromosomenzahl reduziert sich um 1.

Abb. 4.10 a – d Beispiele struktureller (unbalancierter) Chromosomenaberrationen

a interstitielle **Deletion** (de novo) am langen Arm von Chromosom 1; Karyotyp: 46,XY, del(1)(q21q25); Indikation zur Chromosomenanalyse: Neugeborener Knabe mit LKG-Spalte und zahlreichen Dysmorphien

b Duplikation eines Segmentes im langen Arm von Chromosom 16 (de novo) (Segment q11-q13); Karyotyp: 46,XY,dir dup(16)(q11.2q13); Indikation: 3jähriger Knabe mit Entwicklungsrückstand und nur diskreten Dysmorphiezeichen

c Ringchromosom 5 (de novo); Karyotyp: 46,XX,r(5) (p15.3q35); Indikation: 2jähriges Mädchen mit Minderwuchs und Mikrocephalie, normale geistige Entwicklung, kein Dysmorphiesyndrom

d Isochromosom für den langen Arm des X-Chromosoms (de novo); Karyotyp: 46,X,i (Xq); Indikation: 19jährige Frau mit Turner-Syndrom (primäre Amenorrhoe, Minderwuchs, hypergonadotroper Hypogonadismus)

Robertsonsche Translokation (zentrische Fusion)

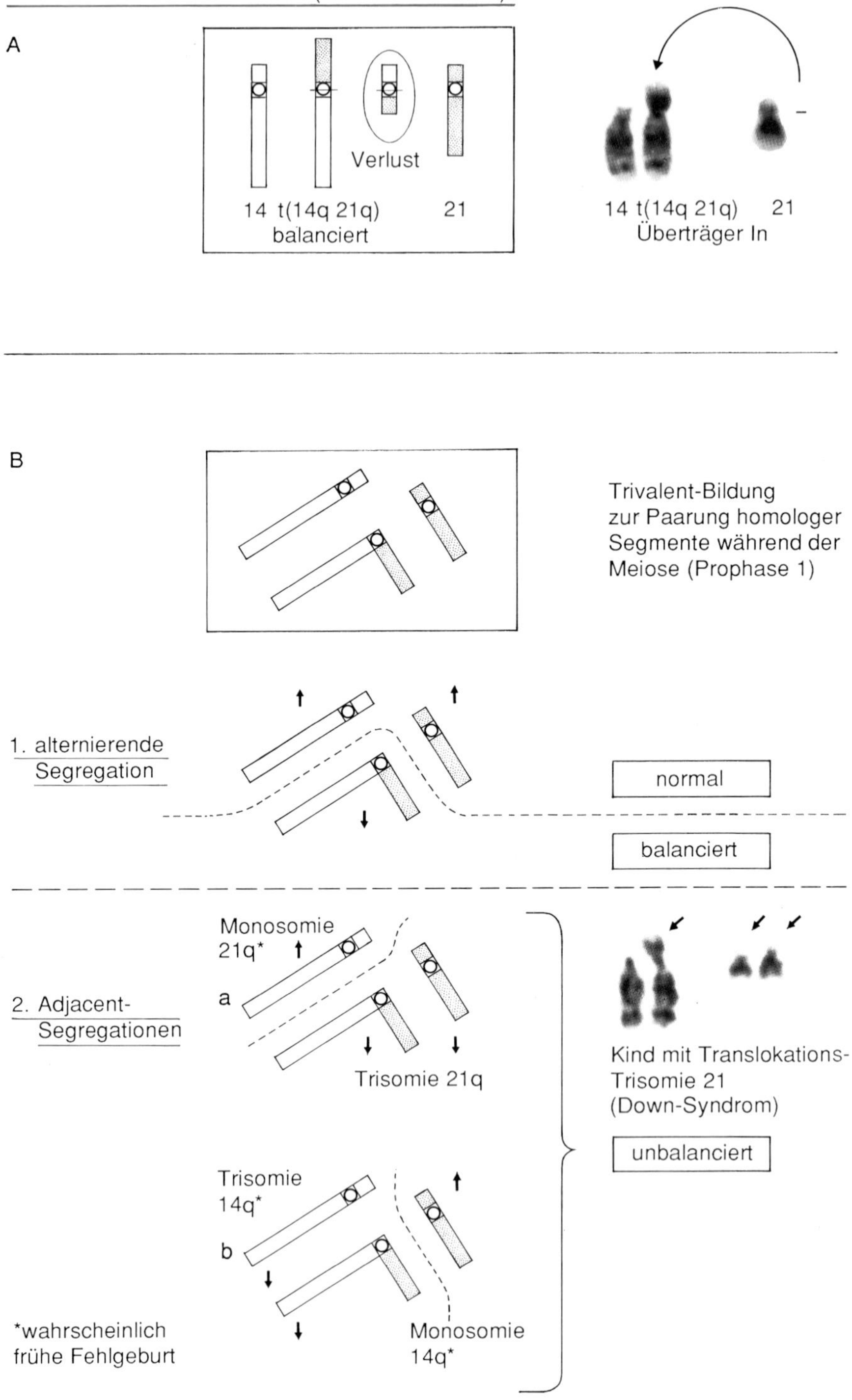

A

Verlust

14   t(14q 21q)   21
balanciert

14 t(14q 21q)   21
Überträger In

B

Trivalent-Bildung
zur Paarung homologer
Segmente während der
Meiose (Prophase 1)

1. alternierende
   Segregation

normal

balanciert

2. Adjacent-
   Segregationen

Monosomie
21q*

a

Trisomie 21q

Kind mit Translokations-
Trisomie 21
(Down-Syndrom)

unbalanciert

Trisomie
14q*

b

Monosomie
14q*

*wahrscheinlich
frühe Fehlgeburt

Beispielsweise lautet der Karyotyp der Trägerin einer Robertsonschen Translokation zwischen dem Chromosom 14 und 21: 45,XX, − 14, − 21, + t(14q21q) (Abb. 4.11 A).

Die Träger einer solchen balancierten Robertsonschen Translokation sind phänotypisch unauffällig und werden meist erst dann erkannt, wenn ein Kind mit Down-Syndrom zu Welt kommt (bevorzugt bei mütterlichen Überträgerinnen), oder − seltener − wenn eine Sterilität vorliegt (bevorzugt bei väterlichen Überträgern).

Während die mitotischen Teilungen bei solchen Strukturumbauten offensichtlich nicht beeinflußt werden (keine Neigung zur Mosaikentstehung), kommt es bei den meiotischen Teilungen während der Keimzellenreifung zu Komplikationen: anstelle der üblichen **Bivalente** (s. Abb. 3.9) bilden sich bei Robertsonscher Translokation **Trivalente** zur Paarung der homologen Abschnitte. Zwei verschiedene Typen der Chromosomensegregation werden unterschieden (Abb. 4.11 B):

(1) **Alternierende Segregation:** Die beiden nicht veränderten Homologen wandern in die eine Keimzelle und das Translokationsprodukt in die andere. Nach Befruchtung mit einer normalen Keimzelle entstehen chromosomal normale und chromosomal balancierte Nachkommen im Verhältnis 1 : 1. In beiden Fällen resultiert ein unauffälliger Phänotyp.

(2) **Adjacent-Segregation:** Das Translokationschromosom wandert zusammen mit dem einen oder dem anderen von der Translokation nicht betroffenen Homologen in die Keimzelle. Es resultieren Trisomien bzw. Monosomien. Die Translokationstrisomie 21 führt zum Vollbild des Down-Syndroms, z. B. 46,XY,t(14q21q) = Translokationstrisomie 21 bei einem Knaben.

Die Monosomie 21, die Monosomie 14 und die Trisomie 14 sind mit einem postnatalen Leben nicht vereinbar. Die Entstehung solcher Zygoten wird entweder als Fehlgeburt bemerkt oder bleibt als Frühabort unerkannt.

Die Erfahrung hat gezeigt, daß bei elterlicher Robertsonscher Translokation t(14q21q) das Risiko für ein Kind mit Down-Syndrom etwa 4 % beträgt, wenn der Vater Translokationsträger und etwa 10 %, wenn die Mutter Translokationsträgerin ist (s. 10.6.1).

Auffallend ist die überproportionale Häufung balancierter Nachkommen bei mütterlicher und väterlicher Robertsonscher Translokation, die auf einen Evolutionstrend hinzuweisen scheint. Diese Reduktion der Chromosomenzahl durch Bildung eines metazentrischen aus zwei akrozentrischen Chromosomen ist ein aus der Karyotypevolution in der Phylogenese bekannter Entwicklungsschritt. So entstand während der Primatenevolution aus 2 akrozentrischen Chromosomen (Chromosom 11 und 12 bei Gorilla und Orang-Utan) das submetazentrische Chromosom 2 des Menschen.

4.4.2 Elterliche reziproke Translokation

Reziproke Translokationen entstehen durch wechselseitigen (reziproken) Austausch von Chromosomensegmenten ohne Materialverlust und können jedes beliebige Segment betreffen (Häufigkeit etwa 1 : 1000 Neugeborene).

Auch hier sind die Träger der balancierten Aberration phänotypisch unauffällig. Meist werden sie entdeckt, nachdem habituelle Fehlgeburten aufgetreten oder Kinder mit einem Dysmorphiesyndrom zur Welt gekommen sind.

Da bei reziproken Translokationen neben zwei normalen Homologen zwei durch

---

Abb. 4.11 Robertsonsche Translokation am Beispiel t(14q21q)
A Chromosomen 14 und 21 bei balanciertem Karyotyp
B Möglichkeiten der meiotischen Segregation

5p
5q

5   t (5,15) 15
    balanciert

A

5p
15q

5   t (5,15)   15
    Überträger In

15p
15q

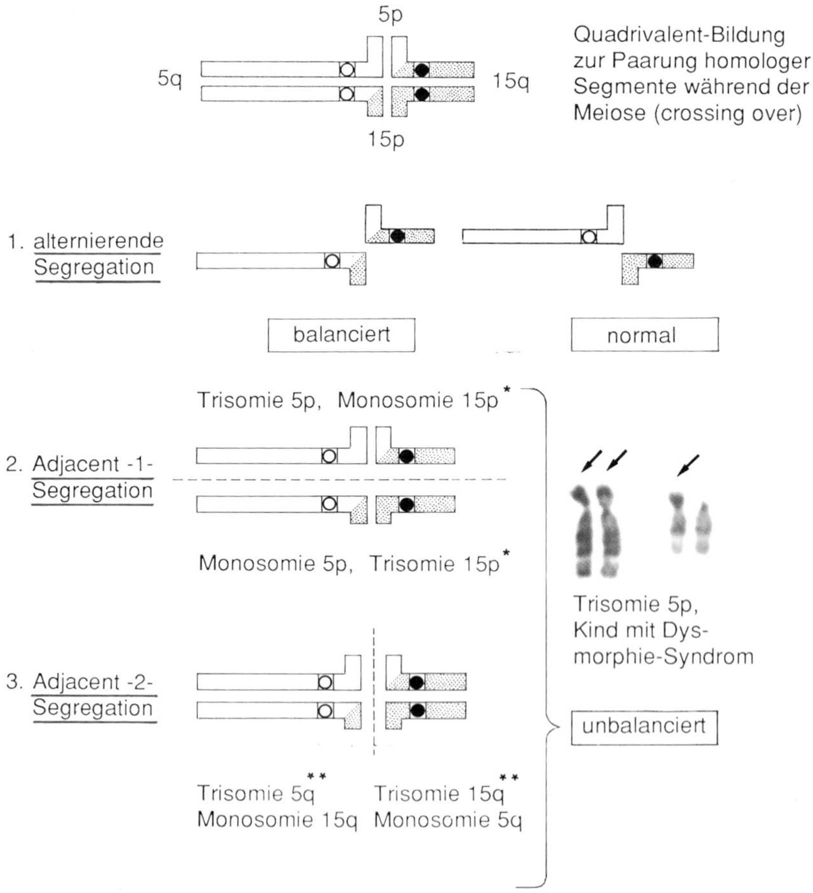

5p

5q   15q

15p

Quadrivalent-Bildung
zur Paarung homologer
Segmente während der
Meiose (crossing over)

1. alternierende
   Segregation

   balanciert   normal

Trisomie 5p, Monosomie 15p*

2. Adjacent -1-
   Segregation

Monosomie 5p, Trisomie 15p*

Trisomie 5p,
Kind mit Dys-
morphie-Syndrom

3. Adjacent -2-
   Segregation

Trisomie 5q**   Trisomie 15q**
Monosomie 15q   Monosomie 5q

unbalanciert

B

Segmentaustausch strukturell veränderte Homologe vorliegen, bilden sich während der meiotischen Homologenpaarung Quadrivalente (Abb. 4.12).

In Abhängigkeit von der in der ersten meiotischen Teilung stattfindenden Segregation entstehen balancierte, chromosomal unauffällige oder unbalancierte Gameten.

3 Formen einer 2:2-Segregation sind möglich (Abb. 4.12):

Bei **alternierender Segregation** entstehen phänotypisch unauffällige Nachkommen mit normalem (50 %) oder balanciertem (50 %) Karyotyp.

Bei der **Adjacent-1-Segregation** (gleiche Zentromere werden getrennt) bzw. der **Adjacent-2-Segregation** (gleiche Zentromere wandern zusammen) entstehen unbalancierte Keimzellen, die zu partiellen Trisomien oder Monosomien für die betreffenden Segmente führen.

Sehr selten findet sich eine 3:1-Segregation, in deren Folge immer eine balancierte Frucht entsteht.

Bei unbalancierten Karyotypen resultieren je nach der Größe der Segmente und deren genetischem Gehalt Frühaborte, Spätaborte, Totgeburten oder Kinder mit einem Dysmorphiesyndrom.

Das Risiko, daß es zur Lebendgeburt von Kindern mit unbalanciertem Karyotyp kommt, ist abhängig von den beteiligten Chromosomen und Lage der Bruchpunkte und liegt zwischen 0 und 60 %.

4.4.3 Sonstige elterliche Strukturaberrationen

Weitere balancierte Strukturaberrationen sind Inversionen und Insertionen.

Inversionen entstehen, wenn 2 Brüche in einem Chromosom stattfinden und das Segment zwischen den Bruchstücken um 180° gedreht wird. Man unterscheidet perizentrische und parazentrische Inversionen.

Bei **perizentrischen** Inversionen (Abb. 4.13 a) liegen die Bruchpunkte zu beiden Seiten des Zentromers. Wenn die Abstände der Bruchstellen vom Zentromer ungleich sind, resultiert aus der Inversion ein morphologisch verändertes Chromosom (andere Zentromerposition). Sind die Abstände der Bruchstellen vom Zentromer gleich, so bleibt die Zentromerposition erhalten. Die Inversion ist dann nur durch ein geändertes Bandenmuster zu erkennen. Um eine Paarung der homologen Segmente während der Meiose zu gewährleisten, bilden Inversionschromosomen Schleifen.

Eine ungerade Anzahl von crossing-over-Vorgängen in der **Inversionsschleife** führt zu strukturell veränderten Chromosomen (Duplikations-Defizienzen), die je nach Lage der Inversions-Bruchpunkte mit einem postnatalen Leben vereinbar sein können oder nicht.

Bei **parazentrischen** Inversionen (Abb. 4.13 b) liegen beide Bruchpunkte auf dem gleichen Chromosomenarm. Man kann parazentrische Inversionen nur an der Änderung der Bandenfolge erkennen. Ist nur eine einzige Bande invertiert, bleibt die parazentrische Inversion unerkannt.

Bei einer ungeraden Anzahl von crossing-over-Vorgängen in der Inversionsschleife entstehen ein dizentrisches und ein azentrisches Chromosom. Durch ihre Instabilität gehen sie in den postzy-

---

◄ **Abb. 4.12** Möglichkeiten der Segregation bei reziproker Translokation am Beispiel 46,XX,t(5p;15p)

A Schema und G-Bänderung der Chromosomen 5 und 15

B Segregationstypen nach Quadrivalentbildung

* Die Trisomie 5p und die Monosomie 5p verursachen charakteristische Dysmorphiesyndrome (Monosomie 5p = Cri-du-chat-Syndrom; s. 4.4.4.1).
Die Trisomie bzw. Monosomie 15p hat in Analogie zur Robertsonschen Translokation keinen Einfluß auf den Phänotyp

** Beide unbalancierte Karyotypen sind nicht lebensfähig (frühe Fehlgeburt)

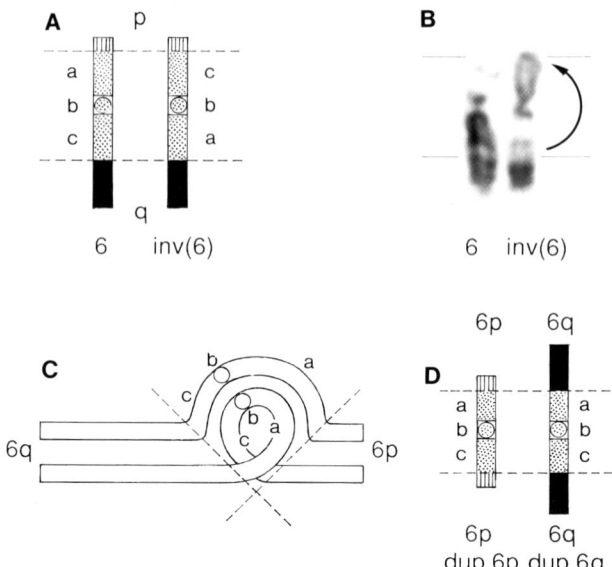

Abb. 4.13 a Perizentrische Inversion des Chromosoms 6. A: Schema; B: Chromosomen 6, G-Banden; C: Schleifenbildung zur Paarung homologer Segmente während der Meiose; D: rekombinante Chromosomen mit Duplikations-Defizienz nach ungerader Anzahl von crossing-over in der meiotischen Schleife

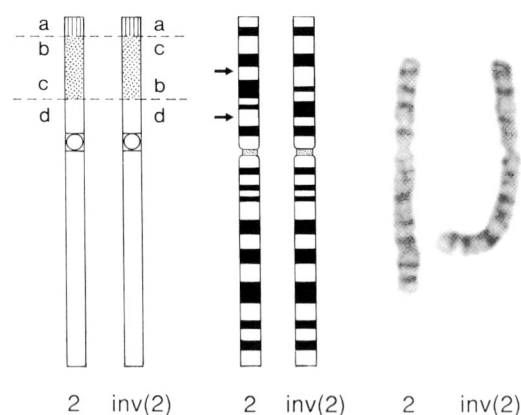

Abb. 4.13 b Parazentrische Inversion im kurzen Arm von Chromosom 2, Karyotyp 46,XX,inv(2)(p14p21), Schema parazentrische Inversion, Chromosomen 2 (ISCN-Schema mit markierten Bruchpunkten und Giemsa-Trypsin-G-Bänderung)

gotischen Teilungen verloren. Eine parazentrische Inversion bedeutet praktisch kein Risiko für unbalancierte Nachkommen.

4.4.4 Klinische Bedeutung struktureller Autosomenaberrationen

Eine balancierte Chromosomenaberration hat in der Regel keinen negativen Einfluß auf die Gesundheit. In sehr seltenen Fällen kann eine Infertilität (insbesondere bei männlichen Trägern) oder, durch Zerstörung eines Gens, eine monogen bedingte Erkrankung (z. B. Neurofibromatose bei balancierter Translokation 17q) vorliegen.

Das bei Trägern balancierter Strukturaberrationen bestehende Risiko für Fehlgeburten und/oder Nachkommen mit unbalanciertem Karyotyp hängt in seiner Höhe vom jeweiligen Typ der Aberration und der Lage der Bruchpunkte ab.

Unbalancierte autosomale Strukturaberrationen (partielle Monosomien und/oder partielle Trisomien) haben immer eine Beeinträchtigung der körperlichen und geistigen Konstitution zur Folge.

Zwei Strukturaberrationen und deren charakteristische Phänotypen werden im folgenden genauer dargestellt.

4.4.4.1 Partielle Monosomie 5p (Katzenschrei-Syndrom, Cri-du-chat-Syndrom)

Das Katzenschrei-Syndrom wurde 1963 von *Lejeune* und Mitarb. als erste partielle autosomale Monosomie beim Menschen beschrieben. Die Häufigkeit beträgt etwa 1 : 50 000.

Phänotyp (Abb. 4.14): Das auffälligste Merkmal der Chromosomenstörung ist der hohe monotone Schrei, der an das Schreien junger Kätzchen erinnert und dem Syndrom seinen Namen gegeben hat. Er ist etwa eine Oktave höher (880 Hz) als der um den Kammerton a (440 Hz) liegende normale Säuglingsschrei.

Prognose: Es besteht eine geringe Letalität, viele Betroffene erreichen das Erwachsenenalter. Im frühen Kindesalter fallen eine Muskelhypotonie und Persistenz archaischer Reflexe auf. Die körperlichen und geistigen Entwicklungsschritte sind stark verzögert. Die Sprachentwick-

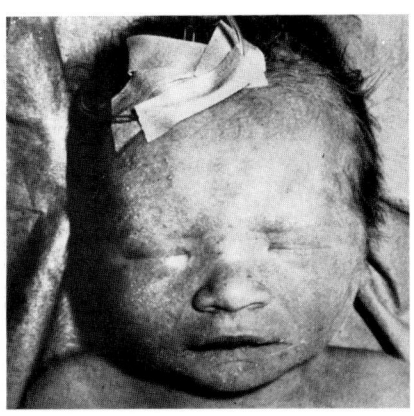

5   del(5)

Abb. 4.14 Katzenschrei-Syndrom (partielle Monosomie 5p; Karyotyp: 46,XX,del(5) (p 15) bei neugeborenen Mädchen; Leitsymptome: charakteristischer Schrei, Mikrocephalie, rundes Gesicht, Hypertelorismus, Mikroretrogenie; Chromosomen 5: G-Bandenfärbung

lung bleibt oft aus oder besteht nur aus wenigen Worten. Der IQ liegt in der Regel unter 20.

Zytogenetik: Dem Syndrom liegt eine Deletion des kurzen Arms von Chromosom 5 zugrunde, wobei das Ausmaß der Segmentdeletion variabel ist. Das kritische Segment, welches allen Patienten mit dem Vollbild des Syndroms fehlt, ist der Abschnitt 5p15. Bei etwa 20 % der Betroffenen leitet sich die Deletion von einer elterlichen balancierten reziproken Translokation ab, bei der der betreffende Kurzarmabschnitt von Chromosom 5 auf ein anderes Chromosom transloziert ist (Abb. 4.12).

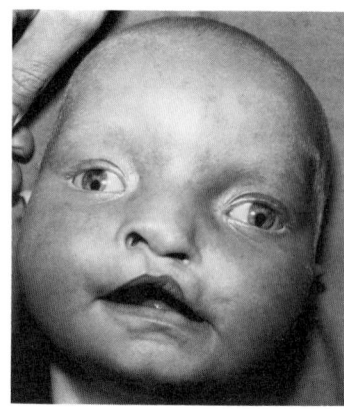

4 del(4)

Abb. 4.15 Wolf-Syndrom (partielle Monosomie 4p; Karyotyp: 46,XX,del(4)(p15) bei 2 Monate altem Mädchen; Leitsymptome: Dolichocephaler Schädel mit hoher Stirn, Hypertelorismus, Iriskolobom, breite Nasenwurzel, LKG-Spalte (hier bereits operiert), herabgezogene Mundwinkel, Mikroretrogenie; Chromosomen 4: R-Bandenfärbung mit Akridin-Orange = RBA
(Foto *U. Wolf* und *E. Back,* Institut für Humangenetik und Anthropologie der Universität Freiburg)

4.4.4.2 Partielle Monosomie 4p (Wolf-Syndrom)

Das Syndrom wurde erstmals 1965 von *Wolf* und Mitarb. beschrieben.

Die Häufigkeit beträgt etwa 1 : 50 000, wobei Mädchen etwa doppelt so häufig wie Knaben betroffen sind.

Phänotyp: Neben den Dysmorphien (s. Abb. 4.15) können fakultativ auch Organfehlbildungen z. B. an Herz und Nieren auftreten. Es besteht immer eine schwere körperliche und geistige Entwicklungsretardierung, der IQ ist in der Regel kleiner als 20.

Prognose: Viele Kinder sterben aufgrund von Organfehlbildungen im Kindesalter. Oft treten Krampfleiden auf. Die überlebenden Kinder zeigen in der Regel nur langsame Entwicklungsfortschritte.

Zytogenetik: Dem Syndrom liegt eine Deletion des kurzen Arms von Chromosom 4 zugrunde, die in etwa 80 % neu entstanden ist, in etwa 20 % von einem Elternteil mit balancierter Translokation ererbt ist.

Ähnlich wie beim Cri-du-chat-Syndrom kann das Ausmaß der Segmentdeletion variieren. Die kritische Region, welche den Patienten mit dem Vollbild des Syndroms fehlt, ist der Abschnitt 4p16.

4.4.4.3 Autosomale Mikrodeletionssyndrome

Durch die hohe mikroskopische Auflösung der Chromosomenfeinstruktur mittels differentieller Präparations- und Färbetechniken gelang es, kleinste Chromosomendeletionen mit bestimmten Syndromen in Verbindung zu bringen. Damit wurde eine Brücke zwischen Veränderung der Chromosomenstruktur und umschriebenen Krankheitsbildern geschlagen, die Lücke unserer Kenntnis zwischen Chromosomenaberration und Genmutation wird kleiner.

Die wichtigsten, heute bekannten Mikrodeletionssyndrome, die durch bestimmte kleine, interstitielle Deletionen verursacht werden, sind:

– Langer-Giedion-Syndrom = Monosomie 8q24,
– WAGR-Komplex (Wilms-Tumor, Aniridie, genito-urethrale Fehlbildung/Gonadoblastom, geistige Retardierung) = Monosomie 11p13,
– Retinoblastom = Monosomie 13q14,
– Prader-Willi-Syndrom = Monosomie 15q12,
– Angelman-Syndrom = Monosomie 15q12,
– Miller-Dieker-Syndrom (Lissenzephalie-Sequenz) = Monosomie 17p13,
– Di-George-Sequenz = Monosomie 22q11.

Der zytogenetische Nachweis solcher Mikrodeletionen ist aufwendig, und mit ab-

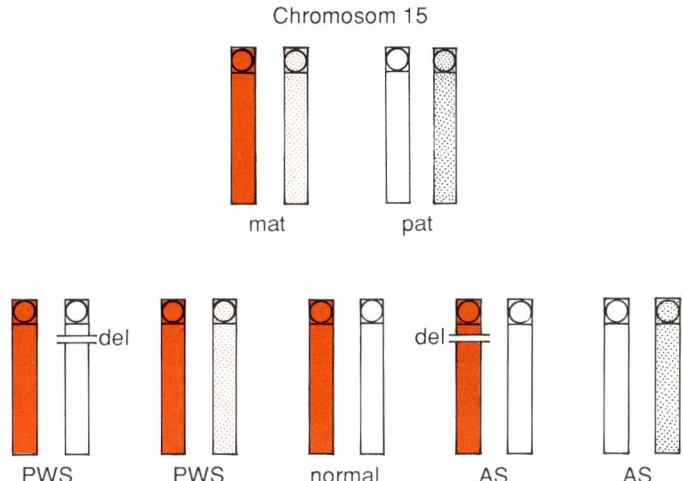

Abb. 4.16 Ätiologie des PWS und des Angelman-Syndroms (AS) PWS: Verlust der väterlichen Allele des Bereiches 15q11.2-q13; AS: Verlust der mütterlichen Allele des Bereiches 15q11.2-q13; jeweils durch Deletion oder uniparentale Disomie.
Die AS-Patienten ohne nachweisbare Mutation (dritte Gruppe) sind nicht berücksichtigt.
mat = mütterlich geerbtes Chromosom 15, pat = väterlich geerbtes Chromosom, del = interstitielle Deletion (Neumutation) (15)(q11.2q13)

nehmender Deletionsgröße stößt man an die Grenzen der Darstellbarkeit.

Hier bietet die Anwendung molekulargenetischer Techniken (FISH, Southern-Hybridisierung) in der Diagnostik einen Ausweg.

Als Beispiele für die Mikrodeletionssyndrome werden im folgenden das Prader-Willi-Syndrom (PWS) und das Angelman-Syndrom (AS) ausführlicher beschrieben.

Prader-Willi-Syndrom

Phänotyp: Das Prader Willi Syndrom ist eine angeborene Multisystemerkrankung (Häufigkeit 1 : 10 000), die im Säuglingsalter durch eine ausgeprägte Muskelhypotonie und Gedeihstörung gekennzeichnet ist. Die anfängliche Trink- und Eßschwäche schlägt im Alter von etwa 2 – 3 Jahren in Hyperphagie um, es kommt nun zu starkem Übergewicht. In der Regel liegt eine Lernbehinderung vor. Weitere Leitsymptome des Syndroms sind Minderwuchs, kleine Hände und Füße, hypogonadotroper Hypogonadismus, Hypogenitalismus und Kryptorchismus bei den männlichen Betroffenen.

Die Prognose hängt sehr stark von der pädagogischen Förderung und vor allem der Kontrolle des Eßverhaltens ab.

Ätiologie: Die Ursache des PWS ist der Verlust von **väterlichen** Allelen der Chromosomenregion 15q11.2q13. Das Fehlen väterlicher Allele bei den Patienten ist bedingt entweder durch eine interstitielle Deletion del(15)(q11.2q13) des väterlich geerbten Chromosoms (ca. 75 % der Fälle) oder durch eine mütterliche uniparentale Disomie, d. h. beide homologen Chromosomen 15 wurden von der Mutter geerbt und keines vom Vater (ca. 25 % der Fälle) (Abb. 4.16). Die mütterliche Disomie 15 entsteht als Folge eines mütterlichen Nondisjunction der Chromosomen 15 in der Meiose. Die Befruchtung der disomen Eizelle erfolgt entweder durch ein für Chromosomen 15 nullisomes Spermium oder durch ein normales Spermium. Im letzteren Fall geht das väterliche Chromosom 15 aus der trisomen Zygote in einer der frühen postzygotischen Teilungen verloren. Sehr selten finden sich bei Patienten mit PWS

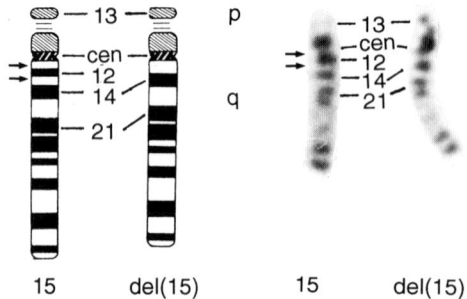

15   del(15)   15   del(15)

Abb. 4.17 Interstitielle Deletion (15) (q11.2 q13) bei einem Patienten mit PWS. ISCN Schema (ca. 650 Banden pro haploidem Chromosomensatz) mit Markierung der Deletionsbruchpunkte; das pathologische Chromosom 15 ist auf der rechten Seite (Pfeil) Methode: High Resolution Chromosomenanalyse mittels BrdU-Giemsa-Bänderung (GBG)

auch andere Strukturaberrationen des Chromosoms 15, z. B. unbalancierte Translokationen.

Diagnostik: Die interstitielle Deletion im Bereich 15q11.2-q13 (Monosomie 15q12) ist in den meisten Fällen mittels Hochauflösungs-Chromosomenanalyse erkennbar (Abb. 4.17). Durch molekulargenetische Analyse können neben mikroskopisch sichtbaren Deletionen auch submikroskopische Deletionen und die mütterliche uniparentale Disomie 15 nachgewiesen werden (Abb. 4.18).

Angelman-Syndrom (AS)

Phänotyp: Die Leitsymptome dieses Syndroms sind schwere geistige Behinderung,

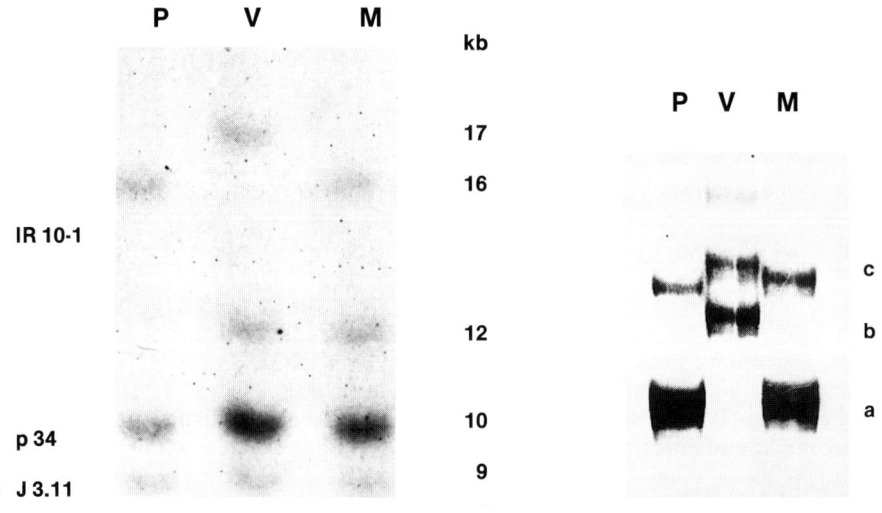

Abb. 4.18 a, b DNA Diagnostik bei PWS

a RFLP und Dosisanalyse.

Restriktionsverdau (ScaI) der genomischen DNA eines Patienten mit PWS (P), seines Vaters (V) und seiner Mutter (M); Hybridisierung und Autoradiographie mit 2 DNA-Sonden der PWS-Region (IR10-1 und p34) sowie einer DNA-Sonde vom Chromosom 7 zum Vergleich (J 3.11). Der Patient hat ein 16 kb Allel (IR10-1), das er von seiner Mutter (heterozygot: 16 kb/12 kb Allel) geerbt hat. Er besitzt kein Allel von seinem Vater (heterozygot: 17 kb/12 kb). Sowohl für IR10-1 als auch für p34 (konstante 10 kb Bande) liegt beim Patienten im Vergleich zu seinen Eltern die Hälfte der Gendosis vor (deutlich schwächere p34-Bande beim Patienten, annähernd gleich starke J3.11-Bande (9 kb, Vergleichssonde) bei Patient, Vater und Mutter). Der Patient trägt eine de novo Deletion am väterlich geerbten Chromosom 15

b PCR Analyse.

PCR Amplifikation (radioaktiv) eines (CA)n Motivs (Lokalisation 15q11.2q13), Gelelektrophorese des PCR-Produkts und Autoradiographie. P: Patient, V: Vater, M: Mutter; Beim Patienten findet sich ein mütterliches Allel a (Mutter ist homozygot für das Allel a), jedoch keines der väterlichen Allele (b, c)

fehlende Sprachentwicklung, ein charakteristischer, marionettenähnlicher, ataktischer Gang, häufige, unmotiviert erscheinende Lachepisoden und charakteristische EEG-Auffälligkeiten.

Ätiologie: Den meisten Patienten mit AS fehlen die **mütterlichen** Allele der Region 15q11.2-q13 (durch Deletion am mütterlich geerbten Chromosom 15 oder durch väterliche, uniparentale Disomie des Chromosoms 15) (Abb. 4.16). Bei etwa 25 % der Patienten mit AS (häufig Geschwisterfälle) läßt sich jedoch weder eine Deletion noch eine väterliche Disomie 15 nachweisen. Diese Patienten haben mit hoher Wahrscheinlichkeit eine kleine, gegenwärtig noch nicht nachweisbare Genmutation.

Genomic Imprinting

Anhand der beiden Krankheitsbilder PWS und AS wurde beim Menschen erstmalig nachgewiesen, daß es Gene gibt, die in Abhängigkeit von ihrer elterlichen Herkunft wirken. Diese unterschiedliche Wirksamkeit ist auf die keimbahnspezifische Aktivierung bzw. Inaktivierung dieser Gene zurückzuführen. Durch Modifikation der DNA-Struktur während der Gametogenese (in weiblicher und männlicher Keimbahn unterschiedlich) wird festgelegt, ob ein bestimmtes Gen im sich nach der Befruchtung entwickelnden Organismus exprimiert wird oder nicht. Diese, in der nächsten Generation reversible Modifikation der Genaktivität wird als **Genomic Imprinting** bezeichnet. Die unterschiedliche Aktivität von Genen drückt sich u. a. im unterschiedlichen Methylierungsgrad (Gehalt an 5-Methylcytosin) der DNA in der Umgebung dieser Gene aus. Solch ein, für die jeweils väterlich oder mütterlich geerbten DNA-Abschnitte charakteristisches, Methylierungsmuster kann mit molekulargenetischen Techniken untersucht werden.

Seit 1992 steht ein molekulargenetischer Test (Methylierungstest) zur Verfügung, mit dem das Fehlen väterlicher Allele bzw. auch das Fehlen mütterlicher Allele der Region 15q11.2-q13 unabhängig vom Typ der vorliegenden Mutation und von der sonst notwendigen Untersuchung der elterlichen DNA nachgewiesen werden kann, und der

deshalb gut zur Diagnostik des PWS sowie des AS einsetzbar ist.

Ein Kandidatengen für das PWS, welches in der Region 15q12 lokalisiert ist, wurde kürzlich beschrieben (*Özcelik* et al. 1992). Das Gen wird nur auf dem väterlichen Chromosom 15 exprimiert, auf dem mütterlichen Chromosom 15 ist es inaktiviert.

Ein für das AS verantwortliches Gen, welches nach den bisherigen Erkenntnissen in der Region 15q11.2q13 distal vom PWS Lokus liegen muß und nur auf dem mütterlichen Chromosom 15 exprimiert wird, konnte bisher noch nicht identifiziert werden.

4.4.4.4 Das fragile X-Syndrom (Martin-Bell-Syndrom)

Ein völlig neuer Typ von Chromosomenaberrationen, auf den 1969 erstmals hingewiesen worden war, wurde 1977 mit dem Nachweis einer spezifischen Chromosomenbrüchigkeit am X-Chromosom (fragiles X) bei Knaben mit geistiger Retardierung gefunden. Synonyme Bezeichnungen des Syndroms sind: Marker-X-Syndrom oder, nach den Erstbeschreibern, Martin-Bell-Syndrom. Die betroffenen Knaben sind häufig großwüchsig, hyperaktiv und zeigen eine Sprachentwicklungsretardierung (Abb. 4.19 a).

In vielen Fällen sind verhaltensmodifizierende therapeutische Maßnahmen notwendig, um ihnen Lernfortschritte und eine soziale Integration zu ermöglichen. Erwachsene Männer zeigen eine Akromegalie sowie eine Testisvergrößerung bis zu $60\,cm^3$ (obere Normgrenze bis $30\,cm^3$) und eine mittelgradige bis schwere geistige Retardierung.

Bei der Kultivierung von Zellen solcher Patienten in folsäurefreiem Medium kommt es zur umschriebenen Unterbrechung der Chromatidstruktur an spezifischer Stelle (fragile Stelle Xq27.3; Abb. 4.19 b).

Eine weitere Besonderheit dieses X-chromosomal-rezessiv vererbten Syndroms ist, daß sich verschiedene Abweichungen vom klassischen X-chromosomal rezessiven Erbgang finden. So gibt es merkmalsfreie

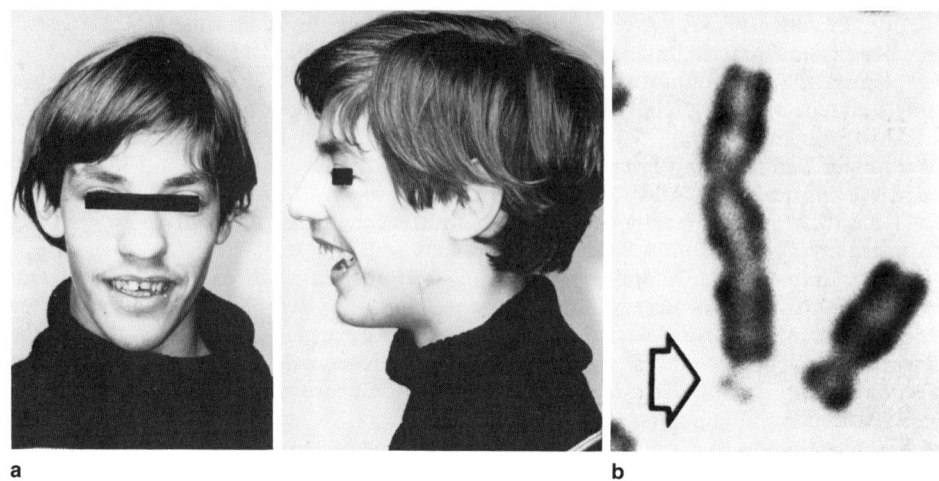

a   b

Abb. 4.19 a, b
a 13jähriger Patient mit Martin-Bell-Syndrom (fragiles X-Syndrom); Symptome: geistige Behinderung, akromegale Gesichtszüge, Makroorchidie
b partielle Metaphase des Patienten mit dem fragilen X-Chromosom; die brüchige Stelle am Ende des langen Arms vom X-Chromosom (fra Xq27.3) ist durch einen Pfeil markiert
(Fotos *E. Schwinger,* Institut für Humangenetik, Med. Universität Lübeck)

männliche Anlageträger und klinisch betroffene Überträgerinnen (s. 10.4).

1991 wurde die dem fragilen X-Syndrom zugrunde liegende Mutation entdeckt (s. Abb. 2.9). Es handelt sich dabei um die Tandemamplifikation des Trinukleotids (CCG)n, welches im 5′ untranslatierten Bereich des Gens FMR-1 (fragile site mental retardation 1) liegt. Gesunde Normalpersonen, gesunde Überträger und Betroffene unterscheiden sich in der Kopienzahl (n) des Trinukleotids (CCG) (s. 10.4.2.1).

In der Diagnostik des Syndroms wurde die früher durchgeführte zytogenetische Untersuchung weitgehend durch die schnellere und sichere molekulargenetische Analyse des (CCG)n enthaltenden DNA-Abschnitts (PCR und Längenermittlung durch Polyacrylamid-Gelelektrophorese) abgelöst (s. Abb. 10.11).

4.5 Chromosomenaberrationen bei Spontanaborten

Untersuchungen an Spontanaborten der 8. – 12. SSW haben ergeben, daß in 50 %

Tabelle 4.4 Häufigkeit von Chromosomenaberrationen bei spontanen Fehlgeburten des ersten Trimesters

Karyotyp	Häufigkeit in % (ca.)
46,XX oder 46,XY	50 %
45,X	10 %
Autosomale Trisomie	25 %
Trisomie 16	8 %
Trisomie 21	2 %
Trisomie 22	2 %
Trisomie 15	2 %
Trisomie 13	1 %
Trisomie 18	1 %
andere	9 %
Triploidie (z. B. 69,XXX)	8 %
Tetraploidie (z. B. 92,XXXX)	3 %
andere	4 %

eine Chromosomenaberration vorliegt. Die Hälfte dieser Aberrationen sind autosomale Trisomien. Besonders häufig wird die Trisomie 16 beobachtet, die unter Lebendgeburten nicht auftritt. An zweiter Stelle (ca. 20 %) steht der Karyotyp 45,X. Andere Gonosomenaberrationen sind in Abortmaterial selten. Triploidien treten in etwa 20 % auf, der Rest verteilt sich auf Te-

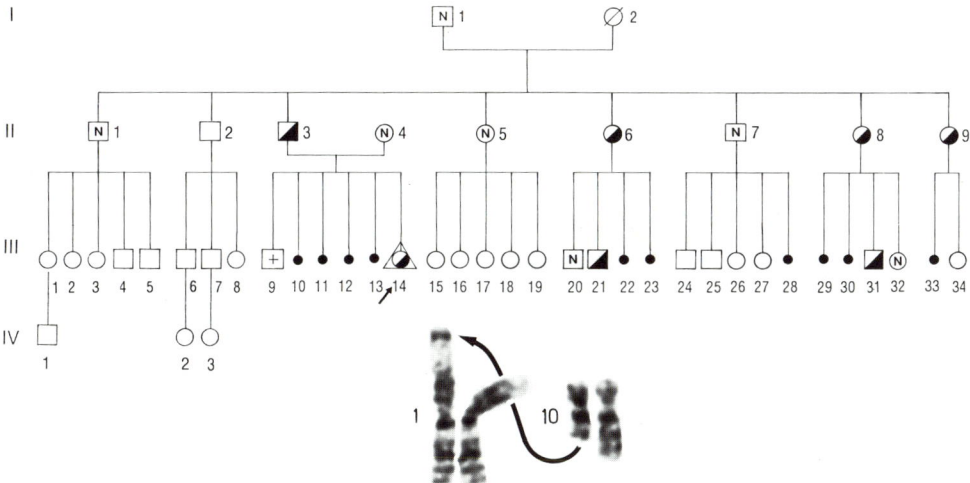

Abb. 4.20 Balancierte familiäre Translokation t(1;10) in einer Familie, die durch den Fet mit balancierter Translokation III/14 entdeckt wurde (pränatale Diagnose wegen habitueller Fehlgeburten und erhöhtem Alter der Mutter)
Erklärung der Symbole des Stammbaums (s. S. 155)

traploidien, doppelte Trisomien, Chromosomenmosaike und unbalancierte Translokationen (Abb. 4.20, Tab. 4.4).

> Habituelle Fehlgeburten sind eine wichtige Indikation zur genetischen Beratung und Chromosomenanalyse der Eltern. Sie können ihre Ursache in einer balancierten Translokation bei Vater oder Mutter haben, die bei entsprechender Chromosomensegregation in der Meiose (Abb. 4.11 u. 4.12) zu unbalancierten Feten führt (Abb. 4.20). Sind mehrere Fehlgeburten ohne gynäkologisch gesicherte Ursache aufgetreten, ist eine Chromosomen-Analyse der Eltern sinnvoll.

4.6 Häufigste gemeinsame Symptome bei unbalancierten autosomalen Chromosomenaberrationen

Der klinische Verdacht auf eine unbalancierte Autosomenaberration stützt sich auf vier Hauptkriterien:

> - körperliche und geistige Entwicklungsretardierung,
> - Dysmorphiezeichen, insbesondere an Kopf, Händen und Füßen,
> - Auffälligkeiten der Hautleisten und -furchen,
> - Fehlbildungen der inneren Organe.

4.6.1 Entwicklungsretardierung

Eine Wachstumsretardierung kann häufig pränatal durch Ultraschalldiagnostik festgestellt werden. Postnatal sind Minderwuchs und Untergewicht, verspätete Zahnbildung und retardiertes Knochenalter bei Autosomenaberrationen häufig, jedoch nicht obligat. Fast immer sind die statomotorischen Entwicklungsschritte im ersten Lebensjahr verzögert (erstes Kopfheben, Sitzen, Stehen, Laufen).

Die geistige Retardierung kann so schwer sein, daß die Betroffenen auf Förderungsmaßnahmen kaum ansprechen. Sie kann aber auch in Bereichen liegen, die eine schulische Förderung der Kinder ermöglichen. Der Grad der körperlichen und geistigen Entwicklungsretardierung hängt im wesentlichen von Größe und Art der einzelnen Aberrationen ab, obwohl, wie vom Down-Syndrom bekannt, ein breites Spektrum zu erwarten ist.

4.6.2 Dysmorphiezeichen

Dysmorphiezeichen sind kleinere Abweichungen vom normalen Erscheinungsbild, denen *einzeln kein pathologischer Wert* zukommt. Erst die Kombination bestimmter Dysmorphien führt zum charakteristischen Phänotyp der Betroffenen.

Um Dysmorphiezeichen beschreiben zu können, ist die Kenntnis der normalen Morphologie der einzelnen Körperregionen erforderlich. Neben der reinen Beschreibung sind Messungen und fotografische Dokumentation notwendig. Um einen Einblick in das Vorgehen des genetischen Beraters auf dem Wege der Erfassung und Abgrenzung eines bestimmten Dysmorphie-Syndroms zu zeigen, sind die Untersuchungsschritte in den topographischen Regionen und die möglichen Abweichungen im Anhang 12.1 dargestellt.

4.6.3 Auffälligkeiten der Hautleisten und -furchen

Zusätzlichen diagnostischen Wert hat die Untersuchung der Hautleisten und -furchen an Handflächen und Fußsohlen (Abb. 4.21). Sie zeigen bei Patienten mit Chromosomenstörungen Abweichungen von der normalen Variabilität und weisen für die einzelnen Aberrationen typische Musterkombinationen auf. So finden sich beim Down-Syndrom beispielsweise nicht nur bei ~ ⅔ der Betroffenen die Vierfingerfurche (Zusammentreffen von proximaler und distaler Handfurche), sondern auch eine Häufung von Ulnarschleifen, Radialschleifen auf dem 4. Finger, ein hochsitzender axialer Triradius, eine bestimmte Hypothenarbemusterung und eine fehlende Beugefurche des kleinen Fingers. Handabdrücke sind einfach herzustellen und sind eine wertvolle Hilfe bei der Diagnosefindung.

4.6.4 Fehlbildungen

Patienten mit unbalancierten autosomalen Aberrationen weisen häufig Organfehlbildungen auf.

Sie betreffen in erster Linie das **Gehirn** (Holoprosencephalie, partielle Agenesien, Zysten etc.), die **Lungen** (abnorme Lappung), das **Herz- und Gefäßsystem** (Septumdefekte, Aortenanomalien), die **Nieren** (Hufeisenniere, Zysten, Aplasien etc.) und den **Genitaltrakt** (z. B. Uterus bicornis, intersexuelles Genitale). Schwere **Spaltfehl-**

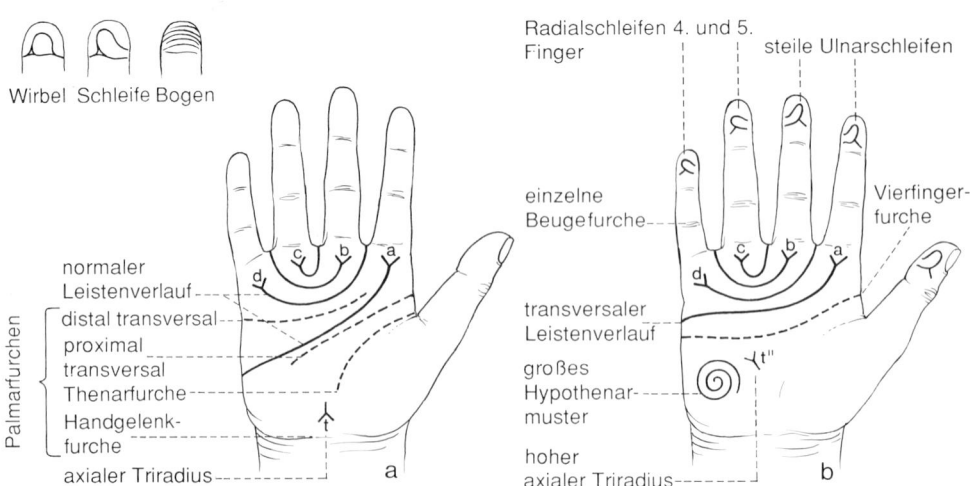

Abb. 4.21 a, b Hautleistenmuster und -furchen und Topographie bei unauffälligem Chromosomensatz (**a**) und bei der Trisomie 21 (**b**)

bildungen (LKG-Spalte, Meningomyelocele etc.) können ganz im Vordergrund der klinischen Symptomatik stehen. Obwohl es syndromspezifische Häufungen von Fehlbildungen gibt, ist das Vorhandensein oder Fehlen einer Fehlbildung meist weniger charakteristisch für das Erscheinungsbild der autosomalen Aberration als die Kombination bestimmter Dysmorphiezeichen.

4.7 Somatische Chromosomenaberrationen

Während Chromosomenaberrationen in Keimzellen auf die Nachkommen übertragen werden, bleiben somatische Chromosomenaberrationen auf das Individuum beschränkt.

Aufgrund von Tierexperimenten wurden diese chromosomalen Veränderungen in einen Zusammenhang z. B. mit Stoffwechselstörungen, Zelltod und Alterungsprozessen gebracht. Eine erhöhte Chromosomenbrüchigkeit wird bei einigen autosomal-rezessiven Erbkrankheiten beobachtet.

Boveris somatische Mutationstheorie maligner Erkrankungen stellt eine Verbindung zwischen Chromosomenaberrationen und der Karzinogenese her. Strukturelle und/oder numerische somatische Chromosomenaberrationen werden bei zahlreichen hämatologischen und soliden Tumoren beobachtet (s. 4.8).

Strukturaberrationen sind auf zwei Grundmechanismen zurückzuführen, den einfachen Bruchstückverlust und den strukturellen Umbau.

Nach dem Zeitpunkt ihrer Entstehung im Verlauf des Zellzyklus unterscheidet man Aberrationen vom Chromatidtyp (Entstehung nach der identischen Reduplikation der Chromosomenstrukturen in der späten S- und G_2-Phase) und Aberrationen vom Chromosomentyp (Entstehung in der G_0- bzw. G_1-Phase vor der DNA-Reduplikation).

Eine spezielle Färbetechnik gestattet die Analyse von Schwesterchromatid-Austauschprozessen (SCE-Analyse, sister-chromatid-exchange). Dabei wird den Zellen in der Kultur Bromdesoxyuridin (BrdU) angeboten, das bei der DNA-Synthese anstelle von Thymidin eingebaut wird.

Nach dem Durchlaufen von zwei Replikationszyklen werden die beiden Chromatiden eines Chromosoms durch Kombination von Behandlung mit Fluoreszenzfarbstoff (Hoechst 33258), UV-Bestrahlung und Giemsafärbung (FPG = Fluorchrom-Photolysis-Giemsa-Färbung) differentiell angefärbt (Abb. 4.22 a), wobei einfach substituierte Chromatiden dunkel, zweifach substituierte hell erscheinen (Abb. 4.22 b). Auf diese Weise lassen sich Austauschprozesse zwischen den Schwesterchromatiden an den Farbsprüngen erkennen („Harlekin-Chromosomen"). Die SCE-Analyse wurde insbesondere für die Mutagenitätstestung chemischer Substanzen verwendet.

4.7.1 Chromosomenbrüche nach Einwirkung exogener Noxen

Chromosomendefekte können durch die Einwirkung exogener Noxen (ionisierende Strahlung, chemische Substanzen und Viren) hervorgerufen werden. Da eine hohe Korrelation zwischen strukturellen Chromosomenaberrationen und Gen-Mutationen besteht, sind sie für die angewandte Mutagenitätsforschung von Bedeutung.

Die Chromosomendefekte lassen sich prinzipiell in jedem Körpergewebe nachweisen, aus praktischen Gründen ist die Analyse jedoch vor allem auf Lymphozyten, Fibroblasten und Knochenmark beschränkt.

Für Routineuntersuchungen im Rahmen der Mutagenitätstestung ist die Lymphozytenkultur die Methode der Wahl. Mit ihr ist es möglich, zytogenetische Analysen sowohl bei belasteten Personen als auch zu Vergleichszwecken nach in vitro-Experimenten durchzuführen.

4.7.1.1 Chromosomenaberrationen nach Einwirkung ionisierender Strahlen

1962 wurden zum erstenmal Chromosomenaberrationen in peripheren Lymphozy-

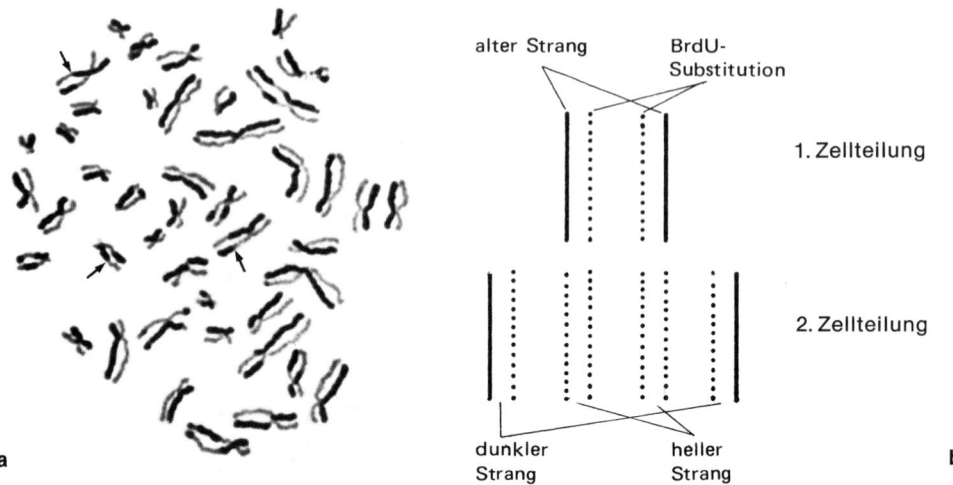

Abb. 4.22 a, b
a Metaphase nach 2 Replikationszyklen eines menschlichen Lymphozyten unter BrdU-Einwirkung mit „Harlekin-Chromosomen". Differentielle Anfärbung der einfach (dunkel) und zweifach (hell) substituierten Chromatiden (semikonservative Replikation). Bei den Farbsprüngen (an 3 Chromosomen mit Pfeilen bezeichnet) handelt es sich um Schwesterchromatid-Austauschprozesse (SCE)
b Schema der semikonservativen Replikation

ten von therapeutisch bestrahlten Patienten mit Bechterew-Syndrom nachgewiesen. Ähnliche Beobachtungen konnten bei Personengruppen mit verschiedenen Strahlenexpositionen gemacht werden, so z. B. nach externer diagnostischer und therapeutischer Bestrahlung sowie nach medizinischer Radioisotopenanwendung. Weitere Befunde liegen von Überlebenden der Atombombenexplosionen von Hiroshima und Nagasaki, nach Strahlenunfällen (Tschernobyl) und bei beruflicher Strahlenexposition vor.

Im Rahmen der medizinischen Strahlenschutzüberwachung können strahleninduzierte Chromosomendefekte in Lymphozyten als quantitativer biologischer Indikator für eine Abschätzung der Körperdosis, z. B. bei Überexposition beruflich strahlenbelasteter Personen, benützt werden.

Die Bestimmung der Dosis erfolgt anhand von Dosiswirkungskurven, die für verschiedene Aberrationstypen bei Bestrahlungsexperimenten in vitro erstellt wurden. Art und Zahl der Aberrationen erlauben jedoch keine Rückschlüsse auf gesundheitliche Risiken für die exponierten Personen.

4.7.1.2 Chromosomenaberrationen nach Einwirkung chemischer Substanzen

Für eine Reihe chemischer Substanzen konnte nachgewiesen werden, daß sie entweder strukturelle Chromosomendefekte auslösen können oder als Spindelgifte wirken. Im letzteren Fall entstehen aneuploide oder polyploide Zellen. Viele Chemikalien rufen schon in geringsten Konzentrationen erhöhte SCE-Raten hervor.

Wegen der Vielzahl dieser Substanzen sowie ihrer unterschiedlichen Wirkungsweise können nur einige Beispiele für Stoffgruppen angeführt werden, für die eine zytogenetische Wirkung, insbesondere in Lymphozyten, nachgewiesen wurden: industrielle Chemikalien (Arsen, Chrom, Kadmium, Benzol, Vinylchlorid, Äthylenoxyd), Naturstoffe (verschiedene Alkaloide, Aflatoxine), Medikamente (alkylierende Substanzen aus der Krebstherapie,

Antibiotika), Zigarettenrauch. Auf die Probleme der Mutagenitätstestung wird in 2.2.3 hingewiesen.

4.7.1.3 Chromosomenaberrationen nach Einwirkung biologischer Noxen

Eine zytogenetische Wirkung biologischer Noxen ist von verschiedenen Viren, Schimmelpilzen und Mykoplasmen bekannt. Die ersten Befunde wurden 1962 bei Masernpatienten in Lymphozyten erhoben. Kennzeichnend sind Einzelbruchaberrationen vom Chromatidtyp. In Zellkulturen kommt es nach Synzytienbildung in den Interphasekernen zu einer vorzeitigen Kondensation der Chromosomen („PCC"-premature chromosome condensation).

4.7.2 Chromosomenbruchsyndrome

Es gibt seltene Erkrankungen mit autosomal-rezessivem Erbgang, bei denen in somatischen Zellen eine erhöhte Chromosomenbrüchigkeit vorliegt. Ursache dieser Chromosomenbrüchigkeit sind verschiedene Störungen der DNA-Reparaturmechanismen. Die wichtigsten Chromosomenbruchsyndrome sind: Fanconi-Anämie, Bloom-Syndrom, Ataxia teleangiectasia (Louis-Bar-Syndrom) und Xeroderma pigmentosum.

4.7.2.1 Fanconi-Anämie

Die Fanconi-Anämie ist eine Panzytopenie mit Depression der Knochenmarksfunk-

tion, die im Kindesalter manifest wird. Angeborene Fehlbildungen können assoziiert sein: Mikrozephalie, Skelettanomalien, insbesondere von Radius und Daumen, Nierenfehlbildungen, Ohranomalien, Taubheit, Hypogenitalismus und Minderwuchs. Geistige Retardierung ist selten, häufig dagegen sind multiple braune Pigmentflecken − cafe au lait. In Lymphozytenkulturen findet man eine endogen erhöhte Chromosomeninstabilität, die durch Diepoxybutan, Mitomycin C und andere Alkylantienbehandlung der Kultur drastisch erhöht werden kann. Vorwiegend findet man Chromatidenaberrationen einschließlich Chromatidtranslokationen (Triradial-, Quadriradialfiguren und dizentrische Chromosomen; Abb. 4.23). Die Kinder sterben an Verbluten (Thrombopenie), Infektionen und Leukämien. Therapeutische Maßnahmen sind Behandlung mit Korticoiden und, wenn möglich, Knochenmarktransplantation von HLA-identischen Geschwistern.

4.7.2.2 Bloom-Syndrom

Das Bloom-Syndrom ist durch prä- und postnatalen Minderwuchs und ein teleangiectatisches Erythem im Gesicht charakterisiert. Bei den Patienten, die normal intelligent sind, treten gehäuft akute Leukämien oder Karzinome auf. Etwa die Hälfte aller betroffenen Patienten gehören zur Volksgruppe der Ashkenasi-Juden. Im peripheren Blut der Patienten findet sich eine hohe spontane SCE-Rate, die über das

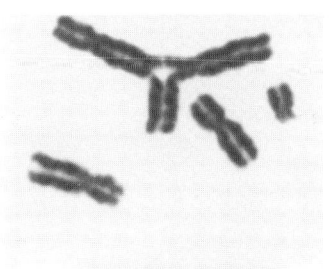 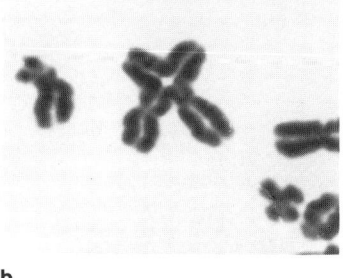 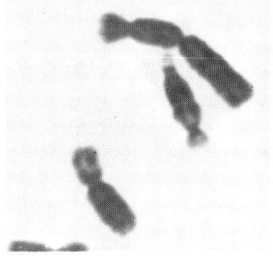

a   b   c

Abb. 4.23 a − c   Somatische Chromosomenstrukturaberrationen bei Fanconi-Anämie
a Triradialfigur
b Quadriradialfigur
c dizentrische Chromosomen
(Fotos *T. Schroeder-Kurth,* Institut für Humangenetik der Universität Heidelberg)

10fache der normalen SCE-Rate beträgt und als zytogenetischer Marker hohen diagnostischen Wert hat. Auch Austauschfiguren (Quadriradiale), vor allem zwischen homologen Chromosomen, werden gefunden. Heterozygote Genträger haben eine normale SCE-Rate.

4.7.2.3 Ataxia teleangiectasia

Die Ataxia teleangiectasia (Louis-Bar-Syndrom) ist charakterisiert durch eine cerebrale Ataxie mit variabler Progredienz sowie Teleangiectasien, die vor allem im Bereich der Konjunctiven und der Haut auftreten. Bei der Mehrheit der Fälle liegt weiterhin eine Immundefizienz vor (IgA-Mangel, Hypo- oder Aplasie des Thymus). Es treten gehäuft maligne Erkrankungen (Lymphome) auf. In kultivierten Lymphozyten und Fibroblasten findet sich eine erhöhte Chromosomenbruchrate, wobei Strukturumbauten (Inversionen, Translokationen) der Chromosomen 7 und 14 besonders häufig sind.

4.7.2.4 Xeroderma pigmentosum

Diese mehrere genetische Varianten umfassende Krankheitsgruppe ist klinisch recht einheitlich durch erhöhte Empfindlichkeit der Haut gegenüber UV-Strahlung charakterisiert. Von verstärkten Sommersprossen bis hin zu bösartigen Hauttumoren reicht das Spektrum der Lichteinwirkungsfolgen. Der Erkrankung liegt eine Störung der Reparatur UV-Licht-geschädigter DNA zugrunde. Auf der Basis der Persistenz und damit Anhäufung von DNA-Schäden (Mutationen) ist die gehäufte maligne Entartung zahlreicher Gewebe (Angiome, Melanome, Fibrome, Sarkome) zu verstehen.

4.8 Chromosomenanomalien und Tumorgenese

4.8.1 Genetische Aspekte der Tumorgenese

Tumoren entstehen, wenn die physiologische Balance von Proliferationen und

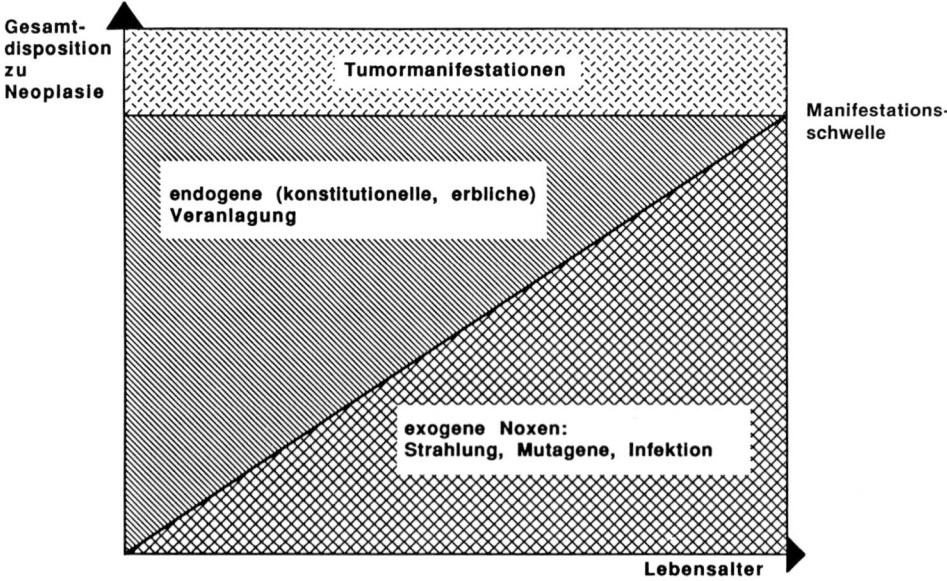

Abb. 4.24 Zusammenwirken der genetischen (▨) und peristatischen (▨) Faktoren in der Tumor-Disposition, die jenseits eines bestimmten Schwellenwertes zum manifesten Tumor führt; die exogenen Faktoren korrelieren in ihrem Ausmaß mit dem Lebensalter; bei früh auftretenden Tumorkrankheiten ist die genetische, bei spät auftretenden die peristatische Komponente höher einzuschätzen

Differenzierung eines Gewebes zugunsten der ersteren verändert ist. Zahlreiche genetische Mechanismen sind an der Steuerung normaler Proliferation beteiligt, so daß Neoplasien als genetische Störungen auf Zellebene angesehen werden. Da vielfach Umweltfaktoren eine wichtige Rolle bei der Manifestation von Tumoren spielen, könnte ihre Einordnung unter den multifaktoriellen Krankheiten sinnvoll erscheinen (Abb. 4.24).

Andererseits beschränken sich diese faßbaren genetischen Veränderungen bei den meisten Tumorkrankheiten auf somatische Mutationen. In Sonderfällen ist allerdings eine konstitutionelle Veranlagung deutlich erkennbar. Dabei handelt es sich um dominante oder rezessive Mutationen einzelner Gene, die den Mendelschen Gesetzen folgen und deren Phänotyp neben anderen Symptomen ein hohes Risiko für maligne Neoplasien beinhaltet (Tab. 4.5). Bei mehreren dieser Erbkrankheiten liegt eine erhöhte Chromosomeninstabilität vor, die ihrerseits als präkanzeröse Zelleigenschaft anzusehen ist. Beispiele für diese Krankheitsgruppe sind die Fanconi-Anämie und das Xeroderma pigmentosum (s. 4.7.2).

Zusammengefaßt läßt sich formulieren, daß in einer gut definierten kleinen Gruppe von Tumorerkrankungen auf der Grundlage einer konstitutionellen Mutation (homozygot oder heterozygot) sich die letztlich tumorauslösende somatische Mutation früher bzw. mit größerer Wahrscheinlichkeit und ggf. auch in mehr als nur in einer Zelle ereignet.

Schließlich ist die auffallende Instabilität des Genoms von Tumorzellen, sei sie schon chromosomal oder nur molekular evident, eine tumorspezifische Eigenschaft.

Diese drei Gegebenheiten legen es nahe, die Neoplasien in einer eigenen Kategorie innerhalb der genetischen Klassifikation zusammenzufassen.

4.8.2 Tumorzytogenetik

Die Beziehung zwischen Chromosomenaberrationen und Tumoren ist komplex: Einerseits prädisponieren etliche konstitutionelle Aneuploidien (insbesondere die Trisomie 21) zu Leukämien und malignen Geschwülsten. Andererseits liegen in zahlreichen, möglicherweise allen neoplastischen Zellen somatische Chromosomen-

Tabelle 4.5 Beispiele genetischer Syndrome mit Disposition zu Tumorerkrankungen

	Erbgang
1. Monogen vererbt	
Neurofibromatose I (v. Recklinghausen)	AD
Angiomatosis retinocerebellosa (von Hippel-Lindau)	AD
Polyposis intestinalis Typ I und III	AD
Dubowitz-Syndrom	AR
Chromosomenbruch-Syndrome	
Fanconi-Anämie	AR
Bloom-Syndrom	AR
Ataxia teleangiectasia	AR
Xeroderma pigmentosum	AR
Immunmangelkrankheiten i.e.S.	
Common variable Immunodeficiency	AR
Wiskott-Aldrich-Syndrom	XR
Schwere kombinierte Immundefizienz	AR/XR
Purtilo-Syndrom (Immundefekt gegenüber EBV bei Knaben)	XR
2. Chromosomale Aneuploidien	
Trisomie 21	
Trisomie 13	
Trisomie 8 (Mosaik)	
3. Chromosomale Strukturaberrationen	
Wiedemann-Beckwith-Syndrom	

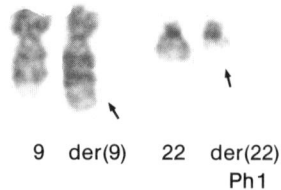

9   der(9)   22   der(22)
                   Ph 1

Abb. 4.25 Reziproke Translokation t(9;22) in transformierter Zelle bei chronisch myeloischer Leukämie; verkürztes Chromsom 22 = Philadelphia-Chromosom; G-Bandenfärbung

umbauten vor. Diesen gilt die folgende Erörterung.

Der „Klassiker" unter den tumorzytogenetischen Befunden ist das 1960 entdeckte **Philadelphia-Chromosom,** ein meist aus einer balancierten Translokation (9;22) (q34;q11) stammendes Marker-Chromosom, das bei den meisten Fällen von chronischer myeloischer Leukämie (CML) in den Zellen der myeloischen Differenzierungsreihe gefunden wird (Abb. 4.25). Auch das molekulare Korrelat dieser somatischen Mutation ist seit einem Jahrzehnt bekannt: die Verlagerung eines **Proto-Onkogens** (c-abl) von 9q auf 22q, wo es mit der an der Bruchstelle 22q11 vorhandenen DNA-Sequenz (bcr = breakpoint cluster region) ein neues mutantes Gen bildet (bcr-abl) (Abb. 4.26 a). Dessen Transkription und Translation zu einem neuen Protein ist in den Leukämiezellen ebenfalls bereits dokumentiert worden.

In analoger Weise sind Translokationen anderer zellulärer (Proto-)Onkogene beschrieben worden, die durch eine solche Aktivierung offenbar erst ihr „onkogenes Potential" entfalten, während sie normalerweise als wichtige, in der Evolution hochgradig „konservierte" Wachstums- und Differenzierungs-Regulatoren fungieren (Abb. 4.26 b, Tab. 4.6).

Außer durch Translokation können Proto-Onkogene auch durch Punktmutation oder Amplifikation zu pathogenen transformierenden Genen aktiviert werden. Die

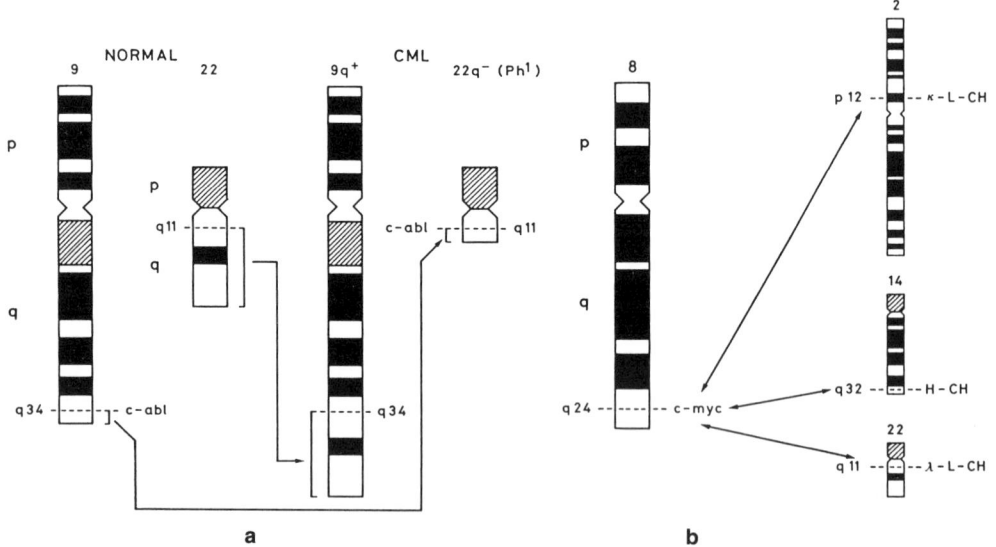

a

b

Abb. 4.26 a, b

a Reziproke Translokation bei der chronisch-myeloischen Leukämie mit Entstehung des Philadelphia-Chromosoms. Das Onkogen c-abl ist von Chromosom 9 in die bcr(breakpoint cluster region) des Chromosoms 22 (22q- = Philadelphia-Chromosom) transloziert.

b Chromosomentranslokationen beim Burkitt-Lymphom. Das Onkogen c-myc ist im Bereich des Bruchpunktes q24 auf dem Chromosom 8 lokalisiert. Reziproke Translokationen mit den Chromosomen 2, 14 oder 22 führen zu einer Verlagerung von c-myc an die Genorte der schweren Immunglobulinkette (H-CH) sowie der kappa- und lambda leichten Kette (aus: *J. Bartram,* 1984)

Tabelle 4.6 Drei Proto-Onkogene mit bekannter Lokalisation, die an der Genese spezifischer Neoplasien beteiligt sind; in den neoplastischen Zellen finden sich Chromosomenstruktur-aberrationen, deren Bruchpunkte der Proto-Onkogen-Lokalisation entsprechen

Proto-Onkogen	chromosomale Lokalisation	Diagnose
N-ras	1p11 – 13	AML (M4)
c-myc	8q24	Burkitt-Lymphom (B-ALL)
c-abl	9q34	CML ALL (L1/L2) AML (M1/M2/M3)

Amplifikation bedeutet eine, teilweise hochgradige, Vervielfältigung der Onkogen-DNA-Sequenz, die dann auch zytogenetisch als sog. „Double Minutes" (kleine Doppelstrukturen neben den normalen Metaphasechromosomen) oder als homogen-angefärbte Interponate innerhalb von Metaphasechromosomen („HSR" = Homogenous Staining Region, charakteristisch für neurale Tumoren) erscheinen können (Abb. 4.27).

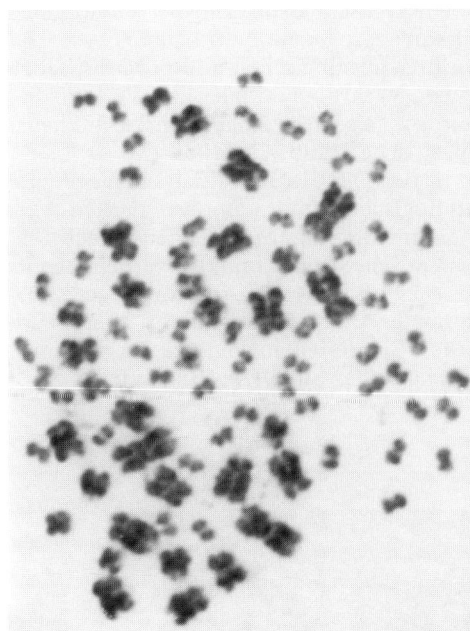

Abb. 4.27 „Double minutes" als zytogenetisches Korrelat amplifizierter Onkogen-Sequenzen in der Metaphase einer Retinoblastom-Zelle

Als Gegenstück dieser Onkogene und ihrer chromosomalen und molekularen Pathologie sind die **Tumorsuppressor-Gene** (sog. „Anti-Onkogene") anzusehen, deren homozygoter Verlust (bzw. Mutation) zur neoplastischen Zelltransformation führt. Ist der konstitutionelle Genotyp eines Individuums diesbezüglich heterozygot, genügt eine somatische Mutation des normalen Allels in einer der Zielzellen zur Tumorentstehung (prädisponierender Genotyp).

Ein Beispiel für solch einen prädisponierenden Genotyp ist das familiäre Retinoblastom, das sich phänotypisch als dominant vererbte Erkrankung mit variabler Epxressivität äußert, auf Zellebene jedoch rezessiv ist. Erst Homozygotie für den Tumorsuppressor-Gen-Defekt (RB1, Lokalisation 13q14.2) führt zur Transformation der Retinazelle, d. h. bei heterozygoten Anlageträgern (Prädisposition) kommt es nach einer zweiten, somatischen Mutation im gesunden Gen zur Entartung der betroffenen Zelle und damit zum Retionoblastom. Dieser Verlust der Funktion (loss of function mutation) ist auch als sekundäres Ereignis bei der Tumorentwicklung beobachtet worden. Ein Beispiel ist das sekundäre Osteosarkom nach Retinoblastom. Es tritt besonders in bestrahlten Regionen auf, aber auch in nicht bestrahlten.

Noch besteht keine Klarheit über die Hierarchie der verschiedenen an der Tumorentstehung gemeinsam beteiligten Ereignisse. Bekannt ist jedoch, daß die Zellen „etablierter" Tumoren weiterhin zu Mutationen neigen (genetische Instabilität, klonale Evolution). Im Rahmen dieser fortgesetzten Mutationen (auch und gerade unter Therapie!) entwickelt sich häufig be-

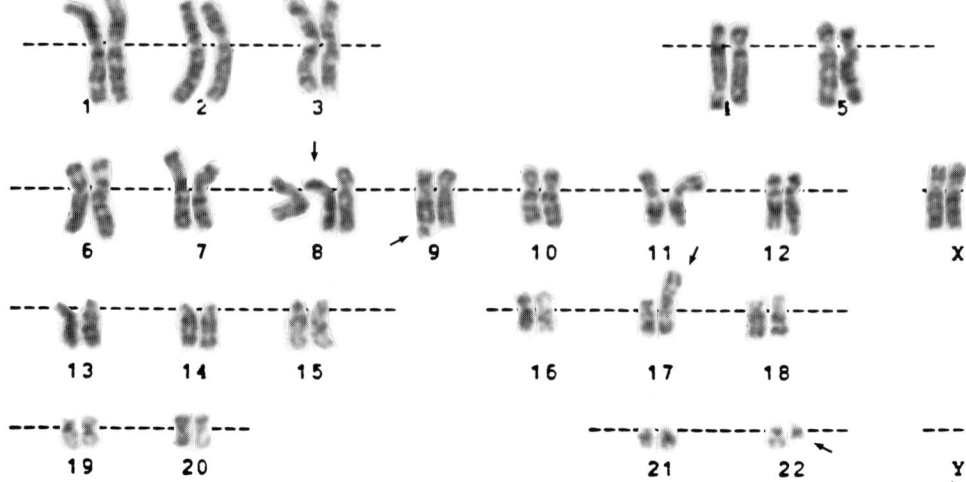

Abb. 4.28 Trisomie 8 und Isochromosom 17 q als Ausdruck der Karyotyp-Evolution bei CML in der Blastenkrise. Daneben besteht weiterhin die „Philadelphia-Translokation" t(9;22) (q 34;q 11)

schleunigte Therapieresistenz! Die Unterscheidung primärer von solchen sekundären Genom-Veränderungen ist nicht immer möglich. Solche sekundären Veränderungen sind häufig noch krankheitsspezifisch (z. B. Trisomie 8, Verdoppelung des Philadelphia-Chromosoms, Isochromosom 17 q bei CML etc.; Abb. 4.28).

Analog zu dieser morphologisch faßbaren „klonalen Evolution" finden sich in zahlreichen Tumorgeweben auch mehrere Onkogene in aktivierter Form, wobei deren chromosomale Lokalisation nicht in jedem Falle mit einer entsprechenden Aneuploidie der Tumorzelle übereinstimmt. Andererseits gibt es zahlreiche bekannte Onkogen-Lokalisationen, die mit tumorspezifischen Bruchpunkten identisch sind (s. Tab.

4.6). Die akuten myeloischen Leukämien sind dabei sicherlich überrepräsentiert, da diese Krankheiten bisher am intensivsten untersucht sind.

Die klinische Bedeutung der Tumorgenetik und -zytogenetik liegt heute vorwiegend in ihrer nosologischen und prognostischen Aussagekraft bei initialer und Verlaufsdiagnostik (als zusätzliche, sehr krankheitsspezifische Tumor-„Marker").

In der Onkologie weisen sie Wege zum ätiologischen und pathogenetischen Verständnis des Tumorgeschehens; auch therapeutische Ansatzpunkte werden bereits gesehen und erprobt (Antikörper gegen bestimmte Onkogen-Produkte; therapeutisches Eingreifen in gestörte Regulationsmechanismen auf DNA-Ebene etc.).

5   Formale Genetik (*Mendel*sche Erbgänge)

Die klinische Genetik beginnt 1908 mit dem Werk von Garrod „Inborn Errors of Metabolism". Er zeigte auch als erster 1902 die Gültigkeit der Mendelschen Gesetze beim Menschen und übertrug den von Mendel geprägten Begriff des rezessiven Erbgangs auf seine Beobachtungen. 1903 wurde von Farabee zum ersten Mal der dominante Erbgang beim Menschen am Beispiel der Brachydaktylie beschrieben. Wichtig ist, daß bei der Klassifizierung eines Erbgangs als kodominant, dominant oder rezessiv das Niveau der Analyse definiert ist (s. 5.2.7), da sich in Relation zur Untersuchungsebene (z. B. klinische Untersuchung, Labortest oder Analyse auf dem Niveau des Genproduktes) verschiedene Erbgänge bei der gleichen Krankheit finden.

In etwa proportional dem großen Zuwachs nachgewiesener Genlokalisationen auf dem menschlichen Genom ist die Zahl der bekannten monogenen Merkmale angestiegen (Tab. 5.1).

Hier liegt für den klinischen Genetiker der große Gewinn in den Möglichkeiten, bei immer mehr umschriebenen Krankheitsbildern exakter genetisch beraten zu können. Es gelingt so immer häufiger, von Risikoziffern, die nur summarische Erfahrungswerte darstellen, zu scharf umschriebenen Risikowerten in jedem Einzelfall zu kommen.

Viele Regionen des menschlichen Genoms sind heute so gut kartiert, daß man aufgrund der Anzahl der Strukturgene in einem bestimmten Chromosomenabschnitt die Schätzung der Gesamtzahl der Strukturgene im menschlichen Genom, die bei etwa 50000 – 100000 liegt, bestätigen konnte.

5.1 Kodominante Vererbung

In allen Körperzellen und in den unreifen Keimzellen sind die autosomalen Gene paarweise vorhanden; ein Gen stammt jeweils vom Vater, das andere von der Mutter. Die beiden für ein bestimmtes Merkmal verantwortlichen homologen Gene (= Allele) – die in homologen Chromosomen an der gleichen Stelle lokalisiert sind – können von gleicher Wirkung sein. Dann ist das Individuum bezüglich dieser Anlage homozygot. Das ist z. B. bei der MN-Blutgruppe der Fall, wenn beide Gene die Information M oder beide die Information N tragen. Liegen die beiden Allele in verschiedener Zustandsform vor – trägt also das

Tabelle 5.1   Anzahl der gesicherten Merkmale und weiterer, noch nicht endgültig gesicherter Merkmale (in Klammern) mit einfachem Erbgang (nach *McKusick* 1992)

	Mendelian Inheritance in Man (*McKusick*)						
	1966	1971	1975	1978	1983	1988 (8th ed.)	1992 (10th ed.)
Autosomal dominant	269 (+568)	415 (+528)	583 (+635)	736 (+753)	934 (+893)	1.442 (+1.117)	2.470 (+1.241)
Autosomal rezessiv	237 (+294)	365 (+418)	466 (+481)	521 (+596)	588 (+710)	626 (+851)	647 (+984)
X-gekoppelt	68 (+51)	86 (+64)	93 (+78)	107 (+98)	115 (+128)	139 (+171)	190 (+178)
Anzahl gesichert	574 (+913)	866 (+1.010)	1.142 (+1.194)	1.364 (+1.447)	1.637 (+1.731)	2.207 (+2.139)	3.307 (+2.403)
Gesamtzahl	1.487	1.876	2.336	2.811	3.368	4.346	5.710

eine Allel die Information M, das andere die Information N −, so ist der Genotyp MN, das Individuum ist heterozygot. Das Gleiche gilt für den Phänotyp AB beim AB0-Blutgruppen-System.

> Sind bei Heterozygotie die Phänotypen beider Allele nebeneinander nachweisbar, so sprechen wir von kodominanter Vererbung.

Bei der **MN-Blutgruppe** entspricht dem Genotyp MN ein Phänotyp MN. Kodominant zeigen sich auch die **Haptoglobine** (Serumeiweiße im Bereich der α2-Globuline, die dazu dienen, das Hämoglobin abgebauter Erythrozyten vorübergehend zu binden). Im System der **sauren Erythrozyten-Phosphatase** (acP) sind drei verschiedene Allele (Pa, Pb und Pc) bekannt.

Die Blut-, Serum- und Enzymgruppensysteme eignen sich wegen der Möglichkeit der Erbgangsanalyse auf der Ebene des Genproduktes vorzüglich zur Anwendung in der Paternitätsserologie (s. S. 201 ff).

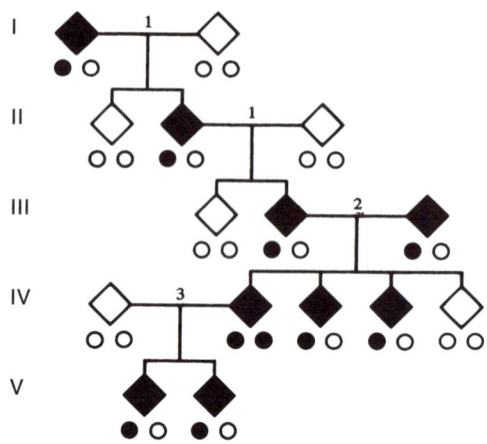

Abb. 5.1 Schema der dominant autosomalen Vererbung (die Rhombenform im Schema wurde gewählt, um zu zeigen, daß das Geschlecht keine Rolle spielt)

5.2 Autosomal dominanter Erbgang

5.2.1 Definition und Art der Weitergabe des Gens

> Wenn im Zustand der Heterozygotie ein Gen stets über sein Allel überwiegt und dadurch für die Ausprägung eines Merkmals allein maßgebend ist, wird es als dominant bezeichnet.

So ist von den Allelen des AB0-Locus das Allel mit der Information für die Blutgruppe A dominant über das Allel für die Blutgruppe 0. Ein Heterozygoter mit dem Genotyp A0 wird den Phänotyp A zeigen. Schematisch ist der Weg eines dominanten Gens durch die verschiedenen Generationen in der Abb. 5.1 dargestellt. Typischerweise ist dieser Weg vertikal.

Da bei dominanten Leiden jeder heterozygote Genträger auch Merkmalsträger ist, wird das „pathologische" Gen statistisch

von jedem Genträger an die Hälfte seiner Nachkommen weitergegeben. Schon aus der Analyse eines einzigen Stammbaums, der mehrere Generationen und eine größere Zahl von Familienmitgliedern umfaßt, kann eine Krankheit als einfach dominant vererbt erkannt werden. Die entscheidenden Kriterien unter der Voraussetzung, daß bei regelmäßiger Dominanz volle Merkmalsausprägung (Penetranz) gegeben ist, sind:

(1) Merkmalsträger geben das zugrunde liegende Gen an die Hälfte ihrer Nachkommen weiter.

(2) Die Bevorzugung eines bestimmten Geschlechts besteht nicht.

(3) Unter den Nachkommen merkmalsfreier Personen tritt das Merkmal nicht auf (von einer theoretisch möglichen Spontan-Mutation oder einem Keimzell-Mosaik abgesehen, s. 2.2.1).

Zeichnerisch ist die 50 : 50-Verteilung bei dominanten Merkmalen am besten mit einem Kombinationsquadrat darzustellen (Abb. 5.2 a). Nimmt man an, daß bei einem Mann zwei Spermiensorten mit der dominanten Anlage A und der rezessiven Anlage a in gleicher Zahl entstehen und gleich häufig Eizellen mit der Anlage a (in diesem Modellfall gibt es nur einheitliche Eizellen mit

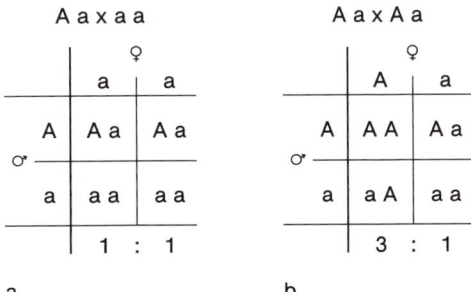

a   b

Abb. 5.2 a, b Kombinationsquadrate bei monomerem Erbgang zur Erklärung der Erbgänge bei heterozygot-homozygoter Elternschaft (**a**) und doppelt heterozygoter Elternschaft (**b**). Die Verteilung der Genotypen AA, Aa und aa in einer Population folgt dem Binomimalsatz $(p + q)^2$, vorausgesetzt, daß die Bedingungen des Populationsgleichgewichts bestehen (s. 8.2)

der rezessiven Anlage a) befruchten, so sind die Kombinationen Aa und aa mit derselben Wahrscheinlichkeit von 50 %, d. h. im Verhältnis 1 : 1, zu erwarten.

5.2.2 Häufigkeit

Jeder Versuch, die Gesamthäufigkeit genetisch bedingter Leiden anzugeben, stößt an Grenzen, da die Störungen nicht einheitlich in einer Population erfaßt werden, viele Auffälligkeiten bei der Geburt noch nicht diagnostiziert werden können, sondern sich erst im Laufe des Lebens zeigen und dann z. T. große differentialdiagnostische Schwierigkeiten bieten und schließlich, weil jede einzelne Krankheit sehr selten ist. Die derzeit immer noch kompetenteste Übersicht stammt von *Carter* (1977).

Die Krankheiten sind in der Tabelle 5.2 nach Organsystemen und Häufigkeit geordnet. Hierbei fällt die monogene Hypercholesterinämie mit ihrer hohen Frequenz von fast ⅓ aller Störungen zusammen besonders auf.

Von vielen anderen gut bekannten autosomal dominanten Störungen fehlen bis heute genaue Studien zur Frage der Häufigkeit, jedoch liegen sie vermutlich alle unter 0,1 pro 1000 Lebendgeburten. Eine Übersicht gibt Tabelle 5.3.

Die Gesamthäufigkeit autosomal dominanter Krankheiten beträgt etwa 7 auf 1000.

5.2.3 Klinische Beispiele autosomal dominanter Krankheiten

Anomalien, die die Fortpflanzungsfähigkeit nicht wesentlich beeinträchtigen: Bei der **Sphärozytose** manifestiert sich der

---

Tabelle 5.2 Häufigkeiten autosomal dominanter Leiden auf 1000 Lebendgeborene

Nervensystem		Blut	
*Huntington*sche Chorea	0,2	Monogene Hypercholesterinämie	2,0
Neurofibromatose	0,2	Kongenitale Sphärozytose	0,2
Myotone Dystrophie	0,2		
Tuberöse Sklerose	0,01	*Skelettsystem*	
		Multiple kartilaginäre Exostosen	0,5
Magen-Darm		Thanatophorer Zwergwuchs	0,08
Multiple Polyposis	0,1	Osteogenesis imperfecta	0,06
		Marfan-Syndrom	0,04
Niere		Achondroplasie	0,03
Polyzystische Nieren vom Erwachsenen-Typ	0,8	*Ehlers-Danlos*-Syndrom	0,01
		Stoffwechsel	
Auge		Akute intermittierende Porphyrie	0,01
Dominante Formen von Blindheit	0,1		
Retinoblastom	0,05	*Zähne*	
		Dentinogenesis imperfecta	0,1
Ohr		Amelogenesis imperfecta	0,02
Dominante Formen früher Taubheit	0,1		
Dominate Otosklerose	1,0		

Tabelle 5.3 Autosomal dominante Leiden seltener als 0,1 auf 1000 Lebendgeborene (*Carter* 1977)

Apert-Syndrom (Akrozephalosyndaktylie)	*Osler*-Syndrom (Hämorrhagische Tele-
Basal-Zell-Naevus-Syndrom	angiektasie)
Crouzon-Syndrom (Dysostosis craniofacialis)	*Peutz-Jeghers*-Syndrom (Intestinale Poly-
Dysplasia spondyloepiphysaria	posis mit Gesichtspigmentation)
Gardner-Syndrom (Kolon-Polypen kombiniert	*Rieger*-Syndrom (Fehlentwicklung der Augen-
mit Knochentumoren oder Fibromen)	vorderkammer und Zahnfehlstellungen)
v. Hippel-Lindau-Syndrom (Retina-Angiome	*Curschmann-Steinert*-Syndrom (Muskel-
und Kleinhirn-Hämangiome)	dystrophie, Katarakt und Hypogonadismus)
Holt-Oram-Syndrom (Atrio-digitale Dysplasie)	*Franceschetti*-Syndrom (Mandibulo-faziale
Moebius-Syndrom (Kongenitale Facialis-	Dysostose)
lähmung und Hirnnervenparalyse)	*Zollinger-Ellison*-Syndrom (Nichtinsulin-
Nagel-Patella-Syndrom	produzierende Geschwulst des Pankreas
Noonan-Syndrom (Pterygium colli-Syndrom)	und Magenulzera)
Okulo-dento-digitale Dysplasie	

Tabelle 5.4 Die wichtigsten Formen familiärer Hyper-/Dyslipoproteinämien (nach *G. Utermann*)

Form	Erbgang	Chromos. Lokalisation	Häufigkeit*	Arterioskle- roserisiko
Fam. Hypercholesterinämie				
a) LDL-Rezeptor Defekt	aut. dom.	19	1/500	+ + +
b) Apolipoprotein B-Defekt	aut. dom.	2	1/600	+ + +
Fam. komb. Hyperlipidämie	aut. dom.?	11	3 – 5/1000	+ +
Fam. Hypertriglyceridämie	aut. dom.?		2 – 3/1000	∅
Fam. Typ III Hyperlipidämie	a) multifaktoriell			
	bei aut. rez.		2 – 5/10.000	+ +
	Hauptgen			
	b) aut. dom.		sehr selten	+ +
Fam. Typ I Hyperlipidämie				
a) Lipoprotein-Lipase	aut. rez.	8	sehr selten	∅
b) Apolipoprotein C-II Mangel	aut. rez.	19	sehr selten	
Hyper-Lipoprotein (a)	aut. dom.	6	5/100	+

* Schätzungen für Mitteleuropa und USA (Weiße). In einigen Founder-Populationen sehr hohe Frequenzen für FH (z. B. Südafrikanische Buren 1 : 150, Franko-Kanadier 1 : 200)

Gendefekt in einer herabgesetzten osmotischen Resistenz der Erythrozyten aufgrund einer Membrananomalie. Es kann zur Hämolyse kommen, die kugelförmigen Sphärozyten haben eine verkürzte Überlebenszeit. Klinisch treten hämolytische Krisen mit Ikterus, Splenomegalie, Erweiterung der Markräume im Schädel und im Extremitätenskelett in Erscheinung. Die Lebenserwartung ist nicht herabgesetzt. Die Sphärozytose ist häufig durch viele Generationen hindurch zu verfolgen, aufgrund der herabgesetzten Penetranz und der stark schwankenden Expressivität kann die Diagnose nicht immer klinisch gestellt werden.

Die verschiedenen Formen der familiären Hyper-/Dyslipoproteinämien sind in der Tabelle 5.4 dargestellt. Die **familiäre Hypercholesterinämie (FH)** und die familiäre **kombinierte Hyperlipidämie** sind einfach autosomal dominante Störungen. Die **Typ III-Hyperlipoproteinämie** ist meist multifaktoriell bedingt (bei rezessivem Hauptgen), es gibt aber seltene dominante Formen. Mit diesen drei Stoffwechselstörungen ist ein besonders hohes Arterioskleroserisiko verbunden.

Die familiäre Hypercholesterinämie aufgrund des LDL-Rezeptordefektes hat ihre Ursache in einer Mutation im Gen für den LDL-Rezeptor auf dem Chromosom 19p13.2 – p13.1. Das Gen umfaßt 18 Exons, für den Phänotyp (FH) besteht eine multiple Allelie, die klinisch nicht unterschieden werden kann. Bei echter Homozygotie treten in den ersten Lebensjahren bereits Hautveränderungen auf (Xanthome), es bildet sich eine frühzeitige Atherosklerose, bereits in der Kindheit treten Infarkte auf. Molekulargenetisch ist diese echte Homozygotie von den Compound-Heterozygoten (s. S. 106) zu unterscheiden.

Auch wenn heute kein Zweifel mehr darüber besteht, daß der primäre Defekt der **FH** in einer Mutation des Gens für die Kodierung des LDL-Rezeptors in der Leber liegt, ist die klinische Diagnose der FH über DNA-Sonden derzeit wegen der großen Heterogenität der Rezeptordefekte nicht praktikabel. Ausnahmen sind Founder-Effekt-Populationen und das defekte Apolipoprotein B (Apo B ARG 3500 GLU).

Die Spiegel der Lipoproteine im Plasma sind zu etwa 50 % genetisch bestimmt, 50 % der Variabilität des Cholesterins ist durch Umwelt (Nahrungsgewohnheiten) bedingt.

Verschiedene Genorte für die Hyper-/ Dyslipoproteinämie sind inzwischen kartiert (s. Tab. 5.4).

Achondroplasie (Abb. 5.3). Die wichtigsten klinischen Befunde sind: Dysproportionierter Minderwuchs bis Zwergwuchs, bedingt durch eine Ossifikations-Störung mit starker Verkürzung der langen Röhrenknochen vorwiegend der proximalen Extremitätenabschnitte, Makrozephalus mit prominenter Stirn und eingesunkener Nasenwurzel, erhebliche Kyphose der unteren BWS und Lordose der LWS mit vorgewölbtem Abdomen, sog. „Dreizackhand" durch relativ kurze Finger und V-förmige Abspreizung der Finger 3 und 4. Viele Gelenke, besonders das Ellbogengelenk, sind in der Beweglichkeit eingeschränkt; aufgrund der Beckenveränderung besteht bei den Patienten ein sogenannter „Watschelgang".

Die wichtigsten röntgenologischen Befunde sind: kurze und plumpe lange Röhrenknochen mit kolbenartig, pilzförmig aufgetriebenen, verbreiterten Metaphysen; die Mineralisation ist nicht gestört, dagegen jedoch der Aufbau und die Proliferation des Säulenknorpels, der für das Längenwachstum verantwortlich ist. Der Gesichtsschädel ist prominent bei steilgestellter Schädelbasis. Die Wirbelkörper besonders der LWS sind keilförmig deformiert und verschmälert.

Die durchschnittliche Endgröße achondroplastischer Männer schwankt zwischen 130 und 150 cm. Therapeutisch muß einer Verbiegung der Röhrenknochen bzw. einer verstärkten Lordose der Wirbelsäule entgegengewirkt werden. Einige orthopädische Zentren wenden spezielle Operationsverfahren zur Erzielung einer größeren Körperhöhe an (Verlängerungsosteotomien).

Die Mutationsrate ist hoch und nimmt mit dem Vateralter signifikant zu (Abb. 2.11). Die Penetranz des Gens ist hoch, bei nur geringen Expressivitätsschwankungen. Geschwisterfälle bei gesunden Eltern können als Keimzellmosaik angesehen werden. Die Häufigkeit liegt bei 1 : 30 000.

Neurofibromatose Typ 1 (NF1, von Recklinghausensche Krankheit). Das Krankheitsbild manifestiert sich schon im Kindesalter durch die Café-au-lait-Flecken. Es entwickeln sich im Jugendalter multiple subkutane Neurofibrome sowie Neurinome im peripheren und zentralen Nervensystem. Die klinischen Erscheinungen hängen von der Lokalisation der Tumoren ab, sie umfassen u. a. neurologische Auffälligkeiten,

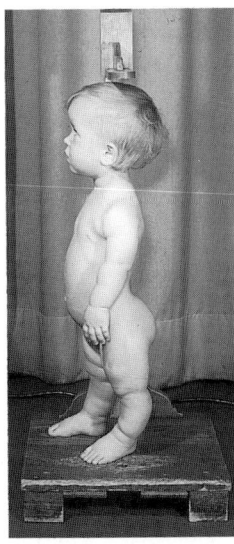

Abb. 5.3 Achondrodysplasie

Tabelle 5.5 Einteilung der Osteogenesis imperfecta (OI) nach klinischen und biochemischen Befunden

OI-Typ	Klinik	Vererbung	Biochemische Befunde
I	Blaue Skleren, geringe Knochenbrüchigkeit, Beginn post partum, Untergruppen A, B, C	AD	Erniedrigtes Typ-I-Kollagen im Verhältnis zu Typ III
II	Letale Form, extreme Knochenbrüchigkeit, 4 Untergruppen: A, B, C, D, 1 Untergruppe E: hypoplastische Röhren- knochen	AR AD? AR?	Erhöhter Kollagen-Hydroxy- lysingehalt
III	Neonatale Form, starke Knochenbrüchigkeit und Deformierung der Röhrenknochen und Wirbelsäule Normale Skleren, nur blau im Säuglingsalter, 4 Untergruppen: A, B, C, D,	AR	Gestörte Relation von Typ-I- zu Typ-III-Kollagen
IV	Weiße Skleren, geringe Knochenbrüchigkeit, starke Deformierung von Röhrenknochen und Wirbelsäule 2 Untergruppen: A, B	AD	wahrscheinlich niedriges Typ-I-Kollagen

neurofibromatöse Veränderungen des Skeletts, Minderwuchs usw. Die Fibrome können sarkomatös entarten (in etwa 10 %), vermehrte Leukosen, vor allen Dingen akute und chronische myeloische Leukämie sind beschrieben. Das Gen ist identifiziert (s. Tab. 1.4 u. Abb. 2.4).

Die Mutationsrate ist hoch (ca. 1×10^{-4}). Die effektive Fruchtbarkeit ist auf etwa die Hälfte erniedrigt, während einer Schwangerschaft muß eine Merkmalsträgerin mit einer Verschlimmerung der Erscheinungen rechnen.

Es sind Patienten beschrieben worden, bei denen die Tumoren sektorial angeordnet waren und bei denen eine somatische Mutation mit großer Wahrscheinlichkeit angenommen werden kann. Diese Merkmalsträger haben kein erhöhtes genetisches Risiko für erkrankte Nachkommen.

Osteogenesis imperfecta. Leitsymptom ist eine abnorme Knochenbrüchigkeit, dazu kommen zahlreiche sekundäre Deformierungen von Extremitätenknochen, Wirbelsäule und Thorax. Außerdem können kraniofaziale Veränderungen, blaue Skleren, Otosklerose, Schlaffheit des Bandapparates und der Haut und überstreckbare Gelenke bestehen. Nach klinischen und biochemischen Befunden wird die Osteogenesis imperfecta (OI) wie in Tabelle 5.5 dargestellt klassifiziert.

Tuberöse Sklerose. Es handelt sich um ein neurokutanes Krankheitsbild, das gemeinsam mit der Neurofibromatose I (von Recklinghausen) und dem von Hippel-Lindau-Syndrom (Angiomatosis retino cerebellosa) zu der Krankheitsgruppe der Phakomatosen zusammengefaßt wird. Synonyme: Status Bourneville-Pringle, Epiloia (Akronym: **Epi**lepsie, **lo**w intelligence, **a**denoma sebaceum).

Der Proteindefekt ist unbekannt, wahrscheinlich liegt der Krankheit eine Störung der Migration oder Differenzierung neuraler Zellen zugrunde, die während der frühen Embryonalentwicklung in die Peripherie wandern. Epileptiforme Anfälle und fortschreitender Intelligenzabbau sowie Adenoma sebaceum sind pathognomonisch, dazu kommen Hamartome in Leber, Lunge, Milz, Niere und Herz. Einschränkungen des Sehvermögens entstehen durch eine Atrophie der Sehnerven und Retinatumoren.

Manifestationsalter und Häufigkeit charakteristischer Symptome zeigt die Abb. 5.4.

Das Krankheitsbild ist heterogen, ohne daß bisher den einzelnen Genorten bestimmte Symptomenkomplexe zugeordnet werden konnten. 4 Genorte konnten bisher kartiert werden: 9q34, 11q22 – q23, 12q22 – q24 und 16p13. Die Penetranz ist hoch, die Expressivität jedoch stark varia-

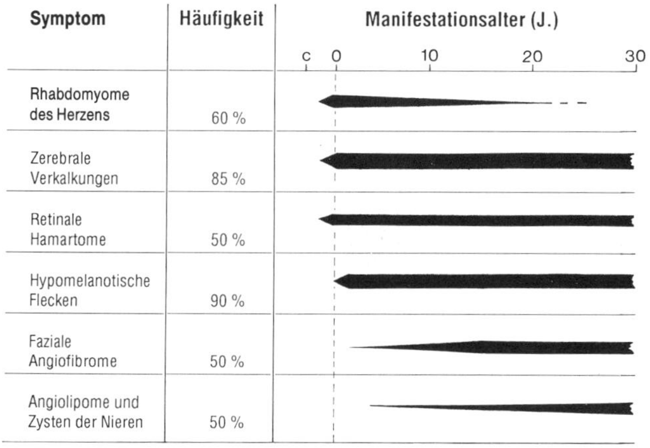

Symptom	Häufigkeit	Manifestationsalter (J.)			
		c 0	10	20	30
Rhabdomyome des Herzens	60 %				
Zerebrale Verkalkungen	85 %				
Retinale Hamartome	50 %				
Hypomelanotische Flecken	90 %				
Faziale Angiofibrome	50 %				
Angiolipome und Zysten der Nieren	50 %				

Abb. 5.4 Manifestationsalter und Häufigkeit charakteristischer Symptome der Tuberösen Sklerose (nach *Rott* und *Fahsold* 1993)

bel. Die Häufigkeit liegt bei etwa 1 : 8000, 80 % der Fälle sind sporadisch. Beim Vollbild der Krankheit tritt der Tod oft im Kindesalter ein, die Lebenserwartung ist stark herabgesetzt (~ 25 Jahre).

Beim **Marfan-Syndrom** (Abb. 5.5 u. 5.6) handelt es sich um einen genetisch bedingten generalisierten Bindegewebsdefekt auf der Basis einer Störung der Kollagen-Biosynthese, der eine pleiotrope Wirkung auf den Phänotyp hat. Die Hauptsymptome bestehen in Skelettveränderungen (dysproportionierter Hochwuchs mit einer allgemeinen Bindegewebsschwäche, Trichterbrust, Kyphoskoliose, lange Finger), kardiovaskulären Veränderungen (Mitralklappenprolaps oder Aortenaneurysma)

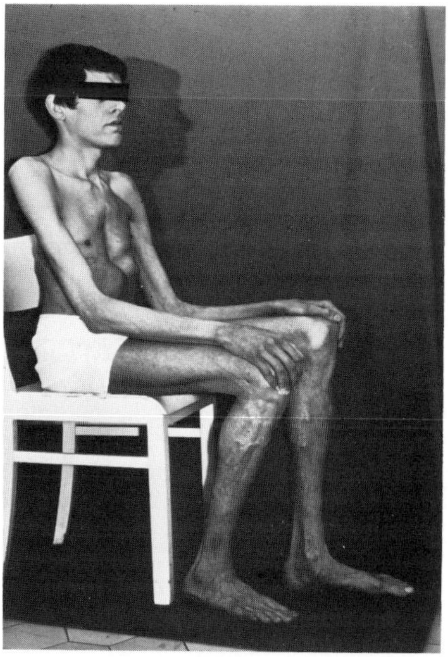

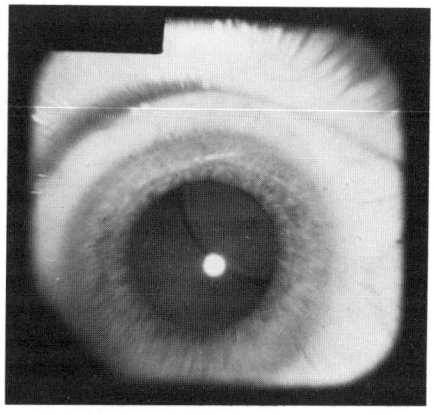

Abb. 5.5 Patient mit Marfan-Syndrom und den typischen Skelettveränderungen wie dysproportionierter Hochwuchs, Arachnodaktylie und auffällige Venenzeichnung (Pleiotropes Wirkungsmuster des Gens)

Abb. 5.6 Typische Linsenluxation bei einem Patienten mit Marfan-Syndrom

sowie Linsenluxationen und anderen Augenfehlern (s. 5.2.6).

5.2.4 Klinische Bedeutung dominanter Gene

Leichte und harmlose Anomalien, wie die multiplen kartilaginären Exostosen, die keinen wesentlichen Nachteil für ihren Träger bedeuten, werden das Fortpflanzungsverhalten relativ wenig beeinträchtigen und von Generation zu Generation weitergegeben.

Die Lebenserwartung durch vorzeitige Arteriosklerose und Herzinfarkt ist dagegen z. B. bei der familiären Hypercholesterinämie deutlich erniedrigt und zwingt zur frühzeitigen Ermittlung von Risikofällen wegen der therapeutischen Interventionsmöglichkeiten (s. S. 95 f.).

Schwere Krankheiten oder Fehlbildungen (Achondroplasie oder Osteogenesis imperfecta) bedeuten für die Patienten eine so deutliche Belastung, daß sie häufiger als gesunde Vergleichspersonen keine Kinder haben. So bleibt ein achondroplastischer Zwerg in einer Sippe oft ein Einzelfall. Der Selektionsnachteil des Merkmals wirkt sich negativ bei der Partnerwahl aus, der Merkmalsträger wird häufig keine Kinder haben. Da seine gesunden Geschwister nach der Definition des dominanten Erbganges nicht Genträger sind, wird das Krankheitsbild an die folgenden Generationen nicht weitergegeben. Das pathologische Gen wird durch Selektion eliminiert. Stammbäume mit mehreren Betroffenen in einer Familie sind die Ausnahme.

Daraus erklärt sich, daß schwere dominante Erbleiden häufig durch die Spontanmutation eines Gens auftreten müssen. Wir können immer dann eine Mutation annehmen, wenn beide Eltern und die Geschwister merkmalsfrei sind, d. h. nur eins von mehreren Kindern mit dem dominanten Merkmal behaftet ist. Treten keine begünstigenden oder verschärfenden Auslesefaktoren hinzu, besteht ein Gleichgewicht zwischen Mutation und Selektion. Beeinträchtigt das dominante Leiden seinen Träger so stark, daß er niemals zur Fort-

pflanzung kommt, so liegt ein Letalfaktor vor.

Die Abhängigkeit der Mutationsrate vom väterlichen Alter (z. B. bei der Achondroplasie) ist in Kap. 2.2.2 dargestellt.

Der Begriff **Letalfaktor** wird nicht einheitlich verwendet: im klinischen Sprachgebrauch werden darunter häufig Erbanlagen verstanden, die den Tod prä- oder perinatal verursachen. Die Humangenetik definiert Letalfaktoren als Erbanlagen, die den Tod des Individuums vor Erreichen des fortpflanzungsfähigen Alters bewirken. Diese Definition schließt also alle im Kindesalter vorkommenden Todesfälle ein, die durch genetische Faktoren bedingt sind, ist aber selbstverständlich abhängig von den Möglichkeiten therapeutischer Maßnahmen bei erblichen Krankheiten (s. 10.9).

Als Letalfaktor mußte früher der (multifaktoriell bedingte) schwere **juvenile Insulinmangel-Diabetes** angesehen werden. Vor der Insulintherapie starben die betroffenen Kinder vor Erreichen des fortpflanzungsfähigen Alters. Die Umweltveränderung, die das Einführen der Insulintherapie bedeutete, gibt nun den betroffenen Kindern eine nahezu normale Lebenserwartung; die natürliche Selektion ist durch den medizinischen Fortschritt ausgeschaltet.

Bedeutet eine autosomal dominante Krankheit, z. B. der **thanatophore Zwergwuchs**, einen Letalfaktor, so werden alle Kranken ihr Leiden einer Mutation verdanken, die **Selektion** gegen das Gen beträgt 100 %. Bei einem X-chromosomal rezessiv vererbten Letalfaktor, wie der **Muskeldystrophie Typ Duchenne** (s. S. 111), verkleinert sich der Genbestand für das pathologische Gen von Generation zu Generation durchschnittlich um 50 %, da die befallenen männlichen Genträger ihr X-Chromosom nicht weitervererben, weil sie praktisch immer vor dem 20. Lebensjahr sterben. Wenn die Häufigkeit des Krankheitsbildes in einer Population gleich bleibt, so muß – ein Selektionsvorteil der Konduktorinnen ausgeschlossen – auch hier die Zahl der durch Mutation verursachten Krankheiten so groß sein wie die Zahl der Merkmalsträger, für die das pathologische Gen einen Letalfaktor bedeutet.

5.2.5 Unregelmäßig dominante Vererbung

Von **unregelmäßiger Dominanz** spricht man, wenn bei einem dominanten Gen Abweichungen vom 1 : 1-Verhältnis unter den Nachkommen eines Merkmalsträgers vorkommen: das krankhafte Merkmal zeigt sich nicht bei 50 % der Nachkommen, zuweilen wird ein phänotypisch gesunder Proband wieder kranke Kinder haben. Es scheint, als habe das Leiden eine Generation übersprungen. Unvollständige Dominanz liegt immer dann vor, wenn die Penetranz des Gens nicht 100 %ig ist.

Unter **Penetranz** verstehen wir die „Durchschlagskraft" eines Gens. Sie wird angegeben in Prozent der Häufigkeit, in der ein Gen sich im Phänotyp manifestiert. Bewirkt ein Gen immer die Ausprägung des Merkmals, dessen Information es trägt, so ist seine Penetranz 100 %ig (vollständige Penetranz). Liegt die Penetranz unter 100 %, sprechen wir von unvollständiger Penetranz. Der Begriff bezeichnet das Vorhandensein oder das Fehlen eines Merkmals.

Expressivität bezeichnet den Grad der phänotypischen Ausprägung eines penetranten Gens. Häufig ist nur eine Teilsymptomatik vorhanden.

Die verschiedenen Schweregrade der Symptome des Marfan-Syndroms an den verschiedenen Organen sind ein Beispiel für die variable Expressivität eines dominanten Gens. Der Phänotyp des Krankheitsbildes kann von leichten Symptomen an den verschiedenen Organen bis zu schwersten Befunden (z. B. Aortenaneurysma) schwanken.

Die Ursache unregelmäßiger Dominanz kann in der **Spätmanifestation** eines Leidens liegen: Genträger sterben, bevor die Krankheit ausbricht. Ein Beispiel ist die **Chorea Huntington**, eine der wenigen psychiatrischen Erkrankungen, die sich regelmäßig dominant vererbt. Die Expressivität, d. h. die Schwere des klinischen Bildes, ist von Fall zu Fall sehr verschieden, sie reicht von leichtesten Abortivsymptomen bis zu schwersten Erkrankungen. Die Penetranz dagegen, d. h. das Auftreten von psychischen oder neurologischen Störungen überhaupt, ist vollständig, sofern ein entsprechendes Alter erreicht wird. Das durchschnittliche Manifestationsalter der Chorea Huntington liegt bei 35 – 40 Jahren, zeigt jedoch eine außerordentliche Variationsbreite von der Geburt bis zum 7. Lebensjahrzehnt. Es kann also vorkommen, daß ein Anlageträger stirbt, bevor sich die Krankheit manifestiert hat, daß aber einer seiner Nachkommen alt genug wird, um die Erkrankung zu erleben. Dadurch wird unvollständige Dominanz vorgetäuscht (Überspringen einer Generation und Latentbleiben der Anlage).

Der Begriff **Imprinting** = „Genetische Prägung" ist am Beispiel des Prader-Willi-Syndroms und Angelman-Syndroms erläutert (s. 4.4.4.3).

5.2.6 Pleiotropie (Polyphänie)

Als Pleiotropie (Polyphänie) bezeichnen wir die Erscheinung, daß ein Gen für viele Merkmale (Phäne) verantwortlich ist. Ein Schulbeispiel für Pleitropie ist das **Marfan-Syndrom**: eine Reihe verschiedener Organe ist betroffen, die Vererbung des Leidens folgt aber dennoch dem einfach dominanten *Mendel*-Schema. Mutationen im Fibrillin-Gen auf Chromosomen 15 konnten nachgewiesen werden. Fibrillin ist ein Strukturbestandteil des Bindegewebes. Es kommt zu Bindegewebsdefekten.

Dabei können bei verschiedenen Kranken die verschiedenen Organe in verschiedener Stärke betroffen sein, ein Beispiel für die schwankende Expressivität eines Gens. Bei einem Patienten mag der Augenbefund besonders im Vordergrund stehen, bei einem anderen die Skelettsymptomatik (Abb. 5.7). Bei der genauen Analyse genetisch bedingter Leiden zeigt sich, daß ein Gen häufig auf dem Weg zum Phän über seine primären und sekundären „Genprodukte" eine pleiotrope Wirkung entfaltet. Pleiotropie ist also eher die Regel (s. u. a. auch **Mukoviszidose** und **Phenylketonurie**).

5.2.7 Genetische Grundlagen morphologischer Anomalien

Die erblichen morphologischen Anomalien sind biochemisch noch nicht definiert, z. B.

Marfan-Syndrom

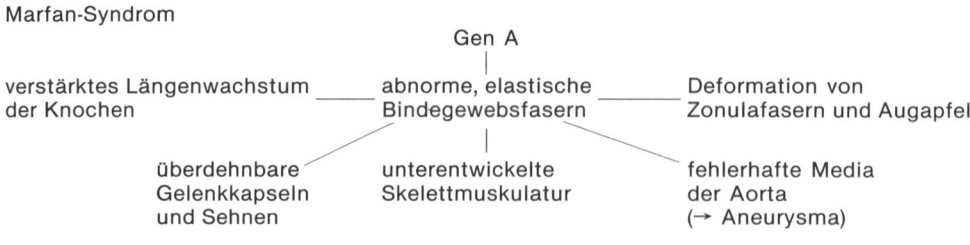

Abb. 5.7   Pleiotropie am Beispiel des Marfan-Syndroms

Polydaktylie. Diese werden oft dominant vererbt, wenn sie einem einfachen *Mendel*schen Erbgang folgen.

Eine Erbkrankheit mit einem einfachen *Mendel*schen Erbgang beruht auf der Mutation eines einzelnen Gens. Dieses Gen bestimmt die Primärstruktur einer Boten-RNA und somit einer Polypeptidkette. Letzten Endes dürften viele *Mendel*sche Merkmale in dieser Weise zu interpretieren sein.

Bei der Klassifizierung des Erbgangs ist zu beachten, daß bei der Zuordnung eine Übereinkunft über das Niveau der Analyse besteht. Als Beispiel soll das Sichelzell-Hämoglobin HbS dienen (s. Abb. 2.3). Eine klinisch manifeste, behandlungsbedürftige Krankheit, die Sichelzellanämie, findet sich bei für das Sichelzellgen homozygoten Personen ($\beta^S\beta^S$). Die heterozygoten Anlageträger ($\beta^A\beta^S$) sind im allgemeinen nicht krank, zeigen aber das Sichelzell-Phänomen. Das Sichelzellgen ist zudem nicht geschlechtsgebunden. Der Erbgang des klinischen Bildes der Sichelzellanämie ist somit autosomal rezessiv.

Untersuchen wir nun das Merkmal „Sichelzelltest", das mikroskopisch faßbare Phänomen der Sichelzellbildung, so stellen wir fest, daß dieser Laborbefund bei für das Sichelzellgen homozygoten ($\beta^S\beta^S$) und heterozygoten ($\beta^A\beta^S$) Personen zu erheben ist. Das Merkmal „positiver Sichelzelltest" wird demnach dominant vererbt.

Wird die Analyse direkt auf dem Niveau des Genproduktes durchgeführt, d. h. nimmt man eine Elektrophoreseuntersuchung des Hämoglobins vor, stellt sich heraus, daß man bei Heterozygoten ($\beta^A\beta^S$) sowohl Hämoglobin A wie Hämoglobin S nachweisen kann. Der Erbgang des Merk-

mals „Sichelzellhämoglobin" ist somit autosomal kodominant.

Wir finden also verschiedene Erbgänge, je nachdem auf welchem Niveau die Analyse vorgenommen wird. In der klinischen Genetik besteht die Übereinkunft, als Bezugssystem die durch klinische Untersuchung faßbare Krankheit oder Anomalie gelten zu lassen.

> Zur klinischen Wirksamkeit dominanter Gene kann als Faustregel gelten, daß sie im allgemeinen eine äußerlich sichtbare Fehlbildung oder Anomalie der Körperform bewirken.

5.3 Autosomal rezessiver Erbgang

5.3.1 Definition und Art der Weitergabe des Gens

> Rezessiv ist ein Gen dann, wenn es nur in homozygotem, nicht aber in heterozygotem Zustand in Erscheinung tritt.

Von den Allelen des AB0-Gen-Locus wird das Allel für die Blutgruppe 0 von den Allelen A oder B überdeckt, der Phänotyp der Blutgruppe ist A oder B. Nur beim homozygoten Genotyp 00 zeigt sich als Phänotyp die Blutgruppe 0. Aus diesem Beispiel wird klar, daß die Begriffe dominant und rezessiv sich komplementär zueinander verhalten. Schematisch sind die Möglichkeiten des autosomal rezessiven Erbgangs in Abb. 5.8 dargestellt.

Praktisch alle Stoffwechseldefekte werden rezessiv (autosomal und X-chromoso-

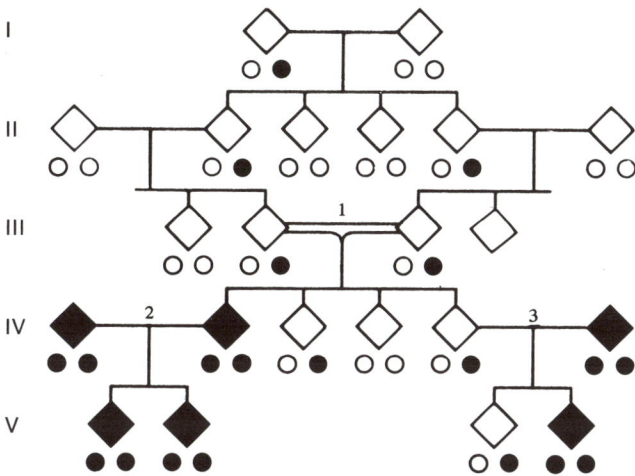

Abb. 5.8 Schema des autosomal rezessiven Erbgangs (die Rhombenform im Schema wurde gewählt, um zu zeigen, daß das Geschlecht keine Rolle spielt). Bei III 1 Blutsverwandtschaft

Tabelle 5.6 Häufigkeiten autosomal rezessiver Erbleiden auf 1000 Lebendgeborene (*Carter* 1977)

Mukoviszidose	0,5	Zystinurie	0,06
Schwere Formen geistiger Retardierung (nicht klassifiziert)	0,5	*Tay-Sachs*sche Erkrankung (bei Ashkenasi-Juden	0,04 0,5)
Schwere angeborene Taubheit	0,2	Mukopolysaccharidose Typ I	0,02
AGS	0,14	Metachromatische Leukodystrophie	0,02
Klassische Phenylketonurie	0,1	Galaktosämie	0,02
Neurogene Muskelatrophien	0,1	Galaktokinase-Mangel	0,01
Sichelzellanämien	0,1	Homozystinurie	0,01
Nebennierenhyperplasien	0,1	*Smith-Lemli-Opitz*-Syndrom	0,01

mal) vererbt: in heterozygotem Zustand genügt die genetische Information des „normalen Gens", um z. B. eine ausreichende Enzymaktivität zu gewährleisten. Zum völligen Ausfall der Enzymaktivität kommt es erst, wenn beide Gene keine Information mehr zur Enzymproduktion abgeben.

5.3.2 Häufigkeit

Die Tabelle 5.6 gibt nach *Carter* (1977) die geschätzten Häufigkeiten der wichtigsten rezessiven Erkrankungen in Europa wieder. Alle übrigen autosomal rezessiven Erkrankungen kommen sehr viel seltener vor (<0,1 auf 1000).

> Die Gesamthäufigkeit der rezessiven Erkrankungen beträgt etwa 2,5 auf 1000.

5.3.3 Klinische Beispiele autosomal rezessiver Krankheiten

Phenylketonurie (PKU). Dieses Leiden wurde 1934 erstmals von Fölling beschrieben. Es ist ein klassisches Beispiel für ein autosomal rezessives Stoffwechselleiden.

Hauptsymptom der Phenylketonurie ist die schwere geistige Retardierung verursacht durch eine Myelinisierungshemmung. Der IQ unbehandelter Kinder ist selten höher als 20. Weiterhin bestehen neurologische Symptome in Form von Krampf-

Tabelle 5.7 Einteilung der Hyperphenylalaninämien

Erkrankung	Gen	Lokalisation
1. Defekte Phenylalaninhydroxylase	PAH	12 q 24.1
1.1. Klassische Phenylketonurie (PKU) Phenylalaninhydroxylase (PAH) nicht meßbar		

1.2. Hyperphenylalaninämie i. e. S.
      a) PAH-erniedrigt → behandlungsbedürftig
      b) PAH-transitorisch erniedrigt → nicht behandlungsbedürftig		

2. Dihydrobiopterin-Reductasemangel	DHP	4 p 15.31
3. Dihydrobiopterin-Synthesedefekt	PTS	–

anfällen mit typischen EEG-Veränderungen.

Man unterscheidet verschiedene Formen von Hyperphenylalaninämien aufgrund unterschiedlicher Defekte der Enzyme im Phenylalaninstoffwechsel (Tab. 5.7). Mehr als 50 verschiedene Mutationen wurden bisher im Gen für die Phenylalanin Hydroxylase (PAH-Gen s. Tab. 1.2), das auf Chromosom 12q24.1 liegt, nachgewiesen, die zu einer Reduktion bzw. zum Fehlen einer PAH-Aktivität führen. Die Häufigkeit dieser Mutationen ist populationsabhängig (Inzidenz BRD 1/10 000). Wie bei der Mukoviszidose kann der Mutationsnachweis direkt geführt werden oder indirekt über die Bestimmung der Haplotypen bei Betroffenen. Pränataldiagnostik ist auf diesem Wege in vielen Fällen möglich. Das Gen für die Dihydrobiopterin-Reductase ist kartiert (4p15 – 31), aber noch nicht identifiziert. Der Dihydrobiopterin-Synthesedefekt ist molekulargenetisch noch am wenigsten untersucht.

Entscheidend für eine normale geistige Entwicklung der Kinder ist die Früherkennung der Phenylketonurie und eine sofortige Therapie mit phenylalaninarmer Diät.

Die Früherkennung wird am 6 Tage alten Neugeborenen mit dem *Guthrie*-Test durchgeführt. Ein Blutstropfen wird auf einem entsprechend imprägnierten Filterpapier aufgefangen und auf einen mit Bacterium subtilis beimpften Nährboden gebracht, der einen Hemmstoff (Beta-Thienylalanin) gegen das Bacterium subtilis enthält. Abhängig vom Phenylalaninspiegel im Blut kommt es zu einer Aufhebung der Hemmwirkung und zu einem entsprechen-

den Wachstumshof im Diffusionsbereich, den man messen kann und von dem man auf die Konzentration von Phenylalanin schließen kann. Die genaue Phenylalanin-Bestimmung im Serum und der Mutationsnachweis sichern die Diagnose.

Durch eine streng einzuhaltende phenylalaninarme Diät bis zum 10. Lebensjahr kann man diese Kinder vor einem Entwicklungsrückstand bewahren.

Aufgrund der diätetischen Behandlung kommen Patientinnen mit Phenylketonurie heute ins generationsfähige Alter. Neben dem erhöhten genetischen Risiko haben die Kinder ein hohes Risiko für eine Embryopathie durch die maternale Phenylketonurie. Kinder unbehandelter Mütter wiesen geistige Behinderung (90%), Mikrozephalie (75%), intrauterine Wachstumsverzögerungen (30%) und Fehlbildungen (15%) auf. Wurde erst nach der Konzeption behandelt, war das Risiko kaum geringer (50% geistige Retardierung, 45% Mikrozephalie).

Eine Lösung scheint nur in der Beibehaltung der phenylarmen Diät über das 10. Lebensjahr hinaus bis zum Ende des fortpflanzungsfähigen Alters zu liegen (s. 10.8).

Albinismus. Die genetisch bedingten Störungen der Pigmententwicklung sind zahlreich und werden mit Ausnahme des X-chromosomal vererbten okulären Albinismus autosomal rezessiv vererbt. Beim Tyrosinase-negativen Albinismus (OCA Typ I) wird das Enzym Tyrosinase nicht oder funktionsgestört gebildet. Es kommt zu einer reduzierten bzw. fehlenden Melaninsynthese und damit zu einer Hypopigmen-

Klinische Manifestationen einer Mukoviszidose

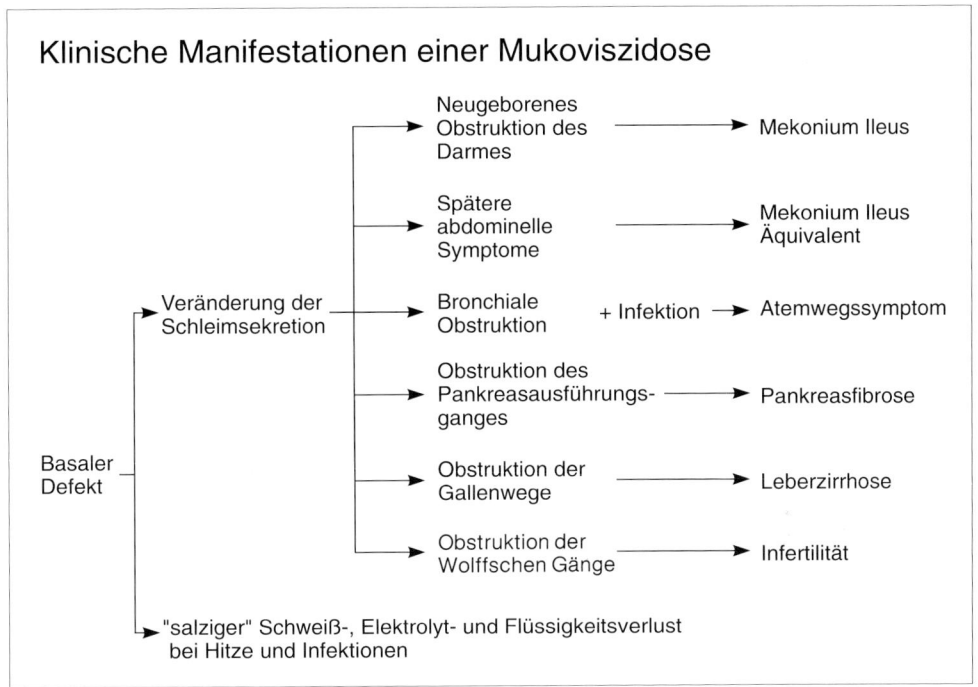

Abb. 5.9 Pleiotropie am Beispiel der Mukoviszidose (nach *D. Reinhardt*)

tierung von Haut, Haaren und Augen. Eine Sehstörung ist die Folge. Der Tyrosinase-positive Albinismus (OCA Typ II) ist klinisch nur schwer vom Tyrosinase-negativen abzugrenzen. Die Haut kann bei dieser Form nach Sonneneinstrahlung pigmentierte Flecken bilden. Präkanzeröse Veränderungen und Karzinome der Haut infolge von Sonneneinstrahlung sind neben der Augenbeteiligung die Symptome mit Krankheitswert.

Die Gene für diese beiden häufigsten Formen des Albinismus (die Inzidenz ist populationsabhängig: Tyr-neg. 1 : 39 000, Tyr-pos. 1 : 68 000) sind auf Chromosom 7 bzw. 15 identifiziert. Klinisch werden noch eine Reihe weiterer Albinismusformen abgegrenzt, z. B. OCA Typ Ib/(Gelbmutante, OCA Typ III (Minimal-Pigment-Typ) und OCA Typ IV (Braunmutante). Es handelt sich um allelische Mutationen in bereits identifizierten Genen (Gelbmutante im Tyrosinase-Gen) oder um Mutationen in bisher nicht bekannten Genen. Beim okulären Albinismus ist die Hautpigmen-

tierung nur gering gestört. Die Augensymptome wie verminderte Sehschärfe, Photophobie und Nystagmus stehen im Vordergrund.

Mukoviszidose (Zystische Fibrose). Die zystische Fibrose ist ein angeborener Defekt mit den klinischen Zeichen einer Zöliakie, kombiniert mit ernster pulmonaler Symptomatik. Die Sekrete der exokrinen Drüsen weisen eine zu hohe Viskosität auf. Dadurch kommt es zur Pankreasinsuffizienz, die in eine Pankreasfibrose übergeht. Die durch die Elektrolytstörung ausgelösten vielfältigen Wirkungen (Pleiotropie) betreffen verschiedene Organe (Abb. 5.9).

Ungefähr 15 % aller Kinder mit Mukoviszidose entwickeln als Neugeborene einen Mekoniumileus, der durch das Fehlen der Pankreasenzyme entsteht. Danach steht eine Gedeihstörung im Vordergrund der Symptomatik. Die pulmonale Beteiligung entsteht meistens etwas später und beginnt mit den Symptomen einer chronischen Bronchitis, schließlich bilden sich

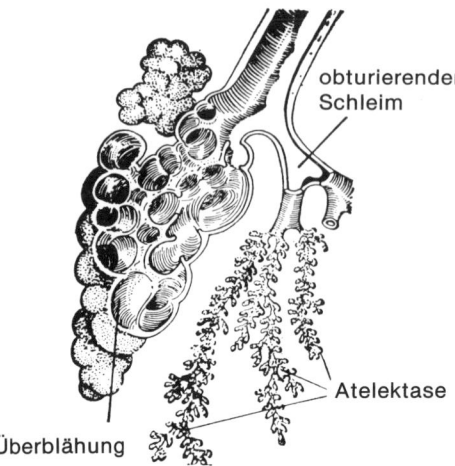

obturierender
Schleim

Atelektase

Überblähung

Abb. 5.10 Schema des Lungenbefundes bei Mukoviszidose (Entwurf: *Hövels*, Universitäts-Kinderklinik Frankfurt/M.)

Atelektasen und Bronchiektasen (Abb. 5.10).

Fast jeder 20. Nordeuropäer ist heterozygoter Träger einer Mutation im Gen für einen Chlorid-Ionenkanal (CFTR-Gen = cystic fibrosis transmembrane conductance regulator gene, s. Tabelle 1.2). Mehr als 200 Mutationen in diesem Gen auf Chromosom 7 sind bereits identifiziert worden. Die häufigste Mutation (60 – 70 % in der mitteleuropäischen Bevölkerung), ΔF508 ist eine 3 bp Deletion, die einen Phenylalanin-Rest an der Position 508 entfernt (Δ steht für Deletion) (s. Abb. 2.6). Patienten mit dieser Mutation haben auch eine Pankreas-Insuffizienz, während einige seltene Mutationen wie z. B. R117H (die Zahl 117 bezeichnet wieder die mutierte Aminosäure, Arginin (R) wird durch ein Histidin (H) ausgetauscht) die Pankreas-Funktion nicht beeinträchtigen. Werden zwei verschiedene Mutationen, z. B. ΔF508 und R117H bei einem Mukoviszidose-Patienten nachgewiesen, liegt ein homozygoter Gendefekt vor. Da zwei verschiedene Genpositionen in einem solchen Fall mutiert sind, spricht man auch von Compound-Heterozygotie. Der Krankheitsverlauf wird dabei von der „milderen" Mutation bestimmt. Die Mutation ΔF508 tritt in Südeuropa wesentlich seltener auf. In außereuropäischen Bevölkerungen wird sie praktisch nicht gefunden. Entsprechend geringere Inzidenzziffern finden sich dort (Deutschland 1/2500, Japan 1/100 000).

Ab einem Alter von 3 Monaten kann die Diagnose durch den Schweißtest sicher gestellt werden. Der NaCl-Gehalt des Schweißes ist ca. 4mal höher als bei gesunden Kindern (> 70 mval/l). Eine Frühdiagnose ist durch die Bestimmung des Albumin-Gehalts im Mekonium oder durch einen direkten Nachweis der Genmutationen im CFTR-Gen möglich. Die Pränataldiagnostik wird ebenfalls durch direkten Nachweis von CFTR-Mutationen aus Chorionzotten geführt oder indirekt durch Segregationsanalyse der elterlichen Haplotypen. Mit den zur Verfügung stehenden Methoden werden heute routinemäßig nur die häufigsten Mutationen direkt nachgewiesen.

Die Behandlung der Mukoviszidose hat sich durch den kombinierten Einsatz medikamentöser (Antibiotika, Pankreasenzymsupplementation, Schleimverflüssigung) und physikalischer (Abklopfen des Sekrets) Therapien wesentlich verbessert. Die durchschnittliche Lebenserwartung stieg von < 5 Jahre im Jahr 1960 auf über 25 Jahre heute und sie steigt weiterhin an. Drei Jahre nach der Klonierung des CFTR-Gens wurden in den USA erste Gentherapie-Versuche gestartet. Dabei wird das CFTR-Gen mit Adenoviren als Vektoren von Patienten inhaliert mit dem Ziel, die Synthese des fehlenden Membranproteins in Lungenepithelzellen in Gang zu setzen (s. 10.9 und Tab. 10.16).

Eine Übersicht über die **Muskelatrophien** und **Muskeldystrophien** ist in der Tabelle 5.13 auf S. 120 gegeben.

5.3.4 Klinische Bedeutung rezessiver Gene

Aus dem Kombinationsquadrat Abb. 5.2b läßt sich zeichnerisch ableiten, warum ¼ der Kinder für das pathologische Gen a heterozygoter Elternpaare krank (= homozygot) sein werden. Das gleiche Kombinationsquadrat zeigt, daß von drei phänotypisch gesunden Kindern heterozygoter Eltern zwei selbst wieder heterozygot sind. Diese beiden heterozygoten Kinder machen folglich im Durchschnitt $\frac{2}{3}$ der phänotypisch gesunden Kinder überhaupt aus.

Beim rezessiven Erbgang kommt in der Verwandtschaft eines Betroffenen meist kein weiterer Merkmalsträger vor (Abb. 5.8). Die unter Ziffer 1 im Modellstammbaum dargestellte Kombination ist theoretisch die typische: 2 heterozygote Eltern haben unter 4 Kindern 1 homozygot krankes Kind. Je seltener ein rezessives Gen ist, um so unwahrscheinlicher ist es, daß heterozygote Geschwister eines homozygot kranken Kindes oder heterozygote Geschwister der Eltern andere Heterozygote aus der Normalpopulation heiraten, so daß Homozygotie und damit das Auftreten der Krankheit der Ausnahmefall bleibt.

> Dies erklärt das häufige Auftreten „sporadischer" Fälle bei rezessivem Erbgang und kleinen Familien.

Da bei einem rezessiven Leiden für jedes Kind ein Risiko von $\frac{1}{4}$ besteht, homozygot zu erkranken, ergibt sich das Risiko für z. B. zwei kranke Kinder aus dem Produkt der Einzelrisiken: es beträgt also $\frac{1}{4} \times \frac{1}{4} = \frac{1}{16}$. Die Wahrscheinlichkeit, daß eines von zwei Kindern krank ist, errechnet sich folgendermaßen: die Wahrscheinlichkeit, daß das erste von zwei Kindern krank ist, ist $\frac{1}{4}$, die Wahrscheinlichkeit, daß das zweite gesund ist, ist $\frac{3}{4}$; damit ist die Gesamtwahrscheinlichkeit für eine solche Geschwisterkonstellation (krank/gesund) $\frac{1}{4} \times \frac{3}{4} = \frac{3}{16}$. Gleich groß ist die Wahrscheinlichkeit nun, daß das erste Kind gesund und das zweite Kind krank ist. Wiederum errechnet sich eine Wahrscheinlichkeit von diesmal $\frac{3}{4} \times \frac{1}{4} = \frac{3}{16}$. Die Gesamtwahrscheinlichkeit, daß eines von zwei Kindern krank ist, beträgt also $\frac{6}{16}$. Mit einer Wahrscheinlichkeit von $\frac{3}{4} \times \frac{3}{4} = \frac{9}{16}$ werden beide Kinder gesund sein.

Die errechneten Wahrscheinlichkeitsziffern für das Erkrankungsrisiko bei rezessiven Erbleiden machen klar, daß man von 16 Zwei-Kinder-Familien, in denen beide Eltern heterozygot sind, nur 7 erfassen würde, ginge man nur von den erkrankten

Probanden aus. Die 9 Familien, in denen beide Kinder gesund sind, wird man bei einer Erfassung nur über die kranken Probanden nicht finden. Bei den 7 erfaßten Zwei-Kinder-Familien finden sich insgesamt 8 kranke (7 Probanden und 1 krankes Geschwister) und nur 6 gesunde Kinder. Statt des zu erwartenden krank-zu-gesund $= 1:3$-Verhältnisses hätte man hier also ein $4:3$-Verhältnis. Erst wenn man durch eine mathematische Korrektur die 9 gesunden Familien mit je 2 Kindern, also 18 Kinder, die nicht erfaßt wurden, dazu rechnet, kommt man auf das erwartete Verhältnis von 8 kranken zu $6 + 18 = 24$ gesunden Kindern, also auf das $1:3$-Verhältnis (Abb. 5.11).

5.3.5 Blutsverwandtschaft

Das Risiko, daß seltene Gene, die gleichmäßig in der Bevölkerung verteilt sind, zusammentreffen, ist relativ gering. Das Risiko steigt jedoch an, wenn blutsverwandte Personen heiraten, da beide einen Teil ihres Erbgutes gemeinsam haben. Bei häufigen Genen ist die Bedeutung der Blutsverwandtschaft nicht allzu hoch, denn auch unter nichtverwandten Personen ist das Risiko groß, auf einen heterozygoten Partner zu stoßen. Je seltener jedoch ein pathologisches Gen wird, um so eher wird es nur bei Blutsverwandtenehen zu Homozygotie und damit zu kranken Kindern kommen. Wenn im Extremfall ein pathologisches Gen nur in einer einzigen Familie vorkommt, kann Homozygotie nur dann auftreten, wenn Blutsverwandte heiraten. Die Abb. 5.8 stellt die Blutsverwandtschaft einer Vetter/ Basen-Ehe bei Ziffer III/1 dar.

Die Ursachen für die Häufigkeit autosomal rezessiver Gene in Isolaten oder kulturell abgegrenzten Bevölkerungsgruppen sind im Abschnitt Populationsgenetik (s. 8.3) besprochen. Für die *Tay-Sachs*sche Krankheit (s. auch Abb. 2.5 und 2.7, infantile amaurotische Idiotie) ist die Frage nicht restlos entschieden, ob ihre auffallende Häufigkeit in Volksgruppen von Ashkenasi-Juden (Heterozygotenfrequenz $1:30$ gegenüber $1:300$ in anderen Populationen) Folge einer Isolatbildung dieser

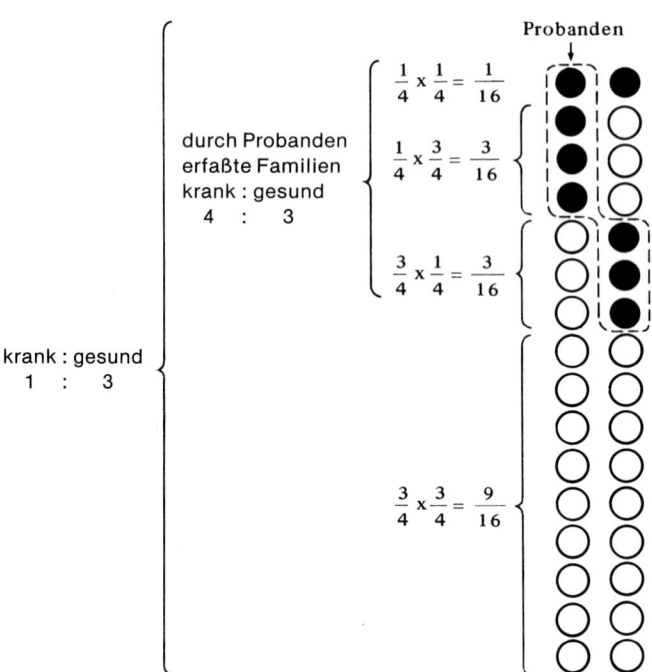

Abb. 5.11 Korrektur der durch Probandenauswahl ermittelten Wahrscheinlichkeitsziffern in Zwei-Kinder-Familien (*Weinberg*sche Geschwisterkorrektur)

Gruppe ist oder Folge eines bisher unbekannten Heterozygotenvorteils (s. 8.4).

5.3.6 Pseudodominanz

Hat ein an einem rezessiven Gen homozygot Erkrankter Kinder mit einem Partner, der bezüglich des pathologischen Gens heterozygot ist, so wird sich unter den Kindern ein Aufspaltungsverhältnis von 1 : 1 gesund zu krank, also anscheinend wie beim dominanten Erbgang, einstellen. In Abb. 5.8 ist diese Möglichkeit der Pseudodominanz bei Ziffer 3 dargestellt.

5.3.7 Heterozygotentests

Der Nachweis heterozygoter Träger eines pathologischen rezessiven Gens ist für die genetische Beratung von besonderer Bedeutung (s. 10.2). Als klinisch praktische Möglichkeiten bieten sich an:

1. die *Bestimmung der Enzymaktivität:* die Enzymaktivitäten Heterozygoter z. B. bei der **Galaktosämie** (Galaktose-1-Phosphat-Uridyl-Transferase) bei der **Glykogenose Typ I** (Glukose-6-Phosphatase) oder bei der **Histidinämie** (Histidin-Desaminase) liegen recht genau in der Mitte zwischen den Enzymaktivitäten homozygot Normaler und homozygot Kranker.

2. Heterozygote können durch die *abgeschwächte Manifestation des Merkmals* nachgewiesen werden: bei der **Mukopolysaccharidose Typ III** (*Sanfilippo*) finden sich im homozygoten Zustand hochgradig geistige Behinderung, typische Skelettmanifestationen und vermehrte Ausscheidung von Heparansulfat im Urin. Bei Heterozygoten ist die Intelligenz normal, phänotypisch findet sich keine Auffälligkeit, es wird jedoch gleichfalls vermehrt Heparansulfat im Urin ausgeschieden (s. Tab. 5.12).

3. *Belastung* eines Probanden *mit der abzubauenden Substanz* (z. B. Phenylalanin bei **Phenylketonurie**): man wird bei dem Hete-

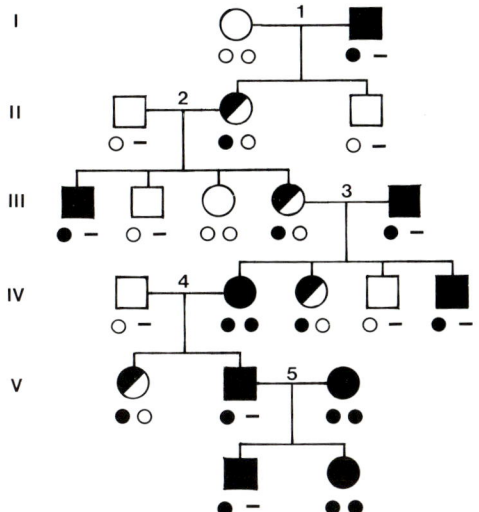

Abb. 5.12 Schema des X-chromosomal rezessiven Erbgangs beim Glukose-6-Phosphat-Dehydrogenase-Defekt

Erst bei homozygotem Zustand des mutierten Gens kommt es zum völligen oder fast völligen Ausfall der genetischen Information z. B. zum Ausfall der Enzymproduktion.

Dieser Wirkmechanismus rezessiver Gene erklärt auch, daß rezessiv bedingte Leiden im allgemeinen primär keine Fehlbildungen oder äußerlich sichtbare Anomalien der Körperform bewirken.

5.4 X-chromosomale Vererbung

5.4.1 Definition und Art der Weitergabe X-chromosomal rezessiver Gene

Kenntnisse über die besondere Art dieses Vererbungsmodus lassen sich weit in der Geschichte zurückverfolgen: Seit dem 2. Jahrhundert unserer Zeitrechnung brachte der *Talmud* Regeln, welche die Beschneidung von Knaben solcher Mütter betraf, die bereits zwei Söhne durch Verbluten infolge des Eingriffs verloren hatten: weitere Söhne sowie Söhne der Schwestern der betreffenden Mutter waren von dem Ritual dispensiert. Dagegen behandelte man die Söhne desselben Vaters mit einer anderen Mutter wie normale Knaben. Damit ist bereits ein X-chromosomal rezessiver Defekt genannt: die Hämophilie.

Die Abb. 5.12 zeigt das Schema des X-chromosomal rezessiven Erbgangs. Da das X-Chromosom beim Mann keinen homologen Partner besitzt, haben die dort lokalisierten Gene auch keine Allele. Ein rezessives Gen führt folglich in diesem als hemizygot bezeichneten Zustand bereits in einfacher Dosis zur Manifestation des Merkmals, weil kein gesundes Allel zur Kompensation zur Verfügung steht. Genetisch sind folgende Fälle typisch:

(1) Ein hemizygot befallener Mann (x, Y) wird mit einer bezüglich des betrachteten Merkmals homozygot gesunden Frau (X, X) nur genotypisch gesunde *Söhne* haben, denn das X-Chromosom stammt immer von der Mutter (Abb. 3.18). Alle Töchter

rozygoten einen deutlich stärkeren Anstieg der Phenylalaninkonzentration im Blut finden als beim homozygot Gesunden, außerdem steigt der Spiegel des Tyrosin, in das das Phenylalanin umgebaut werden sollte, im Blut sehr viel weniger deutlich an.

4. Bei monogen bedingten Krankheiten, die *gentechnologisch durch DNA-Sonden* zu diagnostizieren sind, ist eine Heterozygoten-Diagnostik unmittelbar auf der Ebene des Gens möglich.

5.3.8 Auswirkung von Homozygotie und Heterozygotie

Stoffwechseldefekte werden in der Regel rezessiv vererbt. In heterozygotem Zustand genügt die genetische Information des „normalen Gens", um z. B. eine ausreichende Enzymaktivität zu gewährleisten. Nur durch die unmittelbare biochemische Untersuchung z. B. eines Enzyms, durch Belastungstests oder die gentechnologische Diagnostik ist der Heterozygotenstatus nachweisbar.

sind Konduktorinnen (Überträgerinnen). Sie tragen das X-Chromosom mit dem mutierten Gen des Vaters (x) und ein normales X-Chromosom der Mutter. Sie sind also alle heterozygot und infolge der Dominanz des normalen Allels phänotypisch gesund (X, x) (Abb. 5.12, 1).

(2) Konduktorinnen übertragen das X-Chromosom mit dem mutierten Gen bei einer Ehe mit einem gesunden Mann auf die Hälfte ihrer Söhne und Töchter. Hemizygot (x, Y) kranke wie normale (X, Y) Söhne treten in einem Verhältnis 1 : 1 auf ebenso wie heterozygote Töchter (Überträgerinnen, Konduktorinnen, X, x) und homozygot gesunde Töchter (X, X) im Verhältnis 1 : 1 (Abb. 5.12, 2).

(3) Homozygotie für das rezessive Gen kann bei Frauen auftreten, wenn ein hemizygoter Mann mit einer heterozygoten Überträgerin Kinder hat. Mit gleicher Häufigkeit sind befallene Söhne, befallene Töchter, gesunde Söhne und phänotypisch gesunde, aber heterozygote Töchter zu erwarten (Abb. 5.12, 3).

(4) Eine homozygote Frau hat mit einem gesunden Mann nur hemizygote, also befallene Söhne und heterozygote Töchter (Abb. 5.12, 4).

(5) Ein hemizygoter Mann hat mit einer homozygoten Frau nur befallene Kinder (Abb. 5.12, 5).

Die Häufigkeit hemizygot befallener Männer entspricht der Häufigkeit des X-Chromosoms mit dem mutierten Gen in der männlichen Bevölkerung, da ja jeder hemizygote Träger des Gens gleichzeitig Merkmalsträger ist.

Als Beispiel sei der Defekt des Enzyms **Glukose-6-Phosphatdehydrogenase** in der Bevölkerung Sardiniens angeführt: das Gen für den Defekt G6PD Mediterranean (Gd$^-$) hat in den Küstenregionen Sardiniens in der männlichen Bevölkerung eine Häufigkeit zwischen 10 und 35 % (q = 0.10 bis q = 0.35), das Gen für das funktionstüchtige Enzym hat entsprechend eine Häufigkeit von 90 bis 65 % (p = 0.90 bis p = 0.65). Bei Frauen wird nach dem Hardy-Weinberg-Gesetz erwartet, daß der Enzymdefekt im homozygoten Zustand mit einer Häufigkeit von q^2 auftritt, d. h. bei

q = 0.10 mit $q^2 = (0.10)^2 = 0.01 = 1\%$; ein Wert, der gut mit der beobachteten Häufigkeit in der weiblichen Bevölkerung Sardiniens übereinstimmt.

Für die X-rezessive Glukose-6-Phosphat-Dehydrogenase sind bisher etwa hundert Varianten beschrieben worden, die u. a. folgende Krankheitsbilder bewirken: Chronisch hämolytische Anämie oder Hämolyse nach der Einnahme von bestimmten Chemikalien (Sulfonamide) oder Genuß der Fava-Bohne u. ä. Solchen Varianten liegen verschiedene Mutationen am gleichen Genort zugrunde.

Die **Hämophilie B** ist sehr viel seltener: sie tritt beispielsweise in der männlichen Bevölkerung Englands mit einer Häufigkeit von 1 : 30 000 auf (q = 0.000033). Das Auftreten der Hämophilie B bei einer weiblichen Patientin, die homozygot für das Hämophilie-B-Gen ist, würde mit einer Frequenz von

$$q^2 = \left(\frac{1}{30\,000}\right)^2 = \frac{1}{900\,000\,000}$$

erwartet werden, d. h. die englische Bevölkerung ist viel zu klein, als daß man überhaupt eine homozygote Patientin beobachten könnte.

Bei X-chromosomal rezessiv vererbten Genen findet man entsprechend der *Lyon*-Hypothese (s. 3.3) bei Frauen unterschiedliche Genaktivitäten in den einzelnen Somazellen; es besteht ein Mosaik aus zwei verschiedenen Zellpopulationen (klonale Inaktivierung). Dieses Mosaik kann klinisch nachgewiesen werden.

Bei Frauen mit monogenen X-chromosomalen Hautkrankheiten zeigt sich die klonale Inaktivierung der beiden funktionell verschiedenen Zellpopulationen während der Embryogenese der Haut in Form der Blaschko-Linien. Diese Blaschko-Linien werden sichtbar im Heterozygotenstatus monogener Hautkrankheiten wie: Incontinentia pigmenti, fokale dermale Hypoplasie, X-chromosomal dominante Chondrodysplasia punctata, ektodermale Dysplasie und Menkes-Syndrom (s. 3.3.2).

Sind durch Zufall bei einer heterozygoten Frau ganz überwiegend die X-Chromosomen mit dem Normalallel genetisch inaktiviert, so kann ein X-chromosomal rezessiv bedingtes Leiden in einem solchen Fall klinisch in Erscheinung treten.

5.4.2 Häufigkeit

Die beiden wichtigsten X-chromosomal vererbbaren Krankheiten sind die Muskeldystrophie *Duchenne* mit einer Häufigkeit von 0,3 auf 1000 männliche Lebendgeborene und die klassische Hämophilie A mit einer Häufigkeit von 0,1 auf 1000 männliche Lebendgeborene. Weitere klinisch bedeutsame Leiden, die mit einer Frequenz zwischen 0,1 und 0,01 auf 1000 vorkommen, sind:

Hämophilie B, X-chromosomal bedingte Taubheit, X-chromosomal bedingter Nystagmus, Hypogammaglobulinämie Typ *Bruton,* hypophosphatämische Rachitis, anhydrotische ektodermale Dysplasie, X-chromosomal bedingte Aquaeduktstenose, X-chromosomal bedingte Amelogenesis imperfecta, Martin-Bell-Syndrom (fragiles X-Chromosom s. 4.4.4.4).

Die Gesamthäufigkeit aller bisher bekannten X-chromosomal bedingten Leiden wird auf 0,8 auf 1000 männliche Lebendgeborene geschätzt.

5.4.3 Klinische Beispiele

Hämophilie A. Das Gen für den Faktor VIII der Blutgerinnung (antihämophiles Globulin) ist defekt. Der Übergang vom Prothrombin zum Thrombin ist stark verzögert, so daß es z. B. nach Traumata oder Schleimhautalterationen zu schwer stillbaren Blutungen, häufig in die Gelenke, kommt. Ähnlich ist der Vorgang bei der **Hämophilie B,** die dem gleichen Erbgang folgt: hier fehlt der Faktor IX (Christmas-Faktor), wodurch wiederum die Thrombin-Bildung gestört ist.

Die **infantile progressive Muskeldystrophie Typ Duchenne** ist eine X-chromosomal vererbte Myopathie, die durch das Fehlen eines Strukturproteins, des Dystrophins, verursacht ist. Klinisch kommt es schon im Kleinkindalter zu Dystrophien der Beckengürtel-, Oberschenkel- und Wadenmuskulatur. Dabei entsteht durch Fett-einlagerung eine typische Pseudohypertrophie der Wadenmuskulatur (Gnomenwaden). Das Leiden endet letal im 2. Lebensjahrzehnt (Heterogenie der Muskeldystrophien s. S. 120, ferner auch 5.2.4 Letalfaktor).

Die **X-chromosomale Muskeldystrophie Typ Becker** geht ebenfalls auf Mutationen im Dystrophingen zurück. Dabei kommt es nicht zum Fehlen des Proteins, sondern nur zu einer Änderung der Proteinstruktur. Die Muskeldystrophie ist deshalb weniger ausgeprägt. Die Erkrankung beginnt oft erst im 2. und 3. Lebensjahrzehnt.

Rot-Grün-Blindheit. Die genetische Kontrolle der Farbsehstörung ist komplex. Nach dem Grad der Störung unterscheidet man Rotschwäche (Protanomalie), Rotblindheit (Protanopie), Grünschwäche (Deuteranomalie) und Grünblindheit (Deuteranopie). Kontrolliert wird das Farbsehen durch zwei eng benachbarte Genorte mit mindestens je drei Allelen.

Hauptmerkmale des **Martin-Bell-Syndroms (Fragiles-X-Syndrom, FraX-Syndrom)** sind mentale Retardierung, Testis-Vergrößerung und vergröberte Gesichtszüge. Das Martin-Bell-Syndrom ist eine der häufigsten Ursachen geistiger Behinderung bei Knaben und Männern. Zytogenetisch ist unter bestimmten Kulturbedingungen eine fragile Stelle auf dem X-Chromosom pathognomonisch (s. 4.4.4.4). Die Mutation, eine expandierende Trinukleotidsequenz, ist identifiziert (s. 2.1.2, Abb. 2.9). Die Besonderheiten des Erbgangs und ihre Bedeutung für die genetische Beratung ist in Kap. 10.4.2.1 dargestellt.

5.4.4 Definition und Art der Weitergabe X-chromosomal dominanter Gene

Im Gegensatz zum X-chromosomal rezessiven Erbgang ist für ein X-chromosomal dominantes Merkmal charakteristisch, daß es bei Männern *und* Frauen, bei Frauen jedoch doppelt so häufig wie bei Männern, auftritt. Im einzelnen sind genetisch folgende Fälle typisch (Abb. 5.13):

(1) Alle Söhne befallener Männer sind merkmalsfrei, bei allen Töchtern tritt das Merkmal in Erscheinung.

(2) Unter den Kindern weiblicher heterozygoter Merkmalsträger findet sich eine 1:1-Aufspaltung wie beim autosomal dominanten Erbgang unabhängig vom Geschlecht, wenn der Vater hemizygot gesund war.

(3) Sind Vater und Mutter befallen, tragen sämtliche Töchter das Merkmal und die 1:1-Aufspaltung tritt nur bei den Söhnen ein.

(4) Die Kinder homozygoter weiblicher Merkmalsträger sind alle befallen, gleichgültig ob der Vater hemizygot normal war oder

(5) auch befallen ist.

Bei spärlichem Beobachtungsmaterial (z. B. nur Fall 2, 3, 4 oder 5) ist es schwierig, den X-chromosomal dominanten Erbgang vom autosomal dominanten abzugrenzen. Beweisend ist, wenn befallene Väter immer nur befallene, nie gesunde Töchter und immer nur gesunde, nie kranke Söhne haben (Fall 1, Abb. 5.13).

Das männliche Geschlecht ist bei X-chromosomal dominanter Vererbung im allgemeinen schwerer betroffen, da in allen Zellen das dominante Gen hemizygot, d. h. ohne Allel vorliegt. Im weiblichen Geschlecht haben wir nach der *Lyon*-Hypothese (s. 3.3) ein Mosaik aus Zellen, in denen entweder das X-Chromosom mit dem mutierten dominanten Gen inaktiviert ist − solche Zellen werden phänotypisch normal sein − oder in denen das X-Chromosom mit dem normalen Gen inaktiviert ist. In diesen Zellen tritt der pathologische Phänotyp in Erscheinung.

Das klassische Beispiel X-chromosomal dominanter Vererbung ist die **Vitamin-D-resistente hypophosphatämische Rachitis (Phosphatdiabetes).** Das Leiden ist selten, Hypophosphatämie und Hyperphosphaturie aufgrund einer Störung der tubulären Rückresorption sind die Ursache des Krankheitsbildes, das sich in rachitischen Skelettveränderungen manifestiert. Physiologische Vitamin-D-Gaben bewirken keinen therapeutischen Effekt.

Männliche Hemizygote zeigen durchweg stärker ausgeprägte Skelettveränderungen und deutliche Hypophosphatämie, während bei heterozygoten Frauen die Skelettanomalien sehr diskret sein können, zuweilen ganz fehlen und die Hypophosphatämie im Grenzbereich zum Normalen liegen kann.

X-chromosomal-dominante Vererbung mit Letalität der Hemizygoten liegt vor, wenn die klinische Wirkung des X-chromosomalen Gens so schwerwiegend ist, daß Überleben nur in Anwesenheit des normalen Allels möglich ist. Männliche Früchte sterben ab, es gibt nur weibliche Merkmalsträger. Das **Oro-fazio-digitale(OFD)-Syndrom**, ein Fehlbildungskomplex mit Zahnstellungsanomalien, paramedianer Gaumenspalte, Syn-, Poly- und Kamptodaktylie, zeigt diesen Erbgang.

5.5 Mitochondriale Vererbung

Jede menschliche Zelle enthält hunderte von Mitochondrien. In den Mitochondrien läuft die ATP-Synthese ab (oxidative Phosphorylierung-OXPHOS). Jedes Mitochondrium enthält mehrere ringförmige DNA-Moleküle. Die mitochondriale DNA (mtDNA) hat eine Länge von ca. 16 kb. Auf ihr liegen 24 Gene für die t-RNA der

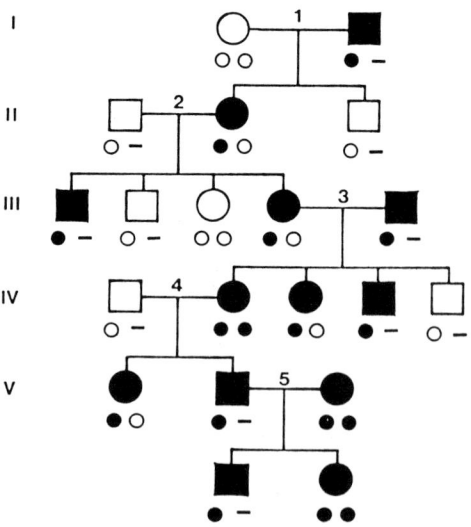

Abb. 5.13 Schema des X-chromosomal dominanten Erbgangs

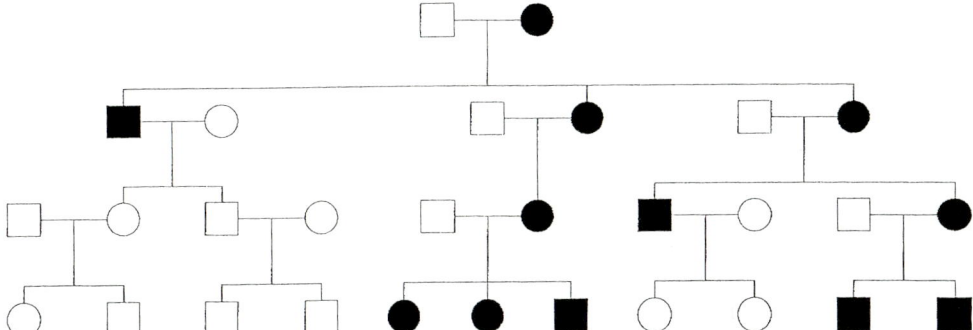

Abb. 5.14 Typischer Stammbaum bei mitochondrialer Vererbung: Die Übertragung erfolgt ausschließlich über die Mutter, da die Mitochondrien nur im Cytoplasma enthalten sind und damit nur über die Eizelle weitergegeben werden können. Alle Kinder betroffener Mütter sind wieder betroffen. Kinder eines betroffenen Vaters sind niemals betroffen

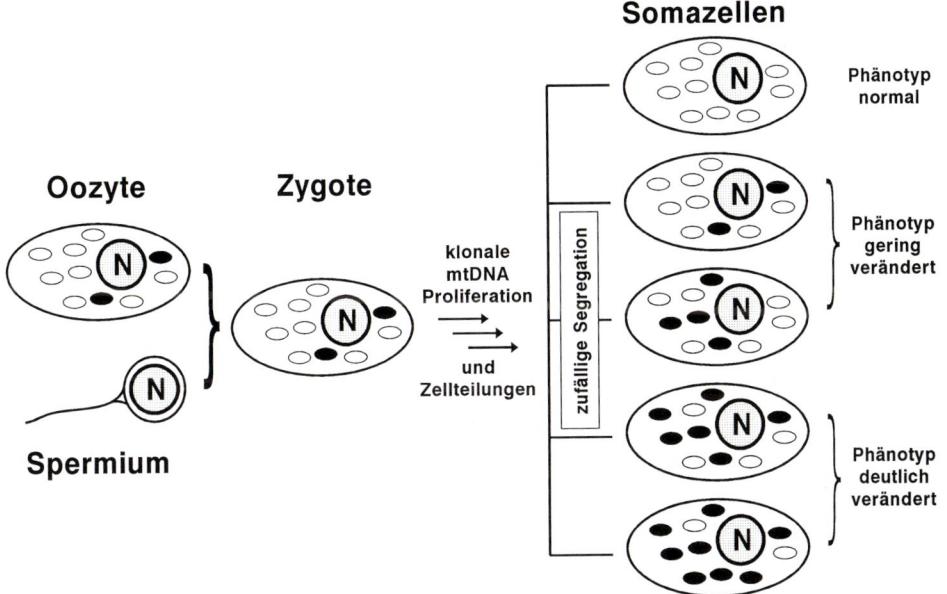

Abb. 5.15 Segregation der mtDNA: Die mtDNA wird ausschließlich mit dem Zytoplasma übertragen, dabei folgt die Segregation einer Zufallsverteilung. Die Ausprägung des Phänotyps, der durch die Mutation der mtDNA verändert ist, hängt vom Verteilungsmuster nicht mutierter und mutierter mtDNA ab. Die hellen Ovale bedeuten normale Mitochondrien, die schwarzen Ovale bedeuten mutierte Mitochondrien, N = Zellkern

Mitochondrien und 13 der 76 Gene für Untereinheiten von Enzymen, die an der Energieproduktion der Zelle beteiligt sind.

> Das mitochondriale Genom wird maternal vererbt.

Da der Spermienkopf praktisch keine Mitochondrien enthält, wird die mtDNA über die Eizellen vererbt, d. h. Mutationen der mtDNA werden von Frauen an ihre Kinder weitergegeben (Abb. 5.14). Die Mutationsrate der mtDNA ist etwa 10mal höher als

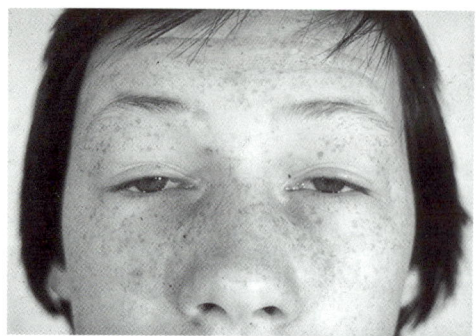

Abb. 5.16 23jähriger Patient mit beidseitiger Ptosis. Diagnose: Kearns-Sayre-Syndrom (Aufnahme: *H. Reichmann*, Neurologische Universitäts-Klinik Würzburg)

die der Kern-DNA. In einer Zelle können sowohl Mitochondrien mit normaler mtDNA als auch mit mutierter mtDNA vorliegen (Heteroplasmie) (Abb. 5.15). Der Schweregrad einer mitochondrialen Erkrankung hängt von mehreren Faktoren ab. Dazu gehören der Energiebedarf des Gewebes, in dem es zur Störung kommt, der Anteil mutierter Mitochondrien in einer Zelle sowie das Alter des Patienten, da es zur Anhäufung mitochondrialer Mutationen in somatischen Zellen kommen kann. Die wichtigsten mitochondrialen Erkrankungen sind in Tabelle 5.8 aufgelistet.

5.6 Genkopplung

Gene, die in verschiedenen Autosomen gelagert sind, trennen und kombinieren sich unabhängig voneinander nach den *Mendel*schen Regeln. Gene im gleichen Chromosom werden zusammen übertragen, sie sind gekoppelt (*Morgan* 1910) (s. 1.3.2).

Kopplung wird durch das crossing-over durchbrochen; morphologische Grundlage des crossing-over sind die Überkreuzungen der homologen Chromosomen, die Chiasmata in der Meiose (s. 3.1.2). Dabei werden Stücke der homologen Chromosomen ausgetauscht. Schon *Morgan* folgerte, daß die Häufigkeit des Gen-Austausches vom Abstand der Gene im Chromosom abhängt (s. 1.3.2). Beim Menschen lassen sich Kopplung und Austausch am einfachsten im X-Chromosom feststellen, da durch den typischen X-chromosomal rezessiven Erbgang auf diesem Chromosom rein formalgenetisch die Gene lokalisiert werden können. Zum ersten Mal konnte *Rath* 1938 ein crossing-over beim Menschen nachweisen, und zwar zwischen den Genen für Bluterkrankheit und der Rot-Grün-Blindheit (Abb. 5.17).

Für den Nachweis von Kopplung auf Autosomen lokalisierter Genorte sind Familienuntersuchungen erforderlich. Die Tabelle 5.9 gibt einige ausgewählte Beispiele autosomaler Kopplungsgruppen.

Nachweis von Kopplung kann für die genetische Beratung wichtig sein. Durch die Kopplung zwischen HLA und C_{21}-Hydroxylase können beim AGS die homozygoten und die heterozygoten Genträger in der Familie des Patienten durch HLA-Typisierung identifiziert werden (s. Abb. 3.24 und 5.6.1).

Tabelle 5.8 Die wichtigsten mitochondrialen Erkrankungen

Krankheit	klinische Symptome
*Leber*sche Opticus-Atrophie (LHON)	Blindheit im 2. Lebensjahrzehnt
Myoklonusepilepsie mit Veränderungen in der Muskelhistologie (ragged red fibers) (MERF)	Muskelschwäche, Myoklonie, zerebrale Krampfanfälle
Mitochondriale Enzephalopathie mit Laktatazidose (MELAS)	episodisches Erbrechen, kortikale Blindheit, Hemiparese, Hemianopsie, Muskelschwäche, Demenz, Kleinwuchs
Kearns-Sayre-Syndrom (KSS)	Ptosis, Ophthalmoplegie, Retinitis pigmentosa Herzblock, erhöhtes Eiweiß im Liquor, Muskelschwäche (s. Abb. 5.16)

Tabelle 5.9 Kopplung autosomaler Gene

	Rekombinationshäufigkeit (in % bzw. Centi-Morgan = cM)	
	bei Frauen	bei Männern
AB0: *Nagel-Patella*-Syndrom	14	8
AB0: Adenylatkinase	14	14
Lutheran-Blutgruppe: Sekretor-Eigenschaft	16	10
Transferrin: Serumcholinesterase E_1	19	12
Albumin: Vitamin-D-bindendes Protein GC	2	2

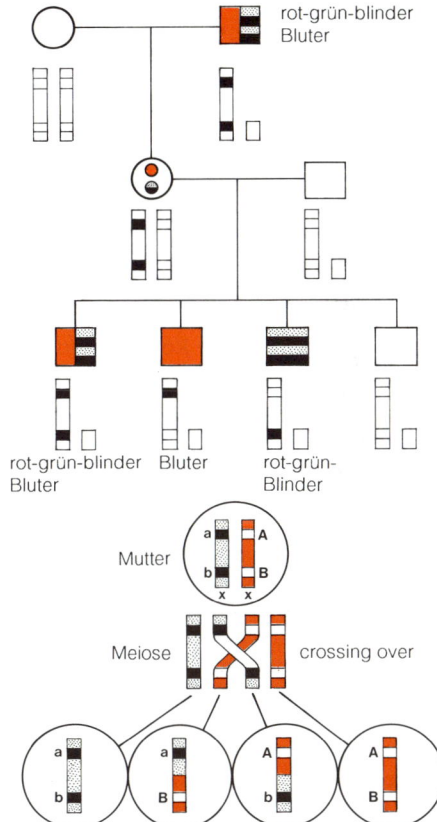

rot-grün-blinder Bluter

rot-grün-blinder Bluter   Bluter   rot-grün-Blinder

Mutter

Meiose   crossing over

Abb. 5.17 Genaustausch im X-Chromosom einer Mutter, von deren vier Söhnen zwei das ursprüngliche X-Chromosom tragen (rot-grün-blinder Bluter bzw. Gesunder) und zwei ein durch crossing-over in der Meiose verändertes X-Chromosom tragen (Bluter bzw. rot-grün-Blinder) (modif. nach *Rath* 1938)

Durch Kopplungsanalyse kann auch Heterogenie nachgewiesen werden: Eine Form der autosomal dominant vererbten Elliptozytose, die Elliptozytose-1 = EL-1, ist ge-

netisch gekoppelt mit dem Genort für das Rhesus-System, während die Elliptozytose-2 nicht mit dem Rhesus-Genort gekoppelt ist. Der Genort für EL-2 wurde auf dem Chromosom 1 kartiert.

Finden wir Krankheitssymptome oder Fehlbildungen sehr streng einander zugeordnet, sprechen wir von Assoziation (s. 10.1). Beispiele sind die VACTERL-(VATER)-Assoziation und die CHARGE-Assoziation.

Die Krankheitsbezeichnung ist jeweils das Akronym: Vacterl-Assoziation (zunächst als VATER-Assoziation beschrieben, dann später erweitert) steht für vertebrale und vaskuläre Anomalien, anale und aurikuläre Fehlbildungen (Analatresie, Ohrmuscheldysplasie), cardiale Mißbildungen, vor allem Ventrikelseptumdefekt, Tracheo-Ösophagusfistel, Ösophagusatresie, Radiusaplasie, renale Mißbildungen, Limb (= Extremitäten)-Fehlbildungen. Klinisch wird so vorgegangen, daß die Kombination von mindestens drei dieser Symptome zur Einordnung in diese Assoziation berechtigt. Die Ursache des gemeinsamen Vorkommens ist unklar.

Bei der CHARGE-Assoziation handelt es sich um: Colobome, Herzfehler, Choanalatresie, Retardierung, Genital- und Ohr(ear)-Fehlbildungen.

5.6.1 Die HLA-Kopplungsgruppe auf Chromosom 6

Der HLA(human leucocyte antigen)-Genkomplex ist auf dem kurzen Arm des Chromosoms 6p21 – p23 lokalisiert. In diesem Genkomplex ist eine Reihe verschiedener Gene zusammengefaßt, die aus der Abb. 5.18 hervorgehen.

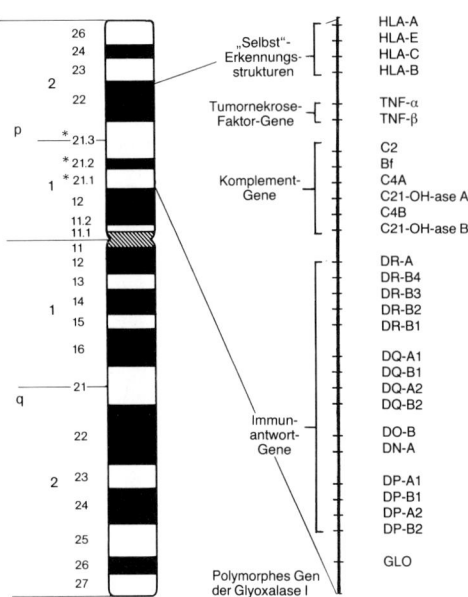

Abb. 5.18 Die HLA-Kopplungsgruppe mit Marker-Genorten auf Chromosom 6

(1) HLA-Klasse I Gene (HLA-A, B, C, E, F, G, J). Diese Genorte kodieren die klassischen Transplantationsantigene (HLA-A, B, C) und einige andere gleicher Bauart (HLA-E, F, G, J). Die HLA-Klasse I Moleküle bestehen aus einer alpha-Kette (bestehend aus alpha-1, alpha-2 und alpha-3 Domänen) und der nicht kovalent gebundenen β-Kette, dem auf Chromosom 15 kodierten β_2-Mikroglobulin. Die Klasse I Moleküle, die auf praktisch allen kernhaltigen Zellen exprimiert sind, haben die physiologische Aufgabe, endogene Peptide zu binden und diese auf der Zelloberfläche dem T-Zell-Rezeptor zu „präsentieren". Da die Klasse I Moleküle aufgrund einer spezifischen Sequenz im Bereich der Aminosäure 240 – 245 mit dem CD8-Molekül von zytotoxischen (CD8-positiven) T-Zellen interagieren, selektieren Klasse I Moleküle in der Regel CD8-positive T-Zellen, während Klasse II Moleküle bevorzugt mit CD4-positiven T-Zellen interagieren. Die Klasse I Moleküle, die ja ubiquitär exprimiert sind, dienen also als Zielstruktur für die Immunüberwachung gegen infizierte und/oder maligne entartete Zellen.

(2) HLA-Klasse II Gene (HLA-DR, DQ, DP, DO, DN, DM). Die Genprodukte der Klasse II Gene bestehen aus zwei unterschiedlichen im HLA-Komplex kodierten Ketten, einer alpha-Kette die nicht kovalent an die β-Kette gebunden ist. Klasse II Moleküle sind nur auf immunologisch aktiven Zellen wie Makrophagen und B-Lymphozyten, nicht aber auf ruhenden T-Zellen exprimiert. Die Aufgabe der Klasse II Moleküle ist es, Peptide (= Bruchstücke) aus löslichen Antigenen zu binden und sie auf der Zelloberfläche dem T-Zell-Rezeptor von CD4-positiven T-Zellen zu präsentieren. Dieser Vorgang der Interaktion von Makrophagen oder B-Zellen auf einer Seite und CD4-positiven T(Helfer)-Zellen auf der anderen Seite bestimmt Qualität und Quantität der T-Zell-abhängigen Immunreaktionen.

(3) Hitzeschockproteine der relativen Masse von 70 000 (HSP-70). Zwei sehr stark homologe, vermutlich durch Duplikation entstandene Gene kodieren für Moleküle, deren Synthese bei steigender Temperatur stark hochreguliert wird und deren Funktion darin besteht, andere empfindliche Proteine (z. B. Enzyme) vor Denaturierung zu schützen.

(4) Proteasomen (LMP2, LMP7, engl. low molecular weight proteasomes). Im Zellinneren haben die aus vielen Untereinheiten bestehenden Proteasomen die Aufgabe, große Eiweißmoleküle in kleine Peptide aufzuspalten. Die in der HLA-Region kodierten Gene LMP2 und LMP7 sind an dieser Funktion beteiligt. Da eine normale Immunantwort von der Präsentation von Peptiden abhängt, ist auch die Herstellung dieser Peptide ein Vorgang, der die Immunvorgänge beeinflußt.

(5) Transport-Proteine (TAP1, TAP2, engl. Transporter of antigens and peptides). Diese polymorphen Gene kodieren Proteine, die für den intrazellulären Transport von Peptiden verantwortlich sind, die in HLA-Molekülen gebunden werden müssen, um die Expression von HLA-Molekülen auf der Zell-Oberfläche und damit eine Immunantwort zu ermöglichen. Damit können diese Transporter-Gene einen quantitativen Einfluß auf die Funktion der HLA-Moleküle haben.

(6) C2, C4A, C4B, Bf.: Die Komplementfaktoren C2 und C4 gehören zum klassischen Aktivierungsweg der Komplementkaskade, während Bf als Proaktivator von C3 am Beginn des sogenannten „zweiten Aktivierungsweges" (engl. alternate pathway) steht.

(7) C_{21}-Hydroxylase: Die duplizierten Genorte C_{21}-OH-aseA und C_{21}-OH-aseB liegen in enger Nachbarschaft von C4A bzw. C4B. Das C_{21}-OH-aseA Gen ist auf den bisher untersuchten Haplotypen inaktiv (Stop-Codon im Intron).

(8) Tumornekrose Faktor (α und β). Die beiden − vermutlich duplizierten − Genorte kodieren für die früher als Lymphotoxin und Kachektin bezeichneten Lymphokine (= Überträgerstoffe bei der Interaktion von Immunzellen).

Beziehungen zwischen dem HLA-System und Erkrankungen

Nachdem schon 1964 bei der Maus die Beziehung der Empfänglichkeit für Virus-Leukämie zum H-2-Typ entdeckt wurde, ist beim Menschen seit 1972 eine große Zahl von Erkrankungen gefunden worden, die eine hochsignifikante Assoziation mit einem oder mehreren HLA-Antigenen aufweisen. In Tabelle 5.10 sind die wichtigsten HLA-assoziierten Erkrankungen zusammengestellt.

Bei der Betrachtung dieser Liste ergeben sich einige Besonderheiten, die fast allen diesen Krankheiten gemein sind:

(1) familiäre Häufung bei unklarem Vererbungsmodus (am ehesten dominante Vererbung bei niedriger Penetranz).

(2) Beteiligung immunologischer Mechanismen bei der Pathogenese.

(3) Umwelteinflüsse (z. B. Infektionen) als Realisationsfaktoren.

(4) Assoziation vornehmlich mit Allelen des HLA-B- und HLA-D-Genortes.

Die Tatsache, daß so viele verschiedene Erkrankungen mit dem HLA-System assoziiert sind, legt nahe, daß es sich hier nicht um einen genetischen Zufall handelt, der die Empfänglichkeit für bestimmte Erkrankungen in Beziehung zum HLA-System gebracht hat. Die weithin akzeptierte Arbeitshypothese zur Erklärung der HLA-Krankheitsassoziationen besagt, daß bei vielen HLA-assoziierten Krankheiten, (zumindest bei denen, die eine Beteiligung des Immunsystems erkennen lassen), die nor-

Tabelle 5.10 Liste der verschiedenen HLA-assoziierten Erkrankungen

Erkrankung	Stärkste Assoziation mit dem Genort		
	HLA-A	B	D
Akute lymphatische Leukämie	A 2	−	−
Idiopathische Hämochromatose	A 3	−	−
Ankylosierende Spondylitis (Bechterew)	−	B 27	−
Reiter-Syndrom	−	B 27	−
Uveitis anterior	−	B 27	−
Yersinia-Arthritis	−	B 27	−
Arthritis psoriatica	−	B 27, B 13, B 17	−
Subakute Thyreoiditis	−	B 35	−
M. Behçet	−	B 5	−
Adrenogenitales Syndrom	−	B 51, B 47, B 14	−
Multiple Sklerose	−	−	DR 2
Narkolepsie	−	−	DR 2
Juveniler Diabetes	−	−	DR 3, DR 4, DQ 8
M. Addison	−	−	DR 3
Myasthenia gravis	−	B 8	DR 3
Chron. aggressive Hepatitis	−	−	DR 3
Thyreotoxikose	−	−	DR 3
Zöliakie	−	−	DR 3, DR 7, DQ 2
Dermatitis herpetiformis	−	−	DR 3, DR 7, DQ 2
Rheumatoide Arthritis	−	−	DR 4, DR 1
Juvenile chronische Arthritis	A 2	−	DR 5, DR 8, DPBI * 020

Tabelle 5.11 Gegenüberstellung der formalgenetischen Verhältnisse bei autosomal geschlechtsbegrenzter und X-chromosomaler Vererbung

	Autosomal dominant mit Geschlechtsbegrenzung	X-chromosomal rezessiv	X-chromosomal dominant
Weg im Stammbaum	senkrecht	typischerweise über klinisch gesunde Frauen („über Eck")	senkrecht, aber mit Besonderheit
Geschlechtsverhältnis	abhängig vom Krankheitsbild	praktisch nur Männer	1 : 2 männlich : weiblich (bzw. letal bei Hemizygoten)
Vater – Sohn – Vererbung	50 % betroffen	nie	nie
Vater – Tochter – Vererbung	50 % betroffen (= Genträgerinnen, aber keine Manifestation)	alle Töchter Konduktorinnen	alle Töchter betroffen
Mutter – Sohn – Vererbung	50 % betroffen (= Genträger, aber keine Manifestation)	50 % der Söhne von Konduktorinnen betroffen	50 % der Söhne betroffen
Mutter – Tochter – Vererbung	50 % betroffen	50 % der Töchter Konduktorinnen	50 % der Töchter betroffen
Klinischer Befund bei Männern	abhängig von Penetranz und Expressivität des Gens	einheitlich ausgeprägt	stärker ausgeprägt als bei Frauen (häufig Letalfaktor, s. 5.2.4)
Klinischer Befund bei Frauen		praktisch kein klinischer Befund bei Konduktorinnen	durch das Normalallel milder ausgeprägt als bei Männern

malen HLA-Merkmale selbst an der Pathogenese beteiligt sind. Man stellt sich vor, daß z. B. im Falle des M. Bechterew das HLA-B27-Molekül ein bestimmtes „arthritogenes" Peptid bindet und damit einen immunpathologischen Prozeß auslöst. Da häufig der M. Bechterew durch eine vorausgegangene Urogenitalinfektion ausgelöst wird, hat man Grund zur Annahme, daß das „arthritogene" Peptid im Rahmen einer solchen Infektion anfällt, also durch die Umwelt verursacht wird. Aus der Untersuchung von normalen B27-gebundenen Peptiden weiß man, daß diese Peptide neun Aminosäuren lang sind und daß die zweite Aminosäure ein Arginin ist. Das bisher nur hypothetische „arthritogene" Peptid bei M. Bechterew wird ebenfalls diese Besonderheiten aufweisen.

Bei einigen wenigen Krankheitsgruppen hat die Assoziation mit HLA-Antigen eine diagnostische Bedeutung:

Die extrem hohe Assoziation von HLA-B27 mit dem M. Bechterew (95 % der Patienten sind B27-positiv) erlaubt es, aus der Anwesenheit von B27 bei Patienten mit verdächtigen rheumatischen Symptomen die Diagnose eines M. Bechterew gerade bei unklaren und abortiven Fällen zu erhärten.

Aufgrund der *Kopplung* zwischen HLA und der C_{21}-Hydroxylase können beim Adrenogenitalen Syndrom die heterozygoten Genträger in der Familie des Patienten durch HLA-Typisierung identifiziert werden. Dies ist die Grundlage für die pränatale Diagnose des AGS.

Da bei der Narkolepsie in fast 100 % der Fälle das Merkmal DR2 gefunden wird, kann die Untersuchung auf DR2 zur Diagnosestellung beitragen.

5.7 Geschlechtsbegrenzung

Geschlechtsgebundene Vererbung liegt immer dann vor, wenn die Gene, die das Merkmal bzw. eine Krankheit verursachen, auf dem X-Chromosom liegen. Beispiele sind die rezessiv X-chromosomal und dominant X-chromosomal vererbten Merkmale.

Geschlechtsbegrenzt ist die Vererbung von Merkmalen, die sich nur in einem Geschlecht manifestieren können.

Die betreffenden Gene liegen auf den Autosomen, ein Beispiel ist die **Hypospadie**. Von relativer Geschlechtsbegrenzung spricht man, wenn ein genetisch bedingtes Leiden sich überwiegend in einem Geschlecht manifestiert. Diese relative Geschlechtsbegrenzung findet sich vor allem bei multifaktoriellen Leiden (s. S. 130). Sie ist sehr wichtig für die genetische Beratung (s. 10.5.1).

Die Unterschiede autosomaler Vererbung mit Geschlechtsbegrenzung, X-chromosomal-rezessiver und -dominanter Vererbung zeigt die Tabelle 5.11.

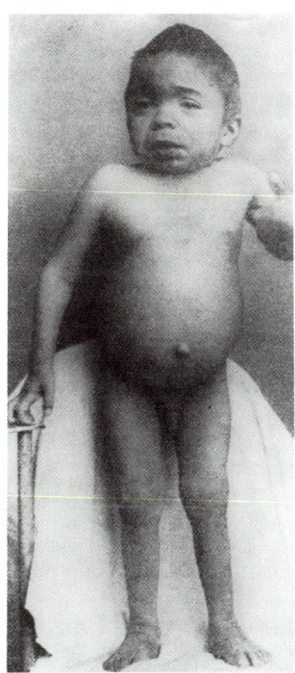

Abb. 5.19 Pfaundler-Hurler-Syndrom (Mukopolysaccharidose Typ I). Der abgebildete Patient ist eines der Kinder, an dem *Gertrud Hurler* und *Meinhard v. Pfaundler* 1919 auf einer Sitzung der Münchner Kinderärztlichen Gesellschaft erstmals das klinische Bild definierten

5.8 Genetische Heterogenität (Heterogenie)

Heterogenie bedeutet, daß klinisch praktisch gleiche Merkmale durch ganz verschiedene Gene bedingt sein können (nicht allelische Heterogenie).

Auf Heterogenie können zunächst formal-genetische Kriterien hindeuten. So konnte man von Anfang an bei den **Mukopolysaccharidosen** Heterogenie annehmen, da der Typ I (*Pfaundler-Hurler*) sich vom Typ II (*Hunter*) bereits im Erbgang unterschied: Der Typ I wird autosomal rezessiv, der Typ II X-chromosomal rezessiv vererbt. Beide Krankheiten entstehen durch pathologische Speicherung saurer Mukopolysaccharide aufgrund genbedingter lysosomaler Enzymdefekte. Genaue Analysen haben gezeigt, daß den klinisch ähnlichen Phänotypen biochemisch unterschiedliche Enzymdefekte zugrunde liegen.

Abb. 5.19 veranschaulicht den Phänotyp nach einem Foto aus der Originalarbeit von *Gertrud Hurler* (1920). Tabelle 5.12 zeigt vereinfacht verschiedene Formen der Mukopolysaccharidosen. Der Erbgang ist bis auf Typ II (X-chromosomal rezessiv) bei allen Formen autosomal rezessiv.

Ein weiteres Beispiel für Heterogenie bilden die **Muskelatrophien** und **-dystrophien** (Tab. 5.13).

Ein sicherer Beweis für Heterogenie liegt vor, wenn aus einer Ehe von zwei an einer rezessiven Krankheit homozygot erkrankter Eltern nur Kinder hervorgehen, die bezüglich des Merkmals gesund sind. Ein besonders überzeugendes Beispiel bietet die **Gehörlosigkeit** (früher unter dem nicht mehr gebräuchlichen Begriff „Taub-

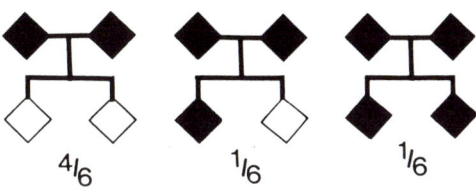

$4/6$ $1/6$ $1/6$

Abb. 5.20 Nachkommenschaft aus der Verbindung homozygot erkrankter Partner. Beispiel Gehörlosigkeit (empirische Werte)

Tabelle 5.12 Diagnose der Mukopolysaccharidosen

Erkrankung	klinische Merkmale	Enzymdefekt
Mukopolysaccharidose I/V (*M. Hurler*)	gargoyloides Gesicht, Skelettabnormitäten, frühe psychomotorische Retardierung, Korneatrübung, Hepatosplenomegalie, Tod meist vor dem 10. Lebensjahr	alpha-L-Iduronidase
Mukopolysaccharidose II (*M. Hunter*)	später Beginn, klare Kornea, Skelettabnormitäten, geistige Retardierung, Hepatosplenomegalie, Tod vor dem 20.–30. Lebensjahr	Iduronatsulfatase
Mukopolysaccharidose III (*M. Sanfilippo*)	normale Entwicklung in den frühen Lebensjahren, später psychomotorische Retardierung, neurologische Ausfallserscheinungen, Tod meist vor dem 2. Lebensjahrzehnt	Typ A: Heparansulfatase Typ B: N-Azetyl-alpha-D-Glukosaminidase
Mukopolysaccharidose IV (*M.Morquio*)	schwere Skelettabnormitäten, Zwergwuchs, Korneatrübung, Hepatosplenomegalie, Tod meist im 1.–2. Lebensjahrzehnt, Taubheit	Chondroitin-Sulfat-Sulfatase
Mukopolysaccharidose V/I (*M. Scheie*)	grobe Gesichtszüge, gewöhnlich normale Intelligenzentwicklung, geringe Skelettabnormitäten, Tod im Erwachsenenalter	alpha-L-Iduronidase
Mukopolysaccharidose VI (*M. Maroteaux-Lamy*)	schwere Skelettabnormitäten, normale Intelligenzentwicklung, Korneatrübung, Lebenserwartung bis zum Erwachsenenalter	Arylsulfatase B
Mukopolysaccharidose VII	psychomotorische Retardierung, grobe Gesichtszüge, Hepatosplenomegalie, Granulozyteneinschlüsse	β-Glukuronidase

Tabelle 5.13 Genlokalisation von Muskelerkrankungen

Erkrankung	Gensymbol	Erbgang	Genposition	Gen identifiziert	Genprodukt
Muskelatrophien					
Proximale spinale Muskelatrophie					
infantil (*Werdnig-Hoffmann*)	SMA I	ar	5q11.2 – 13.3	nein	nicht bekannt
intermediär	SMA II	ar	5q11.2 – 13.3	nein	nicht bekannt
juvenil (*Kugelberg-Welander*)	SMA III	ar/ad	5q11.2 – 13.3	nein	nicht bekannt
adult	SMA IV	ar/ad	?	nein	nicht bekannt
Bulbospinale Muskelatrophie (*Kennedy*)	SBMA	xr	Xq13 – 22	ja	Androgenrezeptor
Muskeldystrophien					
Duchenne	DMD	xr	Xp21.2	ja	Dystrophin
Becker	BMD	xr	Xp21.2	ja	Dystrophin
Emery Dreyfuß	EMD	xr	Xq28	ja	nicht bekannt
Fazioskapulohumerale Dystrophie	FMD	ad	4qter	nein	nicht bekannt
Gliedergürtel-Muskeldystrophie	LGMD1	ad	5q27.3 – 31.3	nein	nicht bekannt
	LGMD2	ar	15q22	nein	nicht bekannt
Myotone Dystrophie	DM	ad	19q13.3	ja	Proteinkinase

stummheit" zusammengefaßt): es zeigt sich, daß etwa ⅔ der gehörlosen Paare ausschließlich hörgesunde Kinder haben, je ⅙ haben entweder ausschließlich gleichfalls taube Kinder oder Kinder, bei denen sich die Zahl der kranken und hörgesunden Kinder etwa die Waage hält (Abb. 5.20).

Das genetische Modell für diese drei Formen der Weitergabe zeigt die Abb. 5.21 a – c.

Zwei Eltern, deren Taubheit auf der Homozygotie verschiedener Taubheitsgene (AB) beruht, können formalgenetisch nur hörgesunde Kinder haben, die aber sämt-

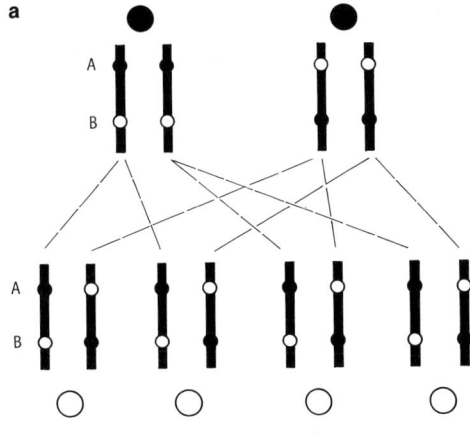

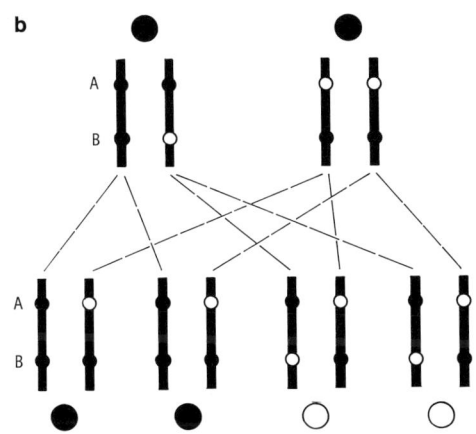

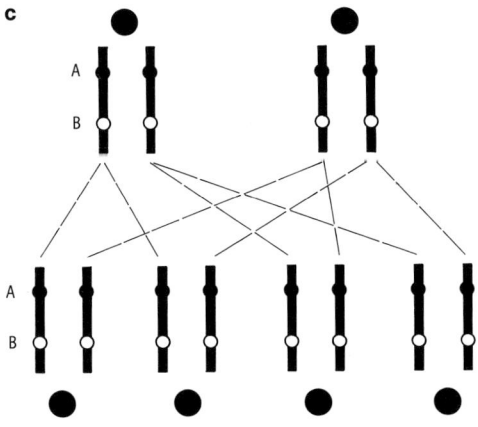

lich heterozygot sind für beide Taubheitsgene (Abb. 5.21 a).

Bei Eltern, die hörgesunde und hörkranke Kinder haben, muß angenommen werden, daß der eine Partner neben der Homozygotie für das Gen A in unserem Modell noch heterozygot für das Gen B ist. Mit einem Partner, der homozygot das pathologische Gen B trägt, wird er statistisch gesehen zur Hälfte hörgesunde und zur Hälfte hörkranke Kinder haben (Abb. 5.21 b).

Sind die beiden Partner homozygot für den gleichen Genort (A), so können sie formalgenetisch nur hörkranke Kinder haben (Abb. 5.21 c).

Im allgemeinen kann die Heterogenie eines genetischen Leidens erst dann genau definiert werden, wenn verschiedene Genotypen über primäre Genprodukte zu differenzieren sind oder wenn verschiedene Genorte für ein anscheinend klinisch homogenes Krankheitsbild festgestellt worden sind wie z. B. bei der tuberösen Sklerose (s. S. 98).

Abb. 5.21 a Homozygotie verschiedener Genorte (A, B) – sämtliche Kinder sind hörgesund

Abb. 5.21 b Homozygotie verschiedener Genorte (A, B) und Heterozygotie für den homozygoten Genort des Partners (B) – 1:1 Aufspaltung gehörlos, hörgesund unter den Kindern

Abb. 5.21 a – c Möglichkeiten der Merkmalsverteilung unter den Kindern gehörloser Eltern

Abb. 5.21 c Homozygotie des gleichen Genortes (A) – sämtliche Kinder sind betroffen

6 Multifaktorielle (polygene) Vererbung

*Die ersten Versuche, multifaktoriell be-
dingte Vererbung nachzuweisen, stammen
von Francis Galton, der in seinem Haupt-
werk „Hereditary — talent and character"
(1865) unter anderem die Häufung von intellektueller Hochbegabung in Familien zu
prüfen versuchte.*

*1910 versuchten G. und C. Davenport,
die Hautfarbe der Nachkommen von Wei-
ßen und Schwarzen in Westindien im Hinblick auf polygene Vererbung zu untersuchen. Bis heute ist kein Beispiel polygener
Vererbung beim Menschen methodisch einwandfrei aufgeklärt und bewiesen, obgleich zahllose Untersuchungsbefunde
über die in Frage kommenden Merkmale,
wie Körpergröße, Begabung, aber auch
viele häufige Krankheiten, deutlich für
multifaktorielle Vererbung sprechen.*

6.1 Erbgrundlage normaler Merkmale

Nicht reale Merkmale werden vererbt, sondern kodierte Informationen in Form von
DNA-Molekülen. Die genetischen Informationen (die Gene) stecken somit den
Kreis der möglichen Merkmalsausprägun-
gen ab. Die Realisierung des Phänotyps erfolgt in enger Interaktion mit der Umwelt,
wobei unter „Umwelt" sämtliche Einflüsse,
die auf die genetische Information auf ihrem Weg vom Genotyp zum Phänotyp ein-
wirken, zusammengefaßt sind (Abb. 6.1).

Viele Merkmale des Phänotyps sind
nicht durch ein einzelnes Gen, sondern
durch eine Kombination vieler Gene bedingt. Wir sprechen von multifaktorieller

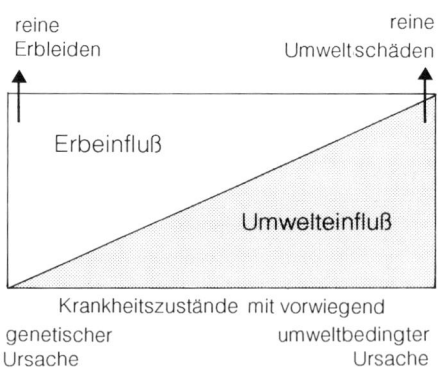

Abb. 6.1 Schematisch vereinfachte Darstellung des Einflusses von Erbe und Umwelt bei der
Entstehung von Krankheiten (nach *Meinhard von Pfaundler*). Auf der linken Seite sind Merkmale bzw. Krankheiten eingetragen, bei denen praktisch nur die genetische Information ursächlich an der Entstehung beteiligt ist (z. B. Chromosomenkrankheiten, monogene Krankheiten wie Thalassämie oder Achondroplasie). Am rechten Rand stehen die rein umweltbedingten
Leiden, z. B. eine Verbrennung oder eine Verbrühung. In dem Bereich zwischen diesen beiden
Extremen befinden sich all die phänotypischen Merkmale oder Krankheiten, bei denen Erbe
oder Umwelt mehr oder weniger stark zusammenspielen.
Dieses reduzierte Schema läßt die Dynamik der Interaktion zwischen Erbe und Umwelt, z. B.
die Bedeutung des Zeitpunkts oder der Zeitdauer der Einwirkung eines Umweltfaktors, außer
acht

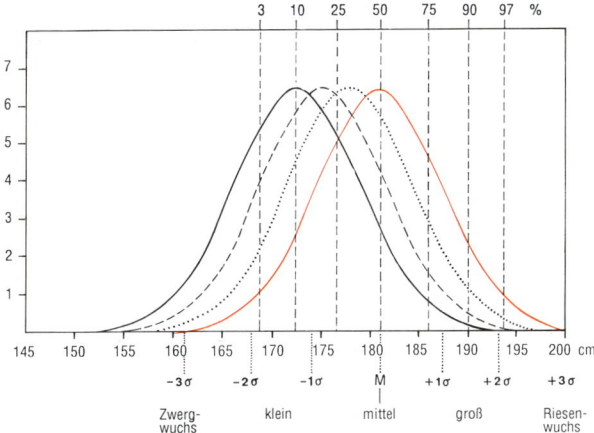

Abb. 6.2 Die Verteilung der Körperhöhen 20jähriger Männer der Geburtsjahrgänge 1937 (——) 1953 (– – –) 1960 (· · · · ·) 1970 (· – · – ·) und 1980 (——). In 43 Jahren haben sich die Werte um 8 cm erhöht, die *Gauß*sche Kurve hat sich um diesen Wert nach rechts verschoben

oder polygener Vererbung. Der Begriff **polygen** im engeren Sinne bezieht sich auf das Zusammenwirken mehrerer Gene, der Begriff **multifaktoriell** bezieht sich auf das Zusammenwirken mehrerer Gene mit Umweltfaktoren. Im allgemeinen Sprachgebrauch wird zwischen beiden Begriffen meist nicht unterschieden.

Die erblichen Anweisungen erlauben einen gewissen Spielraum bei der Ausprägung. Es gibt umweltlabile (z. B. Körpergewicht) und umweltstabile (z. B. Körperhöhe) Eigenschaften. Beim Versuch der Aufschlüsselung des genetischen und des umweltbedingten Anteils an einem Merkmal oder einer Eigenschaft ist die Zwillingsmethode ein wertvolles Hilfsmittel.

Bei Polygenie ist an der phänotypischen Ausprägung eines Merkmals unter der Mitwirkung von Umweltfaktoren eine größere Zahl von Genen beteiligt, die sich von Generation zu Generation neu kombinieren.

Die Wirkung mehrerer Gene kann sich addieren (**additive Polygenie**), außerdem bestehen Interaktionen. Mitunter liegt ein **Schwellenwerteffekt** vor: es bedarf einer bestimmten Zahl von Genen, bis sich ein Merkmal ausbildet (vgl. 6.3).

Der Zeitpunkt der Umwelteinwirkung kann bei gegebener genetischer Information von größter Bedeutung sein (**sensible Phase**).

Bei polygen bedingten Merkmalen hat die Mutation einzelner beteiligter Gene keine so schwerwiegende Wirkung wie bei monogen bedingten Merkmalen. Die Veränderungen sind meist leichter und nur quantitativer Art und nicht qualitativ und alternativ. Teleologisch gesehen ist das durchaus sinnvoll, denn – ganz vereinfacht gesagt – für Merkmale wie Körperhöhe oder Intelligenz entsteht bei relativ stabilem Gleichgewicht eine gewisse Variationsbreite, die die Anpassung an verschiedene Umwelterfordernisse erleichtert.

Polygen bzw. multifaktoriell bedingte Merkmale manifestieren sich in einer kontinuierlich abgestuften Variationsreihe und kommen in einer Population in einer eingipfeligen Häufigkeitskurve nach dem Bild der *Gauß*schen Normalverteilung vor (Abb. 6.2). Der Übergang vom Normalen zum Pathologischen ist fließend, falls nicht ein Schwellenwerteffekt (s. 6.3) vorliegt.

Korrelationsbefunde (bei kontinuierlich verteilten Merkmalen) und Konkordanzbefunde (bei diskontinuierlich verteilten Merkmalen) bei Zwillingsuntersuchungen dokumentieren die gemeinsame Wirksamkeit von Erbe und Umwelt: ersteres führt zu erhöhten Konkordanz- und Korrelationswerten bei EZ gegenüber ZZ, letztere ist Ursache der Diskordanz eineiiger Zwillinge.

Wenn reguläre Erbgänge nicht vorliegen, ist die genetische Basis der multifaktoriell bedingten Merkmale anhand von Zwillingsdaten nachweisbar. Dies gelingt aber auch mittels monogener Marker, DNA- oder Protein-Polymorphismen wie z. B. Blutgruppen, die in der Bevölkerung hinreichend polymorph sind und statistisch Assoziationen mit den zur Untersuchung anstehenden Merkmalen aufweisen.

6.1.1 Körperhöhe

Für biologische Variable, die im statistischen Sinne normal verteilt sind, ist die Angabe der Abweichung vom Mittelwert als einfache, doppelte oder dreifache Standardabweichung (σ) sinnvoll. Es wird aus praktischen Gründen per definitionem ein Grenzwert gesetzt, an dem das Pathologische beginnt. Letzten Endes ist es eine Frage der Übereinkunft, *wo* dieser Grenzwert gesetzt wird (s. 6.2).

Für die meisten multifaktoriell bedingten Merkmale hat sich eingebürgert, daß man von pathologischen Abweichungen spricht, wenn sie jenseits des ± 2 Sigma-Bereiches liegen. Dieser entspricht recht genau der 3. bzw. 97. Perzentile. Diese Perzentil-Angaben haben sich heute nicht nur bei körperlichen Merkmalen, sondern auch bei vielen Laborparametern durchgesetzt, weil man hiermit besonders den zeitlichen Verlauf eines Merkmals verfolgen kann und sehen kann, ob es in einen pathologischen Bereich fällt.

Die sog. säkulare Akzeleration des Längenwachstums − die Zunahme der durchschnittlichen Körperlänge in diesem Jahrhundert − ist durch **Umweltfaktoren,** vor allem durch die bessere Hygiene und durch die bessere Ernährung sowie die Morbiditätsabnahme der Säuglinge und Kleinkinder bedingt.

Untersuchungen über das Akzelerationsgeschehen zeigen folgendes (*Fleischmann* 1989):
(1) es liegen höhere Geburtsmaße vor,

(2) die Wachstumsbeschleunigung beginnt im Säuglings- und Kleinkindalter,
(3) es besteht eine deutliche Wachstumsbeschleunigung im Schulkindalter mit Vorverlegung der Pubertät,
(4) es werden höhere Endgrößen erreicht und
(5) es hat sich die Körpergröße für gesamte Populationen im ganzen in Richtung höherer Körpermaße verschoben, d. h. der Anteil der Hochwüchsigen hat um den Prozentsatz zugenommen, um den der Anteil der Kleinwüchsigen abgenommen hat (s. Abb. 6.2). Es ist nicht zu einem größeren Anteil Hochwüchsiger gekommen, und das spricht eher gegen eine genetisch bedingte Selektionstheorie der Akzeleration.

Mit anderen Worten ausgedrückt, die heutige Generation wird nicht nur größer geboren und erreicht im Endeffekt eine höhere Endgröße, sondern zusätzlich ist die Wachstums- und Entwicklungsdauer verkürzt.

6.1.2 Intelligenz

Für multifaktoriell bedingte Eigenschaften ist der Korrelationskoeffizient ein sehr nützliches Meßinstrument. Er sagt etwas aus über die Ähnlichkeit oder Verschiedenheit eines Merkmals bei zwei verschiedenen Probanden oder die Beziehung zweier Merkmale bei ein und derselben Person und kann sich von − 1 bis + 1 erstrecken: + 1 bedeutet völlige Gleichheit oder Übereinstimmung, 0 bedeutet das Fehlen von Gleichheit, bei − 1 schließen sich beide Merkmale aus.

Die Abb. 6.3 zeigt, wie die Ähnlichkeit des IQ mit der Nähe der Blutsverwandtschaft zunimmt. Sie umfaßt eine Zusammenstellung der Korrelationskoeffizienten für die IQ-Werte aus 111 Untersuchungen.

Bei zusammen aufgewachsenen eineiigen Zwillingen ist der Korrelationskoeffizient am höchsten, bei Vettern und Basen am niedrigsten. Dazwischen liegen die Korrelationskoeffizienten für Eltern und Kinder sowie für Geschwister untereinander. Die Bedeutung der Anlage für die Höhe des IQ wird besonders dadurch demonstriert, daß eineiige Zwillinge (EZ) und sogar getrennt

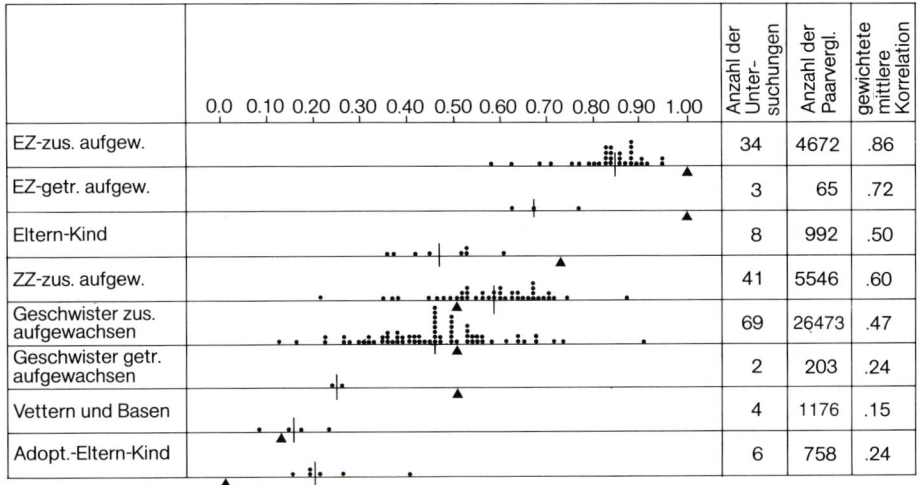

	0.0 0.10 0.20 0.30 0.40 0.50 0.60 0.70 0.80 0.90 1.00	Anzahl der Untersuchungen	Anzahl der Paarvergl.	gewichtete mittlere Korrelation
EZ-zus. aufgew.		34	4672	.86
EZ-getr. aufgew.		3	65	.72
Eltern-Kind		8	992	.50
ZZ-zus. aufgew.		41	5546	.60
Geschwister zus. aufgewachsen		69	26473	.47
Geschwister getr. aufgewachsen		2	203	.24
Vettern und Basen		4	1176	.15
Adopt.-Eltern-Kind		6	758	.24

Abb. 6.3   Familiäre Korrelation des IQ in Abhängigkeit von Erbe und Umwelt. Die Graphik umfaßt eine Zusammenstellung der Korrelationskoeffizienten für die IQ-Werte aus 111 Untersuchungen. Die schwarzen Punkte bezeichnen die in einzelnen Serien gefundenen mittleren gewichteten Korrelationskoeffizienten, der kleine Vertikalstrich den aus sämtlichen Arbeiten errechneten Mittelwert, der Keil den Erwartungswert für ein einfaches polygenes Modell ohne selektive Partnerwahl (modif. nach: *Th. Bouchard* u. *M. McGue* 1981)

aufgewachsene EZ weit höher korrelieren als zweieiige Zwillinge (ZZ). Die Umweltwirkung zeigt sich darin, daß EZ und Geschwisterpaare jeweils ähnlichere Korrelationskoeffizienten aufweisen, wenn sie zusammen, als wenn sie getrennt aufgewachsen sind und daß ZZ ähnlicher sind als gewöhnliche Geschwister.

6.2 Pathologische Merkmale

Die multifaktoriell oder polygen bedingten Erbleiden sind häufiger und im allgemeinen von größerer praktischer Bedeutung für den Alltag des Arztes als die monogenen Erbleiden. Zwar kennen wir mehrere tausend monogene pathologische Merkmale, jedes einzelne Leiden für sich ist jedoch sehr selten (< 1 ‰).

Die Häufigkeiten polygen bedingter Leiden, bei denen ein kontinuierlicher Übergang vom Gesunden zum Kranken besteht, liegen in der Größenordnung von Prozenten.

Die genetische Analyse solcher multifaktoriell bedingten Krankheiten muß versuchen, die Komplexität potentieller endogener und exogener Ursachen zu reduzieren. Da die größtmögliche Homogenität des zu untersuchenden Merkmals innerhalb von Familien gegeben ist, in denen es mit besonderer Häufigkeit auftritt, sind solche Familien der bevorzugte Gegenstand der Forschung.

Der quantitative Anteil genetischer Faktoren am jeweiligen Phänotyp kann durch Konkordanzvergleich zwischen eineiigen und zweieiigen Zwillingen ermittelt werden (s. 7.3).

Schließlich wird versucht, durch Kopplungsanalysen einen Hinweis auf die Lokalisation potentieller „Hauptgene" zu erhalten. Dabei kann man theoretisch jedes bekannte monogen kontrollierte Merkmal auf seine gemeinsame Segregation mit dem fraglichen multifaktoriellen Phänotyp untersuchen. Bestimmte serologische und biochemische Merkmale (Blutgruppen-Protein-Polymorphismen) haben sich auf diese Weise als „Marker" bewährt, indem sie den Nachweis bzw. Ausschluß der

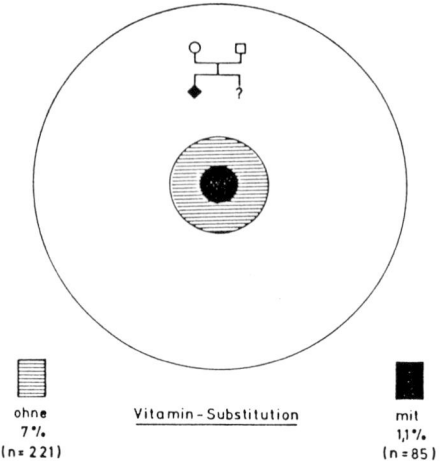

ohne
7 %
(n = 221)

Vitamin - Substitution

mit
1,1 %
(n = 85)

Abb. 6.4 Ergebnis der Lippen-Kiefer-Gaumenspalten-Präventionsstudie von *Tolarova* (1982): Der große Kreis repräsentiert die 100 % Mütter der gesamten untersuchten Gruppe. Sie umfaßt sowohl die Mütter, bei denen eine Vitaminprophylaxe durchgeführt wurde, wie diejenigen, bei denen dies nicht geschah.
Die konzentrischen kleinen Kreisflächen geben planimetrisch die Häufigkeit des Wiederauftretens einer Lippen-Kiefer-Gaumenspalte wieder.
Es handelt sich ausschließlich um Mütter mit bereits einem betroffenen Kind

Kopplung mit anderen, noch unbekannten Genen ermöglichen (z. B. Blutgruppen und peptisches Magen-Ulcus).

Bereits bestehende Einblicke in die Pathogenese mancher multifaktorieller Erkrankungen legen es darüber hinaus nahe, bestimmte Gene als besonders vielversprechende Marker zu untersuchen, wenn nämlich die entsprechenden Genprodukte eine Rolle im Krankheitsgeschehen spielen (z. B. Renin und arterielle Hypertonie, Neurotransmitter und Psychosen etc.; Konzept der „Kandidaten-Gene").

Bei diesen Untersuchungen ist zwischen **Genkopplung** und **Assoziation** zu unterscheiden (vgl. 5.6): Genkopplung beschreibt die topographische Nachbarschaft und die daraus resultierende gemeinsame Segregation zweier Gene (des gesuchten und eines bekannten Gens). Assoziation ist das gemeinsame Auftreten eines untersuchten Phänotyps und einer bestimmten Va-

riante des verwendeten genetisch polymorphen Systems des gesuchten und eines bekannten Allels) (s. 5.7).

Aus dem Umwelteinfluß auf die Manifestation eines multifaktoriellen Leidens erwächst die theoretische Chance, durch Veränderung der (allerdings meist noch unbekannten) Umweltbedingungen, die das kranke Merkmal fördern, einem Wiederholungsfall in einer genetisch disponierten Familie vorzubeugen. Für die Spaltbildungen des Rückens (Rhachischisis, Spina bifida, Meningomyelocele, Anencephalie) werden diese Möglichkeiten in Populationen mit vergleichsweise hoher Inzidenz (Britische Inseln) bereits in Form klinischer Präventionsmaßnahmen genutzt: sorgfältig dosierte perikonzeptionell verabreichte Vitaminbehandlung (besonders wichtig: Folsäure) kann das Wiederholungsrisiko um eine Zehnerpotenz senken. Analoge Beobachtungen sind mit den isolierten Lippen-Kiefer-Gaumenspalten gemacht worden (Abb. 6.4).

Die ärztliche Beratung bei multifaktoriell bedingten degenerativen Krankheiten wie der Hypertonie, der koronaren Herzkrankheit, dem Typ 2-Diabetes etc. hat immer schon die günstige Gestaltung der mitentscheidenden Umweltfaktoren in den Vordergrund gestellt. Je genauer die genetischen Risiken bei solchen Krankheiten quantitativ und qualitativ erfaßt werden, um so gezieltere Maßnahmen zur peristatischen Kompensation können ergriffen werden.

Wie genetische Marker zur besseren Abschätzung der Belastung von Personen oder Familien verwendet werden können, zeigt sich am Morbus Bechterew: Die hochgradige Assoziation des HLA-Haplotyps B27 mit der Manifestation dieser Krankheit erlaubt nach Typisierung einer Bechterew-Familie die präzisere Ermittlung des individuellen Risikos.

Beispiele für multifaktoriell bedingte Krankheiten, die durch Festsetzen eines Grenzwertes definiert werden, werden im folgenden erörtert:

Ein klares genetisches Modell für die **Adipositas** fehlt. Die immer wieder beobachtete familiäre Häufung kann ein Hineis auf genetische Faktoren sein; andiererseits ist familiäre Häufung für sich allein kein direkter Hinweis auf eine genetische Ursache. Sie kann im Gegenteil auch ein Hinweis auf die starke Umweltbedingtheit sein aufgrund des gleichen Eßverhaltens der verschiedenen Familienmitglieder im Familienverband. Ein Einzelgen für die Steuerung des Sättigungsgefühls (das man im Tiermodell bei den sog. Obese-Mäusen gefunden hat) ließ sich beim Menschen bisher nicht nachweisen.

Der **Diabetes mellitus** (s. 10.5) ist ein heterogenes Krankheitsbild des Kohlehydratstoffwechsels mit verschiedenem genetischen Hintergrund. Klinisch hat sich eine Einteilung in drei Gruppen bewährt:

(1) der MODY-Diabetes (maturity onset diabetes of the young) ist autosomal dominant monogen bedingt.

(2) Der Typ I-Diabetes (juveniler Diabetes), der etwa 10% aller Diabetesformen ausmacht, tritt in der Regel vor dem 30. Lebensjahr auf. Die Patienten sind insulinabhängig. Es besteht eine Assoziation mit den HLA-Typen DR3 und DR4.

(3) Beim Typ II-Diabetes (Altersdiabetes) liegt das Erkrankungsalter in der Bevölkerung jenseits des 35. Lebensjahres. Es besteht in der Regel keine Insulinabhängigkeit, vor allen Dingen keine Assoziation mit den HLA-Typen DR3 und DR4. Umweltfaktoren wie Übergewicht oder Adipositas spielen eine wesentliche Rolle für das Auftreten des Krankheitsbildes.

Die **Hypertonie** weist eine sehr starke familiäre Häufung auf. Deswegen sollten Angehörige 1. Grades eines Hypertonie-Kranken immer ärztlich untersucht werden. Die Familienberatung kann sich nur auf empirische Werte stützen (s. 10.5). Pathogenetisch liegen Umweltfaktoren (Streß, Fehlernährung) und endogene Faktoren, die sich in der Regel wieder aus genetischen und umweltbedingten zusammensetzen (Übergewicht, Gefäßalterung mit Arteriosklerose), zugrunde. Auch immunogen (autosomal dominant) bedingte Hochdruckformen sind aufgrund von Familienbeobachtungen nicht auszuschließen.

Der Befund einer **geistigen Behinderung** (Oligophrenie) kann auf eine große Zahl verschiedener Ursachen zurückgeführt werden. Für praktische Zwecke, also für die Fragen der pädagogischen Förderung, Sozialisierung oder Heimunterbringung, sind in Deutschland drei Schweregrade definiert: schwerste geistige Behinderung mit Bildungsunfähigkeit und Pflegebedürftigkeit (IQ 0 – 19); mittelschwere geistige Behinderung (IQ 20 – 49); leichte geistige Behinderung (IQ 50 – 70). Dazu kommen noch die Grenzfälle (Borderline cases, Minderbegabung) mit einem IQ von 70 – 85.

Geistige Behinderung geht also kontinuierlich von den schwersten Formen über die mittleren und leichten in die normale Intelligenz über.

Ätiologisch sind die Schweregruppen uneinheitlich und überschneiden sich. Als Ursache geistiger Behinderung können rein exogene Faktoren zugrunde liegen, die prä-, peri- oder postnatal eingewirkt haben, z.B. Sauerstoffmangel, Infektionen oder Traumata.

Bei den genetisch bedingten Formen der geistigen Behinderung kann grob unterteilt werden in:

● Chromosomal bedingte Formen. Praktisch alle unbalancierten autosomalen Chromosomenaberrationen sind mit schwerer geistiger Behinderung verknüpft (s. 4.3). (Bei den Aberrationen der Geschlechtschromosomen sind Minderbegabungen eher die Ausnahme). Aus dieser Gruppe konnte inzwischen als ätiologisch definierte Sonderform das Martin-Bell-Syndrom (vgl. 4.4.4.4) erkannt werden. Es stellt mit einer Häufigkeit von etwa 1:1250 die häufigste Form einer familiär bedingten geistigen Behinderung überhaupt dar.

● Die stoffwechselbedingten Formen. Der Erbgang ist fast immer rezessiv. Beispiel: Phenylketonurie (s. 5.3.3).

● Die syndromatischen Sonderformen. Hier ist geistige Behinderung mit verschiedenen körperlichen Störungen verbunden, z.B. mit Fehlbildungen des Gehirns, mit motorischen und spastischen Störungen, mit Haut- oder Augenleiden. Der Erbmodus ist meist rezessiv, gelegentlich dominant.

Definierte exogene oder genetische Ursachen lassen sich nur bei einem relativ klei-

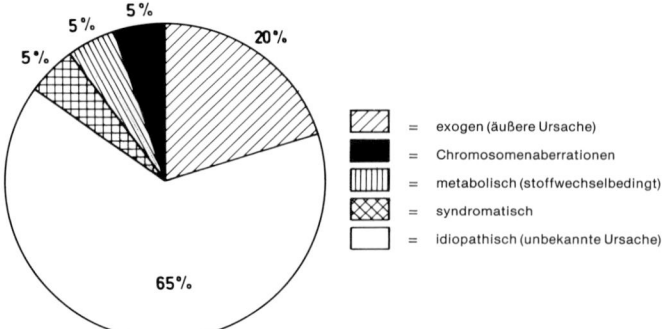

Abb. 6.5 Geschätzte relative Häufigkeit der Ursachen geistiger Behinderung

nen Teil geistiger Behinderungen feststellen. Die Mehrheit, nämlich 65 % (je nach Art und Zusammensetzung der Patientengruppe) gehört zur sog. idiopathischen geistigen Behinderung: die Diagnose wird durch Ausschluß gestellt, wenn keine umschriebene Ursache zu finden ist (Abb. 6.5).

Psychische Erkrankungen sind nur ausnahmsweise monokausal zu erklären. In der Regel findet eine komplexe Interaktion zwischen Anlage und Umwelt statt. Beide Größen sind an psychischen Erkrankungen beteiligt, allerdings im Einzelfall mit verschiedenem Gewicht. Bei den Psychosen (Schizophrenien, manisch-depressive Psychosen) wird die Beteiligung genetischer Faktoren gezeigt durch

- *Familienbefunde:* das Erkrankungsrisiko nimmt mit der Nähe der Blutsverwandtschaft zu (s. Tab. 10.2 d). Das Problem für Familienuntersuchungen liegt darin, daß es für statistisch verläßliche Resultate notwendig ist, zahlreiche, jeweils für sich erhobene Familienstudien zu kombinieren. Dabei ist die Vergleichbarkeit der Phänotypen oft problematisch. Bisher hat sich bei keinem aller derartigen Projekte ein einzelnes Gen, ja nicht einmal eine Kopplungsregion sichern lassen, obwohl mehrmals zunächst vielversprechende Befunde publiziert wurden.

Die größten Probleme sind:
- die Abgrenzung des erkrankten Phänotyps vom gesunden und
- die Klassifizierung von untereinander verschiedenen Phänotypen (mangelnde

Einheitlichkeit der internationalen psychiatrischen Terminologie).

Zur Lösung beider Probleme sind Untersuchungen an Einzelgruppen erforderlich, die aber bisher, z. B. wegen zu kleiner Familiengröße, Altersabhängigkeit der Merkmalsmanifestation, keine ausreichenden Signifikanzwerte ergeben haben.
- *Zwillingsbefunde.* Die Konkordanz-Diskordanzraten eineiiger und zweieiiger Zwillingspaare ergeben deutliche Hinweise auf eine genetische Mitbeteiligung bei der Entstehung der Psychosen.
- *Adoptionsstudien.* Kinder von Schizophrenen, die kurz nach der Geburt von ihren Eltern getrennt und von fremden Familien adoptiert wurden, erkrankten später ungefähr ebenso häufig an Schizophrenie wie Kinder, die bei den schizophrenen Eltern verblieben (rund 16 %). Weitere Schizophreniefälle fanden sich unter den biologischen Geschwistern, aber nicht unter den Adoptivgeschwistern.

6.3 Multifaktorielle Vererbung mit Schwellenwerteffekt

Die kontinuierliche Normalverteilung kann fehlen, wenn ein Merkmal erst beim Zusammentreffen einer gewissen Mindestzahl der normal verteilten Gene erscheint. Wir haben eine Schwelle, auf deren einer Seite die Summe der zugehörigen Gene noch nicht zur Ausprägung des Merkmals

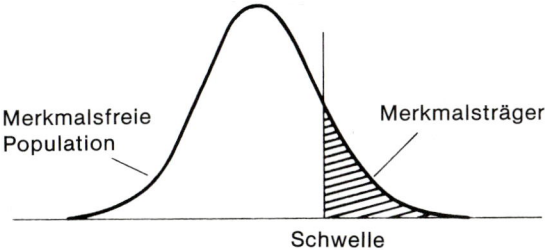

Abb. 6.6 Multifaktorielle Vererbung mit Schwellenwert: links von der Schwelle reicht die Zahl der Gene, die für die Ausprägung des Merkmals verantwortlich sind, nicht aus

Tabelle 6.1 Häufigkeitsabschätzung einzelner multifaktoriell bedingter Fehlbildungen bzw. von Fehlbildungen betroffener Organsysteme pro Lebendgeborene. Bayern 1968 – 80 (nach: *Angerpointner* 1987)

Kongenitale Vitien	1 : 300
Lippen-/LKG-Spalten	1 : 900
Hydrozephalus	1 : 1 250
Nierenbecken/Ureter	1 : 1 500
Hypospadie	1 : 1 600
Hüftgelenk	1 : 1 800
Gefäße	1 : 2 000
Fußfehlstellungen	1 : 2 500
Poly-/Syndaktylien/ Reduktionsanomalien	1 : 2 500
Gaumenspalten	1 : 2 500
Ohr/Gesicht/Hals	1 : 3 300
Spina bifida	1 : 3 300
Pylorus	1 : 3 800
Thoraxwand	1 : 5 000
Mikrozephalus	1 : 5 000
Anal-/Rektumatresie/-stenose	1 : 5 600
Gesichts-/Schädeldef.	1 : 6 000
Omphalozele/Gastroschisis	1 : 7 500
Dünndarmatresie/-stenose	1 : 8 000
Megacolon congenitum	1 : 9 000
Augen/Lider/Orbita	1 : 10 000
Gehirnfehlbildungen (einschl. Anenzephalus u. Enzephalozele)	1 : 10 000
Nieren	1 : 15 000
Respirationstrakt	1 : 15 000
Gallengänge u. Leber	1 : 17 000
Hiatus oesophageus	1 : 20 000
Zwerchfelldefekte	1 : 20 000
Blase	1 : 25 000
Urethra (ohne Hypospadie)	1 : 25 000
Kraniofaziale Anomalien	1 : 25 000
Wirbelsäule/Sacrum	1 : 33 000

Unter 1 : 50 000
Dickdarmatresie/-stenose, Pankreas, weibl. Genitale (ohne adrenogenitales Syndrom), Epispadie, Chondro-Osteodystrophien, Prune-Belly-Syndrom.

führt; ist sie überschritten, so liegt das Merkmal vor.

Das Merkmal kann dann ebenso alternativ verteilt sein wie ein monogen bedingtes Merkmal, obwohl die ursächliche genetische Anlage eine quantitativ kontinuierliche Abstufung zeigt (Abb. 6.6).

Wichtige polygene Erbleiden, wie **Lippen-Kiefer-Gaumenspalte**, die **Hüftluxation**, die **Pylorusstenose**, die **Spina bifida** und der **Klumpfuß**, unterliegen der multifaktoriellen Vererbung mit Schwellenwerteffekt. Ihre Häufigkeit zeigt die Tabelle 6.1.

Multifaktoriell genetisch bedingte Krankheiten zeigen zuweilen eine deutliche Bevorzugung eines Geschlechts (Tab. 6.2).

Tabelle 6.2 Polygene Erbleiden mit Geschlechtsunterschieden in der Häufigkeit.

Krankheit	Geschlechtsverhältnis (männlich/weiblich)
Pylorusstenose	6 : 1
Morbus Hirschsprung	3 : 1
Klumpfuß	2 : 1
Kongenitale Hüftgelenksluxation	1 : 6

Wenn also geschlechtsabhängige Gene mitwirken, die z. B. bei Mädchen die Ausprägung der Pylorusstenose hemmen oder bei Knaben die Ausprägung der angeborenen Hüftgelenksluxation, so folgt daraus, daß immer dann, wenn ein Geschlecht von

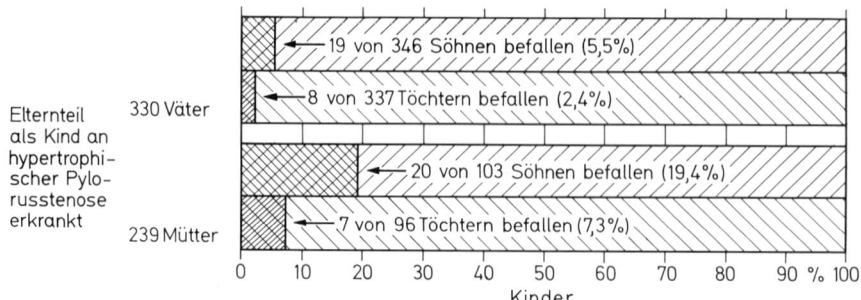

Abb. 6.7 Empirisches genetisches Risiko bei hypertrophischer Pylorusstenose in Abhängigkeit vom Geschlecht des befallenen Elternteils (nach: *V. McKusick* u. *R. Claiborne* 1973)

einem multifaktoriell bedingten Leiden weniger häufig betroffen ist, die betroffenen Individuen dieses Geschlechts ein höheres empirisches Risiko haben, kranke Kinder zur Welt zu bringen (*Carter*-Effekt). Abb. 6.7 verdeutlicht dies: hatte die Mutter an einer Pylorusstenose gelitten, betrug das Risiko für ihre Söhne ~ 20 %, für ihre Töchter ~ 7 %; hatte der Vater die Krankheit, betrug das Risiko für Söhne ~ 5,5 % und für Töchter ~ 2,5 %. Etwa umgekehrt sind die Proportionen bei der angeborenen Hüftgelenksluxation (s. 10.5.1).

Multifaktoriell bedingte Merkmale treten nur auf, wenn eine bestimmte Genkombination vorliegt. Die Wahrscheinlichkeit, daß diese Genkombination, bei der jedes

einzelne Gen für sich den *Mendel*schen Regeln folgt, bei den Verwandten wieder auftritt, wird um so geringer, je mehr Gene zusammenwirken müssen, um das Merkmal zu bewirken. Das gilt für die angeborenen Fehlbildungen genauso wie für Hochbegabungen.

Bei der Abschätzung des Risikos eines multifaktoriell verursachten Erbleidens ist man auch heute noch auf empirische Daten angewiesen, die auf der katamnestischen Untersuchung großer Zahlen von Probanden und Familien beruhen (vgl. 10.5.1).

Es hat sich dabei gezeigt, daß mehrere Faktoren das Wiederholungsrisiko beeinflussen:

Tabelle 6.3 Besonderheiten multifaktorieller und monogener Vererbung

	multifaktoriell	monogen
diagnostischer Wert des Stammbaums bei familiärem Vorkommen	oft gering	in der Regel sehr hoch
Konkordanz bei Zwillingen	EZ nicht ganz 100 %, aber deutlich höher als bei ZZ oder Geschwistern	EZ 100 %; dagegen bei ZZ entsprechend dem Wiederholungsrisiko für Geschwister (z. B. bei dominanter Vererbung 50 %; bei rezessiver Vererbung 25 %)
Wiederholungsrisiko	in der Regel niedriger als bei monogenen Leiden (~5 %)	hoch, folgt den *Mendel*schen Regeln (dominant: 50 %; rezessiv: 25 %)
Abhängigkeit von der Zahl betroffener Angehöriger	hoch	keine
Häufigkeit zugehöriger Krankheitsbilder	hoch, insgesamt >15 %	niedrig, insgesamt ~1 %

- Allgemeine Inzidenz in der betreffenden Bevölkerung
- Schweregrad der Erkrankung beim Indexfall
- Zahl der betroffenen Angehörigen
- Geschlecht (Geschlechtswendigkeit)
- Verwandtschaftsgrad zwischen Indexfall und fraglichem Angehörigen

Es besteht eine theoretisch ableitbare Zahlenbeziehung zwischen der Häufigkeit der Fehlbildung unter den Verwandten ersten Grades und der Häufigkeit in der Bevölkerung (*Lenz* 1983).

Die Häufigkeit unter Verwandten ersten Grades entspricht für viele Fehlbildungen der Quadratwurzel aus der Häufigkeit in der Bevölkerung.

Zwei Beispiele: Legt man eine hypothetische Häufigkeit (z. B. bei Herzfehlern) von 1 : 300 zugrunde, so ist das Wiederholungsrisiko 1 : 18 oder etwa 5 %; das Wiederholungsrisiko der Lippen-Kiefer-Gaumenspalte bei einer Häufigkeit von etwa 1 : 900 beträgt 1 : 30 oder etwa 3 %.

6.4 Vergleich zwischen multifaktorieller und monogener Vererbung

Wesentliche Besonderheiten multifaktorieller (polygener) und monogener Vererbung sind in der Tabelle 6.3 gegenübergestellt.

7 Zwillinge in der humangenetischen Forschung

Die Zwillingsmethode wurde durch Francis Galton mit seinem Werk „Die Geschichte der Zwillinge als Prüfstein der Kräfte von Anlage und Umwelt" 1875 begründet. Er schreibt darin: „Die Lebensgeschichte der Zwillinge gestattet uns, die Wirkung der Kräfte, die ihnen von Geburt an die Richtung weisen, zu trennen von der Wirkung jener, denen sie erst durch die Umstände des späteren Lebens ausgesetzt sind, mit anderen Worten die Einflüsse von Naturanlage und Umwelt (nature und nurture) zu erkennen." Klinische Bedeutung gewann die Zwillingsforschung jedoch erst durch die Arbeiten von Hermann Werner Siemens in München, der mit seiner Methode des polysymptomatischen Ähnlichkeitsvergleichs (1924) die Möglichkeit schuf, eineiige von zweieiigen Zwillingen zu unterscheiden.

7.1 Grundlagen

Wir unterscheiden zwei Arten von Zwillingen: eineiige (EZ) und zweieiige (ZZ) Zwillinge.

EZ sind immer aus der Spaltung eines von einem Spermium befruchteten Eies, ZZ durch die Befruchtung von zwei Eizellen durch zwei Spermien entstanden.

Daher sind EZ in ihren Erbanlagen identisch. ZZ sind genau wie zwei Geschwister aus zwei verschiedenen Spermien und zwei Eizellen entstanden. Sie stimmen, wie Geschwister, rein statistisch gesehen, in der Hälfte ihres Erbgutes überein.

7.1.1 Häufigkeiten

Die Häufigkeit von Zwillingen in Mitteleuropa beträgt etwa 1,2 % (~ 1 Zwillingsgeburt auf 85 Geburten); Drillinge kommen in einer Häufigkeit von ~ $1:85^2$, Vierlinge in einer Häufigkeit von ~ $1:85^3$ Geburten vor (Hellinsche Regel).

Die Häufigkeit von Zwillingen ist von der geographischen Lage abhängig. Dabei betreffen die Schwankungen in der Häufigkeit die ZZ; die Häufigkeit von EZ ist auf der Erde relativ konstant. Die Anzahl der EZ und der ZZ an der Gesamtzahl der Zwillinge läßt sich einfach errechnen: die Wahrscheinlichkeit, daß bei ZZ das erste Kind ein Bub (bzw. ein Mädchen ist), beträgt ½ (bzw. 0,5), für den zweiten Zwilling ist die Wahrscheinlichkeit wiederum ½. Jede der möglichen Geschlechterkombinationen hat also eine Wahrscheinlichkeit von ½ × ½ = ¼ (s. das Verteilungsquadrat):

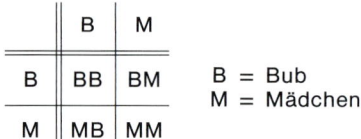

Die Hälfte aller ZZ sind folglich Pärchenzwillinge (PZ). Damit ist die Gesamtzahl der ZZ gleich zweimal der Zahl der PZ, die Zahl der EZ gleich der Gesamtzahl aller Zwillinge minus der Zahl der ZZ. Ein Zahlenbeispiel für Mitteleuropa: Bei uns finden sich auf 300 Zwillingspaare etwa 100 PZ, die Zahl der ZZ beträgt also 200, die Zahl der EZ 100 (gleich 33⅓ %). Die niedrigste Zwillingshäufigkeit findet sich in Japan mit 0,4 – 0,7 %. Da hier die ZZ geringer an Zahl sind, wird man – um eine Größenordnung zu nennen – vielleicht nur 15 PZ auf 300 Zwillingspaare finden. Der Anteil der EZ errechnet sich folglich mit 90 %.

Die Chance für eine Mutter, EZ zur Welt zu bringen, ist von ihrem Alter unabhängig, die für ZZ nimmt mit zunehmendem

Tabelle 7.1 Abhängigkeit von Plazenta und Eihautbefund bei EZ vom Zeitpunkt der Spaltung der Zygote

Tag der Spaltung der Zygote (nach Befruchtung)	Stadium der Embryonal-entwicklung	Plazenta	Chorion	Amnion	Anteil %	Abb. 7.1
2. bis 4./5. Tag	2 – 4-Zell-Stadium	doppelt eventuell verwachsen	doppelt	doppelt	~30	a
4./5. bis 7. Tag	Morula-Stadium	einfach	einfach	doppelt	~70	b
7. bis 13. Tag	Amnion voll ausgebildet	einfach	einfach	einfach	~2	c

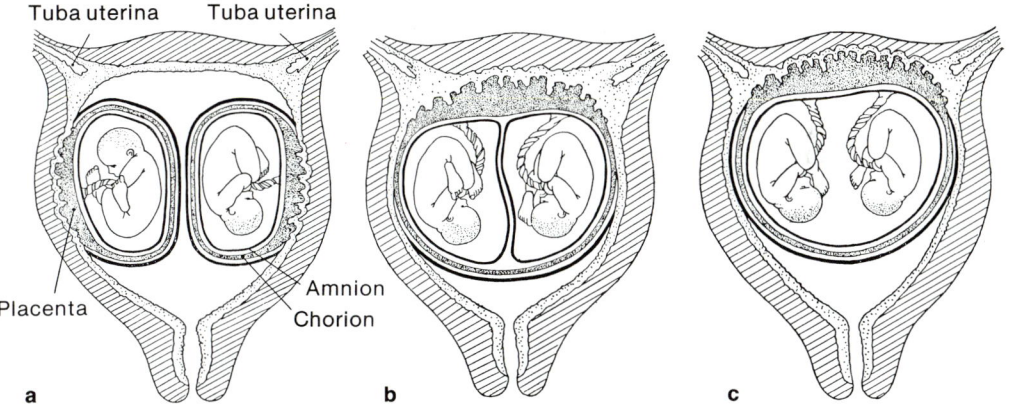

Tuba uterina   Tuba uterina

Placenta

Amnion
Chorion

a   b   c

Abb. 7.1 a – c Plazentation und Eihautbildung bei Zwillingen (aus: *R. Lotze* 1937)
a Plazenta, Chorion und Amnion getrennt (= doppelt)
b Plazenta und Chorion gemeinsam (= einfach) Amnion getrennt (= doppelt)
c Plazenta, Chorion und Amnion gemeinsam (= einfach)

Mutteralter stark zu. Sehr gründliche Untersuchungen liegen für Italien vor: im Alter unter 20 Jahren beträgt die Wahrscheinlichkeit, ZZ zu bekommen, für eine Mutter 2,27 ‰, bei den 35- bis 39jährigen 14,3 ‰. Sie ist also für eine Mutter zwischen 35 und 39 Jahren mehr als 6mal höher als für eine Mutter unter 20 Jahren.

7.2 Unterscheidung von eineiigen und zweieiigen Zwillingen

Zwillinge mit gemeinsamem Amnion und Chorion müssen immer eineiig sein. Nur dieser Schluß ist aus dem Eihautbefund möglich.

Umgekehrt kann, auch wenn Chorion, Amnion bzw. Plazenta doppelt vorhanden sind, Eineiigkeit nicht ausgeschlossen werden.

Wenn die Teilung des Keims im Stadium der ersten Furchung, vielleicht schon im Zweizellenstadium, erfolgt, so können die beiden nun voneinander unabhängigen, vollständig getrennten Hälften des Keims eigenständig zur Nidation kommen. Jeder Keim entwickelt sich vollständig unabhängig vom anderen und bildet eigene Eihäute und Plazentae.

Die Abhängigkeit von Eihaut und Plazentabefund bei EZ vom Zeitpunkt der Spaltung der Zygote zeigt die Tabelle 7.1. Schemazeichnungen der zugehörigen Befunde sind in Abb. 7.1 dargestellt.

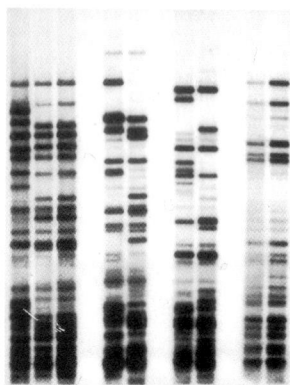

Abb. 7.2 Genetischer Fingerabdruck (DNA-Fingerprinting) von einem Drillingspaar (zwei eineiig, einer zweieiig) von zwei zweieiigen und einem eineiigen Zwillingspaar (Quelle: Cellmark Diagnostics U.K.)

Bis zu den Arbeiten von *Siemens* 1924 hatte man sich vergeblich bemüht, EZ von ZZ aufgrund von Einzelmerkmalen zu unterscheiden.

Der neuartige Gedanke von *Siemens* war, eine möglichst große Zahl von verschiedenen morphologischen Merkmalen an Zwillingen zu untersuchen. Bei dem von ihm entwickelten **polysymptomatischen Ähnlichkeitsvergleich** wurden die verschiedensten körperlichen Merkmale wie u. a. Haarfarbe, Haarform, Haardichte; Weite, Form und Achse der Lidspalte; struktureller Aufbau und Pigmentverteilung der Iris; Höhe und Breite der Nase; Papillarleisten der Finger, Form und Gestalt des Ohres usw. verglichen. In all diesen Merkmalen sind sich EZ ähnlicher als ZZ, auch wenn in einzelnen Merkmalen auch bei EZ Abweichungen festzustellen sind. Je mehr Merkmale untersucht werden, um so sicherer wird die Diagnose der Eineiigkeit.

Gleicherbige EZ haben definitionsgemäß gleiche Gen-Ausstattung, müßten also theoretisch in allen Erbmerkmalen übereinstimmen. Praktisch gilt diese 100%ige Übereinstimmung jedoch nur für Merkmale, für die eine strenge Beziehung zwischen Genotyp und Phänotyp besteht, mit vollständiger Penetranz und Umweltstabilität, insbesondere für monogen bedingte Merkmale wie: **Blutgruppensysteme,** das **HLA-System, Serumgruppen,** z. B. Hapto-

globine, **Enzymgruppen** und ihre monogen bedingten Varianten. Sie müssen bei EZ 100%ig übereinstimmen. Besteht in einem einzigen solcher monogen bedingten Merkmale Verschiedenheit (Diskordanz), so ist damit Erbungleichheit gezeigt: solch ein Zwillingspaar ist zweieiig.

Noch wesentlich höher als bei den Blut-Serum und Enzymgruppen ist die Variabilität der DNA-Polymorphismen einzelner Genorte (s. 11.1.5). Durch Restriktionsenzyme wird an bestimmten Genorten ein Muster unterschiedlich langer DNA-Fragmente geschnitten, die in ihrer Länge extrem variabel sind. Diese Fragmente lassen sich in einem hochkomplexen Bandmuster darstellen. Die Methode wird als **DNA-Fingerprinting** bezeichnet, das Resultat ist der „Genetische Fingerabdruck".

Mit diesem genetischen Fingerabdruck ist die Erkennung der genetischen Identität exakt möglich. Die Variabilität ist so hoch, daß, rein statistisch gesehen, (eineiige Zwillinge ausgenommen) sich jeder Mensch vom anderen unterscheidet.

Bei eineiigen Zwillingspaaren ist definitionsgemäß der genetische Fingerabdruck identisch (Abb. 7.2).

Nur bei EZ gelingt die wechselseitige **Hauttransplantation** auf Dauer ohne Abstoßungsreaktion. Das gleiche gilt natürlich auch für Organtransplantationen (Nierentransplantation). Zum Zweck der Zwillingsdiagnostik ist die reziproke Hauttransplantation heute nur noch von theoretischer Bedeutung.

7.2.1 Siamesische Zwillinge

Findet die Spaltung der Zygote später als am 13. Tag statt, so kann keine vollständige Teilung mehr stattfinden. Wir sprechen von „siamesischen Zwillingen".

Abhängig vom Zeitpunkt der Spaltung sind diese Zwillinge (die selbstverständlich immer EZ sind) mehr oder weniger stark verwachsen. Dabei sind kontinuierliche Fehlbildungsreihen aller Übergänge möglich (Abb. 7.3).

Die therapeutischen Möglichkeiten des Kinderchirurgen zur Trennung hängen natürlich sehr stark vom Ausmaß der Verwachsung ab.

a Verdoppelung des Vorderendes nach der Körpersymmetrieebene.

b Verdoppelung des Hinterendes nach der Körpersymmetrieebene.

c Verdoppelung mit ventraler Gegenüberstellung der Partner; letzter Zusammenhang in der Körpermitte (Thoracopagen).

d Verdoppelung mit ventraler Gegenüberstellung der Partner; letzter Zusammenhang am Kopf (Craniopagen).

e Verdoppelung mit querliegender Symmetrieebene (Ischiopagen).

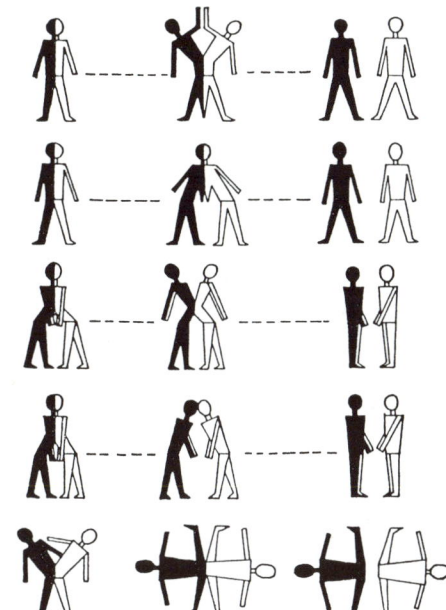

Abb. 7.3 Morphologische Reihen von Doppelfehlbildungen (modif. nach: *R. Lotze* 1937)

7.3 Auswertung

Das Prinzip der Zwillingsmethode beruht auf der genetischen Identität der Partner eines EZ-Paares und der genetischen Verschiedenheit der Partner eines ZZ-Paares. Vergleiche von erbgleichen und erbverschiedenen Zwillingen, die zusammen bzw. getrennt aufgewachsen sind, bieten die Chance, Erb- und Umwelteinflüsse bis zu einem gewissen Grad auseinanderhalten zu können. Theoretisch müssen Unterschiede zwischen EZ-Paarlingen ausschließlich umweltbedingt sein; zwischen ZZ-Paarlingen, die wie Geschwister nur in der Hälfte ihrer genetischen Information übereinstimmen, können sie durch Umwelt oder Anlage bedingt sein. Unterschiede, die ZZ in gleicher Umwelt aufweisen, müssen auf den unterschiedlichen Genotyp zurückzuführen sein.

Ist beim Vergleich eines Merkmals die Konkordanz bei eineiigen Zwillingen deutlich höher als bei zweieiigen Zwillingen, so überwiegt die genetische Information als Ursache; läßt sich kein Unterschied im Diskordanzgrad eines Merkmals bei EZ und ZZ feststellen, so ist die beobachtete Variation umweltbedingt.

Die Abb. 7.4 versucht, die Kräfte von Erbe und Umwelt, so wie sie uns die Zwillingsmethode darstellt, graphisch zu illustrieren.

Um zu verwertbaren Ergebnissen zu kommen, sind Sammelkasuistiken weniger stichhaltig als auslesefreie Zwillingsserien.

Unter einer Sammelkasuistik versteht man die Zusammenstellung von einzelnen Zwillingsbeobachtungen, die sich auf ein bestimmtes Merkmal beziehen. Das Problem der Erfassungsfehler beim Aufstellen von Sammelkasuistiken ist unter 7.4 diskutiert.

In auslesefreien Zwillingsserien dagegen wird eine bestimmte Gruppe von Personen (z. B. schizophrene Patienten) zuerst systematisch durchforscht, ob sie einer Zwillingsgeburt entstammen oder nicht. Dann erst wird das Konkordanz-Diskordanz-Verhältnis untersucht. Die größte Auslesefreiheit wird in den sog. epidemiologischen Zwillingserhebungen, wie z. B. in Dänemark mit seinem hervorragenden Zwillingsregister, erzielt: sie haben den Nachteil, daß sie sehr aufwendig an Zeit und Geld sind. Hier werden sämtliche in der Bevölkerung vorkommenden Zwillingsgeburten registriert und dann die Paare mit 1 oder 2 auffälligen (z. B. schizophrenen) Paarlingen herausgesucht. Die Konkordanzraten in auslesefreien systematischen Zwillingsuntersuchungen sind niedriger als die in Sammelkasuistiken.

Dabei ist Konkordanz definiert als vollkommene Übereinstimmung in einem Merkmal. Diskordanz bedeutet Nichtübereinstimmung in einem Merkmal, also: verschiedene Blutgruppen, verschiedene Ausprägungen eines morphologischen Merkmals wie Irispigment oder Haarfarbe. Bei psychischen Eigenschaften muß man sich oft mit Korrelationen begnügen (s. 6.1.2).

EEG-Untersuchungen bei Zwillingen, die besonders von F. Vogel und seiner Schule durchgeführt wurden, haben gezeigt, daß EEG-Muster von EZ praktisch gleich waren „genauer gesagt: sie unterschieden sich nicht stärker als EEG-Ableitungen von der gleichen Person, die zu verschiedenen Zeiten vorgenommen wurden. ZZ dagegen zeigten in der Regel deutliche und konstante Unterschiede." Daraus konnte der Schluß gezogen werden, daß die Variabilität des EEG-Musters praktisch ausschließlich genetisch determiniert ist — dieser Befund wurde auch bei den getrennt aufgewachsenen EZ der sog. Minnesota-Studie (Lykken und Bouchard 1984) erhoben. Eine besonders interessante Frage ist, ob unterschiedliche psychische Entwicklungen von EZ im Erwachsenenalter sich in Unterschieden im EEG ausdrücken. EZ mit hoher Diskordanz für neurotisches Verhalten wurden untersucht. Das Ergebnis: „Erwachsene EZ, die bezüglich einer Neurose deutliche Unterschiede zeigen, haben dennoch ein genauso ähnliches EEG wie andere EZ" (Vogel 1985).

Wie ein so komplexes, überwiegend genetisch bedingtes Merkmal wie die Phy-

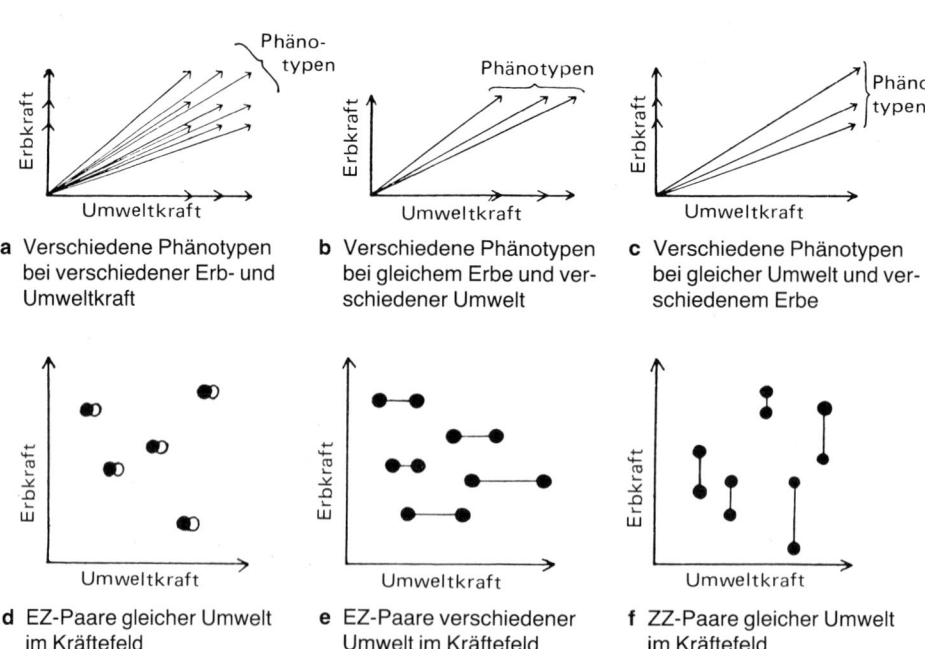

a Verschiedene Phänotypen bei verschiedener Erb- und Umweltkraft

b Verschiedene Phänotypen bei gleichem Erbe und verschiedener Umwelt

c Verschiedene Phänotypen bei gleicher Umwelt und verschiedenem Erbe

d EZ-Paare gleicher Umwelt im Kräftefeld

e EZ-Paare verschiedener Umwelt im Kräftefeld

f ZZ-Paare gleicher Umwelt im Kräftefeld

Abb. 7.4 a – f   Das Zusammenwirken von Erbe und Umwelt (aus: *R. Lotze* 1937)

siognomie sich unter verschiedenen Umweltbedingungen verändert und unter gleichen gleich bleibt, sei an zwei Zwillingspaaren illustriert (Abb. 7.5).

Die quantitative Bestimmung des Einflusses von Erbe und Umwelt an der unterschiedlichen Ausprägung von Merkmalen ist im Einzelfall fast nie exakt durchzuführen. Nehmen wir einen rein naturwissenschaftlichen Standpunkt ein, so ist der Lebensweg und der Entwicklungsgang jedes Menschen zwar allein durch sein Erbe und seine Umwelt (und den Zeitpunkt der Interaktion zwischen beiden) vollständig determiniert. Zu erfassen ist diese Determination im Einzelfall aber niemals vollständig, weil die Summe der Einzelfaktoren nahezu unendlich groß ist.

7.3.1 Getrennt aufgewachsene EZ

Besonders getrennt aufgewachsene eineiige Zwillinge haben sich als sehr wertvoll für die Zwillingsforschung erwiesen. Stimmen sie trotz getrennten Aufwachsens in einem Merkmal überein, so ist dies ein verstärkter Hinweis auf dessen Erblichkeit. Differie-

ren sie dagegen in einem Merkmal, kann man versuchen, die Ursache in der verschiedenen Umwelt ausfindig zu machen. Der Intelligenzquotient eineiiger Zwillinge ist durchweg ähnlicher als der von zweieiigen, und zwar sind auch getrennt aufgewachsene EZ noch ähnlicher als zusammen aufgewachsene ZZ − ein Hinweis auf die Erblichkeit der Anlage, ein gewisses Maß an Intelligenz zu entwickeln. Doch korrelieren bei allen Tests die EZ höher, wenn sie zusammen aufgewachsen sind, als wenn sie getrennt aufwuchsen − ein Hinweis auf den Umwelteinfluß (s. Abb. 6.2).

Besonders interessant ist, daß die Befunde bei einzelnen Intelligenzleistungen ziemlich verschieden sind: der IQ korreliert bei EZ auf jeden Fall höher als bei ZZ, ganz gleich, ob die EZ zusammen oder getrennt aufgewachsen sind.

Mit der schon erwähnten Minnesota-Studie (*Lykken* und *Bouchard* 1984), in der Untersuchungen an 34 EZ und 16 ZZ dargestellt wurden, die spätestens im Alter von 3 Jahren voneinander getrennt wurden und getrennt aufgewachsen waren, haben sich Befunde ergeben, die zunächst außerordentlich erstaunlich erscheinen, von denen

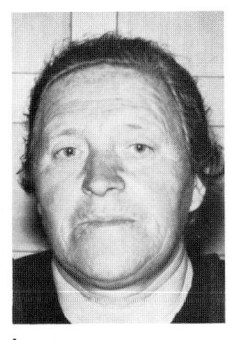

a   b   c   d

Abb. 7.5 a − d Zwei eineiige Zwillingspaare die zeitlebens gleichen (li.) bzw. verschiedenen (re.) Umwelteinflüssen ausgesetzt waren. Das (Schwestern-)Paar (55 Jahre alt) lebte immer in praktisch gleicher Umwelt, stand unter gleichen Belastungen − beide Zwillingspartner wohnten ihr Leben lang in enger häuslicher Gemeinschaft − und ist sich außerordentlich ähnlich geblieben. Das (Brüder-)Paar (63 Jahre alt) war seit dem 14. Lebensjahr getrennt: I trat als Lehrling 1917 in einen Elektrobetrieb ein, in dem er bis 1968 beschäftigt war. Während seines ganzen Berufslebens arbeitete er in geschlossenen Räumen. II blieb auf dem elterlichen Hof, den er übernahm. Er hatte wesentlich schwerere körperliche Arbeit zu leisten als sein Bruder, er arbeitete ganz überwiegend im Freien. Trotz dieser jahrzehntelangen erheblichen Umweltunterschiede, die durchaus in der Physiognomie ihren Ausdruck finden, ist die Ähnlichkeit in den einzelnen Merkmalen des Gesichts außerordentlich groß geblieben (aus: *J. Murken* 1975)

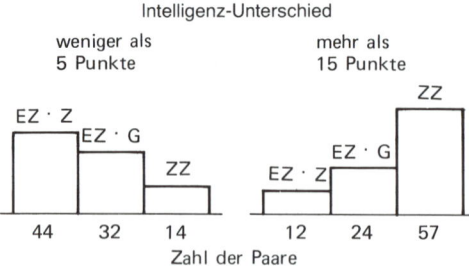

Abb. 7.6 Zahl der Paare zusammen (EZ · Z) und getrennt (EZ · G) aufgewachsener eineiiger und zweieiiger Zwillinge (ZZ) mit geringen und hohen Unterschieden der Intelligenztestwerte (aus: *J. Shields* 1962)

viele aber auch als zufällige Koinzidenz angesehen werden können. Wenn Hunderte von Merkmalen und Gewohnheiten miteinander verglichen werden, vom Gebrauch des gleichen Rasierwassers oder der gleichen Zahncreme bis hin zur Gartenbank, die rund um einen Baum gebaut ist, oder dem Brillengestell, dann wird man selbstverständlich immer wieder ganz erstaunliche Übereinstimmungen finden.

Vogel hat in seiner kritischen Stellungnahme zur Minneapolis-Studie resümiert: „Sie scheint sorgfältig geplant zu sein und sachgemäß durchgeführt zu werden, soweit die bisher unvollständigen Angaben das erkennen lassen. Aber viel Neues hat sie – bisher – nicht gebracht."

Nach *Shields* z. B. beträgt die mittlere Intrapaardifferenz bei zusammen aufgewachsenen EZ 7,38 Punkte, bei getrennt aufgewachsenen EZ 9,46 und bei ZZ 13,43 Punkte. Abb. 7.6 veranschaulicht, wie die kombinierten Intelligenztestergebnisse bei den meisten EZ-Paaren nur geringfügig differieren, bei der Mehrzahl der ZZ dagegen deutlich verschieden sind.

Der Schulerfolg dagegen, den man im allgemeinen auch mit Intelligenz in Verbindung zu bringen pflegt, korreliert bei EZ, die getrennt aufgewachsen sind, niedriger als bei ZZ, die zusammen aufwuchsen. Umwelteinflüsse, wie Interesse, Anregung und Hilfe im Elternhaus oder Qualität der Schule und der Lehrer, sind offensichtlich ausschlaggebend.

7.3.2 Co-twin-control-Methode

Der „Co-twin-control-Methode" (Kontrollzwillingsmethode) liegt als Prinzip zugrunde, daß nur einer von zwei eineiigen Zwillingen einer bestimmten Umwelt ausgesetzt oder einem bestimmten Training unterzogen wird. Der andere Zwillingspartner dient als Kontrolle. Zu diesem Gebiet gehört auch die Untersuchung der getrennt aufgewachsenen EZ. Die eigentliche Co-twin-control-Methode führten *Gesell* und *Thompson* 1929 ein. Sie trainierten einen von zwei EZ von der 46. bis 52. Lebenswoche im Treppensteigen, Spielen mit hölzernen Klötzchen usw.; der Partner wurde von der 53. bis 55. Woche trainiert, also später und kürzer. Beide Zwillinge erreichten ziemlich gleiche Fertigkeiten. Ein Leistungsfortschritt, der auf eine bestimmte Art von Training zurückzuführen wäre, trat nicht hervor. Anders bei Sprechübungen: das Training hatte eine deutlich fördernde Wirkung auf die Sprechmotorik. Es liegt auf der Hand, daß man Experimente mit sprachlicher und intellektueller Förderung eines Zwillings unter bewußtem Ausschluß des anderen von diesen Stimuli nur in äußerst begrenztem Umfang durchführen kann.

7.3.3 Befunde bei multifaktoriell bedingten körperlichen Leiden

Bei der **angeborenen Hüftgelenksluxation** konnte die Frage der Erblichkeit durch die Untersuchungen von *Idelberger* (1951) geklärt werden:

von 29 EZ-Paaren waren 12 = 41 % konkordant, von 109 ZZ-Paaren jedoch nur 3 = 2,8 %.

Der hohe Unterschied in der Konkordanz der EZ- und ZZ-Paare ist der entscheidende Hinweis auf den genetischen Anteil im Ursachengefüge des Leidens.

Beim **endemischen Kropf (Jodmangel-Struma)** fand sich kein unterschiedliches Ergebnis:

von 36 EZ-Paaren waren 25 = 69,5 % konkordant, von 49 ZZ-Paaren waren 35 = 71,4 % konkordant.

EZ und ZZ sind also praktisch gleich häufig betroffen. Daraus folgt, daß genetische Faktoren im Hintergrund stehen.

7.3.4 Klinische Bedeutung der Zwillingsmethode bei multifaktoriellen und monogenen Leiden

Bei der **multifaktoriellen Vererbung** spielt die Zwillingsmethode eine wichtige Rolle. Ein multifaktoriell bedingter Phänotyp beruht auf einer ganz bestimmten Genkombination. Bei der Weitergabe des Genbestandes von Generation zu Generation löst sich diese Genkombination wieder auf und kombiniert sich neu. Die einzelnen Gene folgen zwar den *Mendel*schen Regeln, aber in dem komplizierten Netzwerk ist der Erbgang des Einzelgens nicht mehr erkennbar. Das multifaktorielle Merkmal in seiner Gesamtheit folgt keinem *Mendel*schen Erbgang. Außerdem sind die empirischen Risikoziffern in den Familien oft sehr niedrig, so niedrig, daß man an Erblichkeit überhaupt zweifeln könnte.

Da nun eineiige Zwillinge in ihrer Genkombination identisch sind, sind sie auch für multifaktorielle Merkmale konkordant. Die zweieiigen Zwillinge dagegen haben meist eine besonders niedrige Konkordanz (s. 7.3.3).

> Daher ist ein besonders hoher Konkordanzunterschied zwischen eineiigen und zweieiigen Zwillingen (> 4) für multifaktorielle Vererbung charakteristisch.

Eineiige Zwillinge können zur Erbgangsanalyse nicht beitragen, denn sie müssen infolge ihres identischen Erbgutes theoretisch immer konkordant sein, ob es sich nun um ein polygenes oder ein monogenes (rezessives oder dominantes) Merkmal handelt. Sind eineiige Zwillinge zu einem gewissen Prozentsatz diskordant, so hat dies nichts mit der Art des Erbgangs zu tun, sondern mit Penetranz- und Expressivitätsschwankungen, die bei monogenem ebenso wie bei polygenem Erbgang vorkommen können. Zur Erbgangsanalyse muß man Familienuntersuchungen heranziehen und nach *Mendel*schen Spaltungsziffern su-

chen, die für Dominanz oder für Rezessivität sprechen.

7.4 Einschränkungen der Aussagen

Sammelkasuistiken bergen die Gefahr von Erfassungsfehlern. Sie stellen entweder bereits veröffentliche Einzelkasuistiken zusammen oder untersuchen alle Zwillingspaare, derer sie habhaft werden können. Dabei werden diskordante Paare meist unvollständig erfaßt, konkordante Paare dagegen überrepräsentiert, 1. weil eine Interessantheitsauslese vorliegt, 2. weil statistisch gesehen Paare mit 2 kranken Partnern eine größere Chance haben, vermerkt und erfaßt zu werden als Paare mit nur einem kranken Partner.

Fehlerquellen der Zwillingsforschung resultieren weiterhin aus den besonderen Umweltverhältnissen, in denen Zwillinge heranwachsen. Schon während der Schwangerschaft sind Zwillinge ungünstigeren intrauterinen Verhältnissen ausgesetzt als Kinder aus Einzelschwangerschaften. Während der Geburt ist besonders der zweitgeborene Zwilling in erhöhtem Maße gefährdet. Das Risiko einer Zerebralschädigung ist für ihn nicht nur wesentlich größer als für einen Einling, sondern auch größer als für den ersten Zwilling: Geistige Behinderung ist unter Zwillingen etwa 2- bis 4mal häufiger als unter Einzelgeborenen und auch die ZZ haben eine hohe Konkordanz. An Schizophrenie dagegen erkranken Zwillingsgeborene nicht häufiger als Einzelgeborene.

Ein oft gehörter Einwand ist der, daß EZ nicht nur gleiches Erbgut, sondern auch eine ähnlichere Umwelt hätten als ZZ, daß also eine höhere Konkordanz der EZ nicht unbedingt genetisch bedingt sein müsse. Das mag bis zu einem gewissen Grad richtig sein.

Andererseits aber haben EZ manchmal sogar eine unähnlichere Umwelt als ZZ: bei gemeinsamer Plazenta kann es z. B. zu einer derart ungleichen Blutverteilung kommen, daß der eine Zwilling hyperämisch, der andere anämisch zur Welt kommt.

Neuere amerikanische Untersuchungen ergaben auch keine Stütze dafür, daß EZ generell ähnlicher behandelt werden als ZZ. So werden sie als Kinder nicht wesentlich häufiger gleich gekleidet als ZZ. Sogar ein gewisser Kontrasteffekt ließ sich feststellen, indem häufig verwechselte, also körperlich sehr ähnliche Zwillinge von ihren Müttern in Persönlichkeit und Charakter eher verschiedener beurteilt wurden als selten verwechselte. Die Mütter bemühten sich, wenigstens auf psychischem Gebiet Unterschiede zu entdecken.

Auch in den Intrapaarbeziehungen scheint Identifikation nicht generell die überragende Rolle zu spielen, wie oft angenommen. Es bestehen auch Polarisierungstendenzen. Z. B. sind zusammen aufgewachsene Zwillinge für Neurosen seltener konkordant als getrennt aufgewachsene. Der noch nicht erkrankte Partner übernimmt die Beschützerrolle. Auch sonst werden des öfteren komplementäre Rollen übernommen, z. B. ist ein Paarling dominierend, der andere submissiv. Im Ausnahmefall können EZ aus den ihnen vorgegebenen Möglichkeiten sehr verschiedene Neigungen und Interessen entwickeln. In solchen Fällen sind allerdings nicht nur die Wechselwirkungen der Paargemeinschaft bestimmend, sondern auch andere Umweltwirkungen.

8 Populationsgenetik

Hardy und Weinberg beschrieben 1908 unabhängig voneinander das grundlegende Gesetz der Populationsgenetik.

Die Engländer Fischer und Haldane sowie der Amerikaner Wright erarbeiteten in den 20er und 30er Jahren die genetischen Grundlagen der Evolutionslehre.

8.1 Population

Eine Population im genetischen Sinne ist die Gesamtheit der Individuen einer Gruppe, die an der Fortpflanzung von einer Generation zur nächsten beteiligt sind oder beteiligt sein könnten.

Die Gesamtheit der Gene dieser Population kann als gemeinsamer „Genpool" verstanden werden, der für jeden einzelnen Genort mathematisch analysiert werden kann.

8.2 Genhäufigkeit

Genhäufigkeit (Genfrequenz) ist die Häufigkeit eines Gens an einem Genort in einer Population.

Ist nur ein Gen (A) in der Population vorhanden, ist dessen Genfrequenz p = 1.0, da alle Individuen den homozygoten Genotyp AA aufweisen. Sind an einem Genort zwei Allele, A und a, vorhanden, so sind deren Genfrequenzen p und q und deren Summe p + q = 1.0. Genhäufigkeiten werden nach der Gen-Zähl-Methode ermittelt.

Bei einem Genort mit zwei Allelen, A und a, und drei Genotypen AA, Aa und aa, geht man in folgender Weise vor:

p (Häufigkeit des Gens für A) =

$$\frac{2 \times AA + 1 \times Aa}{2N} \text{ und}$$

q (Häufigkeit des Gens für a) =

$$\frac{2 \times aa + 1 \times Aa}{2N}$$

AA = Zahl der Individuen homozygot für A
aa = Zahl der Individuen homozygot für a
Aa = Zahl der Heterozygoten
N = Größe der untersuchten Stichprobe

Nach diesem Prinzip können auch die Genhäufigkeiten bei drei oder mehr Allelen bestimmt werden.

Die Verteilung der Genotypen in einer Population folgt unter bestimmten Voraussetzungen, die unten aufgeführt werden, dem Gesetz der statistischen Wahrscheinlichkeit.

Angenommen, in der Stichprobe sind an einem Genort nur die Allele A und a vorhanden, die mit den Häufigkeiten p und q auftreten, so finden wir Eizellen mit A mit der Häufigkeit p und mit a mit der Häufigkeit q sowie entsprechend Samenzellen mit A mit der Häufigkeit p und mit a mit der Häufigkeit q. Bei Panmixie verteilen sich die drei Genotypen AA, Aa und aa in den Zygoten, aus denen die Individuen der folgenden Generation hervorgehen (s. Abb. 5.2b, wie: p^2 für AA, pq und qp für Aa (bzw. aA) und q^2 für aa.

Die Formel lautet: $p^2 + 2pq + q^2 = 1.0$.

Die Verteilung der Genotypen entspricht somit dem Binomialsatz $(p + q)^2$. Bei Populationsgleichgewicht ändert sich diese Verteilung nicht von einer Generation zur nächsten. Das Populationsgleichgewicht wird auch nach seinen Erstbeschreibern *Hardy-Weinberg*-Gleichgewicht genannt.

Populationsgleichgewicht besteht bei folgenden Voraussetzungen bzw. hängt von folgenden Faktoren ab:

(1) **Panmixie** (engl. random mating). Panmixie bedeutet ein System der Partner-

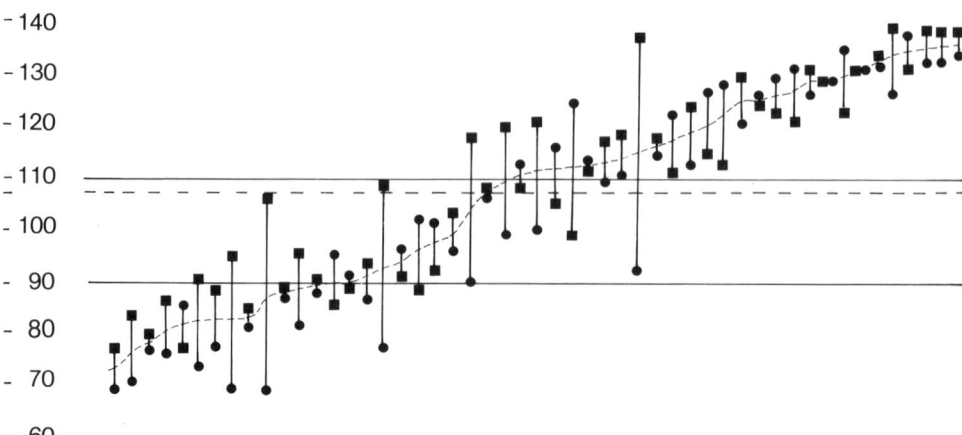

Abb. 8.1 Ein Beispiel für Paarungssiebung bei multifaktoriell bedingten Merkmalen. Intelligenzquotient von Mann (■) und Frau (●) in 51 US-amerikanischen Ehen (modif. nach: *M. C. Outhit* 1933 aus *I. Schwidetzky* 1959)

wahl, bei dem der Genotyp eines Genortes nicht berücksichtigt wird und die Paare sich nach den Gesetzen der Wahrscheinlichkeit finden. Panmixie gilt z. B. für erbliche Merkmale, deren verschiedene Formen uns nicht bewußt sind, die außerdem nicht mit Eigenschaften, die wir bei der Partnerwahl berücksichtigen, korreliert sind. Das dürfte z. B. für die Blutgruppengene M und N gelten: für die 3 Genotypen MM, MN, NN dürfte Panmixie anzunehmen sein.

Paarungssiebung hingegen bedeutet, daß wir bei der Partnerwahl den Genotyp beachten, entweder im positiven oder negativen Sinn. Gehörlose, auch die mit einer der erblichen Formen, heiraten z. B. häufig untereinander. Sie nehmen bei der Partnerwahl eine Auslese zugunsten eines bestimmten Genotyps vor, sofern die Gehörlosigkeit im Einzelfall erblich bedingt ist. Manche Genotypen, z. B. bei einer erbbedingten entstellenden Anomalie, unterliegen einer negativen Auslese. Derartig betroffene Personen können Schwierigkeiten bei der Partnersuche haben.

Bei vielen multifaktoriell bedingten Merkmalen ist Paarungssiebung eher die Regel als die Ausnahme. Ein Beispiel zeigt die Abb. 8.1. Hier wurde der Intelligenzquotient von Eheleuten verglichen. In der Mehrheit der Ehen haben sich „gleich und

gleich gesellt", nur selten haben sich „Gegensätze angezogen" bei diesem Merkmal.

Eine andere Form der Abweichung von Panmixie ist die Bevorzugung von Blutsverwandten als Partner, z. B. eine Verbindung von Vettern und Cousinen 1. oder 2. Grades, was mit dem Ausdruck Inzucht belegt wird.

(2) **Selektion.** Bei Populationsgleichgewicht tragen die verschiedenen Genotypen an einem Genort gleichmäßig zum Genbestand der folgenden Generation bei, ohne daß der eine oder andere Genotyp mit einer erhöhten oder verminderten Fruchtbarkeit bzw. Lebensfähigkeit einhergeht. Selektionsvorteil führt zur Vermehrung eines mutierten Gens in einer Population; Selektionsnachteil bedingt die Verminderung der Häufigkeit eines mutierten Gens in einer Population.

(3) **Mutation.** Bei Populationsgleichgewicht an einem Genort bewirken Mutationen keine nennenswerten Änderungen der Genhäufigkeiten der verschiedenen Allele.

(4) **Zufallsabweichungen** der Genhäufigkeiten und Genotyp-Verteilung beim Vergleich von einer Generation zur anderen werden bei kleinen Populationen beobachtet, in denen der Fehler der kleinen Zahl eine Rolle spielt. Je größer eine Population ist, um so weniger wahrscheinlich ist das Auftreten von Zufallsabweichungen. Die

Änderung des genetischen Bestandes einer Population durch Zufallsabweichungen wird als „genetic drift" bezeichnet. Genetic drift ist ein wichtiger Mechanismus bei der Ausbildung von Unterschieden von Genhäufigkeiten zwischen verschiedenen Bevölkerungen und vermutlich auch bei der Entstehung neuer Arten. Ein Sonderfall des genetic drift ist der Gründereffekt (founder effect), wenn das häufige Vorkommen eines ungewöhnlichen genetischen Merkmals in einer Bevölkerungsgruppe auf einen der Begründer dieser Gruppe – den Stammvater oder die Stammmutter – zurückgeführt werden kann.

(5) **Genwanderung** (Migration, Genfluß). Die Vermischung mit Angehörigen einer anderen Bevölkerungsgruppe, die unterschiedliche Genhäufigkeiten aufweisen, kann die genetische Zusammensetzung einer Population verändern. Dieser Mechanismus hat Änderungen der Genverteilung in historischer Zeit bewirkt, z. B. zu Zeiten der Völkerwanderungen. Auch heute ist sie angesichts der Mobilität in einer Industriegesellschaft wieder von Bedeutung.

Mit Hilfe der Formel des Hardy-Weinberg-Gleichgewichtes kann die Heterozygoten-Häufigkeit errechnet werden, wenn die Zahl der homozygot Betroffenen bekannt ist. Wenn die Häufigkeit einer autosomal rezessiv vererbten Krankkeit mit q^2 gegeben ist, so ist die Genhäufigkeit $q = \sqrt{q^2}$. Bei einer sehr seltenen Krankheit wird man $p = 1.0$ setzen können, da $p + q = 1.0$ ist und q vernachlässigbar klein ist. Die Heterozygotenfrequenz $2pq$ errechnet sich dann mit $2pq = 2 \times 1 \times \sqrt{q^2}$.

Als numerisches Beispiel sei die Phenylkctonuric angeführt:

Die Häufigkeit in Deutschland beträgt

$$\sim 1:10\,000 \text{ Neugeborene} \left(q^2 = \frac{1}{10\,000} \right)$$

Die Genfrequenz ist demnach $q = \dfrac{1}{100}$

Die Heterozygotenhäufigkeit ist

$$2\,pq = \frac{2}{100} = \frac{1}{50}\,.$$

8.3 Unterschiede von Genhäufigkeiten zwischen verschiedenen Bevölkerungen

Menschliche Bevölkerungen unterscheiden sich in den Häufigkeiten ihrer Gene und Genotypen.

Es finden sich erhebliche Verteilungsunterschiede bei den erblichen Blut-, Serum- und Enzymgruppen sowie bei den Transplantationsantigenen. Die Ursachen für die Verteilungsunterschiede sind für die meisten Systeme noch ungeklärt. Grundsätzlich sind sie auf die unter Kap. 8.2 aufgeführten Mechanismen zurückzuführen. Eindrucksvolle Verteilungsunterschiede finden sich auch bei den Erbkrankheiten. In Westdeutschland ist die häufigste rezessiv vererbte Krankheit die Mukoviszidose (zystische Fibrose). Ihre Frequenz beträgt in Deutschland $1:1000 - 2000$ Neugeborene, während sie bei Schwarzen äußerst selten ist. Die häufigste Erbkrankheit bei amerikanischen Schwarzen ist mit einer Häufigkeit von $1:400$ die Sichelzellanämie. Das Sichelzellgen ist in Deutschland so extrem selten, daß die Krankheit Sichelzellanämie bei einem Deutschen noch nicht beobachtet worden ist.

8.4 Zusammenwirken von Mutation und Selektion

Das Zusammenwirken von Mutation, Selektion und genetischer Drift bestimmt die Häufigkeit von Genen in Bevölkerungen.

Wirkt sich eine Mutation ungünstig auf die Lebensfähigkeit oder Fortpflanzungsfähigkeit seines Trägers aus, so verschwindet die Mutante wieder. Durch ständige Neumutationen kann sich ein Gleichgewicht von negativer Auslese und Mutation einstellen. Durch diesen Mechanismus erhalten sich auch sehr schwere Erbkrankheiten in einer Bevölkerung; die Vorstellung, durch eugenische Maßnahmen diese Erb-

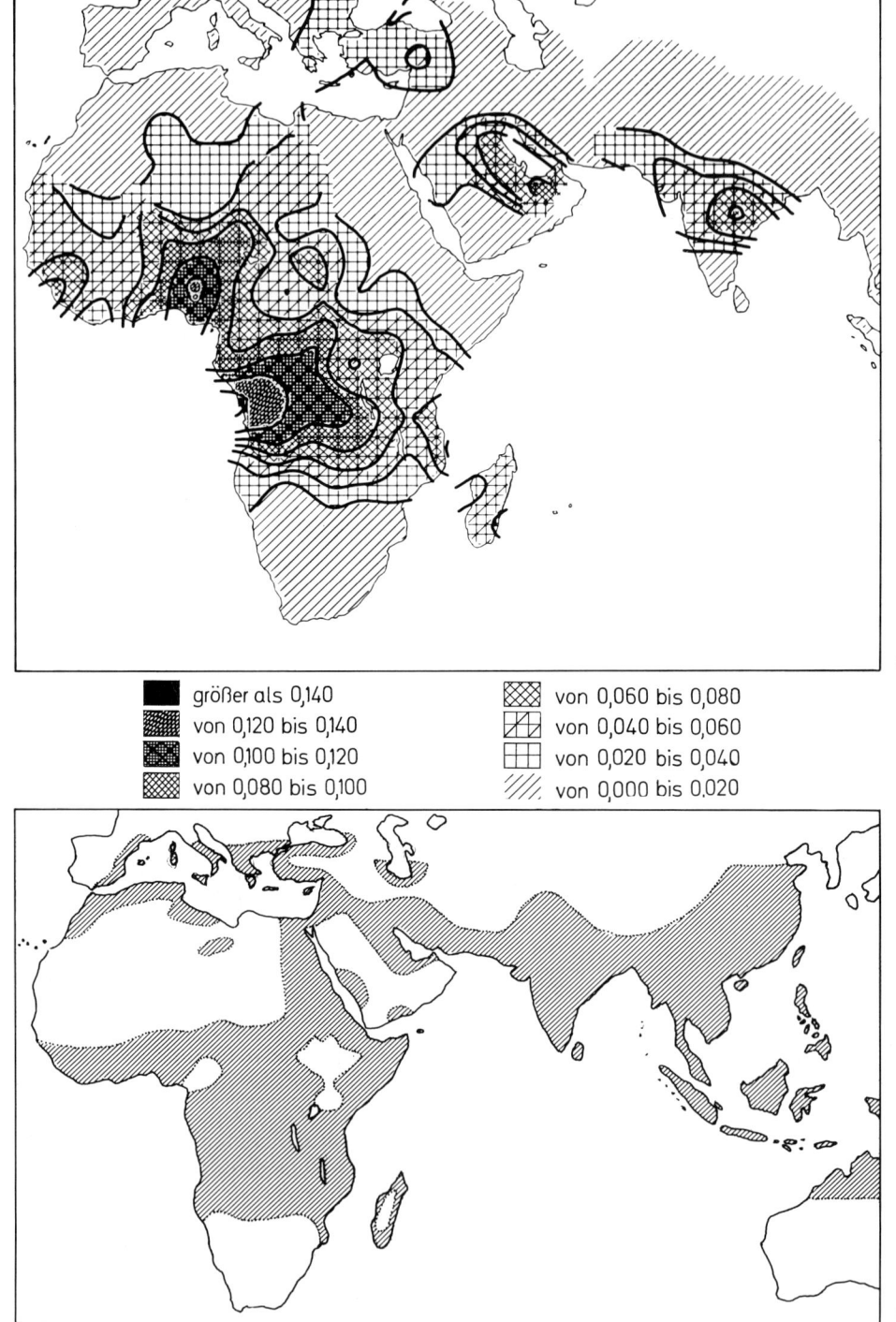

größer als 0,140
von 0,120 bis 0,140
von 0,100 bis 0,120
von 0,080 bis 0,100

von 0,060 bis 0,080
von 0,040 bis 0,060
von 0,020 bis 0,040
von 0,000 bis 0,020

Abb. 8.2 a, b **a** Verteilung des Sichelzellhämoglobins HbS
b Verteilung der Malaria (aus: *W. F. Bodmer* und *L. L. Cavalli-Sforza* 1978)

krankheiten „ausmerzen" zu wollen, ist eine Illusion.

Umweltfaktoren beeinflussen die Häufigkeit von Genen bzw. von erblichen Krankheiten.

Als Beispiel für den Einfluß der Ernährungsweise soll die Laktoseintoleranz erwähnt werden, bei der im Erwachsenenalter eine Unverträglichkeit gegenüber Milchzucker und damit gegenüber Milch manifest wird. Sie ist bei Bevölkerungen mit jahrtausendalter Viehzucht-Tradition und Milchernährung wesentlich seltener als bei Populationen ohne Milchproduktion.

Infektionskrankheiten waren im Zusammenwirken mit genetisch bedingter Resistenz oder Empfänglichkeit bedeutsame Auslesefaktoren in der Menschheitsgeschichte. Das eindrucksvollste Beispiel ist die Beziehung von Malaria und genetisch determinierten Eigenschaften des Blutes. Heterozygote für das Sichelzellgen HbS, das β-Thalassämiegen HbβThal und für den Glukose-6-Phosphat-Dehydrogenase-Mangel sind gegenüber dem Erreger der tropischen Malaria, Plasmodium falciparum, resistenter als Personen mit dem normalen Genotyp. Diese Beziehungen wurden wegen der Ähnlichkeit der geographischen Verteilungen vermutet (Abb. 8.2) und später durch populationsgenetische, hämatologische und experimentelle Untersuchungen bestätigt.

Auch gesellschaftliche und kulturelle Faktoren beeinflussen die Auslese. Beispiele sind Sitten und Gebräuche bei der Partnerwahl, unterschiedliche Paarungs- und Aufzuchtsysteme mit ungleicher Verteilung der Chancen, eine Familie bzw. eine ihr entsprechende Institution zu gründen und zu unterhalten, Modalitäten von Familienpolitik und Familienfürsorge.

Auch die kulturelle Entwicklung kann Auslese modifizieren. Man spricht in diesem Zusammenhang von einem Nachlassen der natürlichen Auslese. Die X-chromosomal vererbten Störungen des Rot-Grün-Farbsehens sind bei den Bevölkerungen Chinas und Südeuropas häufiger als bei den Bevölkerungen, die sich erst später von der Kulturstufe der Jäger und Sammler gelöst haben.

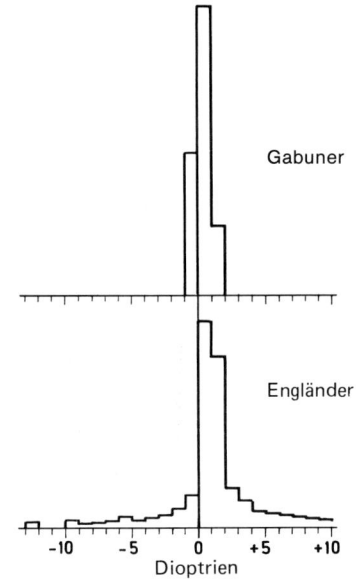

Abb. 8.3 Refraktionswerte bei Gabunern und Engländern. Untersucht wurden junge erwachsene Männer (aus: *R. H. Post:* Humangenetik 13 [1971] 253 – 284)

Ein anderes Beispiel sind die unterschiedlichen Häufigkeiten für Refraktionsanomalien bei Europäern und Schwarzen (Abb. 8.3). Engländer haben deutlich häufiger Refraktionsanomalien, die mit Brillen bzw. Kontaktlinsen korrigiert werden müssen, als Schwarze aus Zentralafrika.

Durch therapeutische Maßnahmen (s. 10.9) wird auch die Häufigkeit von Genen geändert. Beispiele sind die Insulinbehandlung des juvenilen Diabetes, die Immunglobulinsubstitution bei primären genetischen Immundefekten und die Diätbehandlung der Phenylketonurie. Jedoch wird das Ausmaß dieser Einwirkung überschätzt. Die Genhäufigkeiten ändern sich nur langsam und verhältnismäßig geringfügig. Man hat beispielsweise berechnet, daß die erfolgreiche Erfassung und rechtzeitige Behandlung aller homozygoten Individuen für Phenylketonurie und deren Beteiligung an der Fortpflanzung im gleichen Maße wie die übrige Bevölkerung erst nach etwa 36 Generationen zu einer Verdoppelung der Häufigkeit des PKU-Gens führen würde (s. S. 159).

8.5 Balancierter genetischer Polymorphismus

Man versteht darunter die Erhaltung eines Gleichgewichtes durch einen Selektionsvorteil der Heterozygoten („Heterosis"). Das bekannteste Beispiel ist wiederum das Sichelzellhämoglobin. Die Homozygoten für HbS leiden an Sichelzellanämie, ihre Lebenserwartung und ihre Fortpflanzungsfähigkeit sind durch die Krankheit eingeschränkt. Die biologische Fitness, das ist der Beitrag zum Genbestand der nachkommenden Generation, ist beim Genotyp $\beta^S\beta^S$ reduziert. Die Genhäufigkeit für β^S bleibt erhalten durch einen Selektionsvorteil der Heterozygoten $\beta^A\beta^S$ im Vergleich zum normalen Genotyp $\beta^A\beta^A$. Heterozygote sind resistenter gegenüber dem Erreger der tropischen Malaria, dem *Plasmodium falciparum,* besonders im Säuglingsalter. Heterozygote Frauen haben zudem weniger Aborte und weisen eine etwas höhere Fruchtbarkeit auf.

9 Enzymdefekte und deren Folgen

Der Engländer Archibald Garrod postulierte spezifische Enzymdefekte als Grundlage erblicher Stoffwechselstörungen bereits 1902. Der Nachweis gelang erst über 50 Jahre später.

9.1 Grundlagen von genetisch bedingten Stoffwechselstörungen

Erbliche Stoffwechselkrankheiten können häufig auf einen genetisch determinierten Enzymdefekt zurückgeführt werden.

Die Auswirkungen des Funktionsausfalls eines Enzyms in einer Enzymwirkkette, ein sog. Block, können schematisch in folgender Weise dargestellt werden (Abb. 9.1):

In diesem Schema ist der Umbau des Metaboliten C in das Endprodukt D durch einen genetisch determinierten Enzymdefekt blockiert, das Endprodukt D wird nicht mehr oder in stark verminderter Menge gebildet (1, 2, 3). Vor dem enzymatischen Block kommt es zu einem Stau von Metaboliten: Entweder tritt der direkt vor dem Block anfallende Metabolit in erhöhten Konzentrationen auf (1), oder es kommt zu einem Rückstau; in der Wirkkette früher gebildete Metaboliten treten vermehrt auf

$$A \rightarrow B \rightarrow C \rightarrow D$$
$$1. \quad A \rightarrow B \rightarrow CCC \nrightarrow (D)$$
$$2. \quad AA \rightleftharpoons BBB \rightleftharpoons C \nrightarrow (D)$$
$$3. \quad A \rightarrow B \rightarrow CC \nrightarrow (D)$$
$$\downarrow$$
$$X \rightarrow Y \rightarrow Z$$

Abb. 9.1 Mögliche Auswirkungen des Funktionsausfalls eines Enzyms

(2). Häufig ist auch der Abbau des gestauten Metaboliten über einen Stoffwechselweg, der normalerweise nicht benutzt wird (3). Die Krankheitserscheinungen können bedingt sein durch das Fehlen des Endprodukts, durch die erhöhte Konzentration von Intermediärprodukten, durch das Auftreten anomaler Abbauprodukte oder durch eine Kombination dieser Mechanismen.

Es gibt erbliche Varianten von Enzymen, die die Enzymaktivitäten nicht oder nur ganz unerheblich beeinträchtigen. Bei durchschnittlich jedem 5. Enzym werden derartige erbliche Varianten häufig angetroffen. Seltenere Enzymvarianten sind von fast allen Enzymen bekannt.

Bei der Phenylketonurie ist durch einen Defekt der Phenylalaninhydroxylase die Hydroxylierung von Phenylalanin zu Tyrosin blockiert. Inzwischen sind weit über 100 Enzymdefekte charakterisiert worden, die den Aminosäurestoffwechsel, Lipid- und Kohlenhydratstoffwechsel, den Stoffwechsel von Mukopolysacchariden, Porphyrinen, Ketosteroiden u. a. betreffen. Weitere Beispiele sind die Galaktosämie, die auf einem Defekt der Galaktose-1-Phosphat-Uridyl-Transferase beruht, die durch einen Defekt der Glukose-6-Phosphatase bedingte Glykogenspeicherkrankheit Cori Typ I (v. Gierkes-Krankheit) und der auf einen Tyrosinase-Mangel zurückzuführende Albinismus.

Durch den Enzymblock bei der Phenylketonurie (PKU) kommt es zur Hyperphenylalaninämie, d. h. die Konzentration von Phenylalanin ist im Blut, Liquor und Gewebe erhöht. Der pathogenetische Mechanismus der Hirnschädigung, der zum Schwachsinn führt, ist bei der PKU oder den anderen metabolisch bedingten Schwachsinnsformen noch nicht geklärt. Die Tay-Sachs-Krankheit beruht auf einem Defekt der N-Azetylhexosaminidase A, welcher eine Speicherung des Gangliosids

GM2 in den Nervenzellen des Zentralnervensystems bewirkt.

Beim genetisch heterogenen Albinismus kann die Melaninsynthese gestört sein, so daß das Endprodukt einer Enzymwirkkette, das Melanin, nicht gebildet wird. Beispiele für Hormonsynthesestörungen sind die verschiedenen Formen des adrenogenitalen Syndroms (s. 3.2.3.5). Der 21-Hydroxylase-Defekt, der zur Virilisation führt, und der oft durch Salzverlust kompliziert ist, der 11-β-Hydroxylase-Defekt, der mit Virilisation und Hochdruck einhergeht, und weitere seltene Enzymdefekte der Kortikosteroid-Biosynthese.

Suchtests sollen praktisch und billig sein, damit sie in großen Massenprogrammen Anwendung finden können. Bei der Phenylketonurie wurde zunächst der Windeltest als Suchtest eingeführt: Nachweis von Phenylbrenztraubensäure in den uringetränkten Windeln mit Ferrichlorid, die sich durch Grünfärbung zu erkennen gibt. Der Test ist nicht spezifisch. Zudem setzt die Phenylbrenztraubensäureausscheidung zu einem Zeitpunkt ein, zu dem das Hirn bereits geschädigt sein kann. Allgemeine Verwendung findet daher der von *Guthrie* entwickelte mikrobiologische Test zum Nachweis einer Hyperphenylalaninämie, der an einem durch Anstechen der Ferse gewonnenen Blutstropfen durchgeführt wird (s. 5.3.3).

Nicht nur genetisch determinierte Enzymdefekte können die Ursache von erblichen Stoffwechselstörungen sein, sondern auch andere Klassen von Genprodukten können primär betroffen sein.

Transportproteindefekte sind beispielsweise die Transcobalamin II-Defizienz, einem genetischen Defekt des Transportproteins für Vitamin B_{12}, der eine makrozytäre Anämie verursacht, und der X-chromosomal vererbte Defekt des Thyroxinbindenden Globulins, der zu Hypothyreoidismus führen kann.

Beispiel eines Membranprotein- und gleichzeitig Rezeptorprotein-Defektes ist der LDLR-Defekt, der der familiären Hypercholesterinämie zugrunde liegt, dem Defekt (bzw. der Gruppe von Defekten) des Plasmamembran-**R**ezeptors für **L**ow-**D**ensity-Lipoprotein, der mit dem Phänotyp einer Hyperlipoproteinämie IIA einhergeht. Die Heterozygoten mit Cholesterinwerten von $200 - 400$ mg/dl weisen häufig Koronarsklerose, Xanthome und Kornearinge auf.

Ein Rezeptor-Defekt liegt auch der testikulären Feminisierung zugrunde; hierbei handelt es sich um einen genetisch bedingten Defekt des Androgenrezeptors.

9.2 Pharmakogenetik

9.2.1 Grundlagen

Die Pharmakogenetik befaßt sich mit der Erforschung der individuellen Unter-

Tabelle 9.1 Pharmakogenetische Reaktionen

System	Auslösendes Medikament
1. Akatalasämie	H_2O_2
2. Glukose-6-Phosphat-Dehydrogenase	Verschiedene Malariamittel u. a.
3. Arzneimittelempfindliche Hämoglobine	Sulfonamide
4. Suxamethoniumsensibilität	Suxamethonium
5. Suxamethoniumresistenz	Suxamethonium
6. N-Acetyltransferase	Isoniazid u. a.
7. Phenytoinsensibilität	Phenytoin
8. Dicumarolsensibilität	Dicumarol
9. Warfarinresistenz	Warfarin
10. Phenacetin-induzierte Methämoglobinämie	Phenacetin
11. Paraoxonase	Paraoxon
12. Steroidinduziertes Glaukom	Glukokortikoide
13. Maligne Hyperthermie	Halothan u. a.
14. Bitterschmecken von PTC	Phenylthiocarbamid

schiede in den Reaktionen auf die Verabfolgung eines Medikamentes.

Im Vordergrund steht dabei die Aufklärung unerwünschter Arzneimittelwirkungen, die prinzipiell drei verschiedenen Klassen zugeordnet werden können:
(1) die erwartete Reaktion ist besonders heftig,
(2) die erwartete Reaktion bleibt aus,
(3) es kommt bei einzelnen Patienten zu unerwarteten Reaktionen, die wir euphemistisch als sog. Nebenwirkungen bezeichnen.

Tabelle 9.1 ist eine Zusammenfassung der bekannten pharmakogenetischen Reaktionen. Es ist dazu zu bemerken, daß wir zahlreiche weitere unerwünschte Arzneimittelreaktionen kennen, bei denen wir eine genetische Ursache zwar vermuten, jedoch nicht kennen bzw. identifizieren können.

9.2.2 Genmutationen als Grundlage atypischer Arzneimittelwirkungen

Bei den pharmakogenetischen Reaktionen sollen nur einige beispielhaft vorgestellt werden:

1. **Polymorphismus der N-Acetyltransferase** (Tab. 9.2): Schon seit langem ist bekannt, daß das Tuberkulostatikum Isonicotinsäurehydrazid (Isoniazid, INH) unterschiedlich schnell abgebaut wird. Es gibt schnelle und langsame Inaktivatoren für dieses Medikament, was auf einem genetischen Polymorphismus für eine hepatische N-Acetyltransferase beruht. Für die Entwicklung IHN-resistenter Tuberkelbazillen spielt dieser genetische Polymorphismus keine Rolle, auch nicht für die therapeutische Wirksamkeit. Bedeutsam sind diese genetisch bedingten Unterschiede im INH-

Tabelle 9.2 Polymorphismus der N-Acetyl-Transferase (Leber und Darmschleimhaut)

„Schnelle" und „langsame" Inaktivatoren	
Isoniazid	Sulfamethazin
Procainamid	Sulfapyridin
Hydralazin	Dapson

Tabelle 9.3 Suxamethoniumsensibilität und Pseudocholinesterasevarianten

Gene:

E_1^u	u = usual
E_1^a	a = atypical
E_1^f	f = fluoride-resistant
E_1^s	s = silent

Gefährdete Genotypen:

$E_1^a E_1^a$	$E_1^f E_1^f$	$E_1^s E_1^s$
$E_1^a E_1^f$	$E_1^a E_1^s$	$E_1^f E_1^s$
(ca. 1:2000)		

Abbau für das Auftreten von Komplikationen: eine toxische Polyneuritis tritt bei langsamen Inaktivatoren wesentlich häufiger auf, während eine toxische Hepatitis eher schnelle Inaktivatoren befällt.

2. **Erbliche Plasmacholinesterasevarianten** sind dem Anästhesisten wohlvertraut. Sie sind bereits seit über 30 Jahren bekannt; die verschiedenen Allele und die Genotypen der gefährdeten Personen sind in Tabelle 9.3 aufgeführt. Bei diesen Patienten kommt es nach Gabe des Muskelrelaxans Suxamethonium (Succinyldicholin) zum Atemstillstand. Durch intravenöse Verabfolgung des gereinigten Enzymes Plasmacholinesterase läßt sich diese lebensbedrohliche Komplikation schnell und folgenlos beheben.

3. Schließlich soll noch der häufigste genetische Defekt der Menschheit überhaupt Erwähnung finden, *der Glukose-6-Phosphat-Dehydrogenase-Mangel,* von dem über 100 Millionen Menschen betroffen sind. Genetisch ist der G-6-PD-Defekt heterogen: Es sind über 100 verschiedene Formen bekannt; die häufigsten sind in Tabelle 9.4 angegeben. Bei diesem Defekt kommt es nach Gabe der verschiedensten Medikamente (Tab. 9.5) zu einer hämolytischen Anämie. In Deutschland ist dieser Defekt zwar selten, immerhin aber nicht so selten, daß man bei diagnostischer Abklärung einer hämolytischen Anämie nicht an diesen X-chromosomal vererbten Enzymmangelzustand denken müßte.

Viele pharmakogenetische Reaktionen sind multifaktoriell bedingt. Sie beruhen nicht auf dem Defekt eines einzigen Enzymes, sondern auf erblichen Variationen

Tabelle 9.4 Häufige G-6-PD-Varianten

	A⁻	Mediterranean	Canton	Mahidol
Population	Negride	Italiener, Griechen	Chinesen	Thais
Aktivität	$10-20\%$	$0-5\%$	$4-25\%$	$5-15\%$
Hämolyse (bei Medikamenteneinnahme)	+ + +	+ + +	+ + +	+ + +
Favismus	−	+ + +	+ + +	−

Tabelle 9.5 Glucose-6-Phosphat-Dehydrogenase-Mangel. Hämolyseauslösende Medikamente

	Negride	Europide
Acetanilid	+ + +	
Dapson	+ +	+ + +
Furazolidon	+ +	
Furaltadon	+ +	
Nitrofural	+ + + +	
Nitrofurantoin	+ +	+ +
Sulfanilamid	+ + +	
Sulfapyridine	+ + +	+ + +
Sulfacetamid	+ +	
Salazosulfapyridine	+ + +	
Sulfamethoxypyridazine	+ +	
Thiazosulfone	+ +	
Quinidine		+ +
Primaquine	+ + +	+ + +
Pamaquine	+ + + +	
Pentaquine	+ + +	
Quinocide	+ + +	+ +
Naphthalene	+ + +	+ + +
Neoarsphenamine	+ +	
Phenylhydrazine	+ + +	
Toluidon-blau	+ + +	
Trinitrotoluene		+ + +

mehrerer am Stoffwechsel eines Medikamentes beteiligter Enzyme und Transportproteine. Solche individuellen Unterschiede in der Reaktion auf Medikamente sind eher die Regel als die Ausnahme.

Bei der Besprechung der unerwünschten Arzneimittelreaktionen kommt es dem Humangenetiker nicht darauf an, auf gefährliche Nebenwirkungen bestimmter Medikamente bei bestimmten einzelnen gefährdeten Personen hinzuweisen mit dem Ziele, diese Mittel zu verbannen und aus dem Arzneischatz zu eliminieren. Unser Anliegen ist die Verbreitung der Kenntnisse über genetische Ursachen von unerwünschten Arzneimittelreaktionen mit folgender Zielsetzung:

Pharmakogenetische Reaktionen
- bedingen bei bestimmten Patienten und bestimmten Medikamenten absolute Kontraindikationen

(Beispiel: Halothannarkose bei gefährdeten Familienangehörigen eines Patienten mit maligner Hyperthermie)

- erfordern bei bestimmten Patienten und bestimmten Arzneimitteln wirksame therapeutische Maßnahmen

(Beispiel: Behandlung des Atemstillstandes bei Plasmacholinesterasevarianten)

- führen zu Nebenwirkungen bei genetisch disponierten Patienten nach Gabe bestimmter Medikamente; sie können durch sorgfältige Verlaufsbeobachtungen rechtzeitig erkannt und durch Absetzen des Medikamentes zum Abklingen gebracht werden

(Beispiel: Polyneuritis bei INH-Behandlung von Patienten mit „langsamem" Azetylierungstyp)

10 Genetische Diagnostik und Beratung

Angesichts der rasch fortschreitenden Entwicklung neuer genetischer Methoden und Techniken werden derzeit die Ziele genetischer Beratung auf allen gesellschaftlichen Ebenen intensiv diskutiert. Auf dem Hintergrund des leidvollen Erbes, das die „Erb- und Rassenpflege" aus der Nazizeit hinterlassen hat, werden soziale, psychische und gesellschaftliche Konsequenzen genetischer Diagnostik und Beratung heute insbesondere auf ihre ethischen und moralischen Implikationen hin befragt. Eine wesentliche Voraussetzung dafür bietet die in den 80iger Jahren wieder aufgenommene kritische Bestandsaufnahme und Auseinandersetzung mit der „Erb- und Rassenlehre" des „Dritten Reiches", die ihre Wurzeln in der völkischen Bewegung und im Sozialdarwinismus des ausgehenden 19. Jahrhunderts hat (Müller-Hill 1984, Weingart, Kroll, Bayertz 1988).

Prominente deutsche Erbforscher hatten sich aktiv an der Verbreitung der Nazi-Rassenideologie beteiligt. Zwangssterilisationen für eine Vielzahl von Personen, deren Erkrankung als genetisch verursacht galt, wurden durch das „Gesetz zur Verhütung erbkranken Nachwuchses" legitimiert. Die darin aufgeführten Erbkrankheiten dienten letzten Endes als Proskriptionsliste für staatlich organisierten Massenmord. Tausende von Kindern mit angeborenen Fehlbildungen wurden im Rahmen des Euthanasie-Programmes umgebracht. Dies führte dazu, daß die Humangenetik, nach dem 2. Weltkrieg diskreditiert, als universitäre Disziplin zunächst ihre Bedeutung verloren hatte.

Die raschen Entwicklungen im Bereich der Zytogenetik seit Beginn der 60er Jahre, die Verbesserung der Ultraschalltechniken und Einführung vorgeburtlicher Untersuchungsmethoden seit Beginn der 70er Jahre boten die grundlegende Voraussetzung dafür, humangenetische Diagnostik zur Entdeckung von chromosomalen Aberratio-nen und erblichen Stoffwechselstörungen als medizinische Maßnahme zu etablieren. Die Akzeptanz genetischer Beratung und Diagnostik nach dem 2. Weltkrieg hing im wesentlichen davon ab, inwieweit es den Humangenetikern der neueren Generation gelang, an bereits akzeptierte und etablierte medizinische Vorsorge- und Behandlungskonzepte anzuknüpfen. Das Prinzip der Freiwilligkeit und der individuellen Entscheidung bei der Inanspruchnahme genetischer Diagnostik und Beratung rückte in den Vordergrund humangenetischer Zielsetzungen.

10.1 Ziele der Humangenetik

Allein die Aufklärung von Ratsuchenden über ihr individuelles genetisches Risiko mit dem Ziel selbstverantwortlicher Familienplanung oder individueller Krankheitsvorsorge ist Aufgabe genetischer Beratung.

Bereits 1975 wurden vom Committee on Genetic Counselling folgende Zielvorstellungen für die genetische Beratung entwickelt: Genetische Beratung soll dem Individuum oder der Familie helfen,
(1) die medizinischen Fakten einschließlich der Diagnose, dem mutmaßlichen Verlauf der Erkrankung und der zur Verfügung stehenden Behandlung zu erfassen,
(2) den erblichen Anteil der Erkrankung und das Wiederholungsrisiko für bestimmte Verwandte zu begreifen,
(3) die verschiedenen Möglichkeiten, mit dem Wiederholungsrisiko umzugehen, zu verstehen,
(4) eine Entscheidung zu treffen, die ihrem Risiko, ihren familiären Zielen, ihren ethischen und religiösen Wertvorstellungen entspricht und in Übereinstim-

mung mit dieser Entscheidung zu handeln, und

(5) sich so gut wie möglich auf die Behinderung des betroffenen Familienmitgliedes und/oder auf ein Wiederholungsrisiko einzustellen.

Die konsequente Anwendung dieser Richtlinien bedeutet für die Handhabung genetischer Beratung insbesondere im Hinblick auf die Fragen der genetischen Diagnostik:

— die Inanspruchnahme genetischer Beratung muß freiwillig sein;
— vor Anwendung genetischer Diagnostik (prä- bzw. postnatal) sollte eine individuelle Beratung erfolgen;
— die Inanspruchnahme der pränatalen Diagnostik präjudiziert im Falle eines pathologischen Befundes keinesfalls einen Schwangerschaftsabbruch;
— die Entscheidungskompetenz hinsichtlich weiterer Familienplanung liegt ausschließlich bei den Ratsuchenden.

10.1.1 Möglichkeiten und Grenzen der genetischen Beratung

Die genetische Beratung hat zwei Schwerpunkte:

(1) Die *genetische Familienberatung,* die in den Bereich der *Vorsorgemaßnahmen gehört,* welche der Allgemeinheit angeboten werden. Sie beruht auf der Stammbaumanalyse und der genauen klinischen Diagnostik, falls erforderlich, ergänzt durch spezielle genetische Untersuchungen (Dysmorphiezeichen, Chromosomenanalyse, biochemische oder gentechnische Untersuchung). Als Spezialbereich kann die pränatale Diagnostik im ersten Schwangerschaftsdrittel (Chorionzottenbiopsie) und im zweiten Schwangerschaftsdrittel (Amniozentese und fetale Blutentnahme) hinzukommen.

(2) Die *individuelle genetische Beratung,* die das Individuum in seiner Ganzheit erfaßt und aufgrund der *Früherkennung* genetischer Risikofaktoren die Erstellung einer genauen Prognose er-

möglicht und ein breites Spektrum therapeutischer Ansätze bieten kann.

Die genetische Beratung ist individuell, sie ist dem Ratsuchenden gegenüber niemals direktiv. Sie will persönliche Hilfen geben, indem sie betroffene Ratsuchende aufklärt und ihnen hilft, ihr Risiko zu erkennen, so daß Personen mit genetischem Risiko aus eigener Einsicht verantwortungsbewußt Entscheidungen fällen oder eine sinnvolle persönliche Krankheitsprophylaxe betreiben können.

Genetisch bedingte Leiden sind in allen Bereichen der Medizin so in den Vordergrund getreten, daß genetische Kenntnisse entscheidend für die vorbeugende und familienberatende Aufgabe des Arztes werden. Innerhalb der Kinderheilkunde kommen heute etwa 20 % der Patienten wegen eines genetischen Leidens zum Arzt, etwa 2 % aller Neugeborenen weisen eine genetisch bedingte Fehlbildung oder Behinderung auf.

Das Bewußtsein für genetische Fragestellungen in der Bevölkerung nimmt zu. Eine wichtige Rolle spielt dabei die Möglichkeit der Familienplanung: wer die Zahl seiner Kinder nicht dem Zufall überläßt, der wird sich auch Gedanken über die Gesundheit der gewünschten Kinder machen.

Die Praxis der genetischen Beratung zeigt immer wieder, daß die Ratsuchenden mit Ängsten und Sorgen kommen, auch ohne daß sie sich über das Ausmaß einer bestimmten Belastung im klaren sind. Die Aufgabe des Arztes ist nun, durch eine genaue Diagnose festzustellen, ob tatsächlich ein genetisches Risiko vorliegt oder ob eine teratogene Umweltschädigung (z.B. Rötelnembryopathie oder Alkoholembryopathie) ursächlich für eine Behinderung wirksam war.

In einer sehr großen Zahl von Beratungsfällen wird der Arzt die Erfahrung machen, daß die Ängste und Sorgen vor einem genetischen Risiko unbegründet waren. In der Kinderklinik macht man diese Erfahrung häufig bei Müttern, die ein Kind mit Perinatalschaden haben und befürchten, der geistige und statomotorische Entwicklungsrückstand habe eine ausschließlich genetische Ursache, wie überhaupt in der Regel eher genetische Faktoren als Ursa-

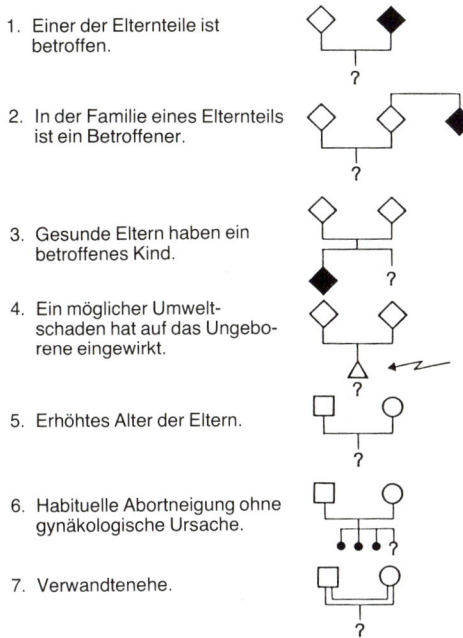

1. Einer der Elternteile ist betroffen.

2. In der Familie eines Elternteils ist ein Betroffener.

3. Gesunde Eltern haben ein betroffenes Kind.

4. Ein möglicher Umweltschaden hat auf das Ungeborene eingewirkt.

5. Erhöhtes Alter der Eltern.

6. Habituelle Abortneigung ohne gynäkologische Ursache.

7. Verwandtenehe.

Abb. 10.1 Indikationen zur genetischen Familienberatung

chen von Auffälligkeiten angesehen werden.

Gerade bei Eltern, die in ihrem Kinderwunsch hochmotiviert sind, kann die genetische Beratung dazu führen, daß eine Schwangerschaft, deren Abbruch erwogen wurde, fortgesetzt wird oder daß nach der Geburt eines behinderten Kindes weitere Schwangerschaften geplant werden.

In den „Mutterschafts-Richtlinien" ist die genetische Beratung ausdrücklich genannt:

„Ergeben sich im Rahmen der Mutterschaftsvorsorge Anhaltspunkte für ein genetisch bedingtes Risiko, so ist der Arzt gehalten, die Schwangere über die Möglichkeiten einer humangenetischen Beratung und/oder humangenetischen Untersuchung aufzuklären."

Ihre Grenzen findet die genetische Beratung jenseits des hier umschriebenen persönlichen Bereiches. Für allgemeine gesellschafts- oder gesundheitspolitische Ziele kann und darf sie nicht beansprucht werden.

10.1.2 Indikationen für eine genetische Beratung

Die wesentlichen genetischen Beratungssituationen sind in der Abb. 10.1 schematisch dargestellt. Vor der Planung einer Schwangerschaft beziehen sich die Fragen der Ratsuchenden meist auf eine Krankheit, die entweder einer der beiden Eltern hat, oder die bei einem nahen Verwandten aufgetreten ist und die Sorge entstehen läßt, daß ein spezielles Risiko bezüglich dieser Krankheit für eigene Kinder besteht.

Die häufigste Beratungssituation überhaupt ist die Frage nach dem Risiko für weitere Kinder, wenn gesunden Eltern ein Kind mit Fehlbildungen oder einem geistigen Entwicklungsrückstand geboren wurde. Etwa ein Drittel der Ratsuchenden kommt aus diesem Grund.

Die Frage nach einem möglichen Umweltschaden, der während der Schwangerschaft auf das ungeborene Kind eingewirkt haben könnte, ist eine weitere häufige Indikation für die genetische Beratung. Es kann sich dabei um eine physikalische Belastung (z. B. Strahlenexposition), um eine chemische Noxe (z. B. Medikamenteneinnahme, Alkoholabusus) oder um eine biologische Schädigung (z. B. Virusinfekt) handeln.

Das erhöhte elterliche Alter, speziell das Alter der Mutter von mehr als 35 Jahren, ist in den letzten $1\frac{1}{2}$ Jahrzehnten ein zunehmend wichtiger Grund zur genetischen Beratung geworden − rein quantitativ stellt diese Indikation den größten Anteil an den Indikationen zur pränatalen Diagnostik. Ebenfalls zugenommen hat die Zahl der Eltern, die zur genetischen Beratung und Chromosomenanalyse aufgrund vorangegangener, gynäkologisch ungeklärter Fehlgeburten kommen. Es zeigt sich, daß bei einem nicht geringen Teil dieser Ratsuchenden eine balanzierte chromosomale Strukturaberration eines Elternteils vorliegt, die nach unbalanzierter Vererbung häufig nicht mit einer intrauterinen Weiterentwicklung des Feten vereinbar ist und zur Fehlgeburt, aber auch zur Geburt eines chromosomenkranken Kindes führen kann.

Die Beratung wegen Blutsverwandtschaft ist selten geworden, ihr Anteil liegt unter 1 %. Bedeutsam kann sie bei den autosomal rezessiven Leiden werden.

10.1.3 Allgemeine ärztliche Maßnahmen

Das praktische Vorgehen des Arztes bei einer genetischen Beratung unterscheidet sich nicht grundsätzlich von der Anamneseerhebung bei einer klinischen Untersuchung: besonderer Wert ist auf die Familienvorgeschichte zu legen. Der Arzt muß sich über die Geschwister des Probanden (Indexpatienten), über die Eltern, die Geschwister der Eltern und über die Vettern und Cousinen ersten Grades informieren. Selbstverständlich muß gefragt werden, ob der Proband selbst bereits Kinder mit Fehlbildungen hat oder ob die Schwangerschaften aus seiner Ehe vermehrt mit Fehlgeburten geendet haben. Entscheidend für jede Beratung ist die präzise Diagnose des fraglichen Leidens. *F. Vogel* hat den Satz geprägt, den man sich immer wieder vor Augen halten muß: „Es gibt keine *allgemeine* genetische Belastung, es gibt nur eine *spezielle* genetische Belastung." Sie kann in einem monogen oder einem multifaktoriell bedingten Leiden oder einer Chromosomenaberration bestehen.

Die Möglichkeiten der Therapie genetisch bedingter Krankheiten sind in einem eigenen Abschnitt (10.9) dargestellt.

Alle Möglichkeiten zur Sicherung einer Diagnose müssen ausgeschöpft werden. Dazu gehören vor allem auch sehr subtile embryo- und fetopathologische Untersuchungen, denn es hat sich gezeigt, daß sich aufgrund der schon im frühen Embryonal- oder Fetalalter vorliegenden Fehlbildungen oft sehr präzise Aussagen über die Ursache dieser Fehlbildungen machen lassen. Bei wiederholten Fehlgeburten sollte (neben der Chromosomenuntersuchung der Eltern, s. 4.5) auch immer versucht werden, aus dem Abortgewebe direkt eine Chromosomenanalyse zu erstellen.

Für die verschiedenen Störungen der Morphogenese ist eine Nomenklatur festgelegt, die gute Definitionsmöglichkeiten bietet (*Spranger* et al. 1982).

Mit ihr ist der klinische Genetiker bei unbekanntem Entstehungsmechanismus in der Lage, die Formabweichung zu beschreiben. Man unterteilt in Einzeldefekte (Malformation, Disruption, Deformation, Dysplasie) oder in multiple Defekte (Sequenz, Syndrom, Assoziation) (Abb. 10.2).

Als **Malformation** wird ein morphologischer Defekt eines Organs, eines Organteils

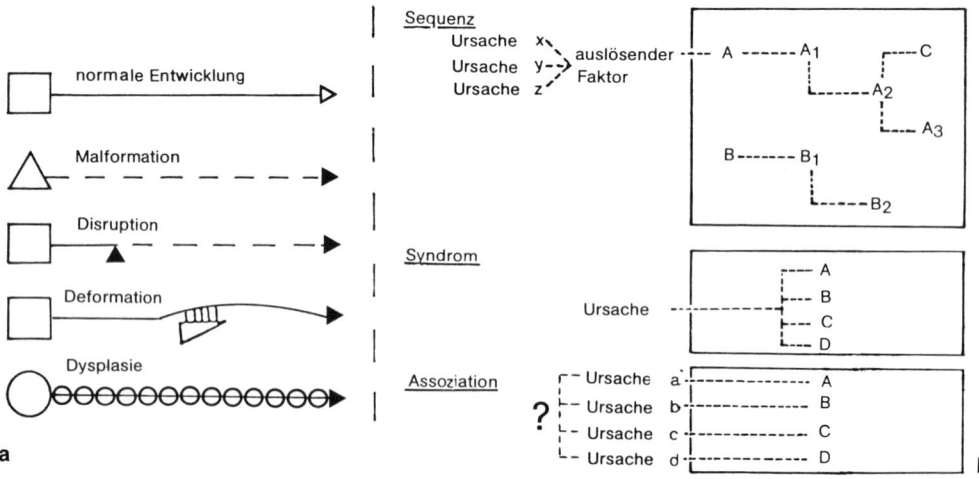

Abb. 10.2 a, b Schematische Darstellung der verschiedenen Typen von Fehlern in der Morphogenese (a) und verschiedener Muster morphologischer Defekte (b) (modif. nach: *Spranger* et al. 1982)

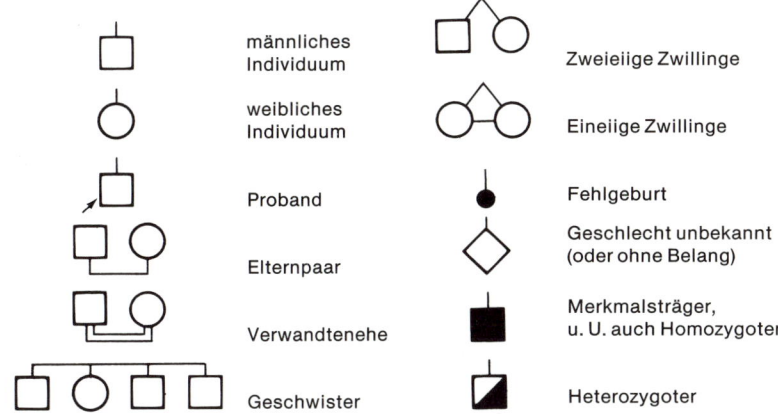

□	männliches Individuum	□ △	Zweieiige Zwillinge
○	weibliches Individuum	○ △ ○	Eineiige Zwillinge
□	Proband	●	Fehlgeburt
□ ○	Elternpaar	◇	Geschlecht unbekannt (oder ohne Belang)
□ ○	Verwandtenehe	■	Merkmalsträger, u. U. auch Homozygoter
□ ○ □ □	Geschwister	◪	Heterozygoter

Abb. 10.3 Symbole des Stammbaums

oder einer Körperregion bezeichnet, der durch einen genetisch angelegten abnormen Entwicklungsprozeß hervorgerufen wird. Die Radiusaplasie beim Holt-Oram-Syndrom ist ein Beispiel (s. Abb. 10.2).

Als **Disruption** wird der morphologische Defekt eines Organs, Organteils oder einer Körperregion definiert, der durch Umwelteinflüsse bewirkt wird: die Gliedmaßendefekte bei der Thalidomid-Embryopathie oder die Linsentrübung durch die Röteln-Embryopathie sind hier Beispiele. Der Begriff Disruption ist synonym mit der Bezeichnung „sekundäre Fehlbildung" in der älteren Literatur, er umfaßt alle exogen bedingten morphologischen Fehlbildungen.

Eine **Deformation** ist eine auffällige Formbeschaffenheit oder Lage eines Körperteils, die durch mechanische Kräfte verursacht wird. Ein Beispiel ist der pes equinovarus, der z. B. als intrauterine Zwangshaltung durch ein Oligohydramnion entstanden sein kann.

Eine **Dysplasie** umfaßt die pathologische Organisation von Zellen in einem Gewebe oder die fehlerhafte Funktion eines Gewebes und die pathologische Morphologie, die daraus resultiert. Die Auffälligkeiten der Histogenese gehören hierher, z. B. die Osteogenesis imperfecta und das Marfan-Syndrom. Da der histologische Defekt überall da auftritt, wo das pathologisch veränderte Gewebe vorkommt, zeigen Dysplasien oft eine sehr pleiotrope Genwir-

kung. Im Gegensatz zu den Malformationen, Disruptionen und Deformationen sind dysplastische Veränderungen oft nicht auf ein einzelnes Organ beschränkt.

Sequenzen stellen Muster angeborener Anomalien dar, die sich pathogenetisch auf einen einzelnen auslösenden Faktor zurückführen lassen, z. B. die Potter-Sequenz.

Syndrome sind Muster angeborener Anomalien, die sicher oder vermutlich pathogenetisch verbunden sind, z. B. Down-Syndrom (s. 4.3.1) oder Rötelnembryopathie-Syndrom (s. 10.8.3.1).

Als **Assoziation** sind Anomalien definiert, die statistisch gehäuft bei verschiedenen Patienten auftreten, die sich aber pathogenetisch (noch?) nicht verbinden lassen. Beispiele sind die VACTERL-Assoziation und die CHARGE-Assoziation (s. S. 115).

Bei den multiplen Defekten ist die Definition bisher nicht einheitlich: während bei den Sequenzen **ein** pathogenetisch auslösender Faktor vorhanden ist, sind bei den Syndromen verschiedene embryonale Entwicklungsfelder betroffen. Bei den Assoziationen besteht nur eine statistische Häufung in der Kombination der pathologischen Merkmale, ohne daß derzeit eine einheitliche pathogenetische Ursache gefunden werden kann.

Zum praktischen Vorgehen des beratenden Arztes gehört die Anfertigung eines

Stammbaums, auf den keinesfalls verzichtet werden darf, auch wenn ein Befund ganz klar zu sein scheint.

Die gebräuchlichen Symbole des Stammbaums sind schematisch in der Abb. 10.3 dargestellt.

Wichtig ist, daß die einzelnen Geschwisterreihen in den einzelnen Generationen vollständig dargestellt sind, daß das Geschlecht angegeben ist, und vor allem, daß lückenhafte Informationen als solche gekennzeichnet sind. Die Bestimmung der Position innerhalb des Stammbaums erfolgt in der Form, daß die Generationen von der ältesten Generation ausgehend mit I, II, III usw. bezeichnet werden. Innerhalb der einzelnen Generationen, also waagerecht, wird mit arabischen Ziffern durchnumeriert. So hat schließlich, wenn der Stammbaum endgültig erhoben ist, jede Person ihre feste Bezeichnung.

Ein Elternpaar muß darauf hingewiesen werden, daß das **Wiederholungsrisiko** z. B. für ein bestimmtes monogen bedingtes Leiden unabhängig davon ist, ob und wieviel Kinder mit diesem Leiden bereits geboren sind.

So kann ein Elternteil, das ein dominantes Gen trägt und bereits zwei Kinder hat, die gleichfalls das dominante Gen geerbt haben, nicht davon ausgehen, daß nun statistisch gesehen zwei gesunde Kinder kommen müßten. Das Risiko ist, unabhängig von den bereits geborenen Kindern, für das nächste Kind immer wieder gleich.

Häufige **falsche** Vorstellungen über mögliche Erblich- oder Nichterblichkeit eines Merkmals oder Leidens sind:

- Was angeboren ist, sei auch erebt (s. dagegen z. B. 10.8).
- Genetisch bedingte Leiden seien nicht therapierbar (s. dagegen z. B. 10.9).
- Ist nur ein Familienmitglied betroffen, sei Erblichkeit ausgeschlossen (s. dagegen 10.2).
- Sind mehrere Familienmitglieder betroffen, müsse Erblichkeit vorliegen (s. dagegen 10.8).

- Wenn ausschließlich männliche oder ausschließlich weibliche Mitglieder in einer Familie betroffen sind, bedeute das eine Geschlechtsgebundenheit (s. dagegen 5.7).
- Ein Risiko von 25 % (eins von vier Kindern wird statistisch gesehen erkranken) bedeutet, daß nach einem kranken Kind die nächsten drei nicht betroffen seien (analog dazu: bei 50 % Risiko müsse nach einem kranken nun ein gesundes kommen) (s. dagegen z. B. 10.2.1).

10.1.4 Psychologische, soziologische und kulturelle Aspekte genetischer Beratung

In welchem Ausmaß Behinderung und Krankheit von den Ratsuchenden als Einschränkung ihrer individuellen Lebensplanung wahrgenommen werden, hängt nicht nur von der Art und Weise der Vermittlung medizinischer Sachverhalte ab. Psychische, psychosoziale und soziokulturelle Faktoren bestimmen weitgehend, was als „Behinderung" wahrgenommen und definiert wird und welche Formen des Umgangs als gesellschaftlich akzeptabel gelten dürfen.

Nicht nur die Schwere der Krankheit, Lebensdauer und Entwicklungsmöglichkeiten des Betroffenen spielen hier eine entscheidende Rolle – die genetische Beratung wird bei einer Brachydaktylie anders aussehen als bei einer Achondroplasie –, sondern auch die Frage, ob bereits Therapiemöglichkeiten zur Verfügung stehen.

Genetische Erkrankungen, sei es daß sie bei Ratsuchenden selbst, bei Familienangehörigen oder bei eigenen Kindern aufgetreten sind, oder auftreten könnten, werden vor dem eigenen lebensgeschichtlichen Hintergrund unterschiedlich wahrgenommen und bewertet. Von der eigenen psychischen Entwicklung und der erreichten Stabilität – hier geht es vor allem um die Entwicklung der Autonomie, um die Selbst- und Ich-Entwicklung und um die Konsolidierung der Geschlechtsidentität – kann es abhängen, wie ein eigenes Erkrankungsrisiko oder ein Erkrankungsrisiko des künftigen Kindes verarbeitet wird. Ob und wie ein Kinderwunsch bei familiärer genetischer Belastung realisiert wird, hängt auch von der spezifischen Beziehungsstruktur des ratsuchenden Paares ab.

Die besondere Familienkonstellation — lebt bereits ein behindertes Kind in der Familie oder ist ein Elternteil betroffen, — individuelle Bewältigungsstrategien im Umgang mit Behinderungen sowie das Ausmaß gesellschaftlicher Akzeptanz und Unterstützung (z. B. durch spezielle Förder- und Integrationsmaßnahmen) sind ausschlaggebend dafür, welche Bedeutung die Mitteilung von Risikozahlen und medizinischen Fakten für die Entscheidungsfindung der Ratsuchenden hat. Die Zahl der bereits vorhandenen Kinder geht in die Beratungssituation ebenso mit ein, wie z. B. das Alter oder die Berufstätigkeit der Eltern, also auch die Frage, ob ein Elternteil seinen Beruf aufgeben würde, wenn die Versorgung eines genetisch behinderten Kindes es erforderte.

Eine wichtige ärztliche Aufgabe ist es, den Eltern Schuldgefühle zu nehmen, die sich fast immer einstellen, wenn bei einem von beiden eine genetische Belastung festgestellt wird. Es ist wesentlich, solchen Eltern klarzumachen, daß nachteilige Gene im Erbgut eines jeden Menschen vorhanden sind und daß die Kategorie „Schuld" beim Vorhandensein eines speziellen Gens, das sich in der speziellen Situation auswirkt, völlig fehl am Platz ist.

Das Aufklärungsgespräch soll natürlich dem Wissensstand der Ratsuchenden entsprechen, grundsätzlich muß aber den Ratsuchenden die Wahrheit über das Risiko gesagt werden. Der Arzt sollte keine autoritären Richtlinien geben, sich aber im Einzelfall nicht scheuen, Entscheidungshilfen anzubieten.

Die Berücksichtigung dieser Aspekte fordert vom genetischen Berater eine hohe Sensibilität im Umgang mit häufig emotional belastenden Beratungssituationen. Um diesen Situationen gewachsen zu sein und um für Berater und Ratsuchende zu befriedigenden Beratungsergebnissen zu kommen, ist es notwendig, psychosoziale und psychotherapeutische Grundkenntnisse (z. B. durch die Supervision in Balintgruppen) in die Ausbildung und Beratungspraxis zu integrieren.

10.2 Autosomal rezessive Erbkrankheiten
(s. 5.3)

10.2.1 Wiederholungsrisiken

Autosomal rezessiv bedingte Krankheiten treten oft sporadisch in einer Familie auf. Wenn kein weiterer Fall unter Vorfahren und Verwandten bekannt ist, können die Eltern oft nicht leicht akzeptieren, daß sie beide Anlageträger sind.

Das Wiederholungsrisiko für Geschwister von Kranken beträgt 25 %, da anzunehmen ist, daß beide Eltern heterozygote Genträger sind.

Das Risiko für die Verwandten, ein krankes Kind zu bekommen, leitet sich rein mathematisch aus der Heterozygotenwahrscheinlichkeit des Verwandten und seines Partners ab. So sind gesunde Geschwister eines Kranken mit einer Wahrscheinlichkeit von ⅔ heterozygote Genträger, Geschwister der Eltern mit einer Wahrscheinlichkeit von ½ heterozygot, Base und Vetter mit einer Wahrscheinlichkeit von ¼ heterozygot (Abb. 10.4). Falls es nicht zu Ver-

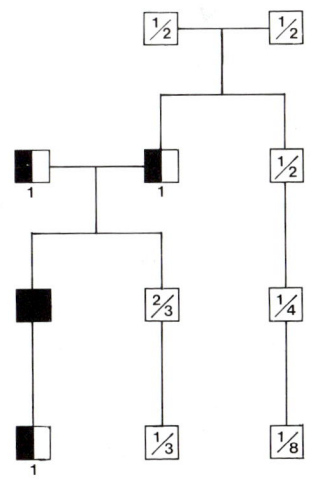

■ homozygot Betroffener

Abb. 10.4 Heterozygotenwahrscheinlichkeit für Verwandte eines homozygoten Kranken (autosomal rezessiver Erbgang)

wandtenehen kommt, ist das Erkrankungsrisiko für die Kinder dieser Verwandten
gleich dem Produkt aus ihrem eigenen He-
terozygotenrisiko, der Heterozygotenfrequenz in der Population (= Partner) und
¼ (= Erkrankungsrisiko, wenn beide Eltern heterozygot sind). In der Regel ist dieses Risiko vernachlässigbar gering.

Beispiel: Eine Schwester eines Patienten,
der an Phenylketonurie (PKU) erkrankt ist
(Homozygoten-Frequenz von 1 : 10 000),
möchte das Risiko wissen, ebenfalls Kinder
mit PKU zu bekommen. Ihr Partner ist
nicht mit ihr verwandt; sein Heterozygo-
tenrisiko beträgt daher $\frac{1}{50}$ (Hardy-Weinberg-Gesetz, s. 8.2). Das Erkrankungsrisiko für ein Kind ist dann:

$$Erkrankungsrisiko = \frac{2}{3} \times \frac{1}{50} \times \frac{1}{4} = \frac{1}{300}$$

Ein homozygot Kranker kann nur dann
ein krankes Kind haben, wenn sein Partner
heterozygot ist. Es liegt dann Pseudodominanz (s. 5.3.6) vor. Mit einem homozygot
gesunden Partner werden seine sämtlichen
Kinder heterozygot und folglich klinisch
gesund sein. Für das gleiche Gen homozygot kranke Partner können miteinander
nur homozygot kranke Nachkommen haben.

Heterozygotentests sind immer dann von
Bedeutung, wenn das Risiko des Ratsuchenden, heterozygot zu sein, groß ist, z. B.
bei Geschwistern und nahen Verwandten
von Homozygoten (s. 5.3.7). Ist der Proband tatsächlich heterozygot, sollte auch
der Partner auf Heterozygotie getestet werden. Ist der Partner nicht heterozygot, ist
bezüglich des fraglichen Leidens aus dieser
Ehe kein krankes Kind zu erwarten.

10.2.1.1 DNA-Diagnostik

Bei einigen autosomal rezessiven Erbkrankheiten kann die Mutation mit molekulargenetischen Methoden direkt nachgewiesen werden (s. 1.3.1.2).

Beispiel: Die **Mukoviszidose** (zystische
Fibrose, CFTR-Gen) wird autosomal rezessiv vererbt, das Gen ist identifiziert (s.
5.3.3). In unserer Bevölkerung sind etwa
70 % aller Mutationen eine 3 bp Deletion
des CFTR-Codons 508 (Delta F508) im
Exon 10; folglich müssen etwa 49 % der

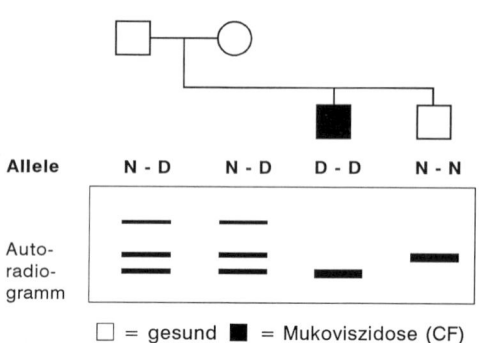

Allele   N - D   N - D   D - D   N - N

Auto-
radio-
gramm

□ = gesund ■ = Mukoviszidose (CF)

Abb. 10.5 Direkter Gentest bei Mukoviszidose (CF): Der für die Deletion 508 homozygote Patient hat von beiden heterozygoten Eltern das um drei Basenpaare verkürzte Fragment geerbt. Der gesunde Bruder ist homozygot für das normale Fragment und daher nicht
heterozygot für CF. Die heterozygoten Eltern
zeigen das verkürzte und das normale Fragment, zusätzlich entsteht bei den Heterozygoten noch eine Zusatzbande (Heteroduplex)

ten homozygot und etwa 42 % heterozygot
für diese Deletion sein (Hardy-Weinberg-
Gesetz, s. 8.2). Diese Deletion kann direkt
nachgewiesen werden (Abb. 10.5).

Von vielen autosomal rezessiven Erbkrankheiten kennt man die Mutation noch
nicht. Sobald jedoch die chromosomale
Zuordnung eines Genortes bekannt ist,
kann in der Regel eine indirekte Genotypdiagnostik zur Heterozygoten- und Pränataldiagnostik eingesetzt werden (s. 1.3.1.3).
Bei der indirekten Genotypdiagnostik sind
immer Familienuntersuchungen erforderlich. Die Diagnose des Indexpatienten in einer Familie muß klinisch abgesichert sein,
mit der indirekten Genotypdiagnostik
kann die Diagnose nicht überprüft werden.
Für Verwandte des Indexpatienten ist eine
Diagnostik möglich, wenn der Stammbaum informativ ist und Schlüsselpersonen
im Stammbaum (z. B. Eltern des Indexpatienten) heterozygot für DNA-Marker
sind.

Beispiel: Die **proximalen spinalen Muskelatrophien (SMA)** gehen auf Mutationen
in verschiedenen Genen zurück. Sie führen
zu einem heterogenen Krankheitsbild. Die
meisten Formen folgen einem autosomal-
rezessiven Erbgang. Der Genort für diese

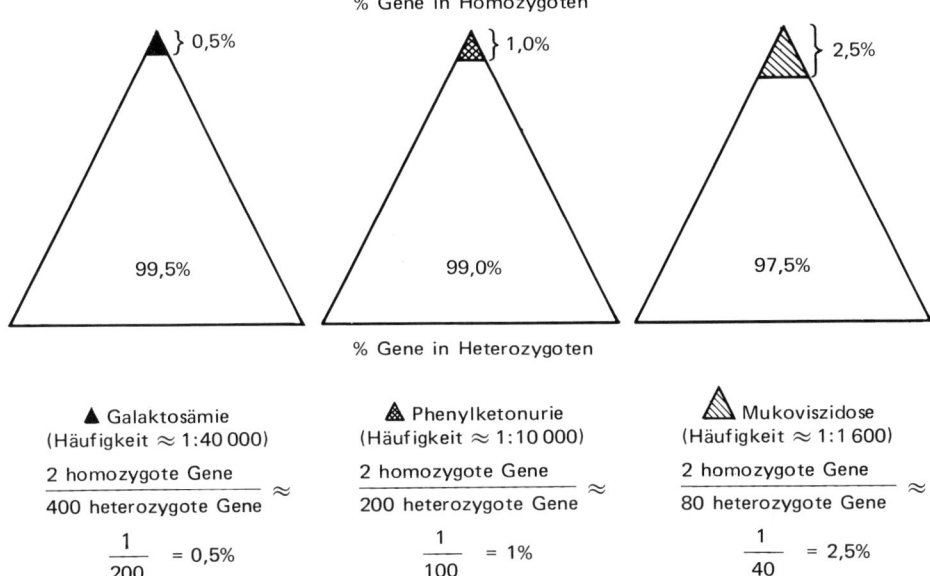

% Gene in Homozygoten

} 0,5%   } 1,0%   } 2,5%

99,5%   99,0%   97,5%

% Gene in Heterozygoten

▲ Galaktosämie
(Häufigkeit ≈ 1:40 000)

2 homozygote Gene
─────────────────── ≈
400 heterozygote Gene

$\dfrac{1}{200}$ = 0,5%

🔺 Phenylketonurie
(Häufigkeit ≈ 1:10 000)

2 homozygote Gene
─────────────────── ≈
200 heterozygote Gene

$\dfrac{1}{100}$ = 1%

🔺 Mukoviszidose
(Häufigkeit ≈ 1:1 600)

2 homozygote Gene
─────────────────── ≈
80 heterozygote Gene

$\dfrac{1}{40}$ = 2,5%

Abb. 10.6 „Die Spitze des Eisbergs": Die Abbildung versucht, das Verhältnis homozygot auftretender Gene zu in heterozygotem Zustand vorliegenden Genen bei drei rezessiven Erbleiden darzustellen. Bei der Galaktosämie beträgt die Heterozygotenfrequenz 1:100, auf einen homozygoten Genträger (1:40 000) kommen also 400 heterozygote. Bei der Mukoviszidose beträgt die Heterozygotenfrequenz 1:20, auf einen homozygoten Genträger (1:1600) kommen also 80 heterozygote. Das Beispiel Phenylketonurie ist im Text behandelt (s. S. 143)

Gruppe liegt auf dem langen Arm des Chromosoms 5. Das Gen selbst ist bisher nicht identifiziert. Eine Heterozygoten- oder Pränataldiagnostik ist daher nur mit Hilfe der indirekten Genotypdiagnostik möglich (s. 1.3). DNA des Patienten sollte für diese Untersuchung zur Verfügung stehen. Die Eltern müssen für DNA-Marker, die den SMA-Genort flankieren, heterozygot sein, damit die Risikohaplotypen bestimmt werden können. Es ist nur eine Wahrscheinlichkeitsdiagnostik möglich, die die Möglichkeit eines nicht erkannten cross-over und die Heterogenität der SMA berücksichtigen muß.

10.2.1.2 Verhältnis Homozygotie zu Heterozygotie

Das häufige Argument, medizinische Therapie bei Erbleiden könne zu einer starken Zunahme „schädlicher" Gene führen (an solche Gedankengänge schließen sich häu-fig eugenische Überlegungen an), ist nicht stichhaltig.

Bei rezessiven Genen ist die Zunahme nachteiliger Gene, wenn die Homozygoten zur Fortpflanzung kommen, weit geringer, als intuitiv angenommen wird. Nach dem Hardy-Weinberg-Gesetz (s. 8.2) ergibt sich, daß bei einer Homozygoten-Frequenz von 1:10 000 (das ist die Größenordnung der Phenylketonurie-Häufigkeit, s. 8.2) die Heterozygoten Frequenz 1:50 ist. In einer Population von 10 000 Individuen finden sich also 1 homozygoter und 200 heterozygote Probanden. Kämen außer den Heterozygoten auch alle Homozygoten zur Fortpflanzung, so würde in einer Generation unter 10 000 Personen das Gen statt 200mal 202mal vererbt. Standen bisher Mutation und Selektion durch Eliminierung der Homozygoten im Gleichgewicht, so muß sich jetzt ein neues Gleichgewicht auf höherem Niveau einpendeln, bis neue Selektionsfaktoren wirksam werden. Bis eine Verdopplung der Homozygoten von 1 : 10 000 auf 1 : 5000 einträte, würden 36 Generationen, also etwa 1000 Jahre vergehen.

Daß die in den homozygoten Patienten sichtbar werdenden rezessiven Genmutationen nur die „Spitze des Eisbergs" sind, die um so kleiner ist, je seltener ein Leiden auftritt, soll an drei Beispielen in Abb. 10.6 graphisch dargestellt werden.

10.2.2 Verwandtenehen

Verwandtenehen sind in der Bundesrepublik relativ selten, ihr Anteil liegt bei 0,1 – 0,3 %. Bei bisher unbelasteten Familien – was aber durch eine sehr sorgfältige Anamnese gesichert sein muß – liegt ein leicht erhöhtes Risiko für das Homozygotwerden nachteiliger Gene vor.

Gibt also die Vorgeschichte keinen Anhaltspunkt für eine erbliche Belastung, so spricht aus genetischer Sicht nichts gegen Kinder aus einer Partnerschaft zwischen Vetter und Base ersten Grades.

Anders liegt der Fall, wenn sich Anhaltspunkte dafür ergeben, daß in der Familie ein nachteiliges rezessives Gen vorliegt. Gelingt es nicht, durch Hetereozygotentests festzustellen, ob beide Partner heterozygot sind oder nicht, so muß das Risiko des Zusammentreffens zweier, aufgrund der gemeinsamen Abstammung gleichartiger Gene entsprechend berücksichtigt werden. Häufigster Fall einer Verwandtenehe ist die Ehe zwischen Vetter und Base ersten Grades: sie haben ⅛ ihrer Gene gemeinsam.

10.3 Autosomal dominante Erbkrankheiten
(s. 5.2)

10.3.1 Wiederholungsrisiko

Das Wiederholungsrisiko für Kinder von Trägern eines autosomal dominanten Erbleidens, das eine hundertprozentige Penetranz zeigt, beträgt 50 %.

Wenn mehrfach gesunde Mutationsträger im Stammbaum beobachtet wurden, so liegt die Penetranz unter 100 %. Das Wie-

derholungsrisiko für den pathologischen Phänotyp ist folglich in dem Grade geringer als 50 %, als die Penetranz von 100 % abweicht. Nimmt man ein dominantes Gen mit einer Penetranz von nur noch 50 %, so wird von den 50 % Genträgern unter den Kindern eines autosomal dominant Erkrankten nur die Hälfte, also 25 % seiner Kinder insgesamt, das Merkmal zeigen. Bei einer solch niedrigen Penetranz wird es schwierig, formalgenetisch nur aus der Stammbaumanalyse auf Dominanz zu schließen.

Gesunde Geschwister eines Kranken mit einem autosomal-dominanten Leiden haben formalgenetisch, wenn die Penetranz des Merkmals 100 % ist, kein genetisch erhöhtes Risiko bezüglich dieses speziellen Merkmals. Handelt es sich beim Kranken um eine Neumutation, so muß die Möglichkeit des Keimzellmosaiks (s. 2.2.1) berücksichtigt werden.

10.3.1.1 DNA-Diagnostik

Ist die Mutation bei einer autosomal dominanten Erbkrankheit bekannt und mit Hilfe von molekulargenetischen Methoden (s. 1.3.1) nachweisbar, können Genträger direkt untersucht werden.

Beispiel: Die Myotonische Dystrophie (DM) ist eine autosomal dominante Erbkrankheit. Viele Organe sind betroffen, primär liegen Katarakt, Myotonien und Muskelschwächen vor. Die klinische Variabilität ist hoch. Der Genort liegt auf dem langen Arm des Chromosoms 19. Die DM-Mutation ist eine instabile Trinukleotidsequenz (CTG) (s. Abb. 2.9). Gesunde Personen haben 5 bis 30 Kopien der Trinukleotidsequenz CTG, bei Patienten findet man bis zu 2000 Kopien. Es besteht in der Regel eine Korrelation zwischen dem Schweregrad der klinischen Ausprägung und der Anzahl der Kopien. Häufig erhöht sich die Kopienzahl in der nächsten Generation bei den kranken Nachkommen, die dann schwerer betroffen sind (= Antizipation). Noch nicht geklärt ist die Beobachtung, daß betroffene Mütter Kinder mit einer sehr schwer verlaufenden Form (kongenitale myotonische Dystrophie) bekommen. Diese Kinder zeigen eine generalisierte Muskelhypotonie, psychomotorische Retardierung und häufig Klumpfüße. Mole-

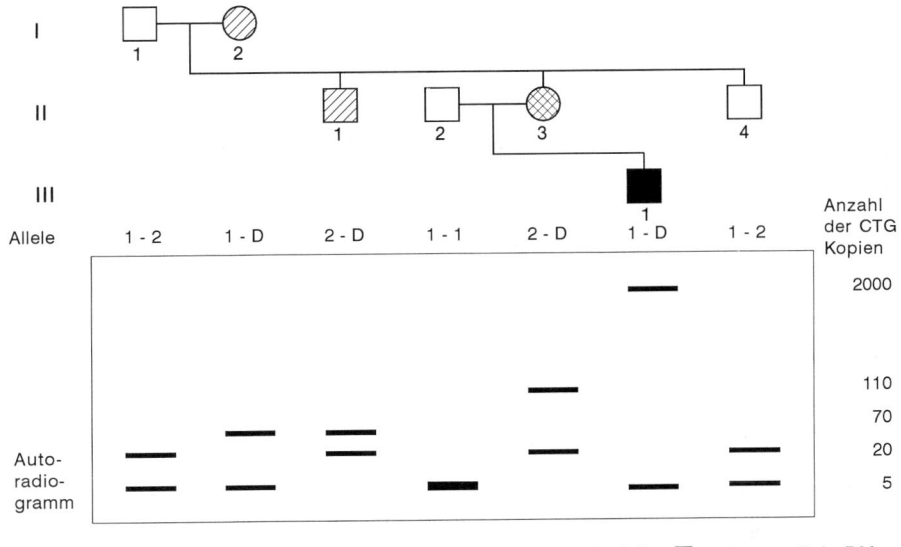

Abb. 10.7 Direkter Gentest bei Myotonischer Dystrophie (DM): Die kleinere Kopienzahl (5 – 30) der instabilen Trinukleotidsequenz (CTG) bei den Nicht-Genträgern zeigt sich in verkürzten DNA-Fragmenten. Genträger haben bis zu 2000 Kopien; von Generation zu Generation kann sich die Zahl der Kopien verändern, häufig erhöht sie sich; es besteht eine Korrelation zwischen Schweregrad und Anzahl der Kopien. Im obigen Stammbaum ist die Großmutter I/2 und ihr Sohn II/1 nur an einem Katarakt erkrankt, die instabile Trinukleotidsequenz besteht aus 70 Kopien. Die Tochter II/3 hat die typischen Zeichen einer myotonischen Dystrophie (Kararakt, Myotonie, Muskelschwäche), sie hat 110 Kopien. Ihr Sohn III/1 ist an einer kongenitalen myotonischen Dystrophie (Hypotonie, Klumpfüße, geistige Retardierung) erkrankt, bei ihm liegen über 2000 Kopien vor

kulargenetisch lassen sich die unterschiedlichen Kopienzahlen als verschiedengroße DNA-Fragmente darstellen (Abb. 10.7).

Ist dagegen nur die chromosomale Lokalisation eines Genes bekannt, kann mit Hilfe der indirekten Genotypdiagnostik (s. 1.3.1.3) eine Heterozygoten- oder Pränataldiagnostik durchgeführt werden. In der Regel sollten beim autosomal dominanten Erbgang möglichst drei Generationen mit gesicherten Kranken und Gesunden für die indirekte Genotypdiagnostik zur Verfügung stehen.

Beispiel: Die Neurofibromatose (NF1, Typ Recklinghausen) folgt einem autosomal-dominanten Erbgang. Symptome dieser Erkrankung treten mit unterschiedlicher Expressivität auf, sind aber bei genauer klinischer Untersuchung fast immer nachweisbar (Café-au-lait-Flecken, Lisch-Knoten, Fibrome). Die Penetranz beträgt also praktisch 100 %. Das Gen für die NF1

wurde auf dem kurzen/langen Arm des Chromosom 17 identifiziert. Das Gen kodiert für ein Tumorsuppressor-Gen. Die Mutationsrate ist hoch. Die kodierende Sequenz ist über 10 000 Basenpaare lang, so daß der direkte Nachweis von Punktmutationen aufwendig ist. Durch die Untersuchung von DNA-Markern, die mit dem Gen der NF1 eng gekoppelt sind, kann in informativen Familien festgestellt werden, welche Markerkonstellation die höchste Wahrscheinlichkeit trägt, mit der NF1-Mutation verbunden zu sein, so daß eine präklinische Diagnostik möglich ist.

10.3.2 Neumutationen

Gesunde Eltern, die ein Kind mit einem autosomal dominanten Erbleiden mit 100%iger Penetranz haben (z. B. Achondroplasie oder Akrozephalosyndaktylie), haben bezüglich ihrer weiteren Kinder kein erhöhtes Risiko, falls kein Keimzellmosaik bei einem Elternteil vorliegt (s. 2.2.1).

> Es muß daher auch bei möglichen Neumutationen mit einem geringen Wiederholungsrisiko (ca. 5 %) aufgrund eines nicht erkennbaren Keimzellmosaiks bei einem Elternteil gerechnet werden.

Auf den Zusammenhang zwischen Mutationsrate und väterlichem Alter ist in Kap. 2.2.2 hingewiesen worden.

10.4 Krankheiten mit geschlechtsgebundener Vererbung

10.4.1 Wiederholungsrisiko

> Das Erkrankungsrisiko für Geschwister von Kranken mit einem X-chromosomal rezessiven Erbleiden beträgt für Schwestern 0 % (aber 50 % der Schwestern sind Konduktorinnen, gelegentlich können Konduktorinnen klinische Symptome zeigen), für Brüder 50 % (vorausgesetzt, daß der Vater phänotypisch gesund und die Mutter Konduktorin ist).

Ist die Mutter homozygot erkrankt, z. B. an Rot-Grün-Farbenblindheit, so ist das Erkrankungsrisiko für die Söhne 100 % — alle bekommen ein X-Chromosom mit Genmutation für Rot-Grün-Farbenblindheit — für Töchter liegt es bei 0 %, wenn der Vater gesund ist, aber alle sind Konduktorinnen. Kinder eines rot-grün-farbenblinden Vaters und einer Mutter, die nicht Konduktorin ist, sind alle gesund; die Töchter sind jedoch alle wieder Konduktorinnen — jede erbt das X-Chromosom mit der Genmutation für Rot-Grün-Farbenblindheit von ihrem Vater.

Das Erkrankungsrisiko verändert sich dann, wenn bei dem Kranken eine Neumutation oder ein Keimzellmosaik bei der Mutter als Ursache der Erkrankung angenommen werden muß. Für die Muskeldystrophie Duchenne wird das Wiederholungsrisiko für eine Mutter, die einen kranken Sohn hat und selber keine Konduktorin ist, aufgrund des Keimzellmosaiks auf etwa 10 % geschätzt, einen weiteren kranken Sohn zu bekommen (s. Abb. 2.10).

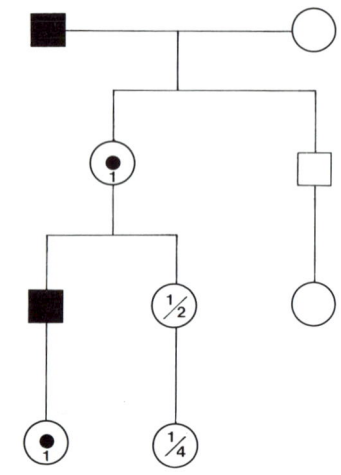

■ hemizygot Betroffener

Abb. 10.8 Heterozygotenwahrscheinlichkeit für weibliche Angehörige beim X-chromosomal rezessiven Erbgang (keine Neumutation)

10.4.2 Risiko, Überträger zu sein

Zur Abschätzung der Heterozygotenwahrscheinlichkeit für eine gesunde Frau ist eine genaue Familienanamnese notwendig. Wenn ihr Vater hemizygot und somit krank ist, muß jede Tochter mit hundertprozentiger Sicherheit Überträgerin (Konduktorin, heterozygot) sein. Töchter von sicheren Konduktorinnen haben eine Wahrscheinlichkeit von 50 %, Überträgerinnen zu sein. Kinder gesunder Brüder von Patienten mit einem X-chromosomal rezessiven Leiden werden sämtlich gesund sein, da ein gesunder Mann auf seinem X-Chromosom das normale Gen trägt (Abb. 10.8).

Bei den X-chromosomal rezessiv letalen Erkrankungen (z. B. Muskeldystrophie Duchenne) haben die Patienten aufgrund des schweren Krankheitsverlaufs keine Nachkommen. Etwa ein Drittel aller Patienten sind Neumutationen. Bei sporadischen Patienten kann daher eine Neumutation vorliegen. Die Mutter hat dann nur noch eine Wahrscheinlichkeit von ⅔, Konduktorin zu sein (Abb. 10.9). Um das Risiko für Kinder von Schwestern Erkrankter zu berechnen, muß ein Heterozygotentest bei diesen Schwestern durchgeführt wer-

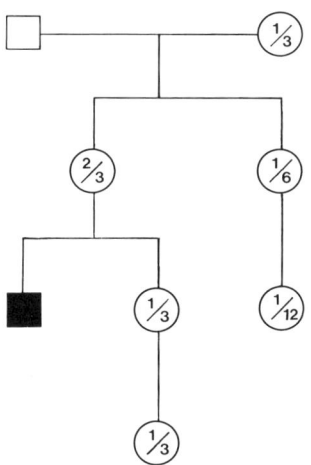

■ hemizygot Betroffener

Abb. 10.9 Heterozygotenwahrscheinlichkeit für weibliche Angehörige beim X-chromosomal rezessiv letalen Erbgang, sporadischer Patient

Beispiel: Die Muskeldystrophie Duchenne (DMD) ist eine progressive Muskeldystrophie, die im Beckengürtel beginnt. Die Lebenserwartung ist deutlich herabgesetzt. Der Genort liegt auf dem kurzen Arm des X-Chromosoms. Bei etwa 60 % der Patienten findet man eine Deletion im Dystrophin-Gen, die molekulargenetisch nachgewiesen werden kann (Abb. 10.10). Eine direkte Heterozygotendiagnostik ist nicht immer möglich. Falls der Patient verstorben ist oder bei ihm keine erkennbare Strukturanomalie im Dystrophin-Gen vorliegt, muß die Heterozygoten- und Pränataldiagnostik mit Hilfe der indirekten Genotypdiagnostik erfolgen (s. 1.3.1.3).

Beispiel: Das Martin-Bell Syndrom (fragiles X-Syndrom) ist die häufigste genetisch bedingte Form der unspezifischen geistigen Behinderung, die überwiegend bei Männern auftritt (Häufigkeit etwa 1 von 1250 unter Knaben) (s. 4.4.4.4). Der Genort liegt auf dem langen Arm des X-Chromosoms.

Zytogenetisch findet man in der Regel bei den geistig behinderten Genträgern unter bestimmten Kulturbedingungen in einem Teil der Metaphasen eine fragile Stelle am langen Arm des X-Chromosoms.

Bei der Mutation im Gen des Martin-Bell-Syndroms (FMR-1-Gen) handelt es sich um eine instabile Trinukleotidsequenz (CCG). Nicht-Genträger haben 10 – 50 Kopien der Trinukleotidsequenz CCG. Bei gesunden Genträgern liegen 50 – 200 Kopien vor, Patienten haben über 200 bis zu 2000 Kopien. Die molekulargenetische Grund-

den. Liegt ein solcher Test nicht vor, so ist das Risiko für ihre Kinder nur formal zu berechnen, dabei können die Stammbauminformationen und Laborparameter (z. B. indirekte Genotypdiagnostik) benutzt werden.

10.4.2.1 DNA-Diagnostik

Bei einigen X-chromosomalen Erbkrankheiten kann die Mutation mit Hilfe von molekulargenetischen Methoden (s. 1.3.1) direkt nachgewiesen werden.

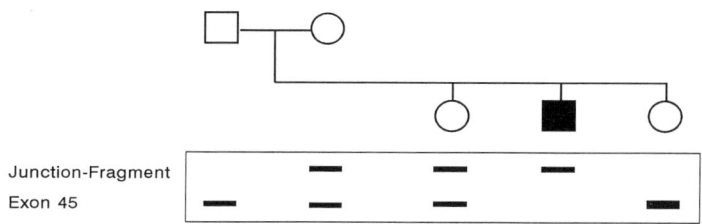

Junction-Fragment

Exon 45

Abb. 10.10 Direkte Gendiagnostik bei Muskeldystrophie Duchenne (DMD): Der Patient hat eine Deletion (Exon 45) und zusätzlich eine durch die Deletion entstandene Zusatzbande (Junction-Fragment). Seine Mutter und seine ältere Schwester haben diese Zusatzbande auch. Beide Frauen sind daher sichere Konduktorinnen. Die jüngere Schwester hat diese Zusatzbande nicht. Sie ist daher keine Konduktorin

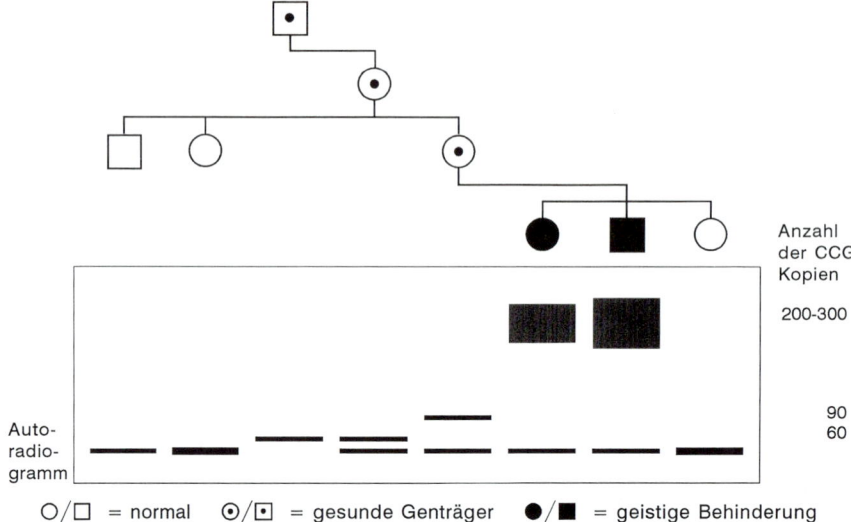

O/□ = normal   ⊙/⊡ = gesunde Genträger   ●/■ = geistige Behinderung

Abb. 10.11   Direkte Gendiagnostik bei dem fragilen X-Syndrom: Die kleinere Kopienzahl (5 – 60) der instabilen Trinukleotidsequenz (CCG) bei den Nicht-Genträgern zeigt sich in einem verkürzten DNA-Fragment (Southernblot, Restriktionsenzym: EcoRI). Gesunde Genträger haben 50 – 200 Kopien. Bei Patienten mit geistiger Behinderung findet man 200 – 2000 Kopien; wegen somatischer Instabilität der Bandenzahl zeigen Patienten keine scharfen Banden. Im obigen Stammbaum liegt bei dem Urgroßvater I/1 und seiner Tochter II/1, die beide klinisch gesund sind, eine Prämutation vor (um 60 Kopien). Bei der Enkeltochter III/3 finden sich etwa 90 Kopien. Deren Kinder IV/1 und IV/2, die Genträger und erkrankt sind, haben 200 – 300 Kopien

lage dieser unterschiedlichen Kopienzahl ist eine meiotische Instabilität der Trinukleotidsequenz. Molekulargenetisch lassen sich die unterschiedlichen Kopienzahlen als verschieden große DNA-Fragmente darstellen (Abb. 10.11).

Es findet sich ein vom klassisch X-rezessiven abweichender Erbgang mit drei auffälligen Befunden:

(1) Nicht alle männlichen Mutationsträger sind betroffen. Vererben sie die Mutation an ihre Töchter weiter, so sind diese nicht betroffen.

(2) Wenn Überträgerinnen Symptome zeigen, so haben sie die Mutation immer von ihrer Mutter geerbt.

(3) Das Erkrankungsrisiko steigt von einer Generation zur nächsten, wenn die Mutation von der Mutter weitervererbt wird (Antizipation) (s. 2.1.2.4 u. 10.3.1.1).

Die Verlängerung der Nukleotidsequenz von einer Generation zur nächsten erklärt den Antizipationseffekt. Die meist meiotische Instabilität ist auf die weibliche Meiose beschränkt.

10.5 Multifaktoriell (polygen) bedingte Erbkrankheiten
(s. 6.3)

10.5.1 Wiederholungsrisiko

Ein multifaktoriell (polygen) bedingtes Leiden ist durch eine Gruppe von Genen bedingt, die (wenn sie nicht gekoppelt sind) jedes einzeln den *Mendel*schen Regeln folgend sich von Generation zu Generation neu kombinieren (s. 6.1). Zusätzlich wirken Umweltfaktoren bei der Ausprägung von Merkmalen mit.

Multifaktoriell bedingte Merkmale zeigen folglich keinen einfachen Erbgang. Grundlage der genetischen Beratung bei solchen Krankheiten sind daher empirische Risikoziffern.

Tabelle 10.1 Wiederholungsrisiken bei multifaktorieller Vererbung (80 % Heritabilität) (Daten nach *Smith* 1982)

	Risiko für weiteres Kind bei einer Häufigkeit in der Bevölkerung von 1 %	Risiko für weiteres Kind bei einer Häufigkeit in der Bevölkerung von 0,1 %
Eltern gesund, 1 Kind erkrankt	7 %	3 %
Eltern gesund, 2 Kinder erkrankt	14 %	8 %
1 Elternteil erkrankt	8 %	3 %
1 Elternteil und 1 Kind erkrankt	19 %	10 %
beide Eltern erkrankt	41 %	32 %

Empirische Risikoziffern (= empirische Erbprognose) werden dadurch gewonnen, daß man Serien von Patienten und ihren Familien zusammenstellt und durch den Vergleich von erkrankten mit nichterkrankten Personen die Erkrankungswahrscheinlichkeit, ausgedrückt in Prozent, errechnet. Das muß für jeden Verwandtschaftsgrad eigens geschehen, also jeweils für Eltern, Kinder, Geschwister, Vettern und Basen, Onkel und Tanten usw. Bei Krankheiten, die sich erst im späten Lebensalter manifestieren, müssen rechnerische Alterskorrekturen vorgenommen werden. Bei den Risikoziffern handelt es sich um Näherungswerte, da sie auf phänotypischer, also genferner Ebene gewonnen werden.

Die Höhe der empirischen Risikoziffern hängt davon ab, ob die Eltern eines kranken Kindes gesund sind, ob ein Elternteil selbst krank ist, ferner ob bereits ein oder zwei kranke Kinder geboren wurden und schließlich von der Populationshäufigkeit (Tab. 10.1).

Wichtig ist weiterhin, ob das betreffende Leiden in einem Geschlecht häufiger auftritt als in dem anderen (Tab. 6.2). Ist das der Fall, wie z. B. bei der Hüftgelenksluxation (Mädchen sind etwa sechsmal häufiger betroffen als Knaben) oder Pylorusstenose (Knaben sind etwa fünfmal häufiger betroffen als Mädchen), so gilt, daß das empirische Risiko höher ist, wenn der betroffene Ratsuchende dem seltener befallenen Geschlecht angehört (Carter-Effekt). Am

Beispiel der Pylorusstenose, die ca. sechsmal häufiger Knaben als Mädchen befällt, ist der Carter-Effekt in Kap. 6.3 beschrieben.

In Annäherung entspricht das Wiederholungsrisiko (sporadischer Patient; Verwandtschaft 2. Grades) bei multifaktoriellen Leiden der Quadratwurzel aus der Häufigkeit in der Bevölkerung (s. 6.3 u. Tab. 10.2 a – d).

Beispiel: Der Diabetes mellitus ist eine heterogene Krankheitsgruppe. Neben seltenen monogenen Erbgängen folgt der Diabetes mellitus in der Regel einer multifaktoriellen Vererbung. Folgende Einteilung ist vorläufig möglich (Tab. 10.3):

(1) Insulin-abhängiger (juveniler) Diabetes (oder Typ 1 Diabetes):
Assoziation mit HLA-Antigen (DR3 oder DR4, besonders DR3/DR4 Heterozygote), event. Autoimmunerkrankung, multifaktorielle Vererbung, 30 – 40 % Konkordanzrate bei EZ; in einem Teil der Fälle liegt eine virale Induktion vor; Erkrankungsbeginn im Kindesalter, Häufigkeit 0,1 bis 0,3 % unter den 17jährigen, Wiederholungsrisiko für Geschwister 0,5 – 1 %, für Kinder von Erkrankten um 2 % (s. Tab. 10.2 b u. Tab. 10.3).

(2) Insulin-unabhängige Diabetes (oder Typ 2 Diabetes):
(a) Adulter Typ; keine HLA-Assoziation; multifaktorielle Vererbung

Tabelle 10.2 a Empirische Risiken für einige wichtige häufige Fehlbildungen

Art der Fehlbildung		Empirisches Risiko in %	Häufigkeit in der Bevölkerung in %
Lippen-Kiefer-Gaumen-Spalte			
nach 1 erkranktem Kind (Eltern gesund)		3	0,1 – 0,2
nach 2 erkrankten Kindern (Eltern gesund)		9	
wenn ein Elternteil erkrankt ist		3	Knaben häufiger
wenn ein Elternteil und 1 Kind erkrankt sind		11	als Mädchen (1,6:1)
Das Risiko ist erhöht, wenn der erkrankte Elternteil die Mutter oder das erste erkrankte Kind weiblich ist.			
Spina bifida			
(+ Anenzephalie und/oder Hydrozephalie)			~0,1
nach 1 erkranktem Kind (Eltern gesund)		4	
nach 2 erkrankten Kindern (Eltern gesund)		10	
wenn ein Elternteil erkrankt ist		4,5	
wenn ein Elternteil und 1 Kind erkrankt sind		12	
Ventrikelseptumdefekt			~0,1
nach 1 erkranktem Kind		2 – 4	
nach 2 erkrankten Kindern		5 – 8	
wenn ein Elternteil erkrankt ist		4	
Klumpfuß			
nach 1 erkranktem Kind		3	~0,1
Pylorusstenose			
wenn die Mutter betroffen ist ⎱	⎰ für Knaben	20	
oder nach erkrankter Tochter ⎰	⎱ für Mädchen	7	
wenn der Vater betroffen ist ⎱	⎰ für Knaben	5	Knaben 0,6
oder nach erkranktem Sohn ⎰	⎱ für Mädchen	2,5	Mädchen 0,1
Angeborene Hüftluxation			
nach erkrankter Tochter	Knaben	0,6	
	Mädchen	6,25	
nach erkranktem Sohn	Knaben	0,9	Knaben 0,05
	Mädchen	6,9	Mädchen 0,3

Tabelle 10.2 b Empirische Wiederholungsrisiken für einige häufige Krankheiten

	Risiko für weiteres Kind	Häufigkeit in der Bevölkerung
Diabetes mellitus (Typ 1)		0,2 %
Eltern gesund,		
1 Kind erkrankt	6 %	
Eltern gesund,		
1 Kind erkrankt	3 %	
Kranker und Ratsuchender:		
beide haben DR3/DR4	19 %	
kein HLA-Haplotyp identisch	2 %	
Diabetes mellitus (Typ 2)		2,0 %
Eltern gesund,		
1 Kind erkrankt	10 %	
1 Elternteil erkrankt	10 %	

Tabelle 10.2 c   Empirische Wiederholungsrisiken für einige häufige Krankheiten

	Risiko für weiteres Kind	Häufigkeit in der Bevölkerung
Idiopathische Epilepsien		0,5 %
Eltern gesund,		
1 Kind erkrankt		
Erkrankungsalter unter 10 Jahre	6 %	
Erkrankungsalter über 25 Jahre	1 – 2 %	
1 Elternteil erkrankt	4 %	
Fieberkrämpfe		2 – 7 %
Eltern gesund,		
1 Kind erkrankt	8 – 29 %	

Tabelle 10.2 d   Empirische Wiederholungsrisiken für einige häufige Krankheiten

	Risiko für weiteres Kind	Häufigkeit in der Bevölkerung
Schizophrenie		1,0 %
Eltern gesund,		
1 Kind erkrankt	9 %	
1 Elternteil erkrankt	13 %	
1 Elternteil und		
1 Kind erkrankt	15 %	
beide Eltern erkrankt	40 %	
manisch-depressive/		0,4 – 2,5 %
rein depressive Psychose		
Eltern gesund,		
1 Kind erkrankt	10 – 20 %	
1 Elternteil erkrankt	10 – 20 %	

Tabelle 10.3   Diabetes mellitus

	Insulin-abhängiger Diabetes (Typ 1)	Insulin-unabhängiger Diabetes (Typ 2)
Erkrankungsalter	unter 40 Jahre	über 40 Jahre
Konkordanzrate bei		
eineiigen Zwillingen	30 – 40 %	nahe bei 100 %
HLA-Assoziation	hoch (DR3/DR4)	keine

und 100 % Konkordanzrate bei EZ, Erkrankungsalter über 40 Jahre, häufig in der Bevölkerung (5 % der Erwachsenen betroffen), Wiederholungsrisiken für Verwandte 1. Grades 5 – 10 % für klinisch manifesten Diabetes.

(b) Juveniler Typ; autosomal dominante Vererbung, sehr selten.

Beispiel: Die Epilepsien sind ein heterogenes Krankheitsbild aufgrund von exogenen (z. B. Tumoren, Hirn-Traumen) und/ oder genetischen Ursachen. Bei über 140 genetischen Erkrankungen werden epileptische Anfälle beschrieben (etwa 1 % aller Epilepsien). Bei hohem Fieber können Fieberkrämpfe auftreten (Häufigkeit in der Bevölkerung etwa 2 – 7 %). Etwa 85 % der Epilepsien lassen sich nicht einer bestimmten Ursache zuordnen (idiopathische Epilepsien), diese folgen in der Regel einem multifaktoriellen Erbgang.

	Vater	Mutter	Kind	Diagnose	Beratung
a	 21 normal	 21 normal	 21 trisom	**Freie Trisomie 21** (de novo)	*Wiederholungsrisiko* theoretisch: 0% empirisch bei Müttern unter 38 J.: ca. 1% bei Müttern über 38 J.: 2–5% *Pränatale Diagnostik empfohlen*
b	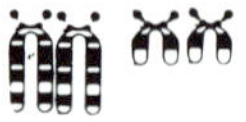 14 21 normal	 14 21 normal	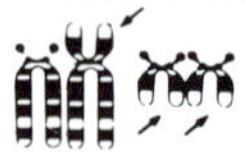 14 21 unbalancierte Translokation t(14q21q)	**Translokations- trisomie 21** (de novo)	*Wiederholungsrisiko* theoretisch: 0% empirisch: ? *Pränatale Diagnostik empfohlen*
c	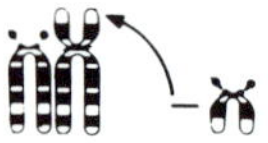 14 21 balancierte Translokation t(14q21q)	 14 21 normal	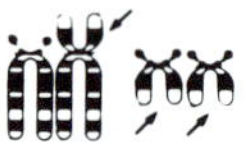 14 21 unbalancierte Translokation t(14q21q)	**Translokations- trisomie 21** (vererbt)	*Wiederholungsrisiko* theoretisch: 25% empirisch Vater Carrier: ca. 4% Mutter Carrier: ca. 10% *Pränatale Diagnostik empfohlen*
d	 21 normal	 21 balancierte Translokation t(21q21q)	 21 unbalancierte Translokation t(21q21q)	**Translokations- trisomie 21** (vererbt)	*Wiederholungsrisiko* 100% (rechnerisch entstehen etwa 50% monosome Gameten; diese führen aber nicht zu lebensfähigen Feten)
e	 21 normal	 21 balancierte perizentrische Inversion inv(21) (p11;q22)	 21 unbalancierte Strukturaberra- tion durch Crossing-over in der Inversions- schleife	**partielle Trisomie 21** (vererbt)	*Wiederholungsrisiko* theoretisch: 25% empirisch: ? *Pränatale Diagnostik empfohlen*

Abb. 10.12 Zytogenetische Aberrationstypen und deren Bedeutung für die Familienberatung am Beispiel der Trisomie 21 (Down-Syndrom)

Beispiel: Die Psychosen sind eine heterogene Krankheitsgruppe. Tabellarisch sind die empirischen Risikoziffern in Tab. 10.2 d wiedergegeben.

10.6 Erkrankungen durch Chromosomenaberrationen

10.6.1 Wiederholungsrisiko

Bei jedem Verdacht auf eine Chromosomenaberration (s. 4.6) ist die Chromosomenanalyse zwingende Voraussetzung für die Abschätzung des Wiederholungsrisikos, da allein durch die klinische Diagnose der zytogenetische Aberrationstyp nicht erschlossen werden kann.

Die Risiken bei den Aberrationstypen, die zum Down-Syndrom führen, sind in Abb. 10.12 dargestellt.

Da Chromosomenaberrationen beim Feten diagnostizierbar sind, ist in jedem Einzelfall bei Vorliegen eines chromosomalen

Tabelle 10.4 Die Häufigkeit von Chromosomenaberrationen in der 16. Schwangerschaftswoche in Abhängigkeit vom mütterlichen Alter. Eine früher diskutierte Zunahme chromosomaler Anomalien in Abhängigkeit vom väterlichen Alter konnte nicht bestätigt werden (*Ferguson-Smith* 1984)

Mütterliches Alter	Zahl der Schwanger- schaften	Autosomale Aberrationen								Gonosomale Aberrationen							Total		
		+21	+18	+13	Extra marker	Mosaike etc.	Struktur Unbal.	Struktur Bal.	t13:14	XXX	XXY	XYY	XO	Mosaike etc.	Struktur Unbal.	Struktur Bal.	Abn.	Bal.	Alle Aber- rationen
35	5409	0.35	0.07	0.05	0.04	0.04	0.02	0.26	0.07	0.07	0.09	0.05	0.05	–	0.05	0.05	0.91	0.39	1.29
36	6103	0.57	0.08	0.03	0.03	–	0.05	0.21	0.08	0.08	0.08	0.02	0.10	0.05	–	0.02	1.09	0.31	1.41
37	6956	0.68	0.09	0.03	0.07	0.07	0.04	0.18	0.03	0.07	0.04	0.03	0.06	0.06	0.02	0.03	1.24	0.26	1.50
38	7926	0.81	0.15	0.04	0.05	0.02	0.05	0.19	0.08	0.08	0.08	0.02	0.08	0.04	0.01	–	1.39	0.26	1.65
39	7682	1.09	0.19	0.06	0.08	0.03	0.07	0.16	0.03	0.12	0.16	0.04	0.03	0.04	0.03	0.04	1.87	0.22	2.10
40	7174	1.23	0.25	0.12	0.06	0.03	0.02	0.17	0.06	0.06	0.15	0.03	0.04	0.04	–	–	2.13	0.22	2.36
41	4763	1.47	0.36	0.17	0.06	0.04	–	0.17	0.02	0.15	0.29	0.04	–	0.04	–	–	2.64	0.19	2.83
42	3156	2.19	0.63	0.19	0.06	0.13	–	0.19	0.05	0.28	0.35	0.03	0.03	0.03	–	–	3.77	0.24	4.01
43	1912	3.24	0.78	0.05	0.10	0.10	0.05	–	0.05	0.31	0.31	–	–	–	0.05	–	5.02	0.05	5.07
44	1015	2.95	0.49	–	–	–	–	–	0.10	0.49	0.39	0.20	–	–	–	–	4.33	0.10	4.43
45	508	4.53	0.39	0.20	0.39	0.20	–	–	–	0.39	0.98	–	–	–	–	–	7.28	–	7.28
46	232	8.19	0.43	–	–	–	–	–	–	0.43	1.29	–	–	–	–	–	10.34	–	10.34
> 46	129	2.33	0.77	–	–	–	–	–	–	1.55	1.55	0.77	–	–	–	–	6.98	–	6.98
≥ 35	52965	1.16	0.23	0.07	0.06	0.04	0.04	0.18	0.05	0.12	0.16	0.03	0.04	0.04	0.02	0.02	2.01	0.25	2.26

Risikos die pränatale Diagnostik zu diskutieren.

10.6.2 Alter der Mutter

Die Chromosomenaberrationen durch Überzahl eines Autosoms oder des X-Chromosoms nehmen mit dem Alter der Mutter zu.

In Tabelle 10.4 ist die Häufigkeit von Chromosomenaberrationen in der 16. Schwangerschaftswoche in Abhängigkeit vom mütterlichen Alter dargestellt. Eine früher diskutierte Zunahme chromosomaler Anomalien in Abhängigkeit vom väterlichen Alter konnte nicht bestätigt werden. Untersuchungen mit Hilfe von DNA-Polymorphismen haben gezeigt, daß bei der Trisomie 21 das Extrachromosom 21 in ca. 95 % mütterlicher und nur 5 % väterlicher Herkunft ist.

10.6.3 Habituelle Fehlgeburten

Untersucht man Fehlgeburtsgewebe zytogenetisch, so findet man in ca. der Hälfte aller Fehlgeburten chromosomale Aberrationen. Hierbei handelt es sich meist um autosomale Trisomien, die zum Absterben des Feten im ersten Drittel der Schwangerschaft führen. Ist es aufgrund einer autosomalen Trisomie oder einer Polyploidie zur Fehlgeburt gekommen, besteht für weitere Schwangerschaften ein geringfügig erhöhtes Wiederholungsrisiko (um 1 %). Das Risiko für eine spontane Fehlgeburt steigt mit zunehmendem mütterlichen Alter und liegt bei Frauen unter 35 Jahren bei ca. 5 %, bei Frauen zwischen 35 und 37 Jahren bei 10 % und steigt auf ca. 30 % bei Frauen über 40 Jahren.

Habituelle Aborte können auf einer unbalancierten Strukturaberration aufgrund einer balancierten Translokation bei einem Elternteil beruhen. Es sollte deswegen unbedingt nach spätestens drei spontanen Fehlgeburten eine Chromosomenanalyse beider Eltern vorgenommen werden.

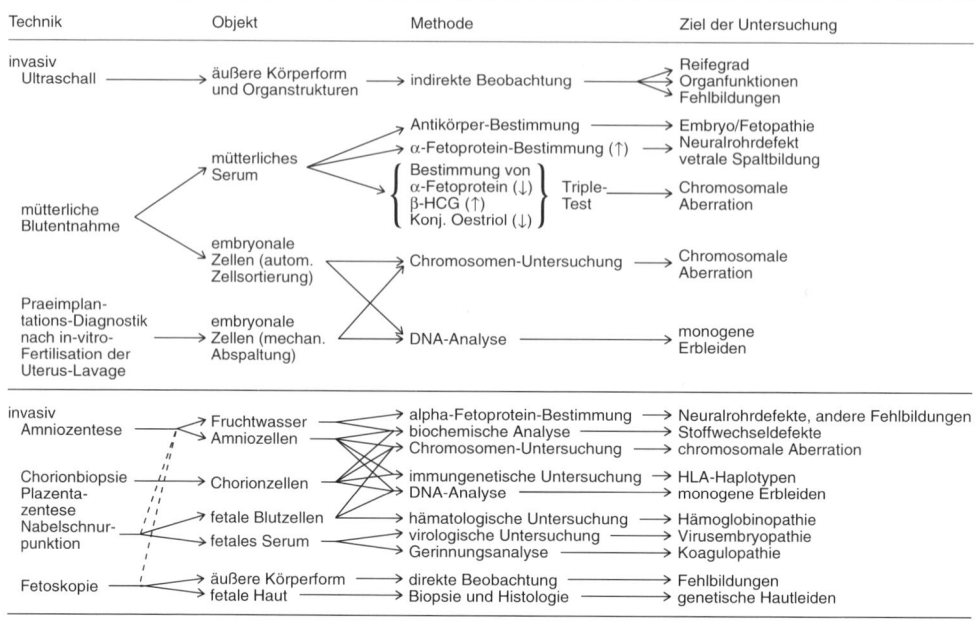

Technik	Objekt	Methode	Ziel der Untersuchung

Abb. 10.13 Wegweiser zu den Möglichkeiten der pränatalen Diagnostik beim Embryo und Feten

Es findet sich dann in ca. 2 % dieser Fälle bei einem Elternteil eine balancierte Chromosomenaberration. Die Risikoziffern können je nach Translokationstyp berechnet werden. Für die Trisomie 21 sind verschiedene Translokationstypen und das Wiederholungsrisiko in Abb. 10.12 b – d dargestellt.

10.6.4 Infertilität

Auch zur Abklärung einer Infertilität gehört die Chromosomendiagnostik. Bei jeder Frau mit primärer Amenorrhoe muß eine Chromosomenanalyse zur Abklärung der Diagnose durchgeführt werden, um ein Ullrich-Turner-Syndrom, eine strukturelle X-chromosomale Aberration oder eine monogene Störung der Geschlechtsentwicklung als Ursache feststellen oder ausschließen zu können (s. 4.2 u. 3.2.3).

Männer mit Klinefelter-Syndrom (47,XXY) sind infertil. Zur genauen Abklärung einer Infertilität im männlichen Geschlecht ist deswegen gleichfalls die Chromosomenanalyse indiziert (s. 4.2.3).

Triplo-X-Frauen (47,XXX) und 47,XYY-Männer sind in der Regel fertil.

10.7 Pränatale Diagnostik

10.7.1 Methode

Die pränatale Diagnostik ist ein Spezialbereich und Hilfsmittel der genetischen Beratung. Ihre Techniken und Methoden sind im Verlauf der jetzt etwa 15jährigen routinemäßigen Anwendungen fest etabliert, die Risiken sind recht genau umschrieben.

Das Prinzip der verschiedenen pränatalen Untersuchungsmethoden ist in der Abb. 10.13 wiedergegeben.

Die nicht-invasiven Untersuchungen (Ultraschall, mütterliche Blutentnahme) sind den invasiven gegenüberzustellen. Invasive Untersuchungen dürfen nur bei definiert bestehendem Risiko durchgeführt werden.

10.7.1.1 Nicht-invasive Untersuchungen

Nicht-invasive Diagnostik tangiert Uterus, Eihäute und Embryo nicht.

Der transvaginale (1. Trimenon) oder transabdominale (2. und 3. Trimenon) **Ultraschall** ermöglicht eine sehr genaue Altersbestimmung des Embryos und die Beurteilung der äußeren Körperform sowie der Organstrukturen. Ein unklarer pathologischer Ultraschallbefund ist in der Regel eine Indiaktion zur fetalen Chromosomenanalyse.

Von zunehmender Bedeutung sind die Befunde aus dem **mütterlichen Blut.**

Im Serum kann die Alpha-Fetoprotein-Bestimmung bei der Erhöhung des Spiegels Hinweise auf eine Verschlußstörung des Neuralrohrs geben. Die kombinierte Bestimmung des Alpha-Fetoproteins, des β-HCG (humanes Choriongonadotropin) und der konjugierten Östriole (**Triple Test**) können Hinweise geben auf das Vorliegen einer kindlichen Trisomie (13, 18, vor allem 21). Dabei steigt das Risiko für ein chromosomenkrankes Kind bei Abweichungen des AFP nach unten, des β-HCG nach oben und der konjugierten Östriole nach unten. Diese Abweichungen orientieren sich an einem Mittelwert, sie werden in Dezimalen des MoM (multiple of median) angegeben.

Über die praktische Anwendung des Triple Test besteht derzeit noch kein Konsens. Die aktuellen Stellungnahmen der Fachgesellschaften, die zugleich auch Richtlinien für beratende Ärzte sind, sind im Anhang 12.4 wiedergegeben.

Fortschritte sind erzielt worden bei dem Versuch, aus dem mütterlichen Blut **kindliche Zellen,** die bei der aktuell bestehenden Schwangerschaft durch die Placentaschranke in das mütterliche Blut übergetreten sind, zu gewinnen. Die besten Ergebnisse sind bisher mit kernhaltigen fetalen Erythrozyten erzielt worden.

Auch hier sind die Methoden noch nicht so weit gediehen, daß eine Routineanwendung möglich wäre. Die Forschungen auf diesem Gebiet sind jedoch sehr vielversprechend, und es wäre ein großer Erfolg, wenn man ohne die Risiken, die die invasiven Methoden bedeuten, kindliche Zellen untersuchen könnte.

10.7.1.2 Invasive Untersuchungen

Untersuchungen, bei denen auf direktem Wege, sei es transabdominal, sei es transzervikal, fetale Zellen, fetales Serum oder Fruchtwasser gewonnen wird, dürfen nur bei definiert bestehendem Risiko durchgeführt werden.

Zu Untersuchungen können verwendet werden
- fetale Zellen,
- zellfreies Fruchtwasser,
- fetales Serum.

Chromosomenanalysen an Zellen des ungeborenen Kindes sind derzeit möglich durch Direktpräparation und Langzeitkultur von Chorionzellen, durch die Chromosomenpräparation von Amnionzellen nach Langzeitkultur und die Präparation der Lymphozyten des fetalen Blutes nach Nabelschnurpunktion (s. Abb. 10.14 a – c).

Grundsätzlich ist auch eine **Präimplantations-Diagnostik** möglich, bei der nach in vitro-Fertilisation oder Lavage des Uterus vom Embryo eine oder einige Zellen abgespalten werden. Während der Embryo konserviert wird, wird an den abgespalten embryonalen Zellen nach Präparation die genetische Diagnostik durchgeführt. Wieweit dies medizinisch sinnvoll ist und ob dies ethisch vertretbar ist, steht noch in Diskussion. In der Bundesrepublik ist diese Methodik nicht erlaubt.

10.7.2 Indikationen zur pränatalen Diagnostik

Eine vorgeburtliche Untersuchung ist nur sinnvoll, wenn ein Risiko für ein definiertes genetisches Leiden besteht, das sich entweder in den fetalen Zellen, in der Amnionflüssigkeit, im Blut, in der Morphologie oder der Haut des Feten manifestiert. Für Röntgenuntersuchungen des Feten oder des Schwangerschaftsverlaufs gibt es keine Indikation.

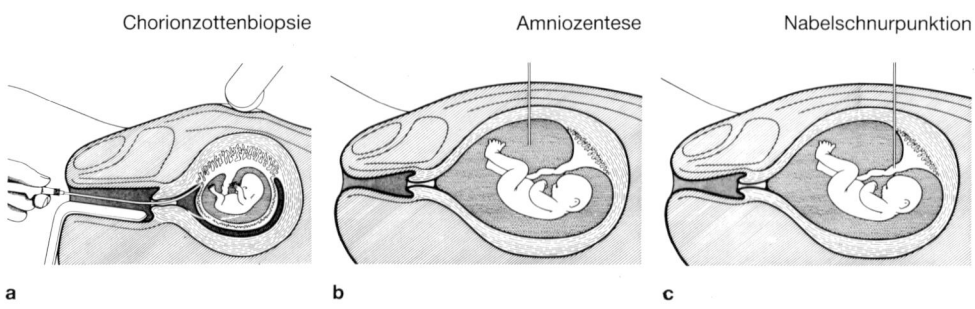

Chorionzottenbiopsie	Amniozentese	Nabelschnurpunktion
a	b	c

Zeitpunkt der Untersuchung

~ 10. Schwangerschaftswoche	~ 16. Schwangerschaftswoche	ab 20. Schwangerschaftswoche

Technik der Zellgewinnung

Gewebsentnahme durch Scheide und Muttermund	Transabdominale Punktion durch das Peritoneum in die Fruchtblase	Transabdominale Nabelschnur-punktion

Technik der Zellkultur

Direktpräparation und Kurzzeitkultivierung	Mehrere parallele Langzeitkulturen	Lymphozytenpräparation wie aus peripherem Blut

Dauer bis zur Chromosomenanalyse

1 Tag bis 1 Woche	2 bis 3 Wochen	1 Woche

Fehlgeburtsrate

~3%	0,5–1%	0,5–1%

Abb. 10.14 a – c Synoptischer Vergleich Chorionzottenbiopsie – Amniozentese – Nabelschnurpunktion

Tabelle 10.5 zeigt eine Aufgliederung der Indikationen nach dem genetischen Risiko, das in der Regel > 1 % sein sollte.

Im einzelnen diskutiert werden sollen die Indikationsgruppen im folgenden nach der in der genetischen Beratungspraxis anfallenden Häufigkeit.

10.7.2.1 Verdacht auf eine Chromosomenaberration

Erhöhtes Alter der Eltern

Bei der Häufigkeit der Indikationen zur pränatalen Diagnostik steht heute eindeutig die sog. Altersindikation an erster Stelle. Ihr Anteil liegt bei ca. 80 %. An einem großen europäischen Amniozentesekollektiv ist die Häufigkeit von Chromosomenaberrationen im 2. Drittel der Schwangerschaft ermittelt worden. Sie können für die genetische Beratung herangezogen werden (s. Tab. 10.4).

Die Wahrscheinlichkeit, eine fetale Chromosomenanomalie zu diagnostizie-

Tabelle 10.5 Indikationen zur pränatalen Diagnostik, gestaffelt nach Risiken in Prozent

1. hohes Risiko 10 % – 50 %	monogene Leiden
	pränataler Virusinfekt (1. u. 2. Monat)
	elterliche chromosomale Strukturaberration*
2. mittleres Risiko 2 % – 10 %	mütterliches Alter (>38 Jahre)
	multifaktorielle Leiden (z. B. Neuralrohrdefekt, auffälliger Ultraschallbefund)
	pränataler Virusinfekt (3. u. 4. Monat)
	elterliche chromosomale Strukturaberration*
3. niedriges Risiko 1 % – 2 %	vorangegangenes Kind mit neu entstandener Chromosomenaberration
	mütterliches Alter (≦37 Jahre)
	elterliche chromosomale Strukturaberration*

* das Risiko ist abhängig von der Lage der Bruchpunkte in den betroffenen Chromosomen (*Stengel-Rutkowski* und Mitarb. 1988)

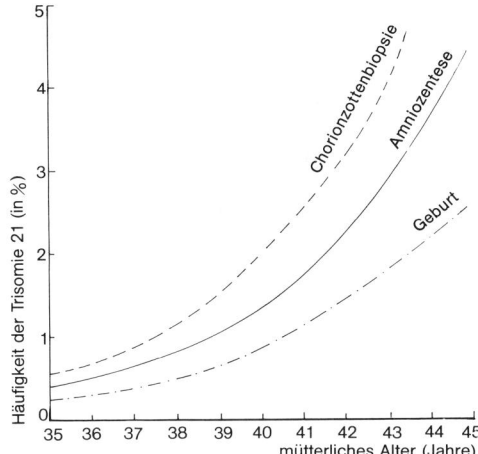

Abb. 10.15 Frequenz chromosomenkranker Kinder mit Trisomie 21 bei der Chorionzotten- bzw. Amnionzelluntersuchung und bei der Geburt. Die Differenz der einzelnen Häufigkeiten resultiert aus den spontanen Fehlgeburten von chromosomenkranken Feten (*Conor* und *Ferguson-Smith* 1987)

ren, hängt vom Zeitpunkt der Untersuchung ab (Abb. 10.15). Hier ist die Häufigkeit der Trisomie 21 in Abhängigkeit vom mütterlichen Alter bezogen auf den Zeitpunkt der Untersuchung (Chorionzottenbiopsie 10. Woche, Amniozentese 16. Woche, Geburtstermin) dargestellt. Entsprechende höhere Wahrscheinlichkeiten in frühen Schwangerschaftsstadien finden sich bei den übrigen Trisomien, wobei eine Vielzahl von Trisomien in der 14. Schwangerschaftswoche nicht mehr gefunden werden, da die Feten zu einem frühen Schwangerschaftszeitpunkt absterben. Die fetalen Überlebenschancen hängen somit von der Art der Chromosomenanomalie ab. In Tabelle 10.6 sind die Wahrscheinlichkeiten dargestellt, mit der Feten, deren Chromosomenanomalie in der 16. Schwangerschaftswoche diagnostiziert wurden, den Geburtstermin erreichen.

Bis Ende der 70er Jahre galt als Altersgrenze für die Fruchtwasserpunktion das mütterliche Alter von 38 Jahren, zum einen aus Kapazitätsgründen, zum anderen aufgrund der Überlegung, daß das Risiko des Eingriffs in Form einer induzierten Fehlgeburt nicht größer sein sollte als die Wahr-

scheinlichkeit, einen pathologischen Befund zu erhalten. Mit Reduzierung des Eingriffsrisikos u. a. durch Verwendung dünnerer Punktionsnadeln, durch verbesserte Ultraschallkontrollen und mit Ausweitung von Laborkapazitäten wurde die Altersgrenze auf 34 Jahre gesenkt. Dies wurde zusätzlich legitimiert durch ein Urteil des Bundesverfassungsgerichtes vom 22. 11. 83, wonach jeder Arzt die Pflicht hat, Frauen über 34 Jahre über die Möglichkeit der pränatalen Diagnostik aufzuklären.

Vorangegangenes Kind mit einer de novo Chromosomenaberration

Nach der Geburt eines Kindes mit einer freien Trisomie ist das Risiko für das Auftreten einer Chromosomenaberration bei jedem weiteren Kind gegenüber gleichaltrigen nicht belasteten Eltern um etwa den Faktor 10 erhöht. Insgesamt kann das Wiederholungsrisiko mit einer Größenordnung von 1 % angegeben werden, wobei sich bei einer weiteren Schwangerschaft nicht die gleiche Chromosomenaberration wiederholen muß.

Balancierte Chromosomentranslokation bei einem Elternteil

Elterliche chromosomale Strukturaberrationen, die relativ häufig in der Normalbevölkerung entdeckt werden (Häufigkeit ~ 1 : 500), können eine unterschiedlich hohe Risikobelastung für Kinder mit Fehlbildungs/Dysmorphie-Syndromen bedeuten. Die empirischen Risikoziffern schwanken zwischen den Extremwerten 0 – 100 % für lebendgeborene Säuglinge (*Stengel-Rutkowski* 1988).

Tabelle 10.6 Überlebensrate von Feten mit Chromosomenaberrationen, die bei der Amniozentese diagnostiziert wurden (Fetal survival coefficient, *Hook* 1983)

Trisomie 13	57 %
Trisomie 18	32 %
Trisomie 21	70 %
Trisomie X	96 %
Klinefelter XXY	96 %

Tabelle 10.7 a Genetische Erkrankungen, die in der Frühschwangerschaft biochemisch entdeckt werden können

Kohlenhydratstoffwechsel

Galaktosämie
Galaktokinase-Mangel
Glykogenose II (M. Pompe)
Glykogenose III (M. Cori)
Glykogenose IV (M. Anderson)
Glukose-6-PD-Mangel*
Pyruvat-Decarboxylase-Mangel
alpha-Fukosidase-Mangel
alpha-Mannosidase-Mangel

Mukopolysaccharidosen und Mukolipidosen

MPS-Typ I/V (M. Hurler)
MPS-Typ I (M. Hunter)
MPS-Typ III A + B (M. Sanfilippo)
MPS-Typ IV A + B (M. Morquio)
MPS-Typ V/I (M. Scheie)
MPS-Typ VI (M. Maroteaux-Lamy)
MPS-Typ VII (Glucuronidase-Mangel)
Mukolipidose II und III

Andere Erkrankungen

Adrenogenitales Syndrom
Lesch-Nyhan-Syndrom*
Mangel der lysosomalen sauren Phosphatase
beta-Thalassämie
Sichelzellanämie
alpha₁-Antitrypsin-Mangel
kombinierter Immundefekt

Lipidosen

GM1-Gangliosidose (Typ 1 – 4)
GM2-Gangliosidose (Typ 1 – 3)
Sphingomyelin-Lipidose (M. Niemann-Pick)
Glukosyl-Zeramid-Lipidose (M. Gaucher)
Galaktosyl-Zeramid-Lipidose (M. Krabbe)
Zeramid-Trihexidose (M.Fabry)*
Metachromatische Leukodystrophie
M. Refsum
M. Wolman
Phytansäure-Hydroxylase-Mangel

Aminosäure-Stoffwechsel

Argininsuccin-Azidurie
Zitrullinämie
Hyperammonämie II
Ahornsirupkrankheit
Hypervalinämie
Propionazidämie
Methylmalonazidämie (Typ 1)
Homozystinurie
Cystathionurie
Zystinose
Hyperlysinämie
Histidinämie

* X-gebundener Erbgang, alle anderen sind autosomal rezessive Erkrankungen

Zusammengefaßt sind die verschiedenen zytogenetischen Aberrationstypen und ihre Bedeutung für die Familienberatung schematisch in Abb. 10.12 am Beispiel der Trisomie 21 dargestellt.

10.7.2.2 Risiko für ein monogen bedingtes Leiden

Sind die Eltern heterozygote Anlageträger für einen rezessiv vererbten Stoffwechseldefekt, so kann bisher bei etwa 50 Stoffwechselleiden pränatal durch biochemische Untersuchungen diagnostiziert werden, ob beim Embryo Homozygotie vorliegt (Tab. 10.7 a).

Erweitert hat sich die Zahl pränatal diagnostizierbarer monogener Leiden durch die Anwendung gentechnologischer Methoden. Derzeit ist die fetale DNA-Dia-gnose bei folgenden Krankheiten möglich (Tab. 10.7 b).

Eine gewisse Rolle spielte früher die fetale Geschlechtsbestimmung bei der Schwangerschaft einer Konduktorin für ein X-chromosomal rezessives Erbleiden sind, das sich biochemisch nicht nachweisen ließ. Es zeichnet sich jetzt ab, daß nach diagnostizierter Knabenschwangerschaft die Diagnostik durch DNA-Analyse (s. Tab. 10.7 b) es ermöglicht, betroffene und gesunde Knaben zu unterscheiden. So hat die alleinige Geschlechtsbestimmung bei X-chromosomal rezessiven Leiden als Methode der pränatalen Diagnostik praktisch keine Bedeutung mehr.

Die Frage nach dem Geschlecht des ungeborenen Kindes allein stellt in keinem Fall

Tabelle 10.7 b Genetische Erkrankungen, die durch fetale DNA-Diagnostik nachgewiesen werden können

Sichelzell-Anämie	Myotonische Dystrophie
alpha-Thalassämie	Ornithintranscarbamylase-Mangel
alpha$_1$-Antitrypsin-Mangel	Phenylketonurie
beta-Thalassämie	Zystische Fibrose (Mukoviszidose)
Familiäre Hypercholesterinämie	Hämophilie A*
Chorea Huntington	Hämophilie B*
Osteogenesis imperfecta	Lesch-Nyhan-Syndrom*
Retinoblastom	Muskeldystrophie (*Duchenne* und *Becker*)*
Zystische Nieren (Erwachsenen-Typ)	Retinitis pigmentosa (X-chromosomale Form)*
Kongenitale adrenale Hyperplasie	Fra-X-Syndrom*

* X-chromosomal rezessiv

eine Indikation zur pränatalen Diagnostik dar.

Die Problematik der Mitteilung des Geschlechtes bei der Chorionzottendiagnostik (bei der in der 8. bis 10. Woche nach Empfängnis der zytogenetische Befund und damit auch das Geschlecht des ungeborenen Kindes bekannt ist) hat zu der Übereinkunft der Humangenetiker in der Bundesrepublik geführt, das Geschlecht nicht vor der 14. SSW mitzuteilen, wenn es für die Diagnostik ohne Bedeutung ist.

10.7.2.3 Genetisches Risiko für schwere morphologische Fehlbildungen

Das empirische Wiederholungsrisiko für die multifaktoriell bedingten Leiden Spina bifida aperta und Anenzephalus beträgt nach der Geburt eines kranken Kindes etwa 5 %, es steigt auf mehr als 10 % an, wenn ein Elternpaar zwei betroffene Kinder hat. Durch gezielte Ultraschalluntersuchung und die Bestimmung des alpha-1-Fetoproteins (AFP), eines Glykoproteins, das durch die Fehlbildung aus dem Liquor ins Fruchtwasser übertritt, und der Acetylcholinesterase (ACHE) gelingt es mit hoher Treffsicherheit, das Krankheitsbild pränatal zu diagnostizieren (Abb. 10.16).

10.7.2.4 Fetale Gewebsentnahme

Die Untersuchung des fetalen Blutes nach Nabelschnurpunktion erweitert das Spektrum pränataler Diagnostikmethoden beträchtlich.

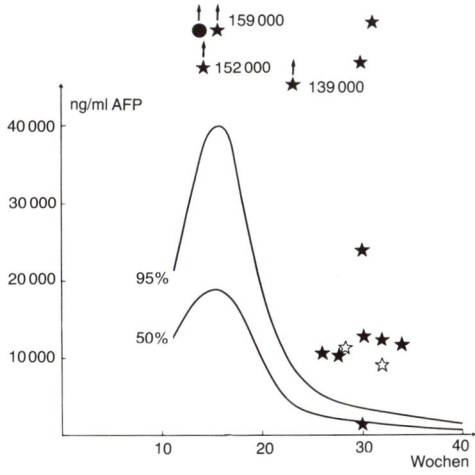

Abb. 10.16 AFP-Werte im Fruchtwasser. Medianwerte und 95 % Perzentile.
★ Feten mit Anencephalie
☆ Feten mit Anencephalie und niedrigen mütterlichen Serum-AFP-Werten
● Fet mit offener Spina bifida

Die derzeitigen Indiaktionen für die Untersuchung fetalen Blutes zeigt die Tabelle 10.8 a. Die spezielle Aufschlüsselung der Indikationen zur raschen Karyotypisierung aus fetalem Blut sind in der Tabelle 10.8 b dargestellt.

Als besonders wichtige neue Möglichkeit zeichnet sich die pränatale IgM-Antikörperdiagnostik im fetalen Blut, z. B. nach Rötelninfektion der Mutter in der Schwangerschaft, ab. Das praktische Vorgehen ist in der Tabelle 10.8 c dargestellt.

Tabelle 10.8 a   Indikationen für die Untersuchung fetalen Blutes

Karyotypisierung
Non-Immun-Hydrops fetalis
Bestimmung der fetalen Blutgruppe
Bestimmung der fetalen Anämie
Virale Infektion und Toxoplasmose
Hämoglobinopathien
Blutungsleiden
Schwere kombinierte Immunmangelerkrankungen
Angeborene Stoffwechselerkrankungen

Tabelle 10.8 b   Indikationen zur raschen Karyotypisierung aus fetalem Blut

Sonographisch diagnostizierte fetale Fehlbildung
Schwere symmetrische Wachstumsretardierung
Fortgeschrittene Schwangerschaft
Mißlungene Amnionzellkultur
Mosaik bei der Amnionzellkultur
Fetale Intersex-Bildung

Tabelle 10.8 c   IgM-Antikörperdiagnostik im fetalen Blut (nach G. *Enders* 1988)

Methode:
direkte Punktion der Nabelvene unter Ultraschall in der 22. – 23. Schwangerschaftswoche, Entnahme von 1 – 2 ml fetalem Blut

Entnahme von mütterlichem Blut

Viruslabor:
Gesamt-IgM-Bestimmung mit Laser-Nephelometrie im fetalen und mütterlichem Blut.

IgM- und IgG-Antikörperbestimmung im fetalen und mütterlichem Blut
IgM-Antikörper in 3 Testarten

Empfehlungen:

Positiver IgM-Befund im fetalen Blut:	Negativer IgM-Bfund im fetalen Blut:
– Diskussion des Abbruchs – Erregernachweis in Plazenta – Erregernachweis im fetalen Gewebe	– Fortsetzug der Schwangerschaft – Untersuchung des Nabelschnur- und mütterlichen Blutes bei Geburt – Kontrolle der kindlichen Antikörper 2. – 3. und 7. – 8. Lebensmonat

Die Entnahme fetaler Hautproben ist indiziert zur elektronenmikroskopischen Diagnostik schwerer, häufig letaler genetisch bedingter Hautleiden (z. B. erbliche Epidermolysen, Ichthyosen, Ektodermaldysplasien). Die gezielte Biopsie unter Sicht ist derzeit praktisch die einzige Indikation zur Anwendung des Fetoskopes.

10.7.2.5 „Psychologische Indikation"

Jede pränatale Untersuchung kann sich nur auf ein umschriebenes genetisches oder teratogenes Risiko beziehen. Liegt ein solches Risiko nicht vor, sondern weckt allein die Angst der Eltern z. B. nach Medikamenteneinnahme, ein behindertes Kind zu bekommen, den Wunsch nach der Untersuchung, so ist die Indikation zum Eingriff aus streng medizinisch-genetischer Sicht nicht gegeben, da ein unauffälliger Chromosomenbefund ja keinesfalls ein gesundes Kind garantiert. Es ist hier Aufgabe des genetischen Beraters, dies im ausführlichen Gespräch mit den Eltern einsichtig zu machen.

Dennoch mag es im Einzelfall Situationen geben, in denen der genetische Berater gemeinsam mit den besorgten ratsuchenden Eltern zu dem Ergebnis kommt, daß eine pränatale Diagnostik aus „psychologischer Indikation" sinnvoll sein kann, weil übersteigerte Ängste abgebaut werden können. Wichtig ist allerdings, daß sowohl der Genetiker wie auch die Eltern wissen, was in diesem Fall ein solcher Eingriff bedeutet.

10.7.3 Allgemeine ärztliche Maßnahmen – Praktisches Vorgehen

Das praktische Vorgehen bei Amniozentese und Chorionzottenbiopsie ist in Abb. 10.17 und 10.18 dargestellt.
Die gegenwärtigen Entwicklungen zeigen, daß durch die Verfeinerung zytogenetischer Methoden und durch die vermehrte Anwendung gentechnischer Verfahren im-

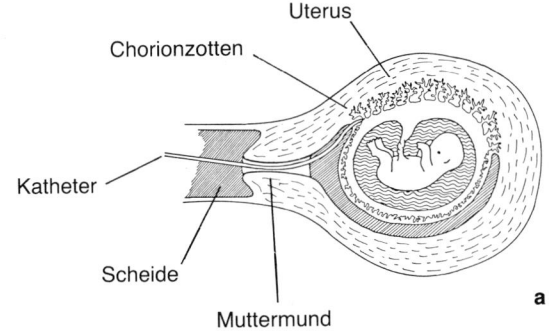

1. Tag:
Mit Hilfe eines Katheters wird in der ~ 10. Schwangerschaftswoche eine Gewebsprobe aus den Chorionzotten entnommen.

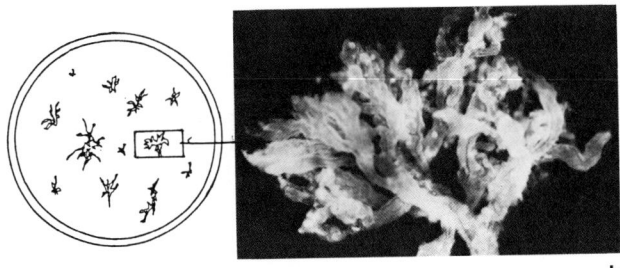

Zur Chromosomendarstellung werden die Chorionzotten am selben Tag
1. direkt präpariert, und es wird
2. eine Zellkultur angelegt.

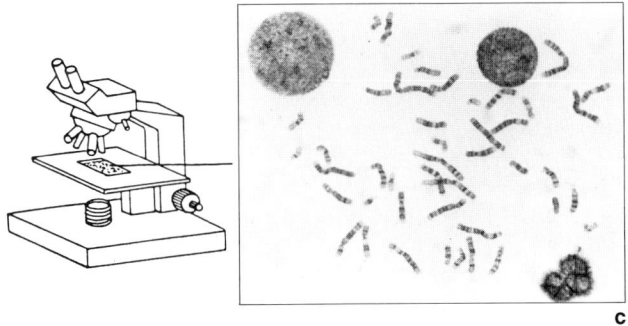

2.–6. Tag
Ein spezieller Bearbeitungsvorgang (Fixierung und Färbung) ist notwendig, damit die Chromosomen erkennbar und auswertbar werden. Unter dem Mikroskop werden die Zellteilungsfiguren gesucht. Die Chromosomen mehrerer Zellen werden ausgezählt und fotografiert.

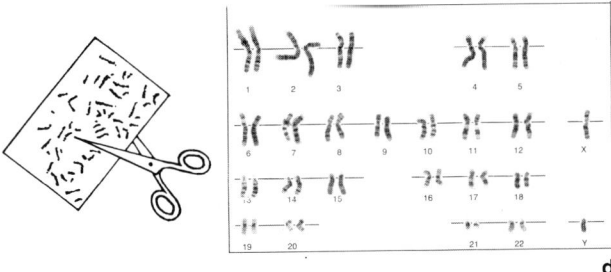

5.–8. Tag:
Nach dem Ordnen der Chromosomen zum Karyogramm ist die Diagnose fertig.

Abb. 10.17 a – d Arbeitsablauf der Zellkultivierung und Chromosomendarstellung nach der Chorionzottenbiopsie

1. Tag:
Mit Hilfe einer feinen Nadel wird in der 16. Schwangerschaftswoche Fruchtwasser entnommen. Aus dem Sediment werden mehrere Zellkulturen angelegt, der Überstand dient zur Alpha-Fetoprotein- und Acetylcholinesterase (ACHE)-Bestimmung.

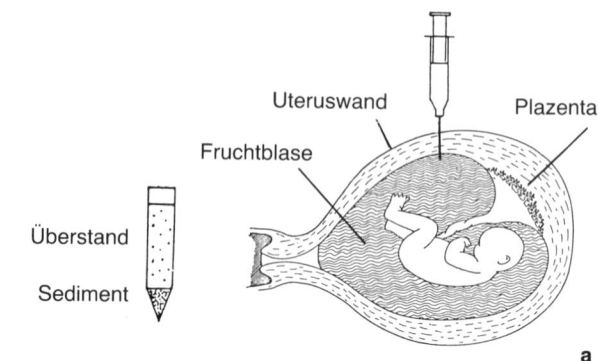

a

2.–16. Tag:
In der Nährlösung schwimmende Fruchtwasserzellen beginnen zu wachsen und sich zu teilen. Sie werden täglich im Mikroskop beobachtet und mit Nährlösung gefüttert. Nach 9–14 Tagen ist die Zellkultur ausreichend gewachsen und fertig zur Chromosomenpräparation.

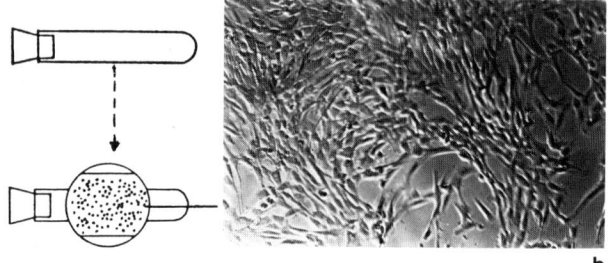

b

15.–19. Tag:
Ein spezieller Bearbeitungsvorgang (Fixierung und Färbung) ist notwendig, damit die Chromosomen erkennbar und auswertbar werden. Unter dem Mikroskop werden die Präparate ausgewertet. Die Chromosomen mehrerer Zellen werden ausgezählt und fotografiert.

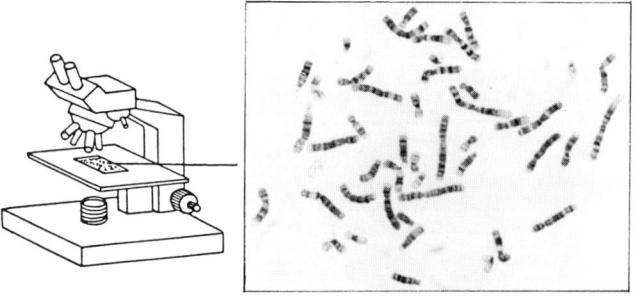

c

16.–21. Tag:
Nach dem Ordnen der Chromosomen zum Karyogramm ist die Diagnose fertig.

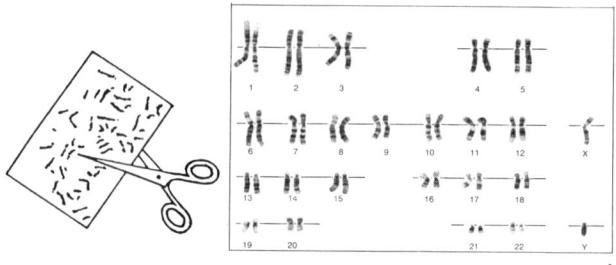

d

Abb. 10.18 a – d Arbeitsablauf der Zellkultivierung und Chromosomendarstellung nach der Amniozentese

mer mehr Erkrankungen bzw. genetische Auffälligkeiten vorgeburtlich diagnostiziert werden können. Parallel dazu läßt sich beobachten, daß pränatale Diagnostik (z. B. Präimplantationsdiagnostik) in immer frühere Schwangerschaftsstadien verlagert wird. Wird es in Zukunft gelingen, pränatale Diagnostik zur Chromosomenbzw. molekulargenetischen Analyse nicht invasiv durchzuführen, werden sich mehr oder weniger alle schwangeren Frauen mit der Entscheidung für oder gegen eine Inanspruchnahme genetischer Beratung und Diagnostik auseinanderzusetzen haben.

Im Zuge dieser Entwicklungen und durch die Tatsache, daß bisher noch kaum Therapien zur Behandlung genetisch bedingter Erkrankungen vorhanden sind, können für Ratsuchende und genetische Berater gleichermaßen Konfliktsituationen entstehen, die ihren Ausdruck z. B. darin finden, daß

- die Ratsuchenden Schwierigkeiten haben, sich für oder gegen die Untersuchung des ungeborenen Kindes zu entscheiden;
- sie hinsichtlich der Inanspruchnahme pränataler Diagnostik mit Partner, Frauenarzt oder genetischem Berater in Konflikt geraten;
- die pränatale Diagnostik oder pränatales Screening ohne vorangegangene ausführliche Beratung durchgeführt wurde;
- die pränatale Diagnostik die normale Entwicklung der Mutter-Kind-Beziehung in der Schwangerschaft beeinträchtigt;
- ein auffälliger Befund in der pränatalen Diagnostik oder im Ultraschall die Sorge um die kindliche Gesundheit verstärkt;
- bei einem pathologischen Befund der Schwangerschaftabbruch zur Diskussion steht.

Aus diesen Gründen müssen Ratsuchende, die eine pränatale Diagnostik durchführen lassen wollen, vor und nach dem Eingriff ärztlich betreut werden. Möglichkeit und Risiken der pränatalen Diagnostik sowie die verschiedenen Konsequenzen müssen ausführlich vor der Untersuchung besprochen werden. Gleiches gilt für die Anwendung von pränatalen Screen-ing-Untersuchungen, insbesondere für die immer häufiger durchgeführte Bestimmung des alpha-Feto-Proteinwertes im Serum schwangerer Frauen. Ein erhöhter Wert gibt Hinweise auf einen kindlichen Neuralrohrdefekt (Spina bifida, Anenzephalus), ein erniedrigter Wert erhöht die Wahrscheinlichkeit, daß bei dem Kind eine Trisomie 21 (Down-Syndrom) vorliegt. Allerdings erhöhen bzw. erniedrigen sich die Wahrscheinlichkeiten für kindliche Chromosomenstörungen nur geringfügig, so daß die Entscheidung für oder gegen die Inanspruchnahme der pränatalen Diagnostik kaum erleichtert, häufig sogar erschwert wird. Ohne ausführliche vorangegangene Aufklärung über die möglichen Konsequenzen eines auffälligen AFP-Befundes werden Patientinnen dann abrupt mit einem erhöhten Risiko für ein Kind mit Morbus-Down-Syndrom konfrontiert.

Die Auseinandersetzung mit der Möglichkeit einer kindlichen Erkrankung während der Schwangerschaft erzeugt häufig große Verunsicherung bei diesen Frauen. Ihre Ängste und Unsicherheiten, die durch Maßnahmen der pränatalen Diagnostik — wie Fruchtwasserpunktion oder Chorionzottenbiopsie — reduziert werden sollen, wachsen mit dem Näherrücken des Untersuchungstermins. Der Eingriff selbst kann von Schwangeren als körperliche Bedrohung und als Gefährdung des Kindes erlebt werden. Das Weiterbestehen der Schwangerschaft ist durch eine mögliche Fehlgeburt oder durch ein pathologisches Ergebnis gefährdet. Die Entscheidung zur pränatalen Diagnostik — insbesondere zur Fruchtwasserpunktion — fällt meist lange vor dem geplanten Eingriff, wenn das Kind von der Schwangeren noch nicht unmittelbar wahrgenommen werden kann. Zum Zeitpunkt der Punktion (16./17. Schwangerschaftswoche) entwickelt sich das Kind zum real spürbaren Gegenüber. Nachdem das Kind bereits im Ultraschallbild sichtbar geworden ist, sind bald die ersten Kindsbewegungen spürbar. Das Kind gewinnt in der Vorstellung zunehmend konkrete Gestalt. Nun beginnt das Warten auf das Ergebnis der Untersuchung, eine Wartezeit, die verunsichernd und quälend werden kann. Die werdende Mutter weiß nicht, ob sie sich auf ihr Kind freuen darf oder mit einem pathologischen Befund rechnen muß.

Zu einer erheblichen psychischen Belastung kommt es, wenn Befunde erhoben werden, deren Bedeutung für die kindliche Gesundheit nicht eindeutig beurteilt werden können. Wurde eine Chorionzottenbiopsie durchgeführt, finden sich mitunter unklare Befunde (z. B. Chromosomenmosaike, s. 4.1.2), die nur durch eine nachfolgende Fruchtwasserpunktion überprüft werden können. Kann ein Befund nicht aufgeklärt werden (z. B. es findet sich ein nicht definierbares Chromosomenstück [Markerchromosom]), bleibt die Ungewißheit hinsichtlich der Gesundheit des Kindes während der gesamten Schwangerschaft bestehen.

Die Auseinandersetzung mit einer kindlichen Erkrankung ist schwierig, da Eltern nicht unmittelbar mit der Erkrankung des Kindes konfrontiert sind und so ihre Vorstellungen von dieser Erkrankung nicht durch den direkten Kontakt mit dem Kind strukturieren können. Dies gilt auch für Eltern, die sich nach der Feststellung einer kindlichen Erkrankung für die Fortführung der Schwangerschaft entschieden haben. Die Betreuung und Begleitung dieser Frauen und ihrer Partner erfordert die Entwicklung spezifischer Betreuungskonzepte, einschließlich der Vermittlung von Kontakten mit Selbsthilfegruppen und Behindertenverbänden, die eine vorgeburtliche Auseinandersetzung mit der kindlichen Erkrankung ermöglichen.

Mit anderen Schwierigkeiten sind Frauen konfrontiert, die sich aufgrund eines pathologischen Befundes für einen Schwangerschaftsabbruch entscheiden. Gerade der Schwangerschaftsabbruch nach Fruchtwasserpunktion im 2. Schwangerschaftsdrittel führt in der Regel zu tiefgreifenden Trauerreaktionen, die mit dem Verlust eines bereits geborenen Kindes vergleichbar sind. Schwangerschaftsabbrüche werden zu dieser Zeit, zu der bereits erste Kindsbewegungen gefühlt werden, häufig schuldhaft erlebt, da von den Eltern aktiv eine Entscheidung gegen das Weiterleben des Kindes getroffen wird. Eine psychotherapeutische Begleitung der Trauerphase, die oft über den errechneten Geburtstermin des Kindes hinausreicht, kann eine wertvolle Hilfe in der Bewältigung dieser Entscheidung sein.

Künftige Entwicklungen und zu erwartende Problembereiche

Mit der Verfeinerung zytogenetischer Methoden und mit der Entwicklung gentechnischer Verfahren werden immer mehr Erkrankungen vorgeburtlich diagnostiziert werden können. Pränatale Diagnostik wird in immer früheren Schwangerschaftsstadien möglich werden. Da immer mehr Erkrankungen mit unterschiedlichem Krankheitsverlauf diagnostiziert werden können, wird die Entscheidung für die Fortsetzung der Schwangerschaft oder zum Abbruch bei einem pathologischen Befund immer schwieriger, was die Erfahrung mit der pränatalen Diagnostik von Chromosomenanomalien bereits heute zeigt.

Bei einer Reihe von Erkrankungen, die erst im fortgeschrittenen Lebensalter auftreten, kann der Genotyp zu dieser Erkrankung mit molekulargenetischen Methoden nachgewiesen bzw. ausgeschlossen werden. Ein Beispiel hierfür ist die molekulargenetische Diagnostik der Chorea Huntington, einer neurologisch-psychiatrischen Erkrankung, die um die Lebensmitte auftritt und mit Bewegungsstörungen zur Demenz und schließlich − nach jahrelangem Siechtum − zum Tod führt. Die Erkrankung wird autosomal dominant vererbt, Kinder von Betroffenen haben ein 50%iges Risiko, selbst zu erkranken. Molekulargenetische Untersuchungen erlauben hier unter bestimmten Voraussetzungen die Diagnostik, was für die Hälfte der Risikoträger die Erleichterung bedeutet, nicht Anlageträger zu sein und für die andere Hälfte die sichere Gewißheit, die Anlage zu tragen und somit krank zu werden. Mit molekulargenetischen Methoden ist darüber hinaus auch eine pränatale Diagnostik möglich, die es erlaubt, Aussagen zu machen, ob das Ungeborene in ca. 40−50 Jahren die Krankheit entwickeln wird. Voraussetzung hierfür ist, daß der Elternteil, in dessen Familie die Erkrankung aufgetreten ist, sich selbst mit seinem Risiko für die Erkrankung auseinandersetzen muß. Erste Erfahrungen mit der molekulargenetischen Diagnostik der Chorea Huntington haben gezeigt, daß im Vorfeld der Diagnostik ausführliche Gespräche stattfinden müssen, die klären sollen, ob die Diagnostik überhaupt in Anspruch genommen werden soll. Dieser Entscheidungsprozeß dauert in der Regel Monate. Ist eine Entscheidung zur Diagnostik gefallen, muß eine kontinuierlich psychologische und psychiatrische Betreuung der Betroffenen gewährleistet sein, die den Zeitraum vor, während und nach der Untersuchung umfaßt.

Vom genetischen Berater ist in solchen Situationen ein Höchstmaß an Sensibilität gefordert, denn in die genetische Beratung fließen komplexe psychische Zusammenhänge mit ein. Dies kann zu emotional belastenden Situationen führen, die Ratsuchende wie Berater gleichermaßen fordern. Zur Bewältigung dieser Situationen ist eine interdisziplinäre Zusammenarbeit von Gynäkologen, Hausärzten, genetischen Beratern, Psychotherapeuten, Hebammen und Sozialarbeitern hilfreich.

10.8 Teratogene Fruchtschädigung

Einer der Hauptgründe für die Frage nach genetischem Rat ist die Angst vor einer Schädigung der Frucht durch physikalische, chemische oder biologische Noxen. Die Thalidomid-Embryopathie hat das Bewußtsein für die Probleme erweckt.

Die Sorge der Ratsuchenden ist es, daß eine möglicherweise teratogene Noxe zu Fehlbildungen oder Hirnschäden des werdenden Kindes führen kann. In den meisten Fällen kann beruhigt und zum Austragen der Schwangerschaft geraten werden. Nur in sehr wenigen Fällen sind die zu erwartenden Schäden so gravierend, daß eine medizinische Indikation zum Schwangerschaftsabbruch diskutiert werden muß.

Neben Art und Ausmaß der Noxe ist der Zeitpunkt der Einwirkung entscheidend.

Die Sensibilität gegenüber teratogenen Noxen in Abhängigkeit vom Differenzierungsstadium gibt Abb. 10.19 wieder. In der Zeit der Blastogenese sind die einzelnen Zellen noch nicht determiniert. Gesetzte Schäden werden entweder vollständig regeneriert, oder die Blastula stirbt ab. („Alles oder Nichts-Regel").

Die Sensibilität gegenüber teratogenen Noxen erreicht ihr Maximum in der Embryonalperiode, der Zeit der intensiven Organdifferenzierung. In dieser Zeit können Fehlbildungen induziert werden. In der Fetalperiode sinkt die Sensibilität rasch ab, teratogene Wirkungen manifestieren sich in dieser Periode vor allem in Wachstumsverzögerung und Differenzierungsstörungen des Gehirns. Die folgenden Abschnitte können nur einen groben Überblick geben.

10.8.1 Strahlenbelastung

Nach therapeutischen Bestrahlungen in der Frühschwangerschaft wurden ab Dosen von 200 m Sv (1 m Sievert = 100 m rem) bei den Nachkommen häufig geistige Retardierung, Mikrozephalie, Augenschädigungen und Minderwuchs beobachtet. Tierexperimente ergaben für ionisierende Strahlen eine lineare Dosiswirkungsbeziehung ohne Schwellenwert. Das Ausmaß der Strahlenexposition für Mutter und Fet bei den verschiedenen diagnostischen Maßnahmen zeigt die Tabelle 10.9.

In der Bundesrepublik Deutschland sind folgende Richtlinien allgemein akzeptiert: Dosen unter 100 m Sv können als harmlos für den Embryo und Feten angesehen werden. Zwischen 100 und 200 m Sv kann ein Schwangerschaftsabbruch erwogen werden, ab 200 m Sv sollte ein Schwangerschaftsabbruch umfassend diskutiert werden. Röntgenaufnahmen sollten in der Schwangerschaft zwar möglichst unterlassen werden, andererseits führen die meisten Verfahren zu einer Belastung des Uterus von weniger als 10 m Sv. Bei korrekt durchgeführten Untersuchungen wird fast nie die kritische Dosis von 100 m Sv erreicht. Dies muß jedoch in jedem Einzelfall überprüft werden.

10.8.2 Belastung durch Pharmaka, Chemikalien und Genußgifte

Nur für erstaunlich wenige Medikamente und Chemikalien konnte bisher Teratoge-

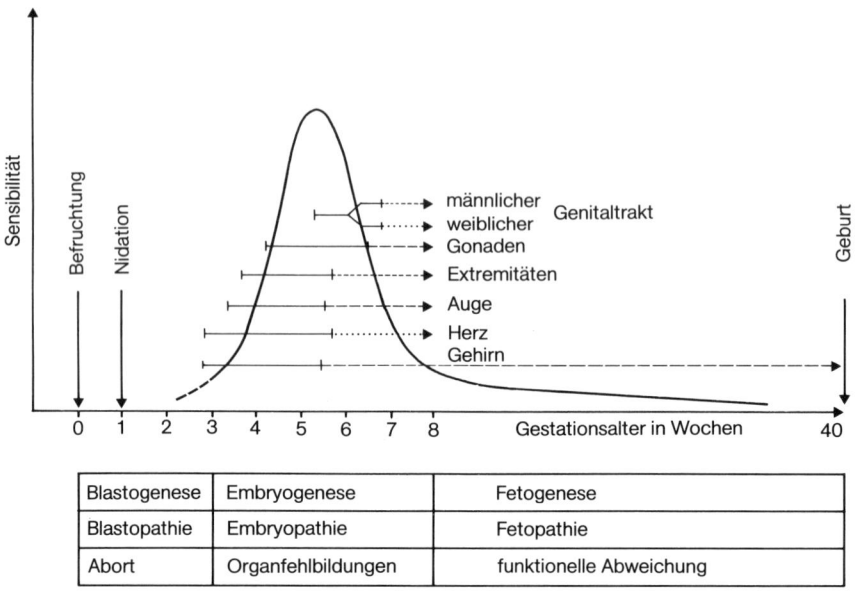

Abb. 10.19 Zeitplan der Organentwicklung und Sensibilität gegenüber teratogenen Noxen

Tabelle 10.9 Strahlenexposition von Mutter und Fet bei Untersuchungen mit Röntgenstrahlen — Mittelwerte bei verschiedenen Untersuchungsverfahren (pers. Mitteilung, *Stieve* 1992). Angaben in m Gy. Die Werte im Feten entsprechen Angaben in m Sv

Untersuchungsart bei der Mutter	Mittelwert der Einfalldosis bei der Mutter	Schwankungs- breite	Mittelwert der Dosis im Feten	Schwankungs- breite
Schädel	2	1,5 − 2,5	0,0006	0,0005 − 0,001
Lunge	0,16	0,1 − 0,4	0,0005	0,0002 − 0,02
Abdomen (Übersicht)	2	1,0 − 3,0	0,6	0,15 − 1,0
Becken (Übersicht)	2	1,5 − 4,0	0,8	0,25 − 2,8
Lendenwirbelsäule	3	1,4 − 6,0	0,24	0,08 − 1,2
Magen-Darm-Passage	4	1,0 − 40,0	0,04	0,006 − 0,4
Kontrasteinlauf	4	2,8 − 20,0	1,08	0,1 − 4,0
Gallenblase	2	1,0 − 3,0	0,001	0,0005 − 0,01
i.v. Pyelogramm	2,5	1,2 − 5,0	0,75	0,3 − 1,9
Hysterosalpingographie	3	2,0 − 20,0	0,12	0,05 − 0,7

nität beim Menschen nachgewiesen werden, obwohl zahlreiche Substanzen sich im Tierversuch als mehr oder minder teratogen erwiesen haben. Dennoch ist die Unsicherheit groß, welche Medikamente in der Schwangerschaft genommen werden können. Dies rührt daher, daß in den Beipackzetteln vieler Medikamente der Hinweis auf eine mögliche Fruchtschädigung gegeben wird.

Zahlreiche Medikamente sind schon so häufig während Schwangerschaften ohne erkennbare Auswirkungen auf das Kind angewandt worden, daß Teratogenität praktisch ausgeschlossen werden kann. Dazu gehören in üblicher Dosierung Penizilline, eine Reihe von Antihistaminika und Antiemetika, Glukokortikoide sowie die üblichen Analgetika und Antipyretika, wenn sie gelegentlich eingenommen werden.

Tabelle 10.10 Medikamente, Chemikalien und Genußgifte, deren Teratogentät für den Menschen erwiesen ist

Noxe	teratogene Wirkung	Risiko
Thalidomid	spezifische Embryopathie	wahrscheinlich hoch
Zytostatika	Abort, variable Fehlbildungen, Wachstumsretardierung	bei Folsäureantagonisten hoch, bei anderen Substanzen quantitativ schwer abzuschätzen
Androgene Hormone	Virilisierung weiblicher Feten	bis zur 12. SSW vorhanden, quantitativ jedoch schwer abzuschätzen
Diäthylstilböstrol	Adenokarzinom der Vagina und Zervix bei adoleszenten Töchtern	vorhanden, quantitativ wahrscheinlich gering (1 – 4 ‰?)
Oxazolidine	Abort, Trimethadion-Embryopathie	wahrscheinlich hoch (ca. 80 %?)
Hydantoine, Barbiturate Primidon	spezifische Embryopathie	wahrscheinlich niedrig (ca. 7 – 10 %)
Dicumarine	„Warfarin-Embryopathie" Zerebralstörung, Abort, Totgeburt, Blutungen	vorhanden, quantitativ schwer abzuschätzen (>10 %)
Methyl-Quecksilber	Minamata-Krankheit (Mikrozephalie, Zerebralparese)	vorhanden nach Verzehr von quecksilberverseuchten Fischen, quantitativ nicht abzuschätzen
Alkohol	spezifische Embryopathie	abhängig von der Phase der mütterlichen Alkoholkrankheit, bis ca. 50 %
Kokain	Totgeburt, Herzfehler	8 – 10 %
Retinoide	zerebrale Störungen, Anotie, Herzfehler	wahrscheinlich über 10 %, Antikonzeption bis zu 2 Jahren nach Absetzen erforderlich

In Tabelle 10.10 sind die Substanzen zusammengestellt, deren Teratogenität beim Menschen mit hinreichender Sicherheit erwiesen ist. Da für die meisten Substanzen exakte Risikoziffern nicht bekannt sind, ergibt sich mit Ausnahme der Folsäureantagonisten, der Oxazolidine, der Retinoide und der chronischen Alkoholkrankheit der Mutter nur selten eine eindeutige Indikation zum Schwangerschaftsabbruch.

10.8.2.1 Thalidomid-Embryopathie
In den Jahren 1959 – 1962 wurden etwa 6 – 8000 Kinder mit Thalidomidschäden geboren (*Lenz* 1966). Die Art der Fehlbildung war sehr variabel und abhängig vom Zeitpunkt der Medikamenteneinnahme. Am 35. Tag nach der letzten Periode führte Thalidomid zu Anotie und Gesichtsnervenlähmungen, 2 Tage später zu Aplasie der Daumen. Am 38. – 40. Tage wurden schwerste Phokomelien der Arme verursacht (Abb. 10.20), zwischen dem 41. – 45. Tag innere Fehlbildungen, am 44. – 47. Tag Fehlbildungen der Beine und des Herzens. Am 47. – 48. Tag kam es zu Triphalangie der Daumen und Analstenose, später zu keiner erkennbaren Fehlbildung mehr. Die geistige Entwicklung der geschädigten Kinder war in der Regel normal. Einige Fälle mit Thalidomid-Embryopathie waren sehr ähnlich dem dominant erblichen Holt-Oram-Syndrom (Abb. 10.21, radiale Defekte und Herzfehler) und dem dominant erblichen Arias-Syndrom (Radiusdefekte und Taubheit).

10.8.2.2 Hydantoin-Barbiturat-Embryopathie

In etwa 0,5 % aller Schwangerschaften müssen Antikonvulsiva genommen werden. Oxazolidine werden wegen ihrer Nebenwirkungen, u. a. der Teratogenität, nicht mehr eingesetzt. Für Teratogenität von Succinutin und Carbamazepin beim Menschen gibt es bisher keine verläßlichen Anhaltspunkte. *Hanson* und *Smith* (1976) beobachteten die nach ihrer Auffassung spezifische Hydantoin-Embryopathie in einer kontrollierten Studie an 104 intrauterin Hydantoinen ausgesetzten Kindern in einer Häufigkeit von 11 %. Die gleiche Kombination von kraniofazialer Dysmorphie und Hypoplasie von Endphalangen und Nägeln sahen u. a. *Majewski* et al. (1981) auch nach Barbiturat- oder Primidon-Monotherapie; letzteres wird partiell über Barbiturate metabolisiert. Deshalb erscheint die Bezeichnung Hydantoin-Barbiturat-Embryopathie sinnvoller.

Hauptsymptome sind mäßiggradiger intrauteriner und postnataler Minderwuchs.

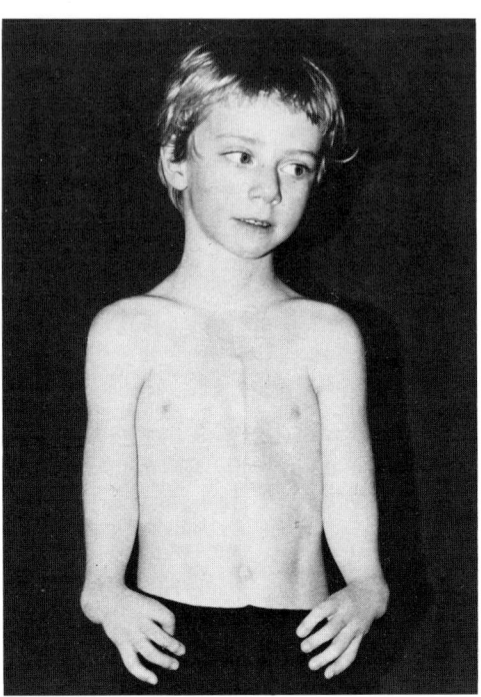

Abb. 10.21 Junge mit Holt-Oram-Syndrom: Herzfehler und Radius-Daumen-Aplasie bds

Mikrozephalie und meist mäßiggradige statomotorische und geistige Retardierung. Die Fazies wirkt vergröbert, die Nasenwurzel ist breit und tief eingezogen, weitere Anomalien sind Epikanthus, Ptosis, kurze Nase und großer Mund mit vollen, wulstigen Lippen (Abb. 10.22). Gröbere Fehlbildungen gehören offenbar nicht zu dieser Embryopathie. Charakteristisch sind Hypoplasien von Endphalangen und Nägeln (Abb. 10.23). Wir beobachteten diese Embryopathie in einer retrospektiven Studie bei 10 von 146 Kindern (ca. 7 %), nicht jedoch bei 46 Kindern von unbehandelten Epileptikerinnen. Da die HB-Embryopathie relativ selten auftritt und die Schädigung oft nicht schwer ist, ergibt sich meist keine Indikation zum Abbruch der Schwangerschaft.

10.8.2.3 Valproinsäure und Carbamazepin als teratogene Noxen

Valproinsäure führt zu einer erhöhten Rate an Neuralrohrschlußdefekten (in etwa

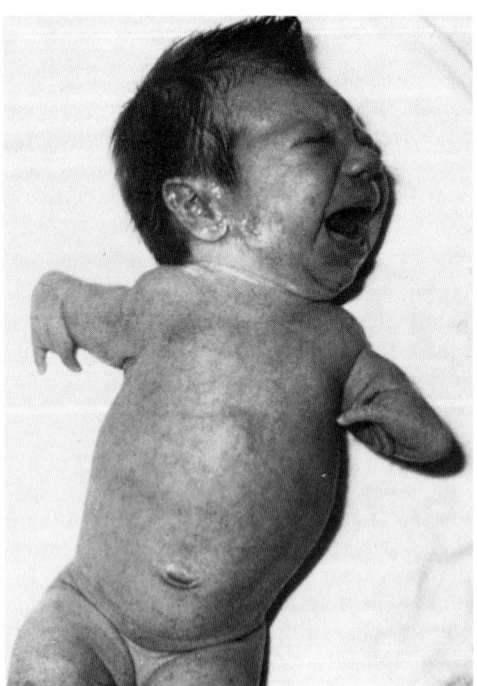

Abb. 10.20 Kind mit Phokomelie durch Thalidomid

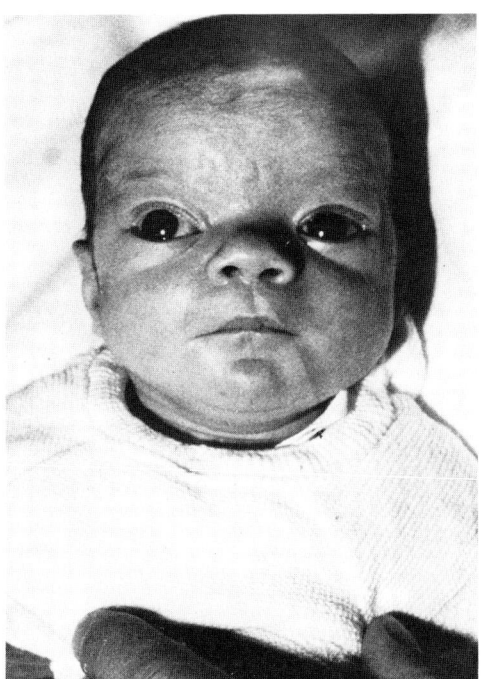

Abb. 10.22 Säugling mit Hydantoin-Barbiturat-Embryopathie (nach Primidon-Monotherapie)

5 %). Ein Teil der Kinder weist eine charakteristische Fazies auf (Abb. 10.24): schmale Stirn mit prominenter Satura metopica, Lidachsenstellung leicht nach außen oben ansteigend, mäßiger Epikanthus, kurze Nase, verkürzte Oberlippe, Retrogenie.

Die gleichen Veränderungen der Fazies können auch nach Carbamazepin auftreten. Neuralrohrschlußdefekte wurden nach Exposition mit Carbamazepin in 1 % beobachtet.

10.8.2.4 Cumarin-Embryofetopathie

Über Antikoagulantientherapie mit Cumarinderivaten, insbesondere Warfarin, wurde in 471 Schwangerschaften berichtet (*Kleinebrecht* 1982). In 33 Fällen wurde die sogenannte Warfarin-Embryopathie (besser: Cumarin-Embryopathie) beobachtet, in 8 Fällen isolierte Anomalien des ZNS. 41 Schwangerschaften endeten in einer Fehlgeburt, 32 in Totgeburten, bei 11 Neugeborenen kam es zu Blutungen. Da es sich um eine retrospektive Zusammenstellung von Literaturkasuistiken handelt, lassen sich daraus keine verläßlichen Risikoziffern errechnen.

Cumarin-Embryopathie: ähnlich der dominanten Form der Chondrodysplasia punctata; verkürzte Extremitäten, hypoplastische, eingesunkene Nase (Abb. 10.25). Augenfehlbildungen (Mikrophthalmie, Optikusatrophie) sowie kalkspritzerförmige Einlagerungen in Gelenken, Wirbelkörpern und im Kalkaneus. Etwa ⅓ der Patienten waren geistig mäßig bis stark retardiert. Die kritische Phase scheint die 4.–7. Woche p.c. zu sein. Marcumar hat die gleichen Wirkungen wie Warfarin (Abb. 10.25).

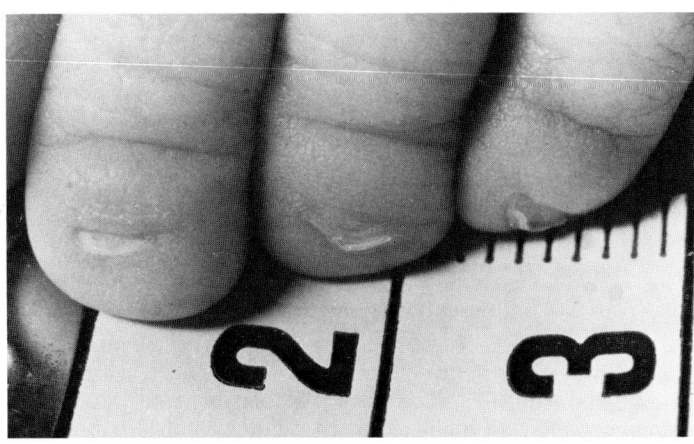

Abb. 10.23 Nagelhypoplasie bei einem Säugling mit HB-Embryopathie

Cumarin-Fetopathie: wurden Cumarine im 2. oder 3. Trimenon gegeben, traten gehäuft zerebrale Störungen auf: Enzephalozele, Kleinhirnatrophie, diffuse zerebrale Atrophie, Hydrozephalus, Dandy-Walker-Fehlbildung etc. Eine kritische Phase ließ sich aus den Fallberichten nicht eruieren. Auch 5 Kinder mit Cumarin-Embryopathie wiesen ZNS-Fehlbildungen auf; sie waren alle über das 1. Trimenon hinaus exponiert gewesen. Totgeburten und Blutungen bei lebendgeborenen Kindern waren gehäuft. Möglicherweise lassen sich alle genannten Risiken mindern, wenn die Cumarindosis über den Tag verteilt wird und der Prothrombinspiegel nicht unter 40 % des Normalwertes gesenkt wird. Heparinisierung führt zwar zu keiner spezifischen Embryopathie, das Risiko für Totgeburten scheint jedoch eher höher zu sein als nach Cumarinmedikation (*Hall* et al. 1980).

10.8.2.5 Schädigung durch Retinoide

Es ist bekannt, daß Vitamin A in hoher Dosierung (über 30.000 E tgl.) teratogen ist.

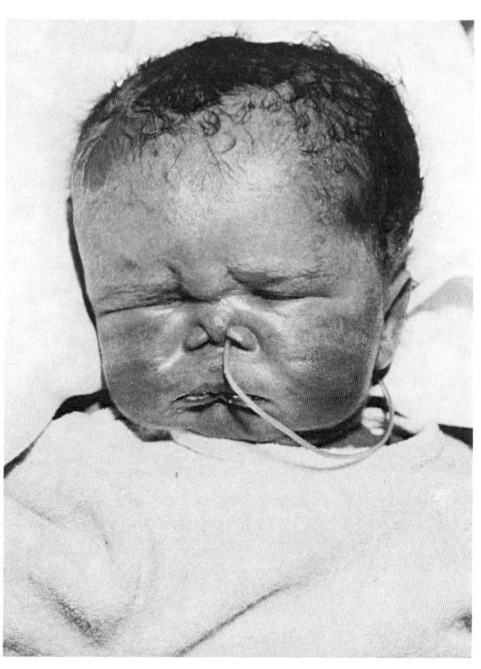

Abb. 10.25 Säugling mit Cumarin-Embryopathie: die Mutter hatte in der Frühschwangerschaft Marcumar genommen

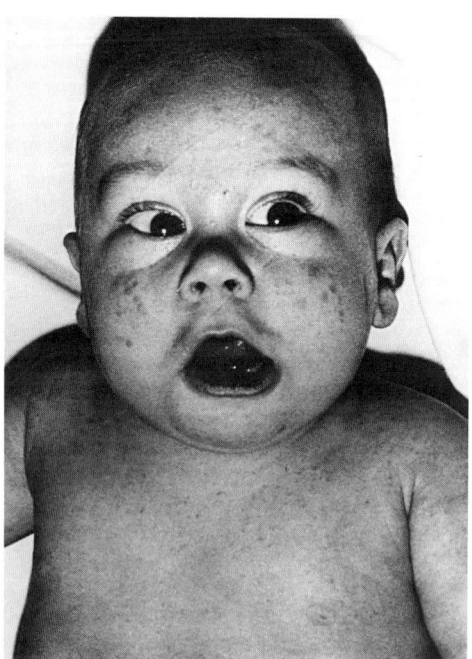

Abb. 10.24 Charakteristische Fazies eines Säuglings nach Valproinsäure-Behandlung der Mutter während der Schwangerschaft

Auch die oralen Vitamin-A-Abkömmlinge Isotretinoin (Roaccutane®) und Etretinat (Tigason®) erwiesen sich im Tierversuch und auch beim Menschen in therapeutischen Dosen als teratogen. Sie werden angewandt zur Therapie schwerster Akne oder Psoriasis und anderer Verhornungsstörungen.

Isotretinoin: 36 Schwangerschaften wurden prospektiv untersucht, ca. ⅙ der exponierten und lebendgeborenen Kinder wiesen Fehlbildungen auf; insbesondere Anotie, Mikrotie, Hydrozephalus oder Mikrozephalus. Über ein Drittel dieser Kinder hatte einen Herzfehler, ein Fünftel wies Anomalien des N. opticus auf. Isotretinoin wird innerhalb von 4 Wochen ausgeschieden. Etretinat: Dagegen beträgt die biologische Halbwertszeit vom Etretinat beim Menschen 120 Tage und mehr. Frauen sollten mindestens 2 Jahre nach Behandlungsende eine Schwangerschaft vermeiden. Verläßliche Risikoziffern gibt es noch nicht, klar ist jedoch, daß Etretinat zu

Fehlbildungen des Gehirns und des Skeletts führen kann, sowie daß das Schädigungsmuster ein anderes ist als nach Isotretinoin.

10.8.2.6 Kokain

In einer Studie an 50 Schwangeren, die Kokain nahmen, im Vergleich zu 110 Schwangeren, die Kokain neben anderen Drogen nahmen und über 340 Kontrollen zeigte sich, daß die Totgeburtenrate in der 1. Gruppe mit 8 % gegenüber 0,8 % in der 3. Gruppe deutlich erhöht war (*Bingol* et al. 1987). Alle Totgeburten waren durch eine vorzeitige Placentalösung verursacht worden. Diese erfolgte meist direkt nach oraler, nasaler oder i.v. Gabe von Kokain. Diese vorzeitige Placentalösung wird wahrscheinlich durch eine Kokain-bedingte Vasokonstriktion und dadurch resultierende Blutdruckerhöhung bedingt. Die Geburtsgewichte und Kopfumfänge der Neugeborenen waren in der Kokaingruppe signifikant verringert (um 768 g, bzw. 2 cm). Die Fehlbildungsrate war auf 10 % erhöht im Vergleich zu 2 % bei der Kontrollgruppe. Insbesondere wurden Herzfehler und Defekte der Schädelkallotte beobachtet.

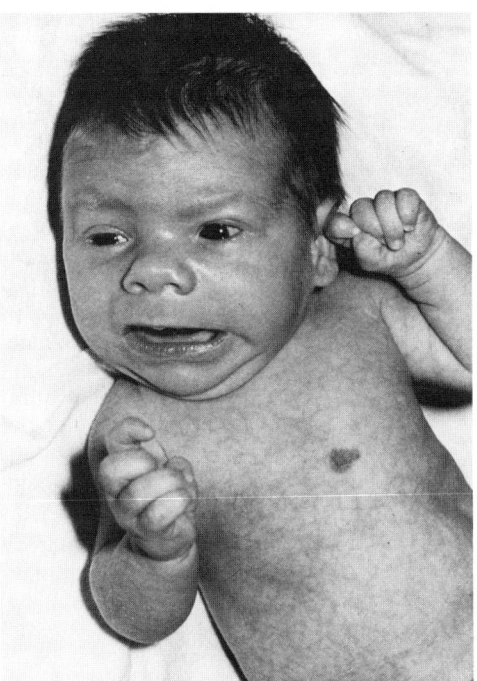

Abb. 10.26 Säugling mit Alkoholembryopathie III

10.8.2.7 Alkohol-Embryopathie

Unter allen bekannten Embryopathien ist die Alkoholembryopathie (AE) mit Abstand die häufigste. In Frankreich wurde sie mit einer Frequenz von 1 : 212 Neugeborenen beobachtet (*Dehaene* et al. 1981). Es wird geschätzt, daß in der Bundesrepublik jährlich 600 Kinder mit stark ausgeprägter AE und weitere 1200 mit schwächeren Manifestationen geboren werden (Häufigkeit ~ 1 : 300). Es lassen sich schwache, mittlere und starke Manifestationen unterscheiden (AE I – III). Bei Kindern mit AE III ist die Fazies so charakteristisch, daß sich leicht die Diagnose stellen läßt (Abb. 10.26): gerundete Stirn, enge Lidspalten, Epikanthus, verkürzter Nasenrücken, verschärfte Nasolabialfalten, Retrogenie. Hauptsymptome sind intrauteriner und postnataler Minderwuchs, Mikrozephalie, geistige Retardierung, Hyperexzitabilität, Herzfehler, Anomalien von Genitalien und Gelenken sowie kraniofaziale Anomalien. Über die Häufigkeit der einzelnen Symptome informiert Tabelle 10.11. Durch Bewertung der Symptome mit Punkten läßt sich die Einteilung in die Schädigungsgrade I – III objektivieren.

AE III: Schwerst betroffene Patienten mit allen oder fast allen in Tabelle 10.11 angeführten Symptomen, sowie typischer Fazies (Abb. 10.26 u. 10.27). Alle Kinder mit AE III sind hyperexzitabel und muskelhypoton, alle sind geistig deutlich retardiert (mittlerer IQ = 66). In dieser Gruppe beobachteten wir Herzfehler bei etwa 60 % (vornehmlich Scheidewanddefekte, aber auch komplexe Vitien) sowie eine vermehrte Säuglingssterblichkeit.

AE II: Mittelschwer betroffene Patienten mit weniger auffälliger Fazies (Abb. 10.28), jedoch Minderwuchs, Untergewicht und Mikrozephalie. Nur mäßige neurologische Auffälligkeit, meist mäßige geistige Retardierung (mittlerer IQ = 79). Innere Fehlbildungen nicht häufig.

AE I: Schwachform der AE. Außer Minderwuchs, Untergewicht, Mikrozephalie

Tabelle 10.11 Symptomatik der Alkoholembryopathie (n = 200)

Punkte	Symptome	a/b	Häufigkeit %
4	Intrauteriner Minderwuchs	149/178	83
4	Mikrozephalus	153/194	79
2/4/8	Statomotorische und geistige Retardierung	121/148	82
4	Hyperaktivität	140/190	74
2	Hypotonie der Muskulatur	105/185	57
2	Epikanthus	98/195	50
2	Ptosis	54/191	28
2	Blepharophimose	50/182	27
–	Antimongoloide Lidachsen	57/182	31
3	Verkürzter Nasenrücken	95/187	51
1	Nasolabialfalten	129/192	67
1	Schmales Lippenrot	126/195	65
2	Hypoplasie der Mandibula	130/199	65
2	Hoher Gaumen	50/188	27
4	Gaumenspalte	12/197	6
3	Anormale Handfurchen	128/192	67
2	Klinodaktylie V	74/195	38
2	Kamptodaktylie	25/195	13
1	Endphalangen-/Nagelhypoplasie	26/188	14
2	Supinationshemmung	20/187	11
2	Hüftluxation	19/173	11
–	Trichterbrust	36/176	20
4	Herzfehler	52/190	27
2/4	Anomalien des Genitale	77/193	40
1	Steißbeingrübchen	94/183	51
–	Hämangiome	26/175	15
2	Hernien	19/133	12
4	Urogenitalfehlbildungen	12/151	8

AE I   (n = 70): 10 – 29 Punkte   a/b = Probanden mit dem Merkmal/
AE II   (n = 72): 30 – 39 Punkte   Gesamtzahl der Probanden
AE III   (n = 58):   ≥ 40 Punkte

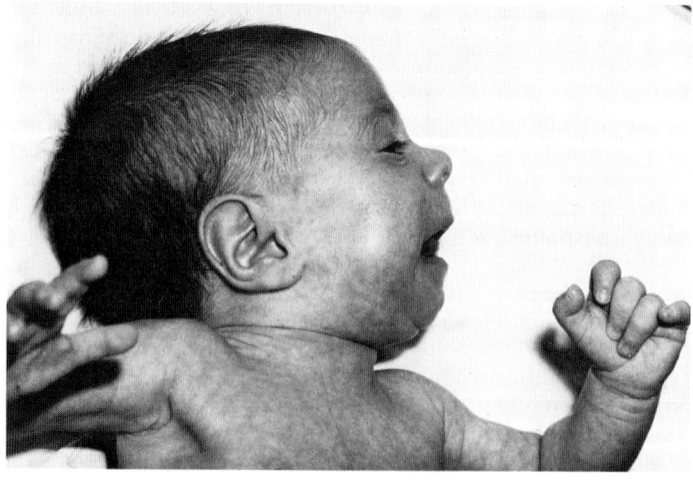

Abb. 10.27 Profil eines Säuglings mit Alkoholembryopathie III

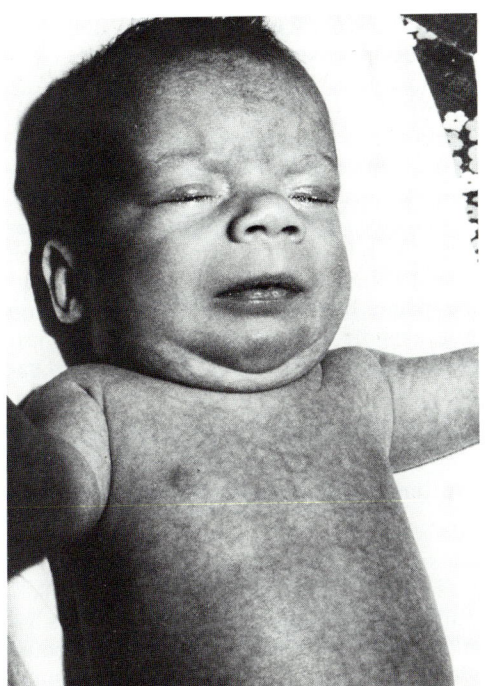

Abb. 10.28 Säugling mit Alkoholembryopathie II

keine weiteren Symptome. Mittlerer IQ = 91.

Die Diagnose AE läßt sich bei mittlerer und schwacher Manifestation nur in Verbindung mit der mütterlichen Alkoholanamnese stellen. Die Einteilung nach Punkten ist nur verläßlich in den ersten Lebensjahren, da sich die kraniofaziale Dysmorphie und die neurologische Symptomatik später abschwächt. Groborientierend erlaubt diese Einteilung eine Prognosestellung für die geistige Entwicklung.

> Häufigkeit der Alkoholembryopathie und Schweregrad sind abhängig vom Stadium der mütterlichen Alkoholkrankheit.

In der Prodromalphase ist kaum mit kindlichen Schädigungen zu rechnen, in der kritischen Phase beobachteten wir meist schwächere Manifestationen, in der chronischen Phase der Alkoholkrankheit sind jedoch über 40 % der Nachkommen meist stark geschädigt. Nur bei erheblichem, ständigem Alkoholkonsum und Alkoholkrankheit der Mutter kommt es zu morphologischen kindlichen Schädigungen. Nach amerikanischen Untersuchungen kann mäßiger Alkoholkonsum in der Schwangerschaft jedoch zu leichter Minderbegabung führen. In der kritischen Phase kann ein Abbruch erwogen, in der chronischen Phase sollte er befürwortet werden.

10.8.2.8 Rauchen als Schwangerschafts-Noxe

Im Vordergrund steht eine deutliche Untergewichtigkeit der Kinder rauchender Mütter. Dabei besteht, wie bei allen anderen Schwangerschaftskomplikationen durch Rauchen, eine ausgeprägte Dosisabhängigkeit (s. Tab. 10.12). Eine erhöhte Fehlbildungsrate ist bei Kindern rauchender Mütter bisher nicht gesichert.

Tabelle 10.12 Komplikationen bei Rauchen in der Schwangerschaft (Häufigkeit bei einer nicht rauchenden Kontrollgruppe = 100 %) (nach *Huch* 1986)

	Gerauchte Zigaretten	
	<1 Päckchen	>1 Päckchen
Spontanabort	+ 30 %	+ 70 %
Plazenta praevia	+ 25 %	+ 92 %
Vorzeitige Lösung	+ 23 %	+ 86 %
Frühgeburt	+ 36 %	+ 47 %
Perinatale Mortalität	+ 10 %	+ 100 %
Neugeborene <2500 g	+ 52 %	+ 130 %

10.8.2.9 Mütterliche Stoffwechselstörungen

Entgleisung des mütterlichen Stoffwechsels oder die Anhäufung pathologischer Stoffwechselprodukte können zu Embryo- und Fetopathien führen. Von besonderer Bedeutung sind die mütterliche Phenylketonurie und der mütterliche Diabetes mellitus.

Aufgrund der diätetischen Behandlungen kommen homozygote Patientinnen mit **Phenylketonurie** heute ins generationsfähige Alter. Neben dem genetischen Risiko haben die Kinder ein hohes Risiko für eine Embryopathie, wenn eine maternale Hyperphenylalaninämie vorliegt. Dabei besteht eine direkte lineare Beziehung zwischen Geburtsgewicht, Kopfumfang und mütterlichem Phenylalanin-Serumspiegel bei der Konzeption (s. 5.3.3).

Kinder unbehandelter Mütter weisen geistige Behinderungen (etwa 90 %), Mikrozephalie (etwa 75 %), intrauterine Wachstumsverzögerung (etwa 30 %) und Fehlbildungen (etwa 15 %) auf. Wird erst nach der Konzeption behandelt, so sind die Resultate nur geringfügig besser: etwa bei 50 % geistige Retardierung, etwa bei 45 % Mikrozephalie (Abb. 10.29).

Eine Lösung scheint nur in der Beibehaltung der phenylalaninarmen Diät über das 10. Lebensjahr hinaus bis zum Ende des fortpflanzungsfähigen Alters zu liegen. Von seiten behandelnder Pädiater und ggfs. Gynäkologen wird folgendes Vorgehen empfohlen: Von Geburt an bis zum 10. Lebensjahr strenge Diät, also ein Phenylalaninspiegel zwischen 2 und 4 mg/dl. Nach dem 10. Lebensjahr dürfen die Phenylalaninspiegel bis auf 10 mg/dl steigen. Wenn homozygote Frauen eine Schwangerschaft planen, muß aber wieder eine strenge Diät mit einer Phenylalanin-Obergrenze von 4 mg/dl im Blut eingehalten werden.

Mütterlicher Diabetes mellitus

Die Risiken von Kindern diabetischer Mütter sind prä-, peri- und postnatal erhöht. Das Geburtsgewicht zum errechneten Termin ist oft wesentlich erhöht, so daß das Risiko von Komplikationen unter der Geburt gleichfalls steigt. Akute Gefahr droht nach der Geburt durch eine Hypoglykämie, verbunden mit Ateminsuffizienz. Die Fehlbildungsrate ist generell erhöht, im Vordergrund stehen Fehlbildungen von Herz und Urogenitaltrakt sowie des Skelettsystems. Pathognomonisch ist das kaudale Regres-

Abb. 10.29 Drei Geschwister mit Hyperphenylalanin-Embryopathie (Beobachtung *E. Harms*, Univ.-Kinderklinik Münster)

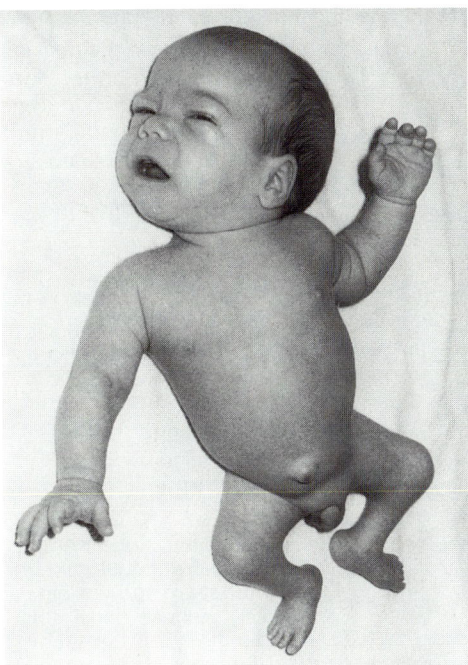

Abb. 10.30 Patient mit kaudaler Regression bei mütterlichem Diabetes

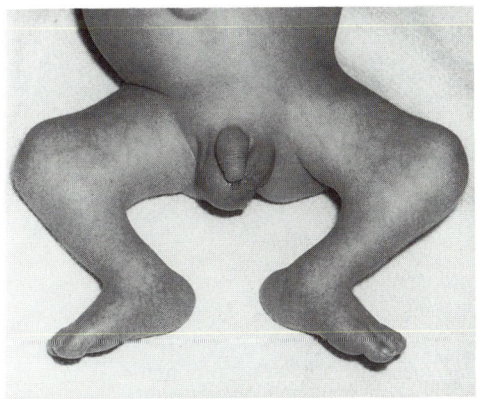

Abb. 10.31 Detaildarstellung der kaudalen Regression (gleicher Patient wie Abb. 10.30): Aplasie des Os sacrum, Hypoplasie des Beckens, Lähmung von Blase, Darm und Beinen

sionssyndrom mit Fehlen oder Hypoplasie von Lendenwirbeln und Hypoplasie der unteren Extremitäten (Abb. 10.30 u. 10.31).

Das Risiko für diese Fehlbildungen und deren Ausmaß hängt unmittelbar von der Einstellung des mütterlichen Diabetes ab.

10.8.3 Pränatale Infektionen

Seit *Gregg* 1941 erkannte, daß die Trias Katarakt, Schwerhörigkeit und Herzfehler durch eine Rötelninfektion während der Schwangerschaft bedingt sein kann, haben sich die Kenntnisse der Folgen einer pränatalen Infektion wesentlich erweitert. Tabelle 10.13 gibt einen Überblick dazu. Neben Röteln haben Zytomegalie und Toxoplasmose praktische Bedeutung erlangt.

10.8.3.1 Röteln

Nur die primäre Rötelninfektion der Mutter während der Schwangerschaft führt zu kindlichen Störungen, eine Reinfektion bei ausreichenden Antikörpern hat keine Folgen.

Häufigkeit und Art der kindlichen Störungen werden vor allem vom Zeitpunkt der Infektion während der Schwangerschaft beeinflußt. Infektionen im 1. Schwangerschaftsmonat führen bei etwa 50 % zur Rötelnembryopathie, im 2. Monat sind 25 % betroffen. Die Morbidität sinkt im 3. Monat auf 10 %, im 4. auf 4 % ab. Infektionen im 3. oder 4. Monat führen vorwiegend zu Innenohrschwerhörigkeit, seltener zu Katarakt. Hauptsymptome der Rötelnembryopathie sind niedriges Geburtsgewicht (< 2500 g bei termingerechter Geburt), geistige Retardierung, Augendefekte, Schwerhörigkeit und Herzfehler. Letztere treten bei etwa 50 % der Kinder auf, meist handelt es sich um einen Ductus arteriosus persistens und/oder eine Pulmonalstenose, seltener sind Aortenstenose oder Scheidewanddefekte. Bei etwa der Hälfte der Patienten bestehen eine ein- oder beidseitige Innenohrschwerhörigkeit bis hin zur Taubheit, Katarakte und/oder Mikrophthalmie. Häufig ist eine fast immer benigne Retinopathie. Etwa 40 % der Kinder sind mehr oder minder deutlich zerebral geschädigt und mikrozephal.

Symptome: Infektionen in der Fetalperiode oder chronisch persistierende Infek-

Tabelle 10.13 Auswirkungen von Infektionen in graviditate und Indikation zum Abbruch

Virus	Klinische Symptome bei Infektion in der 1.–14. Schwangerschaftswoche	Indikation zum Abbruch?	Klinische Symptome bei Infektion in der 15. Woche – Ende der Schwangerschaft
Röteln	Hörschäden, Katarakt, Herzfehler, geistige Behinderung u. a.	ja (?) (s. 10.8.3.1)	Enzephalitis, Hepatosplenomegalie, Thrombopenie, Frühgeburt
Röteln-Impfvirus	Linsentrübung	nein	–
Masern	Abort, Fehlbildungen?	nein	konnatale Masern
Masern-Impfvirus	–	nein	–
Zytomegalie	Abort(?), Zerebralschaden	ja (?) (s. 10.8.3.2)	Enzephalitis, Hepatosplenomegalie, Chorioretinitis, Thrombopenie
Herpes simplex 1, 2	Im allgemeinen keine, Einzelbeobachtungen: Mikrophthalmus, Mikrozephalus, Chorioretinitis	nein	Enzephalitis generalisierte Herpesinfektion
Varizella-Zoster	Im allgemeinen keine, Einzelbeobachtungen: Zerebralschaden, Augenfehlbildungen	nein	Varizellen, hohe Komplikationsrate bei Infekt der Mutter 5 Tage vor bis 2 Tage nach der Entbindung
Mumps	Abort, Endokardfibroelastose?	nein	–
Mumps-Impfvirus	–	nein	–
Hepatitis A, B, Non A – Non B	Abort möglich	nein	Hepatitis
Hepatitis-Impfung	–	nein	chronischer Trägerstatus chronische Hepatitis
Poliomyelitis	Abort	nein	Paresen
Poliomyelitis-Impfvirus	–	nein	–
Coxsackie	Myokarditis möglich	nein	–
Influenza	–	nein	–
Influenza-Impfvirus	–	nein	–
Lyme-Borreliose	–	nein	–
Zecken-Enzephalitis-(FSME) Impfvirus	–	nein	–
Choriomeningitis	Abort (?)	nein	Enzephalitis, Chorioretinitis (Einzelbeobachtung)
Gelbfieber-Impfvirus	–	nein	Enzephalitis, Chorioretinitis (Einzelbeobachtung)
AIDS (HIV +)	typ. Embryopathie?	s. 10.8.3.4	AIDS bei ca. 60 %
Toxoplasmose	–	nein s. 10.8.3.3	Chorioretinitis, Meningoenzephalitis
Ringelröteln (Parvoviren)	Abort	nein	Hydrops fetalis, Totgeburt

tionen führen zum sogenannten erweiterten „akuten Rötelnsyndrom". Nahezu alle Organe können betroffen sein, insbesondere erkranken Neugeborene an Exanthem, Thrombozytopenie, Anämie, Hepatosplenomegalie, Enzephalitis, Myokarditis, interstitieller Pneumonie und Läsionen der Metaphysen. Viszerale Symptome können allein oder in Kombination mit Symptomen der Embryopathie auftreten. Die Letalität bei viszeraler Beteiligung beträgt etwa 35 % innerhalb des ersten Lebensjahres. Eine besondere Verlaufsform ist die „late onset disease". Bedingt durch eine chronisch persistierende Infektion erkranken zunächst gesunde Säuglinge an Meningoenzephalitis, Gastroenteritis oder interstitieller Pneumonie.

Diagnose und Prophylaxe: HAH-Titer (Hämagglutinationshemmtest) von 1:32 und höher vor der Schwangerschaft sind beweisend für Immunität. Ein Titeranstieg von mindestens 4 Titerstufen und der Nachweis von spezifischen IgM-Antikörpern (nur innerhalb 6 Wochen nach Infektion) sind beweisend für eine frische Infektion. Ist diese im 1. oder 2. Schwangerschaftsmonat aufgetreten, sollte ein Antrag auf Abbruch befürwortet werden. Im 3. oder 4. Schwangerschaftsmonat sollten möglichst rasch hochdosiert spezifische Gammaglobuline gegeben werden. Sie können die Virämie verhindern oder zumindest die Inkubationszeit verlängern. Eine Globulingabe ist nur sinnvoll innerhalb 7 Tagen nach Ansteckung. Die aktive Schutzimpfung im präpubertären Alter führt in über 95 % zu ausreichender Antikörperbildung. In der Schwangerschaft ist sie kontraindiziert.

Eine Verbesserung der pränatalen Diagnostik der Röteln ist durch die direkte Untersuchung fetalen Blutes und Bestimmung des spezifischen IgM-Titers möglich geworden (s. Tab. 10.8c). Dies kann jedoch erst ab der 22. Schwangerschaftswoche durchgeführt werden.

10.8.3.2 Zytomegalie

Prospektive Studien in den USA und England ergaben, daß 1–2 % der Neugeborenen pränatal mit Zytomegalieviren (CMV) infiziert waren. Die Mehrzahl blieb jedoch asymptomatisch, ebenso die Mütter. Es wird vermutet, daß 0,1 % aller Neugeborenen erhebliche viszerale oder zerebrale Schädigungen aufgrund einer intrauterinen CMV-Infektion erleiden. In der Regel bewirkt eine CMV-Infektion trotz nachweisbarer Antikörper keine Immunität. Die primäre Infektion der Mutter gilt als gefährlicher für den Feten als die Reinfektion. Wahrscheinlich führen Infektionen im 1. Trimenon häufiger zu zerebralen Schäden als Infektionen in der späteren Schwangerschaft.

Symptome: Betroffene Neugeborene sind zerebral und/oder viszeral erkrankt. CMV-bedingte zerebrale Störungen sind Mikrozephalie, Hydrozephalus, periventrikuläre Verkalkungen, Meningitis, Chorioretinitis und Krämpfe. Viszerale Symptome sind Sepsis, hämolytische Anämie, Thrombozytopenie und Hepatosplenomegalie. Die Prognose ist bei ausgeprägtem Krankheitsbild für die geistige Entwicklung und auch quoad vitam ungünstig. Häufig zeigen Neugeborene jedoch eine nur passagere viszerale Symptomatik.

Diagnose und Prophylaxe: Der sicherste Nachweis einer frischen Infektion ist der direkte Virusnachweis im Urin. Spezifische IgM-Antikörper gelten bei Erwachsenen als beweisend, dagegen sind diese nur bei etwa der Hälfte der erkrankten Neugeborenen nachweisbar. Bei der hohen Durchseuchung der Erwachsenen ist eine erhöhte KBR (Komplementbindungsreaktion) bei Mutter und Kind allein nicht beweisend für eine frische Infektion. Trotz aller Unsicherheiten kann ein Abbruch befürwortet werden, wenn eine floride Infektion im 1. Trimenon nachgewiesen ist. Zu bedenken ist, daß es in etwa 5 % aller Schwangerschaften zur harmlosen Reaktivierung einer älteren Infektion kommen kann. Eine kausale Therapie ist nicht möglich.

10.8.3.3 Toxoplasmose

Mehr als die Hälfte der Frauen im gebärfähigen Alter hat bereits eine Toxoplasmoseinfektion durchgemacht. In der Regel hinterläßt diese Infektion Immunität. Nur die primäre Infektion während der

Schwangerschaft bedeutet eine Gefahr für den Feten. Eine Infektion kurz vor oder zum Zeitpunkt der Konzeption gefährdet den Embryo nicht. Wahrscheinlich führt nur die Infektion im letzten Schwangerschaftsdrittel zu einer Schädigung des Kindes (*Piekarski* 1977), so daß ein Schwangerschaftsabbruch wegen Toxoplasmose in der Regel nicht gerechtfertigt erscheint. Es wird geschätzt, daß mit 1 Fall auf 10 – 20 000 Geburten zu rechnen ist.

Symptome: Sepsis, Hepatomegalie, Ikterus, interstitielle Pneumonie, Chorioretinitis, Mikrophthalmus, Meningoenzephalitis, intrazerebrale Verkalkungen, Hydrozephalus, Krämpfe. 80 % der Überlebenden sind geistig retardiert, 50 % zeigen Störungen der Augen, 10 % sind schwerhörig.

Diagnose und Prophylaxe: Eine frische Infektion ist gesichert bei Titerkonversion von negativen Titern zu Titern über 1 : 256 im Sabin-Feldman-Test und einer KBR von 1 : 10 und höher. Antikörper des Neugeborenen stammen meist von der Mutter. Sie beweisen nur dann eine Infektion, wenn sie ansteigen und sich spezifische IgM-Antikörper nachweisen lassen. Obwohl die Wirksamkeit noch umstritten ist, sollte ein Therapieversuch mit Trimethoprim-Sulfamethoxazol oder Pyrimethamin und Sulfonamiden durchgeführt werden. Eine Infektion während der Schwangerschaft kann weitgehend vermieden werden, wenn auf Genuß von rohem Fleisch verzichtet wird. Infektiöse Toxoplasma-Oozyten im Fleisch werden durch Erhitzen abgetötet. Eine weitere Infektionsquelle ist frischer Katzenkot.

10.8.3.4 HIV-Infektionen

Über die teratogene Wirkung des Humanimmunodeficiency-Virus (HIV) kann noch keine endgültige Aussage gemacht werden. Verschiedene Symptome bei HIV-infizierten Neugeborenen wie z. B. Mikrozephalie oder kranio-faziale Dysmorphie müssen nicht unbedingt einer speziellen Embryopathie zuzuordnen sein, sie könnten auch durch Begleitnoxen wie Alkohol oder Drogen bewirkt sein.

Eine HIV-Infektion der Mutter ist eine Kontraindikation für eine Schwangerschaft:

(1) Eine Schwangerschaft kann durch eine HIV-Infektionsexazerbation zur AIDS-Erkrankung der Mütter führen.
(2) Es besteht die Gefahr einer AIDS-Infektion mit Erkrankung des Kindes (ca. 60 %). Erkrankte Kinder leiden unter opportunistischen Infektionen (insbesondere Zytomegalie), Enzephalopathie und Diarrhoe. 60 % versterben infolge einer Sepsis.

Es wird empfohlen, vor Planung jeder Schwangerschaft mit dem Röteln-Test generell auch einen HIV-Test durchzuführen.

Ist dies nicht geschehen, so sollte der Test am Beginn der Schwangerschaft durchgeführt werden. Bei positivem Befund muß der Abbruch der Schwangerschaft mit der Mutter diskutiert werden.

10.8.4 Amniogene Fehlbildungen

In etwa 1 : 10 000 Schwangerschaften kommt es aus bisher noch unbekannter Ursache zur Ruptur des Amnions. Es bilden sich Membranen und Stränge, in denen sich der Embryo verfangen kann. An den Extremitäten entstehen Schnürfurchen, bei stärkerer Kompression Amputationen (Abb. 10.32). Typisch sind auch periphere Syndaktylien von proximal getrennten Strahlen. Durch Verklebung von Membranen mit dem Schädeldach und Traktion können Enzephalozelen entstehen. Durch Traktion von verschluckten Amnionsträngen können Gesichtsspalten oder atypische LKG-Spalten entstehen. Die große Variabilität der möglichen Fehlbildungen ist wahrscheinlich bedingt durch den unterschiedlichen Zeitpunkt der Amnionruptur. Familiäre Fälle sind zwar bekannt, jedoch so selten, daß eine genetische Komponente unwahrscheinlich ist. Ein Wiederholungsrisiko ist praktisch nicht gegeben.

10.8.5 Intrauterinpessare

In der Bundesrepublik Deutschland treten jährlich mindestens 2500 Schwangerschaften bei liegendem Intrauterinpessar (IUP) auf. Verwandt werden hauptsächlich reine

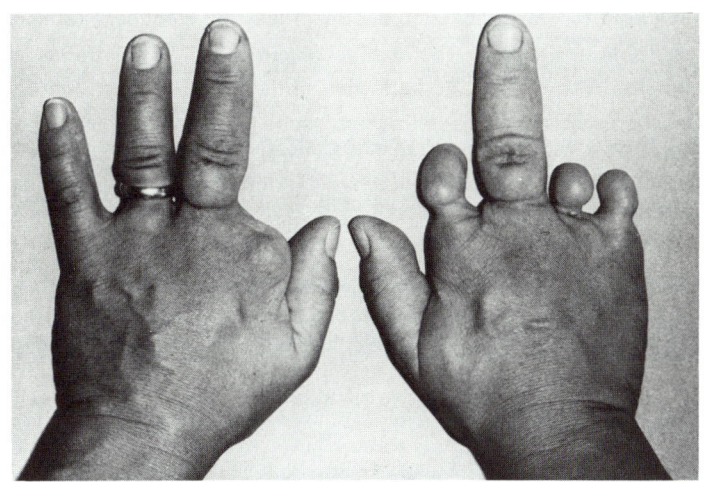

Abb. 10.32 Amniogene Schnürfurchen und Amputationen

Tabelle 10.14 Verlauf von Schwangerschaften mit verschiedenen Intrauterinpessaren in situ (nach *Zielske* et al. 1977)

Art des IUP	n	Spontan-abort	Inter-ruptio	Extra-uterin-gravidität	Früh-geburt	Tot-geburt	ausgetr. Schwan-gerschaft	Miß-bildungen
Kunststoff-IUP	1248	478 (38,3 %)	151 (12,1 %)	51 (4,1 %)	21 (1,7 %)	27 (2,2 %)	519 (41,6 %)	1 (0,19 %)
Kupfer-haltige IUP	1636	227 (13,7 %)	943 (57 %)	53 (3,2 %)	17 (1 %)	4 (0,3 %)	386 (23,3 %)	6 (1,6 %)
Progeste-ron-IUP	122	15 (12 %)	63 (50,4 %)	29 (23,2 %)	–	–	15 (12 %)	–

Kunststoffpessare, kupferhaltige und progesteronhaltige Pessare. Alle Pessare führen zu einer erhöhten Abortrate. Eine rein mechanische Schädigung ist wegen der Lage außerhalb des Amnions schlecht vorstellbar und auch nicht nachgewiesen. In Tabelle 10.14 sind die Daten von über 3000 Schwangerschaften mit IUP in situ zusammengestellt. Es ergibt sich, daß bei allen IUP Extrauteringraviditäten gehäuft sind, besonders bei Progesteron-IUP, hier sind allerdings die Fallzahlen sehr klein. Die Fehlbildungsrate unter den Neugeborenen war bei keinem Pessartyp erhöht. Bei bestehender Schwangerschaft sollte das IUP bis zur 10. Schwangerschaftswoche entfernt werden. Ein Abbruch wegen der Befürchtung einer teratogenen Fruchtschädigung erscheint nicht gerechtfertigt. Wegen der Gefahr einer mütterlichen Sepsis kann aus gynäkologischer Sicht ein therapeutischer Abort erwogen werden, wenn der Faden des Pessars nicht mehr sichtbar ist.

10.9 Therapie von Erbkrankheiten und genetische Manipulation

Wenn ein Leiden genetisch bedingt ist, bedeutet dies keinesfalls, daß der Arzt einer solchen Krankheit und deren Folgen für den Patienten und dessen Familie hilflos gegenübersteht.

Bei vielen genetisch bedingten Krankheiten bestehen Interventionsmöglichkeiten. Wie die Tabellen 10.15 und 10.16 zeigen, gibt es auf verschiedenen Interventions-

Tabelle 10.15 Möglichkeiten der Beeinflussung erblicher Krankheiten

Interventions-Ebene	Therapeutisches Prinzip	Beispiele
Mutiertes Gen	Somatische Gentherapie	Adenosin-Desaminase Defizienz
Genexpression	Pharmakologische Beein-flussung der Genexpression	Interferon Therapie bei X-chromo-somaler chron. Granulomatose
Mutierte mRNS	Beeinflussung durch anti-sense RNS	Im Tierexperiment
Mutiertes Protein	Verbesserung der Funktion durch Ko-faktoren	Vitamin-sensitive Stoff-wechseldefekte
	Protein-Substitution	
	extrazellulär	F VIII bei Hämophilie
	intrazellulär	Glucocerebrosidase bei M. Gaucher
und/oder Defekter Stoff-wechsel	Substratrestriktion	Diät bei Phenylketonurie und Galaktosämie
	Substratersatz	Biotin, Thyroxin, Insulin
	Substratvermeidung	Isoniazid, Barbiturate, Chinolinderivate
	Substrat-Diversion	Natrium-Benzoat bei defektem Harnstoffzyklus
	Substrat-Elimination	Kupfer bei M. Wilson, Zystin bei Zystinose
	Enzyminhibition	HMG CoA Reduktase bei Hyper-cholesterinämie, Allopurinol bei Gicht
	Feed-back Inhibierung	ACTH Produktion durch Cortison
	Enzyminduktion	Esterase Inhibitor bei angio-neurotischem Ödem
	Enzymmodifikation	Adenosin-Desaminase mit Poly-äthylenglycol
Zellebene	Zelltransplantation	Myoblasten Implantation bei Muskeldystrophie
	Knochenmarkstransplantation	Fanconi-Anämie, Thalassämie, u.a.
Organebene	Organtransplantation	Leber bei Alpha-1 Antitrypsin Defizienz
	Organprothese	Brille bei Myopie
Phänotyp	Chirurgie	LKG, Down-Syndrom
	Psychotherapie	Chorea Huntington
Familie	Genetische Beratung	Aufklärung über genet. u. teratogene Risiken
Population	Genetisches Screening	Phenylketonurie, Thalassämie, Morbus Tay-Sachs

und Funktionsebenen eine Fülle therapeutischer Möglichkeiten.

10.9.1 Therapie und Prävention durch diätetische und aufklärende Maßnahmen

Das klassische Beispiel für die effektive Behandlung einer Erbkrankheit durch diäteti-sche Maßnahmen ist die Phenylketonurie (PKU). Die Phenylalanin-arme Diät bei PKU soll möglichst in den ersten Lebensta-gen beginnen und lebenslang, insbesondere auch bei späteren Schwangerschaften, durchgehalten werden.

Sehr viel schwieriger ist die Behandlung anderer Erkrankungen des Aminosäure-Stoffwechsels, bei denen eine individuell verschiedene Balance zwischen der Toxizität einzelner Aminosäuren und der Notwendigkeit einer genügenden Eiweißzufuhr gefunden werden muß. Hierzu gehören die Ahorn-Sirup-Krankheit sowie Defekte des Histidin-, Lysin-, Tyrosin-, Ornithin-, Methylmalonsäure- und des Propionsäure-Stoffwechsels.

Weitere Beispiele der erfolgreichen Behandlung und Prävention genetisch bedingter oder mitbedingter Erkrankungen sind die Galactose-freie Diät bei Galaktosämie, die Vermeidung von Milchzucker bei Laktose-Intoleranz, die Vorbeugung bei der koronaren Herzkrankheit durch fettarme Diät und vermehrte körperliche Aktivität, sowie die Kontrolle des Bluthochdrucks und des Altersdiabetes durch entsprechende Ernährung.

Die Vermeidung von bestimmten Medikamenten und Umweltnoxen kann die Gesundheit genetisch auffälliger Individuen entscheidend verbessern. Klassische Beispiele hierfür sind die Vermeidung von Fava-Bohnen und Anti-Malaria-Medikamenten wie Primaquin bei Glukose-6-Phosphat-Dehydrogenase-(G-6-PDH)-Defizienz sowie die Vermeidung von Barbituraten bei Porphyrie. Ein aktuelles Beispiel ist die Vermeidung von aktivem und passivem Rauchen bei Menschen mit Alpha-1-Antitrypsin-Defizienz (Z/Z-Allele). Tabakrauch oxydiert die Aminosäure Methionin an der aktiven Stelle des Enzyms und reduziert damit seine Aktivität. Dies führt zu einem relativen Übergewicht des Enzyms Elastase, welches das Lungenstützgewebe angreift. Als Endergebnis kommt es zu frühzeitigem Lungenemphysem und erhöhter Morbidität.

Tabelle 10.16 Kausale und symptomatische Therapie bei Zystischer Pankreasfibrose

Funktionsebene	Defekt	Therapie
Gen	Deletion △F 508 sowie >170 weitere Mutationen im CFTR-Gen*	Gentransfer durch Infektion der Atemwege mit rekombinanten Adenoviren als Vektoren für das intakte CFTR-Gen
Genprodukt	z.B. Veränderung der ATP-Bindungsstelle des transmembranen CFTR-Proteins (Bestandteil eines durch cAMP aktivierbaren Ionenkanals)	Verbesserung der Ionenkanalfunktion durch das Diuretikum Amilorid, bzw. durch exogenes ATP und UTP. Dadurch bessere Hydrierung und geringere Viskosität des Lungensekretes.
Biochemische Funktion	Einschränkung der Funktion des Ionenkanals führt zu Störungen des zellulären Chlorid- und Natrium-Haushaltes.	
Zellfunktion	Sekretion von hochviskösem Mucus (Lunge) verminderte Sekretion von Lipase, Trypsin, Chymotrypsin (Pankreas)	Verminderung der Viskosität des Lungensekrets durch das Enzym DNAse, welches die DNA abgestorbener Zellen und Bakterien verdaut.
Organfunktion	Lunge: chron. Obstruktion und Infektion	Physiotherapie und Antibiotika-Schutz. Lungentransplantation als ultima ratio.
	Pankreas: verminderte exokrine Funktion Gonaden: verminderte Keimzellbildung	Diät und Supplementation von Verdauungsenzymen.
Individuum	häufiges Kranksein, Verdauungsbeschwerden, Kinderlosigkeit, verminderte Lebensqualität und Lebenserwartung	Vermeidung von Stigmatisation und Hospitalismus. Gute Wohn- und Arbeitsverhältnisse. Motivation von Eltern und Umwelt; ggf. Psychotherapie

* CFTR = (engl.) Cystic Fibrosis Transmembrane Regulator

10.9.2 Chirurgische Intervention

Die chirurgische Korrektur eines angeborenen Organdefektes ist bei einer Reihe von multifaktoriell bedingten Erkrankungen indiziert. Hierzu gehören die Neuralrohrdefekte, die Lippen-Kiefer-Gaumen-Spalten, viele der angeborenen Herzfehler und die Pylorusstenose. Diese Erkrankungen machen 30 % aller genetisch bedingten oder mitbedingten Erkrankungen des Kindesalters aus. Zumindest die Hälfte dieser Kinder kann durch die operativen Maßnahmen auf Dauer geheilt werden.

Klassische palliative Eingriffe bei genetischen Erkrankungen sind die Entfernung des polypösen Dickdarms bei familiärer Polyposis coli oder die Entfernung der Milz bei hereditärer Sphärozytose.

10.9.3 Transplantation

Die Knochenmarkstransplantation (KMT) ist überaus erfolgreich bei der Therapie genetischer Erkrankungen der Blutbildung und des Immunsystems. Hierzu gehören das kombinierte Immundefizienz-Syndrom (SCID), die X-gebundene Agammaglobulinämie, das Wiskott-Aldrich-Syndrom, das Chediak-Higashi-Syndrom, die Thalassämie, die infantile Agranulozytose, die Sichelzellanämie und die Fanconi-Anämie.

Verständlich ist der Erfolg der KMT auch bei Erkrankungen, bei denen Knochenmarkszellen zumindest mitbetroffen sind wie die nicht neurotrope Form von M. Gaucher (Glucocerebrosidase-Defizienz) sowie die Osteoporose (defekte Osteoklasten-Bildung). Erstaunlicherweise führt die KMT auch zur Verbesserung des klinischen Status bei einer Reihe von Speicherkrankheiten, die nicht primär das Knochenmark betreffen so bei Mukopolysaccharidosen (M. Hurler, M. Hunter, M. Maroteaux-Lamy) sowie verschiedenen Lipid-Speicherkrankheiten (Lipidose, metachromatische Leukodystrophie und adrenale Leukodystrophie).

Da jede KMT-Therapie risikoreich bleibt, wird bei allen diesen Erkrankungen weiterhin intensiv nach alternativen Therapie-Ansätzen (z. B. somatische Gentherapie, s. u.) gesucht.

Die neben der KMT häufigste Organtransplantation bei genetischen Erkrankungen ist die Lebertransplantation. Bei pädiatrischen Patienten, welche an Leberzirrhose aufgrund von Alpha-1-Antitrypsin-Defizienz leiden, überleben 65 % die Transplantation um mehr als 5 Jahre. Andere genetische Indikationen zur Lebertrantransplantation sind fortgeschrittene Stadien von M. Wilson sowie Tyrosinanämie und einige Glykogen-Speicherkrankheiten.

Nierentransplantationen werden bei der Zystinose, dem Alport-Syndrom und bei der polyzystischen Nierenerkrankung erfolgreich eingesetzt. Allerdings muß bei Nierentransplantationen im Zusammenhang mit Stoffwechselerkrankungen mit einer Rezidivbildung im transplantierten Organ gerechnet werden, wie es für die Bypass-Operation bei der coronaren Herzkrankheit seit langem bekannt ist.

Im Tierexperiment erforscht wird derzeit die Möglichkeit der Myoblasten-Implantation zur Therapie der Muskeldystrophie Duchenne und die Implantation genetisch manipulierter Fibroblasten bei der Adenosin-Desaminase-Defizienz.

Neben erheblichen ethischen Problemen hat der Transfer fetaler Gewebe (sog. „Zelltherapie", die in Deutschland z. B. zur Behandlung des M. Down eingesetzt wurde) bisher keine wissenschaftlich akzeptable Basis.

10.9.4 Pharmakologische Beeinflussung des Stoffwechsels

Eine Reihe von Therapien genetischer Erkrankungen beruht auf dem Einsatz von Medikamenten. Beispiel hierfür ist die (rein empirische) Lithiumtherapie bei endogenen Depressionen. Ein neueres, auf der genauen Kenntnis des pathogenetischen Mechanismus beruhendes Beispiel ist die Behandlung der familiären Hypercholesterinämie durch die Hemmung des Schlüsselenzyms (Hydroxymethylglutaryl-Coenzym A-Reduktase) in der Cholesterin-Biosynthese. Ein weiteres aktuelles Beispiel ist die pharmakologische Beeinflussung der defekten Ionenkanalfunktion bei der Mukoviscidose (s. Tab. 10.15).

Beispiel einer pharmakologischen Enzyminduktion ist der Einsatz von Esterase-Inhibitoren beim familiären angio-neurotischen Ödem, wodurch lebensbedrohliche Erstickungsanfälle vermieden werden können.

Ein weiteres pharmakologisches Prinzip besteht in der Entfernung toxischer Substanzen, welche sich bei einer Reihe von genetischen Erkrankungen im Körper anhäufen. So führt die Ablagerung von Kupfer beim M. Wilson zu schweren Leber- und Gehirnschäden. Durch Chelierung mit Penizillamin oder Triäthylen-Tetramin kann die Kupferausscheidung erhöht und der klinische Status der Patienten entscheidend verbessert werden. Im Falle der Zystinose kommt es ohne Behandlung zur frühzeitigen (tubulären) Nierenschädigung. Die Entfernung des überschüssigen Zysteins aus den Lysosomen gelingt hier durch die Bildung eines Disulfid-Komplexes mit der chemisch verwandten Substanz Zysteamin. Eine weitere erfolgreiche „Entgiftungstherapie" ist die Entfernung von Eisenablagerungen durch Desferral (angewandt u. a. nach den häufig erforderlichen Transfusionen bei Thalassämie und Fanconi-Anämie).

Die Virilisierungseffekte beim Adrenogenitalen Syndrom (21-Hydroxylase-Defizienz) können durch frühzeitige Cortison-Gaben verhindert werden. Cortison bewirkt eine sog. „feed back"-Inhibierung der hypophysären ACTH-Synthese und damit eine Verringerung der adrenalen Androgenproduktion. Auf einem ähnlichen Prinzip beruht die erfolgreiche Behandlung der Orotacidurie durch Uridin (Blockierung der de novo-Synthese von Pyrimidin-Basen).

Als letztes Prinzip pharmakologischer Intervention soll die Verbesserung der Enzymfunktion durch hochdosierte Gabe von essentiellen Kofaktoren genannt werden. Eine verbesserte Funktion des Holoenzyms wird z. B. bei Krankheiten wie Homozysteinurie, Methylmalonacidämie, Cystathionurie, Ahornsirup-Krankheit, Hyperphenylalaninämie, multiple Carboxylase-Defizienz sowie bei bestimmten Defekten der Atmungskette durch Gabe von Cobalamin, Biotin, Pyridoxin, Biopterin bzw. Riboflavin erreicht.

10.9.5 Substitution des fehlenden oder defekten Genproduktes

Abgesehen von der eigentlichen Gentherapie stellt der Ersatz eines fehlenden oder defekten Proteins die unmittelbarste Therapie einer monogen bedingten Erbkrankheit dar. Wegen des oft raschen Abbaus und der häufigen Antigenität des zugeführten Proteins ist dieser Weg jedoch nicht immer problemlos. So entwickelt ein Teil der Hämophilie-Patienten neutralisierende Antikörper gegen das lebensrettende Faktor-VIII-Präparat. Den schnellen Abbau und die Fremdeiweißwirkung des zugeführten Enzyms versucht man durch die chemische Modifikation zu verhindern. Erfolgreich war dieser Weg bisher bei dem Enzym Adenosin-Desaminase (ADA), welches durch polymeres Polyäthylenglykol stabilisiert und damit zur erfolgreichen intravenösen Behandlung der entsprechenden Defizienz eingesetzt werden konnte.

Ein weiteres Problem bei der Proteinsubstitution, das Erreichen des entsprechenden Zielgewebes durch das intakte Protein, wurde zumindest für eine der erblichen Stoffwechselerkrankungen (M. Gaucher) gelöst. Dieser Krankheit liegt eine durch verschiedene Mutationen bedingte Defizienz der sauren β-Glucosidase zugrunde. Dadurch kommt es zur Akkumulation von Glucocerebrosiden in Zellen des retikuloendothelialen Systems, zu dem auch die Kupferschen Sternzellen der Leber gehören. Um die betroffenen Zellen mit intaktem Protein zu versorgen, wurde das Enzym mit terminalen Mannosyl-Resten versehen. Da die Kupferschen Zellen über einen Rezeptor für Alpha-Mannosyl-Gruppen verfügen, konnte das modifizierte Enzym gezielt in die betroffenen Zellen eingebracht werden. Der Erfolg dieser gezielten „Protein-Therapie" ist inzwischen bei mehreren Patienten durch einen Rückgang der Hepatosplenomegalie und einen Anstieg der Thrombozytenwerte klinisch belegt.

10.9.6 Somatische Gentherapie

Die somatische Gentherapie wird erst dann bei einer größeren Zahl von Erbkrankheiten zum Einsatz kommen, wenn rekombinante Vektoren ohne den Umweg der Zell-kultur direkt in die defekten Zellen und Organe des Körpers eingeschleust und zur Funktion gebracht werden können. Dazu müssen Vektoren konstruiert werden, die sich kontrolliert in die gewünschten Zellen inserieren, die in der Zielzelle keine unerwünschten Genveränderungen („insertional mutagenesis") auslösen und die der physiologischen Regulation der Zelle unterliegen.

Nach anfänglicher Euphorie erwies sich die Übertragung von intakten Genen in Zellen des menschlichen Körpers als ungemein schwierig und komplex. Die Schwierigkeiten bestehen nicht so sehr im eigentlichen Gentransfer, sondern vielmehr in der richtigen Regulation und Expression des übertragenen Gens in geeigneten Zielzellen. An diesen Schwierigkeiten scheiterten bisher alle Versuche, genetische Defekte der Hämoglobin-Biosynthese durch Gentransfer zu korrigieren. Die einzige bisher erfolgreiche somatische Gentherapie einer Erbkrankheit wurde bei Patienten mit Adenosin-Desaminase-Defizienz (ADA) durchgeführt. Die Kinder erhielten in wöchentlichen Abständen Infusionen ihrer eigenen Lymphozyten, welche für kurze Zeit außerhalb des Körpers vermehrt und in der Zellkultur mit einem retroviralen Vektor infiziert wurden, der als Überträger für das intakte ADA-Gen dient. Durch gleichzeitig übertragene Markergene konnte der Erfolg der Gentherapie kontrolliert werden.

Im Vorbereitungsstadium befinden sich derzeit Arbeiten zur somatischen Gentherapie bei Hämophilie B (durch Übertragung des Faktor IX-Gens) und bei der Mukoviscidose (durch Übertragung des CFTR-Gens; vgl. Tab. 10.16). Mit Ausnahme der direkten Infektion von Lungenepithelzellen durch rekombinante Adenoviren beruhen alle gegenwärtigen Protokolle auf der Insertion des korrigierenden Gens außerhalb des Körpers mit anschließender Rückübertragung der korrigierten Zellen in den Organismus.

Das technisch ungemein aufwendige Verfahren des in vitro Gentransfers mit anschließender Rückübertragung in den Körper wird in absehbarer Zeit mehr zur somatischen Krebstherapie Verwendung finden

als zur somatischen Gentherapie. Erprobt wird derzeit die Rückinfusion genetisch markierter tumorinfiltrierender Lymphozyten oder von Lymphozyten mit veränderten oder zusätzlichen Zytokin-Genen bei Patienten mit fortgeschrittenen malignen Melanomen.

10.9.7 Keimzelltherapie und genetische Manipulation am Menschen

Prinzipiell können die Techniken des somatischen Gentransfers auch auf frühe Teilungsstadien menschlicher Embryonen angewandt werden, die durch die Technik der extrakorporalen Befruchtung zugänglich geworden sind. Da auch die späteren Keimzellen aus diesen frühembryonalen Zellstadien hervorgehen, besteht damit die Möglichkeit der stabilen Integration des transferierten Gens in die Keimbahn. Im Tierexperiment werden auf diesem Wege derzeit eine Vielzahl von „transgenen" Tieren hergestellt, welche das transferierte Gen an ihre Nachkommen weitervererben. Diese genetisch manipulierten Tiere dienen als **Modelle** für die Erforschung menschlicher Erb- und Krebserkrankungen.

Wäre es sinnvoll, eine schwerwiegende genetische Erkrankung durch eine (bisher nur theoretisch mögliche) Keimzellmanipulation aus der Keimbahn eines betroffenen Individuums zu entfernen?

Aus der Sicht der Humangenetik muß diese Frage mit einem klaren „Nein" beantwortet werden. Die *Mendel*schen Regeln führen dazu, daß (außer homozygot dominante) nahe alle Eltern mit genetischem Risiko auch gesunde Nachkommen haben können. Statt sich auf das äußerst risikoreiche Abenteuer einer genetischen Keimzellmanipulation einzulassen, bestünde die theoretische Möglichkeit zur Unterscheidung betroffener und nicht betroffener Embryonen vor der Implantation („Präimplantationsdiagnostik"). Die gesetzliche Situation in der Bundesrepublik ist allerdings so, daß jede Embryonendiagnostik strikt verboten ist.

Unabhängig vom Kontext der Keimzelltherapie genetischer Erkrankungen stellt sich die Frage, ob die rapiden Fortschritte der Gentechnologie zur genetischen Manipulation des Menschen mißbraucht werden können. Doch gerade die zunehmende Kenntnis unserer genetischen Grundstruktur läßt die Gefahr einer Manipulation unseres Erbgutes geringer werden.

Nur wer die Komplexität, Vielschichtigkeit und Interdependenz des menschlichen Erbgutes nicht kennt, wird so vermessen sein zu glauben, man könne den Menschen genetisch „verbessern".

Derzeit ist eine gezielte genetische Manipulation komplexer Eigenschaften des Menschen unmöglich, und jeder Eingriff in die Keimbahn des Menschen würde mit größter Wahrscheinlichkeit erheblich mehr Defekte hervorrufen als Defekte beheben.

11 Möglichkeiten des genetischen Abstammungsnachweises

Der genetische Abstammungsnachweis dient zur Klärung strittiger Vaterschaften, in seltenen Fällen zur Klärung von Kindsvertauschungen oder zur Familienzusammenführung. In der Gerichtsmedizin dienen genetische Untersuchungen zum Spurennachweis im Zusammenhang mit der Personenidentifizierung.

Nur noch historische Bedeutung kommt den sogenannten anthropologisch-erbbiologischen Abstammungsgutachten zu, bei denen eine Vielzahl morphologischer Merkmale und Merkmalskomplexe (Augenfarbe, Haarfarbe, Kopfform etc.) quantitativ erfaßt und dann verglichen wurden. Diese Merkmale sind meist polygen bedingt und deshalb für den Abstammungsnachweis nur bedingt tauglich. Die extreme Variabilität dieser Merkmale wird deutlich am Beispiel der Papillarmuster auf den Fingerkuppen, die als Fingerabdruck in der Kriminalistik eine große Rolle spielen.

Monogen bedingte Merkmale müssen eine möglichst hohe Variabilität aufweisen, um für Abstammungsnachweise geeignet zu sein. Proteinpolymorphismen des Blutes erfüllen diese Forderung. Deren Variabilität wird noch übertroffen von der Anzahl möglicher Allelkombinationen hochrepetitiver DNA-Marker.

11.1 Allgemeines

Unter einem genetischen Polymorphismus versteht man das gleichzeitige Vorkommen verschiedener erblicher Formen eines Merkmals, wobei die dafür kodierenden Allele in einer Population Häufigkeiten aufweisen, die durch Neumutationen nicht erklärt werden können.

Ziel der Untersuchung beim genetischen Abstammungsnachweis ist entweder der Ausschluß eines zu Unrecht als Vater eines Kindes in Anspruch genommenen Mannes oder, falls es sich tatsächlich um den Vater handelt, die Feststellung der Vaterschaft. Beim Vaterschaftsausschluß handelt es sich um den Nachweis von Ausschlußkonstellationen in mehreren voneinander unabhängigen genetischen Systemen. Die DNA-Analyse als das System mit dem höchsten Polymorphismuspotential könnte dabei die Blutgruppen- und Serumproteingruppen ersetzen, ist aber aus verschiedenen Gründen (methodische Probleme, zuverlässige Daten über Häufigkeiten in Vergleichspopulationen, Unsicherheiten über Vererbungsmodus) noch nicht als Beweismittel bei gerichtlichen Auseinandersetzungen zugelassen. Unabhängig von der diagnostischen Sicherheit einer Methode handelt es sich bei der Feststellung der Vaterschaft um eine Wahrscheinlichkeitsaussage: kann ein Mann als Vater nicht ausgeschlossen werden, so wird aus der Kombination der genetischen Merkmale beim Kind, bei der Mutter und bei dem angeblichen Vater durch statistische Berechnung die Wahrscheinlichkeit ermittelt, daß er der Vater des Kindes ist.

11.1.1 Blutgruppen-Systeme

11.1.1.1 AB0-System

In diesem System besteht multiple Allele, d. h. in der Bevölkerung kommen mehr als zwei Allele vor. Praktisch sind vier Allele von Bedeutung, die die Blutgruppen A_1, A_2, B und 0 bestimmen. Daraus ergeben sich als mögliche Genotypen; die Homozygoten A_1/A_1, A_2/A_2, B/B, 0/0 sowie die Heterozygoten A_1/A_2, A_1/B, A/0, A_2/B, $A_2/0$, B/0. Dabei verhalten sich die Gene für A_1, A_2 und B dominant gegenüber dem Allel für die Blutgruppe 0. Das Gen für A_1 ist dominant gegenüber dem Gen für A_2.

Tabelle 11.1 Phänotypkonstellationen im AB0-System

Phänotypen der Eltern	Mögliche Phäno- typen der Kinder	Anschluß- Konstellationen
0 × 0	0	A, B, AB
0 × A	0, A	B, AB
0 × B	0, B	A, AB
0 × AB	A, B	0, AB
A × A	A, 0	B, AB
A × B	B, A, AB, 0	B, AB
A × AB	A, AB, B	0
B × B	B, 0	A, AB
B × AB	B, A, AB	0
AB × AB	A, B, AB	0

Serologisch sind von den oben angegebenen Genotypen nur A_1/B, A_2/B und $0/0$ vom Phänotyp her zu bestimmen. Die übrigen Phänotypen beinhalten folgende Genotypen, die mit Sicherheit nur durch eine Familienanalyse deduziert werden können; $A_1 = A_1/A_1$, A_1/A_2 und $A_1/0$; $A_2 = A_2/A_2$ und $A_2/0$; $B = B/B$ und $B/0$.

Läßt man zur Vereinfachung die A-Untergruppen A_1 und A_2 weg, ergeben sich die in der Tabelle aufgeführten Phänotyp-Konstellationen im AB0-System (Tab. 11.1).

Eine Ausschlußkonstellation ergibt sich also im einfachsten Fall, wenn Mutter und Präsumptivvater die Gruppe 0 und das Kind die Gruppe A oder die Gruppe B besitzt.

Eine weitere Ausschlußmöglichkeit soll als Beispiel angeführt werden. Sie ergibt sich in der Konstellation: Mutter 0, Präsumptivvater AB und Kind 0. Da A und B Allele sind, hätte das Kind entweder A oder B vom Präsumptivvater erben müssen. Ein solcher Ausschluß ist nur möglich, wenn, wie das bei A und B der Fall ist, die Allelie dieser beiden Gene klar erwiesen ist.

11.1.1.2 Das Rhesussystem

Die Vererbung der Rhesusgruppen wird durch ein komplexes genetisches System gesteuert. Für die Definition der Rh-Antigene werden im allgemeinen sechs verschiedene Antiseren verwendet: Anti-D, Anti-C, Anti-c, Anti-E, Anti-e und Anti-Cw. Die genetische Interpretation der Serumreaktionen erfolgt nach der Theorie von *Fisher* aus dem Jahre 1943: Das Rh-Chromosom trägt die genetische Information zur Ausprägung der Rh-Antigene in drei

sehr eng gekoppelten Genorten oder in drei dicht benachbarten Mutationsstellen eines einzigen Gens, wobei es für jeden Genort oder jede Mutationsstelle zwei oder mehr Allele gibt: ein Genort mit den Allelen C und Cw, ein zweiter Locus mit D und d und ein dritter Genort mit E und e. Die Vererbungseinheit des Rh-Systems ist der Gen-Komplex oder Haplotyp, der jeweils ein Allel der drei Loci trägt, wie z. B. CDe. Der Rh-Genotyp setzt sich dann aus zwei solchen Genkomplexen zusammen (z. B. CDe/cde). Von allen möglichen Kombinationen der Gene C, c, Cw, D, d, E, e sind nur drei verhältnismäßig häufig (CDe, cde und cDE), während die anderen von recht niedrigen Genfrequenzen sind und einige sogar extrem selten sind.

Aus den Serumreaktionen AntiD+, AntiC−, Antic+, AntiE−, Antie+, AntiCw− läßt sich entnehmen, daß zwei verschiedene Genotypen diesem Phänotyp entsprechen, nämlich cDe/cDE und cDe/cde. Die Reaktionen der oben erwähnten sechs Antiseren reichen daher oft nicht aus, um den Genotyp eines Individuums zweifelsfrei festzustellen. Man kann aber in solchen Fällen aus den Frequenzen der einzelnen Genkomplexe die Wahrscheinlichkeit für das Vorliegen des einen oder des anderen Genotyps berechnen.

Daß solche Berechnungen häufig klare Wahrscheinlichkeiten erbringen, liegt daran, daß die Kombination der Gene in den Genkomplexen nicht den aufgrund der einzelnen Genfrequenzen erwarteten Häufigkeiten entspricht, sondern daß gewisse Assoziationen zwischen den einzelnen Allelen bestehen, wie z. B. zwischen C und D und zwischen c und d. Dies deutet darauf hin, daß eine sehr enge Kopplung zwischen den drei Genorten oder Mutationsstellen des Rh-Systems bestehen muß, die ein häufiges crossing-over nicht zuläßt.

Weitere Blutgruppensysteme, die von Bedeutung sind: MNSs, Kell, Duffy, Kidd und Lutheran.

11.1.2 Serumgruppen

Eine Anzahl von Serumproteinen weist genetisch determinierte Unterschiede auf. Die Gm- (= IgG-Gruppen) und Km-Grup-

Tabelle 11.2 Familienanalyse und Deduktion von HLA-Haplotypen

	HLA-A1	HLA-A2	HLA-A3	HLA-A9	HLA-B5	HLA-B7	HLA-B8	HLA-B12	Haplo-typen
Vater	+	−	+	−	−	+	+	−	A/B
Mutter	−	+	−	+	+	−	−	+	C/D
Kind 1	+	+	−	−	−	−	+	+	A/C
Kind 2	−	+	+	−	−	+	−	+	B/C
Kind 3	+	−	−	+	+	−	+	−	A/D
Kind 4	−	−	+	+	+	+	−	−	B/D
Chromosom	A	C	B	D	D	B	A	C	

Haplotypen: des Vaters	A: HLA-A1, B8	der Mutter	C: HLA-A2, B12
	B: HLA-A3, B7		D: HLA-A9, B5

pen (= Kappa-L-Ketten-Gruppen) der Immunglobuline werden serologisch bestimmt mit einem Hämagglutinations-Inhibitions-Test. Weitere Systeme (z. B. Haptoglobin HP, Komplementkomponente C3, Transferrin TF, Protease-Inhibitor PI, Plasminogen PLG) werden mit verschiedenen Elektrophorese-Verfahren oder mit der Isoelektrofokussierung (IEF) untersucht.

11.1.3 Erythrozytenenzyme

Auch mehrere Enzyme der Erythrozyten weisen erbliche Unterschiede auf: diese sog. Allozyme können mit Elektrophorese-Untersuchungen bzw. mit der IEF nachgewiesen werden. Für die Vaterschaftsbegutachtung sind besonders die saure Phosphatase (ACP), Phosphoglukomutase (PGM1), Glutamat-Pyruvat-Transaminase (GPT) und Glyoxalase I (GLO) von Bedeutung.

11.1.4 Das HLA-System

Die Leukozytenantigene haben eine große Bedeutung bei der immunologischen Spenderauswahl für Transplantationen. Wegen seines außerordentlich hohen Polymorphismus wird das HLA-System auch in der Populationsgenetik und für den genetischen Abstammungsnachweis verwendet. Wie die meisten serologisch erkennbaren Marker werden die HLA-Antigene als kodominante Merkmale vererbt. Die Gene des HLA-Systems liegen eng gekoppelt auf dem kurzen Arm des Chromosom 6.

In der Tabelle 11.2 ist die Vererbung von HLA-Antigenen in einer Familie mit 4 Kindern dargestellt. Bei der Analyse der vier verschiedenen Segregationsmuster (mit A, B, C, D bezeichnet) zeigt sich, daß jeweils 2 Antigene eines Elternteils gekoppelt (d. h. mit gleichem Segregationsmuster) vererbt werden wie z. B. HLA-A1 und HLA-B8 beim Vater oder HLA-A2 und HLA-B12 bei der Mutter. Diese Paare von gekoppelt vererbten Antigenen stellen die eigentliche Vererbungseinheit des HLA-Systems dar und werden allgemein als Haplotypen bezeichnet. Jedes Individuum besitzt 2 HLA-Haplotypen mit jeweils 2 HLA-Antigenen, also nie mehr als 4 verschiedene Antigene. Bei manchen Individuen finden sich jedoch nur 3 oder gar nur 2 serologisch erkennbare Antigene, wobei es sich entweder um Homozygotie für ein bekanntes Merkmal oder um das Vorliegen von bisher noch unbekannten Antigenen handeln kann. Zwischen diesen beiden Möglichkeiten kann bei Einzelpersonen nur durch eine Wahrscheinlichkeitsrechnung, die auf Genfrequenzen basiert, unterschieden werden.

Die Ausschlußwahrscheinlichkeit hängt von der Genotyp-Konstellation bei Mutter, Kind und Präsumptivvater ab. Die hohe Aussagekraft des HLA-Systems beim genetischen Abstammungsgutachten beruht auf der großen Zahl der verschiedenen Allele bzw. Haplotypen (= Genkomplexe), die jedes für sich eine niedrige Frequenz aufweisen.

In einem typischen Fall seien die HLA-Haplotypen
der Mutter HLA-A2, A3, B35, B44,

des Kindes HLA-A3, A11, B35, Bw60, des Präsumptivvaters HLA-A11, A29, B44, Bw60.

Diese Ergebnisse erlauben die folgende Interpretation: das Kind muß von seiner Mutter je ein HLA-A- und ein HLA-B-Merkmal geerbt haben, in diesem Falle müssen dies die Merkmale A3 und B35 sein. Die verbleibenden Merkmale des Kindes A11 und Bw60, müssen daher vom biologischen Vater des Kindes stammen. Der Präsumptivvater weist diese beiden Merkmale auf und kann daher im HLA-System nicht von der Vaterschaft ausgeschlossen werden. Umgekehrt bedeutet ein Nicht-Ausschluß in dieser Konstellation eine sehr hohe Wahrscheinlichkeit **für** die Vaterschaft, die sich nach dem Essen-Möller-Verfahren mit 99,7 % beziffern läßt.

Wäre der HLA-Typ des Präsumptivvaters im obigen Fall HLA-A1, A2, B8, B44, so bestünde ein doppelter Faktorenausschluß im HLA-System, der mit einer Vaterschaft des Präsumptivvaters nicht vereinbar ist.

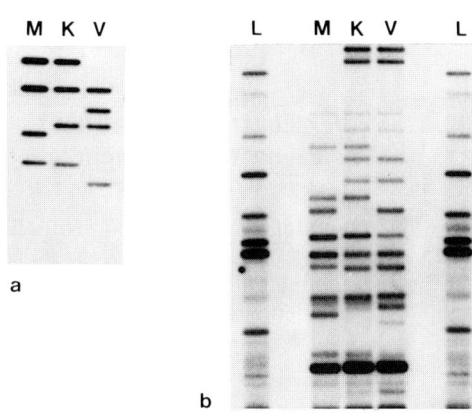

Abb. 11.1 Abstammungsnachweis mit Hilfe von DNA-Polymorphismen
a Die DNA-Sonden MS1 und MS31 erkennen polymorphe DNA-Sequenzen und damit je vier Allele in der gelektrophoretisch aufgetrennten Gesamt-DNA von Mutter (M), Kind (K) und Vater (V)
b Die Multilocus-Sonde 33.15 erkennt gleichzeitig mehrere polymorphe Genorte. DNA-Fragmente beim Kind (K) sind entweder beim Vater (V) oder bei der Mutter (M) nachweisbar (L = Längenstandard). (Quelle: Cellmark Diagnostics, UK)

11.1.5 DNA-Polymorphismen

DNA-Polymorphismen erfüllen alle Anforderungen, die an ein polymorphes System für den Abstammungsnachweis gestellt werden. Sie weisen eine extrem hohe Variabilität auf und sie werden monogen vererbt. Die Variabilität des HLA-Komplexes findet sich auch auf der DNA-Ebene und polymorphe DNA-Sequenzen aus der HLA-Region werden zunehmend zum Vaterschaftsnachweis eingesetzt. Eine weitere Quelle polymorpher DNA-Sequenzen sind repetitive Sequenzen, sogenannte Minisatelliten oder VNTR-Polymorphismen (variable number of tandem repeat), die aus hintereinander geschalteten (tandem) kurzen Sequenzmotiven mit einer Länge zwischen 2 bis zu 100 Basenpaaren bestehen. Restriktionsenzyme, die außerhalb der repetitiven Sequenzen schneiden, erzeugen unterschiedlich lange Fragmente je nach der Anzahl sich wiederholender Grundeinheiten der repetitiven Sequenz. Zwischen verschiedenen dieser repetitiven Sequenz-motive gibt es Homologien, so daß Gensonden entwickelt werden können, die gleichzeitig eine große Anzahl von Genorten erkennen, wobei jeder einzelne Genort eine hohe Variabilität aufweist. Auf diese Weise entsteht ein hochkomplexes Bandenmuster, ein sogenannter „genetischer Fingerprint" (Abb. 11.1). Die Nachweissicherheit bei DNA-Methoden kann eingeschränkt werden durch technische Probleme, durch Neumutationen und durch die Unsicherheit bei der Abschätzung von Genfrequenzen. Deshalb werden DNA-Systeme zum Teil in Kombination mit anderen Systemen zum Abstammungsnachweis eingesetzt. Die Variabilität des Humangenoms ist mit der in Abbildung 11.1 dargestellten Technik nicht ausgeschöpft. Nutzt man die Sequenzvariation innerhalb der sich wiederholenden Grundeinheiten repetitiver Sequenzen, so lassen sich an einem einzigen Genort theoretisch bis zu 4×10^{72}

Allele voneinander unterscheiden (*Jeffreys* et al. 1990).

11.1.6 Vaterschaftsausschluß und Vaterschaftswahrscheinlichkeit

Die hier geschilderten Verfahren ermöglichen es, mit an Sicherheit grenzender Wahrscheinlichkeit alle Nicht-Väter auszuschließen. Bei den Präsumptivvätern kann in allen Fällen bei positiver Konstellation statistisch eine so hohe Wahrscheinlichkeit für die Vaterschaft errechnet werden, daß sie praktisch erwiesen ist. Ausgenommen ist die Situation, wenn eineiige Zwillingsbrüder als Väter in Betracht kommen. Auch bei verstorbenen Präsumptivvätern kann häufig der Nachweis geführt werden, indem dessen Eltern oder/und Geschwister in die „Rekonstruktion" seines Genotyps einbezogen werden.

12 Anhang

12.1 Untersuchungsschritte zur Erfassung und Abgrenzung bestimmter Dysmorphiezeichen

Am **Schädel** beurteilt man die Kopfform, die am besten anhand einer Röntgenaufnahme in zwei Ebenen dokumentiert wird. Abweichende Schädelformen sind: Brachyzephalie, Dolichozephalie, Turrizephalie etc. Die **Fontanellen** und **Nähte** können frühzeitig oder verspätet geschlossen sein, ihre Ränder können unregelmäßig begrenzt sein.

Die **Stirn** kann abnorm hoch, abnorm niedrig oder fliehend sein, die Tubera frontalia können prominent oder hypoplastisch sein, die Sutura metopica kann keilförmig in der Mitte der Stirn vorstehen.

In der **Augenregion** beurteilt man zunächst die Ausprägung der **Orbitae**, die sehr flach oder sehr tief sein können. Der obere Orbitarand ist häufig hyperplastisch oder hypoplastisch. Der **Augenabstand** sollte, wenn möglich, gemessen werden. Am genauesten ist die Messung am Röntgenbild (Interorbitalabstand). Man findet häufig den zu weiten (Hypertelorismus) bzw. den zu engen (Hypotelorismus) Augenabstand. Die **Augenbrauen** können besonders stark oder schwach ausgeprägt sein. Sie können einen abnormen Verlauf einnehmen. Die Behaarung der Augenbrauen kann diffus sein; häufig setzen sie sich bis in die Nasenwurzel hinein fort. Orbitatiefe und **Bulbusgröße** sollen getrennt beurteilt werden, man unterscheidet Mikrophthalmie und Makrophthalmie, Exophthalmus und Enophthalmus. Eine Summe von Dysmorphiezeichen findet man an den **Augenlidern.** Häufig liegt eine Verengung (Blepharophimose) oder Verkürzung der Lidspalten vor. Die **Lidspaltenachse** kann nach außen oben (mongoloid) oder nach außen unten (antimongoloid) abweichen. Das bekannteste Dysmorphiezeichen an den Augen ist der **Epikanthus,** eine den inneren Lidwinkel überdeckende Hautfalte. Die **Wimpern** können abnorm stark oder spärlich ausgeprägt sein bzw. ganz fehlen. Dysmophiezeichen findet man ferner an der **Iris** (Falten- und Kryptenanomalien, Brushfieldspots) sowie am **Augenhintergrund.**

Die Beurteilung der **Nase** beginnt mit der **Nasenwurzel,** die durch Hypoplasie oder Hyperplasie der Nasenbeine auffallend flach oder prominent erscheinen kann. Der Nasenrücken kann besonders lang (gebogen) oder verkürzt sein. Die **Nasenkuppe** und die **Nasenflügel** können charakteristische Form- und Stellungsanomalien (evertiert, invertiert) aufweisen.

Ober- und **Unterkiefer** können hypoplastisch, prominent oder retrahiert sein. Ein charakteristisches Dysmorphiezeichen ist der verlängerte, oft gebogene Verlauf der **Integumentaloberlippe,** der durch Verkürzung der Nase und Oberkieferprognathie bedingt ist. Die **Nasenlippenrinne** (Philtrum) kann abnorm tief oder abnorm verstrichen sein, die Philtrumsäulen können einen charakteristischen Verlauf einnehmen. Die **Lippen** sind häufig nach außen gestülpt (evertiert) und erscheinen wulstig oder nach innen gewendet (invertiert) und erscheinen schmal. Die **Mundöffnung** kann „zu klein" oder „zu groß" sein. Die **Mundwinkel** hängen oft in charakteristischer Weise nach unten. Im Inneren des Mundes beurteilt man die **Zähne,** die häufig Stellungs- und Formanomalien aufweisen, sowie die **Zunge** (Makroglossie, abnorme Furchung), den harten **Gaumen** (oft schmal, gotisch), die **Zahnleisten** sowie die **Uvula** (Spaltbildung).

Die Beurteilung von Gesicht und Ohr wird ergänzt und dokumentiert mittels Frontal- und Profilfotos (Abb. 12.1).

Ein Hauptsitz für Dysmorphien bei Autosomenaberrationen sind schließlich die **Ohren,** die Abweichungen in Form, Stel-

a   b

1 Ophryon (medianer Punkt auf der Horizon-
  talen durch den Oberrand der Augenbrauen)
2 innerer Augenwinkel (Canthus)
3 äußerer Augenwinkel (Canthus)
4 Gesichtsbreitenpunkt (Gesichtskontur in
  Höhe des Tragus)
5 Nasenflügelpunkt (breiteste Stelle der
  Nase)
6 Stomion (medialer Punkt des Unterrands
  der Schleimhautoberlippe)
7 Kommissuralpunkt (äußerster Punkt des
  Lippenrots)
8 Ophryon in der Profilansicht (siehe 1)
9 Nasion (tiefster Punkt der Nasenwurzel
10 äußerer Augenwinkel im Profil (siehe 3)
11 Nasenspitzenpunkt (vorderster Punkt der
  Nasenspitze im Vergleich zur Profillinie)
12 vorderer Nasenbodenpunkt (in Höhe des
  Vorderrands der Nasenlöcher)

13 Subnasale (Übergang des Nasenbodens
  in die Integumentaloberlippe)
14 Schleimhautoberlippenrand (in der Me-
  dianlinie am Unterrand des Philtrums)
15 Stomion in der Profilansicht (siehe 6)
16 Sulcus-mentolabialis-Punkt
17 vorderster Kinnpunkt (auf einem Kreis-
  bogen um das Tragion)
18 Gnathion (Endpunkt der Kinnrundung)
19 oberer Ohrpunkt (an der Tangente senk-
  recht zur Ohrinsertionslinie)
20 hinterer Ohrpunkt (an der Parallelen zur
  Ohrinsertionslinie)
21 oberer Ohrinsertionspunkt
22 Tragion (vorderster Punkt der Incisur
23 unterer Ohrinsertionspunkt
24 unterer Ohrpunkt (an der Tangente senk-
  recht zur Ohrinsertionslinie)

Abb. 12.1 Meßpunkte am Frontal- und Profilfoto und ihre Definition

lung und Insertionsachse aufweisen können. Häufig findet man den **Ohrmuschel-
ansatz** tief am Ramus mandibulae, selten
findet man hochsitzende Ohren. Die **Ohr-
achse** fällt gelegentlich nach hinten ab. An
der **Ohrmuschel** findet man abnorme **Ausprägung** des Helixrandes (z. B. schwache
Rollung, *Darwin*scher Zipfel), abnorm verlaufende Helixwurzel (z. B. transversaler

Verlauf durch die Koncha), Auffälligkeiten
an der Anthelix (prominent, hypoplastisch,
zusätzliches oder fehlendes Crus anthelicis),
verbreiterter, prominenter oder hypopla-
stischer Tragus und Antitragus, stark bzw.
schwach ausgeprägtes Ohrläppchen. Häufig entdeckt man an den Ohren auch **Grüb-
chen** (obliterierte Fisteln), **Kerben** oder
präaurikuläre **Hautanhangsgebilde.**

Der **Hals** ist häufig kurz und zeigt überschüssige Haut- oder Fettfalten, die in Extremfällen zum Pterygium colli führen. Auch abnorm lange Hälse kommen bei autosomalen Dysmorphiesyndromen vor.

Wenig Dysmorphiezeichen findet man im allgemeinen an **Thorax** und Abdomen. Zu beurteilen sind **Sternum** (Verknöcherungsanomalien, Trichterbrust, Hühnerbrust), Form und Position der **Mamillen** (häufig weiter Mamillenabstand, überzählige Mamillen) und röntgenologisch zu beurteilende **Rippen-** oder **Wirbelkörperano**malien. Am **Abdomen** findet man gehäuft Hernien bzw. Rektusdiastasen, die im allgemeinen auf eine Hypotonie bzw. mangelhafte Ausbildung des Muskel- und Bindegewebes zurückzuführen sind. Das **Genitale** ist oft dysmorph. Bei Knaben mit Autosomenaberrationen findet man fast regelmäßig einen Kryptorchismus, seltener Spaltbildungen. Bei Mädchen kann man Hyperplasie oder Hypoplasie der Labien und Klitoris feststellen.

Die **Extremitäten** werden auf **Länge, Gelenkstellung, Form** und **Struktur** der Knochen (Röntgenaufnahmen) hin beurteilt. Die **Hände** sind häufig abnorm breit und kurz (Tatzenhände). Man findet Flexionsdeformitäten von **Fingern** und **Zehen,** Verkürzungen einzelner Phalangen und Abweichungen nach ulnar und radial. Am häufigsten ist die radiale Deviation des kleinen Fingers (Klinodaktylie), die in der Regel auf eine Verkürzung der Mittelphalanx (Brachymesophalangie) zurückzuführen ist. Kleine **Nägel** deuten ferner häufig auf Fehlanlagen der terminalen Phalangen hin. An den **Füßen** fällt neben Stellungsanomalien der Zehen (unregelmäßiger Zehenansatz, Sandalenlücke, Syndaktylie) eine Häufung von Fußfehlstellungen auf. Am Röntgenbild des Hand- und Fußskeletts ist darüber hinaus das Knochenalter zu bestimmen.

12.2 Molekulargenetische Diagnostik von Erbkrankheiten (Auswahl)

Die folgende Liste informiert über das Angebot molekulargenetischer Diagnostik erblich bedingter Erkrankungen in Deutschland. Stand: April 1993 (nach: *J. Schmidtke,* Med. Genetik, 2, 1993).

Tabelle 12.1 Wichtige molekulargenetisch diagnostizierbare Erkrankungen (+ = mehrere Loci)

Erkrankung	McKusick-Nr.
AGS (21-OH-Defizienz)	201910
Adrenoleukodystrophie	300100
Agammaglobulinaemie (Typ Bruton)	300300
Alpha 1-Antitrypsinmangel	107400
Androgenresistenz	313700
Angelman-Syndrom	234400
Anhidrot. ektodermale Dysplasie	305100
Aniridia-Wilms-Tumor	194700
Apolipoprotein B- Defizienz	107730
CMT1A	118220
Central Core Disease	117000
Charcot-Marie-Tooth (X)	302800
Chorea Huntington	143100
Chorioderemia	303100
Cystische Fibrose	219700
DMD/BMD	310200
EMD	310300
Exostose, multiple kartilag.	133700
Friedreich'sche Ataxie	229300
Haemophilie A	306700
Haemophilie B	306900
Hb-Defekte	141900 +
Hunter Syndrom	309900
Hydrocephalus (X)	307000
Hyperkalaem. period. Lähmung	170500
Ichthyosis (X)	308100
Kallmann-Syndrom	308700
Langer-Giedion Syndrom	150230
Lesch-Nyhan-Syndrom	308000
Lowe-Syndrom	309000
MCAD-Mangel	201450
Maligne Hyperthermie	145600
Morbus Alzheimer	104300
Myotone Dystrophie	160900
Nephrogener Diabetes insipidus	304800
Neurofibromatose Typ 1	162200
Neurofibromatose Typ 2	101000
Norrie-Syndrom	310600
OTC-Defizienz	311250
Osteogenesis imperfecta	120150 +
PKU	261600 +
Paramyotonia congenita	168300
Polycystische Nierenerkrankung	173900 +
Polyposis coli	175200
Prader-Willi-Syndrom	176270
Retinitis pigmentosa (X)	312610 +
Retinitis pigmentosa (X, a. – d.)	180380 +
Retinoblastom	180200
Retinoschisis	312700
Spinale Muskelatrophie (x-Chromos., und bulbäre)	313200
Spinale Muskelatrophien	253300 +
Testikulaere Feminisierung	313700
Thalassaemien	313700
Tuberöse Sklerose	191100 +
Wiskott-Aldrich-Syndrom	301000
Xqfra-Syndrom	309550

12.3 Das Bayessche Theorem

Das Bayessche Theorem (*Bayes* 1702 – 1761) erlaubt es, Informationen über Wahrscheinlichkeiten aus verschiedenen Quellen zu kombinieren und zu einem einzigen Wert zusammenzufassen. In der Humangenetik wird diese Methode hauptsächlich zur Risikoberechnung verwendet.

Das Theorem soll an einem einfachen Beispiel verdeutlicht werden:

Ein bisher gesunder 50jähriger Mann, dessen Vater an Chorea Huntington verstorben ist, möchte selbst keine direkte Diagnostik durchführen lassen, aber wissen, wie hoch das Risiko ist, daß er noch erkranken wird.

Die Chorea Huntington wird autosomal dominant vererbt und tritt in der Regel zwischen dem 30. und 40. Lebensjahr auf.

Vom Stammbaum allein (a priori) beträgt die Wahrscheinlichkeit, daß der Ratsuchende die Erkrankung geerbt hat, 50 %. Wir wollen die Information berücksichtigen, daß er noch gesund ist, während 80 % der Genträger mit 50 Jahren bereits erkrankt sind. Das ist mit dem Ansatz nach *Bayes* möglich. Es werden Wahrscheinlichkeiten berechnet unter der Annahme, daß der Ratsuchende die Krankheit geerbt hat, bzw. nicht geerbt hat.

Wahrscheinlichkeit	Krankheit geerbt	Krankheit nicht geerbt
a priori	1/ 2	1/2
bedingt (Alter 50, gesund)	1/ 5	1
verbunden	1/10	1/2

Die a priori-Wahrscheinlichkeit multipliziert mit der bedingten Wahrscheinlichkeit ergibt für beide Fälle (Krankheit geerbt, Krankheit nicht geerbt) die sog. verbundene Wahrscheinlichkeit.

Das tatsächliche Risiko (a posteriori-Wahrscheinlichkeit), ergibt sich aus folgenden Quotienten: verbundene Wahrscheinlichkeit, die Krankheit geerbt zu haben / alle Möglichkeiten, d. h. alle Wahrscheinlichkeiten, die Krankheit geerbt zu haben und sie nicht geerbt zu haben.

a posteriori-Wahrscheinlichkeit zu erkranken:

$$\frac{1/10}{1/10 + 1/2} = 1/6$$

Der Ratsuchende hat also ein Risiko von 1/6 oder ca. 17 %, zu erkranken.

12.4 Risikoabschätzung mittels mütterlicher Serumparameter (Triple-Test) und Ultraschall

Mitgeteilt von *Joachim Dudenhausen* (1993)

Eine Expertengruppe hat in Berlin im Auftrag der „Stiftung für das behinderte Kind zur Förderung von Vorsorge und Früherkennung", Frankfurt, eine Stellungnahme zu der nicht-invasiven Risikoabschätzung im Hinblick auf chromosomale Aberrationen und Neuralrohrdefekte des Feten im zweiten Schwangerschaftsdrittel erarbeitet.

Prospektive Multizenter-Studie

Nach allgemeiner Meinung besteht die Notwendigkeit einer prospektiven multizentrischen Studie zur Evaluierung der nicht-invasiven Risikoabschätzung chromosomaler Aberrationen und Neuralrohrdefekte des Feten mit Hilfe mütterlicher Serumparameter und der Ultraschalldiagnostik. Bis zum Abschluß dieser Studien wird beim augenblicklichen Stand des Wissens das Angebot eines Screenings mit Hilfe mütterlicher Serumparameter an alle Schwangeren nicht empfohlen.

Folgende Voraussetzungen müssen für die Anfertigung dieser Studie sowie für die Anwendung in der Schwangerenberatung bestehen:

● **Informationsvermittlung.** Die Häufigkeit der chromosomalen Aberrationen und Neuralrohrdefekte, die prädiktive Sicherheit der Methode, die möglichen Konsequenzen und deren Risiko sind der Schwangeren bei einer Ultraschall-untersuchung in der 12. Schwanger-schaftswoche vor der Blutabnahme zu erläutern.

- **Das Schwangerschaftsalter** muß ultra-sonographisch bis zur 12 + 0 SSW gesi-chert sein.
- **Die Blutabnahme** sollte zwischen 15 + 0 SSW und 17 + 6 SSW erfolgen. Bei Auseinanderweichen des errechneten und des sonographisch bestimmten Schwangerschaftsalters ist von dem in der Frühschwangerschaft bestimmten Alter auszugehen, eine spätere Nach-korrektur sollte vermieden werden. Die Gestationsaltersangabe muß in vollen-deten Schwangerschaftswochen erfol-gen.
- **Störfaktoren** (Rauchen, Diabetes, er-höhtes Körpergewicht, vorausgegan-gene chromosomale Aberrationen und Neuralrohrdefekte) müssen im Soft-ware-Programm berücksichtigt wer-den.
- **Eine ausreichende Zuverlässigkeit der Basismediane** ist beim aktuellen Stand der Analytik erst dann zu erwarten, wenn sie aus mindestens 100 Bestim-mungen pro Schwangerschaftswoche im jeweiligen Laboratorium individuell ermittelt werden. Die Stabilität der Ba-sismediane über einen längeren Zeit-raum erscheint wesentlich.
- **Präzisionskontrolle:** Zur Überprüfung der Wiederholungsgenauigkeit der Analytik ist eine konsequente labor-interne Präzisionskontrolle unabding-bar. Proben desselben Materials, des-sen Menge für ein bis zwei Jahre ausrei-chen sollte, müssen in jeder Analysen-serie analysiert werden. Die Ergebnisse dieser Präzisionskontrollen sind ent-sprechend den Richtlinien der BÄK aus-zuwerten und zu beurteilen. Die Aufbe-wahrung einer Reihe von Rückstellpro-ben des Kontrollmaterials für sporadi-sche Nachuntersuchungen in den folge-nen Jahren ist zu empfehlen (Kontrolle der Produktstabilität von Kits).
  Eine zusätzliche Präzisionskontrolle der Risikoindices, die aus den Ergebnis-sen der Kontrollanalysen berechnet werden, erscheint zweckmäßig.

- **Richtigkeitskontrolle:** Die in den Bei-packzetteln von Richtigkeitskontrollen angegebenen Sollwerte für AFP (Al-pha-Feto-Protein) und HCG (Chorion-gonadotropin) können keinen An-spruch auf absolute Zuverlässigkeit er-heben; sie sind lediglich als Anhalts-punkte zu verstehen. Soweit zu einem Kontrollserum ein Referenzmethoden-wert (RMW) für E3 angegeben ist, re-präsentiert dieser eine zuverlässige Schätzung der wahren E3-Konzentra-tion. Aufgrund der jeweiligen Proben-matrix kann es aber bei Routineanaly-sen — auch bei einwandfreier Durch-führung — zu unvermeidbaren Abwei-chungen der Ergebnisse vom RMW kommen.
  Solange die Ergebnisse der Präzi-sionskontrolle einwandfrei sind, sollten vertretbare Abweichungen von den Sollwerten oder dem Referenzmetho-denwert toleriert werden, ohne Ände-rungen der Analytik vorzunehmen.
- **Externe Qualitätskontrolle:** Die Orga-nisation von Ringversuchen erscheint notwendig.
- **Die laborchemischen Tests** sollten auf Serumkonzentrationen im 2. Schwan-gerschaftsdrittel adaptiert verwandt werden.
- **Der Cutt off point** sollte nach dem Ri-siko festgelegt werden, der dem Risiko bei der Terminschwangerschaft, d.h. bei der 35jährigen 1 : 380 und bei der 37jährigen 1 : 250, entspricht.
- **Die Interpretation** der gemessenen Hor-monkonzentrationen ist bei Mehrlings-schwangerschaften nur sehr bedingt möglich. Es ist zu fordern, daß in einer gesonderten Studie für Mehrlings-schwangerschaften Erfahrungen im Hinblick auf die Risikoabschätzung mittels Serumparameter gesammelt werden.
- **Die Befundmitteilung soll an den be-handelnden Arzt erfolgen,** der die Schwangere in angemessener Form in-formiert und bei auffälligen Befunden eine Beratung durchführt.
- **Eine zusätzliche Einzelbetrachtung der Serumparameter** wird empfohlen, so ist die extreme HCG-Erniedrigung bei Tri-

somie 18 oder Triploidie diagnostisch wichtig.

- Der relativ späte Einsatz der pränatalen Diagnostik mit Hilfe der hier besprochenen Serumparameter weist deutlich auf einen Forschungsbedarf über die Möglichkeit der nicht-invasiven Diagnostik im ersten Schwangerschaftsdrittel hin.

(aus Sozialpädiatrie 15. Jg. (1993) Nr. 3) Teilnehmer des Expertentreffens: *I. Bartels,* Göttingen; *St. Goetze,* Berlin; *D. Hansmann,* Bonn; *C. Hofstaetter,* Berlin; *W. Holzgreve,* Münster; *J. Loewe,* Braunschweig; RA *Prüsse,* Braunschweig; *R. Röhle,* Bonn; *A. Scheffler,* Berlin; *E. Schwinger,* Lübeck; *R. Terinde,* Ulm; *K. Vetter,* Berlin; *P. Voss,* Schwerin; *H. Ch. Weise,* Hamburg; *H. Weitzel,* Berlin; *Ch. Zwahr,* Schwerin; unter der Leitung von *J. W. Dudenhausen,* Berlin

12.5 Memorandum „Genetisches Screening"

Erstes Beratungsergebnis des Ständigen Arbeitskreises „Biomedizinische Ethik und Technologiefolgenabschätzung" beim Wissenschaftlichen Beirat der Bundesärztekammer

Federführend: Prof. Dr. med. *J. Schmidtke,* Direktor des Instituts für Humangenetik der Medizinischen Hochschule Hannover (aus Deutsches Ärzteblatt 89, Heft 25/26 [1992] B-1433 – 1437)

Im Vorwort von *K. Vilmar* u. *H. P. Wolff* heißt es:

Genetische Beratung ist ein spezielles, individuelles Untersuchungs- und Informationsangebot für Personen, die eine genetisch bedingte Erkrankung, Behinderung oder ein genetisch bedingtes Risiko befürchten. Dieses traditionelle Beratungskonzept kann auf Grund der Zunahme des Bedarfes – insbesondere im Bereich der pränatalen Diagnostik für Frauen über 35 Jahre – infolge der zu geringen Zahl medizinischer Genetiker kaum noch gewährleistet werden. Eine Verschärfung dieser Situation zeichnet sich durch die Einführung molekulargenetischer Verfahren für den Nachweis genetischer Risikofaktoren ab.

Auf Empfehlung der Zentralen Kommission befürwortet der Vorstand der Bundesärztekammer die Bearbeitung dieser drängenden Probleme durch eine Expertenkommission.

Neben der Beschreibung der aktuellen Situation im Bereich der genetischen Beratung, werden Vorschläge zur Sicherstellung der aus den obengenannten Gründen zunehmend benötigten humangenetischen Untersuchungs- und Beratungskapazität vorgelegt.

Auch zukünftig ist es Aufgabe der Ärzteschaft, den wissenschaftlichen und biotechnischen Fortschritt auf dem Gebiet der Medizin, insbesondere aber die sich daraus entwickelnden diagnostischen und therapeutischen Möglichkeiten beobachtend zu begleiten, um die damit verknüpften sachlichen und ethischen Fragen oder Folgelasten abzuklären und Empfehlungen oder Regelungsvorschläge zu formulieren.

Nachdem sich die „Zentrale Kommission der Bundesärztekammer zur Wahrung ethischer Grundsätze in der Reproduktionsmedizin, Forschung an menschlichen Embryonen und Gentherapie" im Juni 1991 aufgelöst hat, da mit dem Inkrafttreten des Embryonenschutzgesetzes am 1. Januar 1991 die Mehrzahl ihrer Aufgaben als Instrument einer berufsständischen Selbstkontrolle auf dem Gebiet der Reproduktionsmedizin entfallen sind, hat der Vorstand der Bundesärztekammer die Einsetzung eines Ständigen Arbeitskreises „Biomedizinische Ethik und Technologiefolgenabschätzung" beim Wissenschaftlichen Beirat der Bundesärztekammer beschlossen, der sich Anfang März 1992 konstituierte und sein Beratungen aufnahm.

In dem Text werden schwerpunktmäßig die Prinzipien genetischer Beratung, die aktuellen Kapazitätsprobleme in der genetischen Beratung und deren Verschärfung durch die Neueinführung genetischer Tests diskutiert und Lösungsmöglichkeiten vorgeschlagen.

Das Memorandum schließt mit einem Ausblick:

Die abzusehende Entwicklung in der molekulargenetischen Grundlagenforschung, ihre rasche medizintechnische Umsetzung, die zu erwartende Eigendynamik des Laborindustrie-Marktes und der nicht zuletzt dadurch wachsende Nachfragedruck lassen es als dringend geboten erscheinen, Art und Umfang humangenetischer Tätigkeit neu zu strukturieren. Aus ärztlicher Sicht gilt es, vier zentrale Forderungen zu realisieren:

(1) Jede genetische Diagnostik **muß** in eine genetische Beratung eingebettet sein. Dieses Junktim bedarf einer standesrechtlichen Verankerung.

(2) Die Ausweitung von Beratungskapazitäten ist dringend erforderlich. Dabei soll die Einbeziehung nichtärztlichen Personals ausdrücklich gefördert werden, jedoch immer unter ärztlicher Anleitung und Verantwortung.

(3) Jeder direkte oder auch nur indirekte Zwang zur Inanspruchnahme genetischer Diagnostik muß vermieden werden. Die Ärzteschaft ist gehalten, sich für ein Verbot einer Nachfrage Dritter nach Durchführung und Ergebnis genetischer Tests einzusetzen.

(4) Prädiktive genetische Untersuchungen sollen **nicht** als Regelleistung festgeschrieben werden, vielmehr sollte Aufklärung über Testmöglichkeiten dem individuellen humangenetischen Beratungsgespräch überlassen bleiben. In einem solchen Kontext kann eine autonome Entscheidung für oder gegen Inanspruchnahme eines Tests am ehesten entwickelt werden. Da eine solche Verfahrensweise zunächst Personen begünstigt, die von sich aus bereits über Vorwissen verfügen und somit ein Element sozialer Ungerechtigkeit beinhaltet, ist eine verstärkte Beteiligung der Ärzteschaft an der Information der Öffentlichkeit über genetische Testverfahren anzustreben. Deren Wert für den einzelnen wird sicher nach wie vor kontrovers diskutiert werden. Gerade in dieser Kontroverse ist aber eine Chance für die Stärkung der individuellen Entscheidungsautonomie zu sehen.

12.6 Stellungnahme: Genomanalyse an Arbeitnehmern

Stellungnahme des Wissenschaftlichen Beirates der Bundesärztekammer

Federführend: Prof. Dr. med. Dr. h. c. *G. Lehnert,* Nürnberg.
(aus Deutsches Ärzteblatt 89, Heft 30 [1992] A-2561 – 2567)

Im Vorwort von *K. Vilmar* und *K.-D. Bachmann* heißt es:

Zum Gesundheitswesen, das definitionsgemäß die medizinischen, sozialen und rechtlichen Systeme zur Erhaltung der Gesundheit beziehungsweise zu einer Bekämpfung von Krankheiten umfaßt, gehört insbesondere auch das in einer Industrienation besonders wichtige Gebiet der Arbeitsmedizin.

Vorrangige Aufgabe der Arbeitsmedizin ist es — im Rahmen des allgemein zunehmenden Interesses an Interaktionen zwischen Mensch und Umwelt —, die gesundheitlichen Risiken und ihre Gefahren sowie eventuell krankmachende Faktoren am Arbeitsplatz aufzudecken und bestmöglich zu verhüten. Jene bisher zu diesem Zweck bewährten Methoden sind in den letzten Jahren um das „biologische Monitoring", aber auch um die „DNA-Analyse" als mögliche (potentielle) Untersuchungsmethoden erweitert worden. Diese Entwicklung hat unter der nicht exakt zutreffenden Bezeichnung „Genomanalyse" vielfältige Beachtung in der Öffentlichkeit und den Medien gefunden.

Das zentrale arbeitsmedizinische Anliegen — dies sei nochmal unmißverständlich klargestellt — ist die Prävention. Dabei soll einerseits der Arbeitnehmer geschützt werden (z. B. vor einer Staublunge = Silikose); aber andererseits muß unter Umständen sowohl der Einzelne als auch die Allgemeinheit vor einem für seinen Arbeitsplatz nicht geeigneten Arbeitnehmer (z. B. rot-grün-blinder Busfahrer!) tunlichst bewahrt werden. Schließlich gehört auch der Schutz des ungeborenen Kindes einer Arbeitnehmerin in den Bereich der präventiven arbeitsmedizinischen Aufgaben. Dies erlangt vor allem Bedeutung, wenn bei der Eignungsuntersuchung ein in Aussicht genommener Arbeitsplatz mit einer Strahlenbelastung (z. B. Röntgen-Assistentin, Nuklearmedizinisches Laboratorium) verbunden ist. In diesem Fall muß der Arzt die Frage nach dem Bestehen einer Schwangerschaft stellen und kann die erforderliche arbeitsmedizinische Entscheidung nur sachlich richtig treffen, wenn er eine wahrheitsgemäße Antwort von der Arbeitnehmerin erhält.

Obgleich bisher in Deutschland (noch) keine DNA-Analysen an Arbeitsnehmern im Rahmen der präventiven Arbeitsmedizin vorgenommen werden, gilt es, die diffizile Problematik der sogenannten „Genomanalyse" und die große Dynamik, mit der sich die Molekulargenetik in unseren Tagen bei der DNA-Analyse weiterentwikkelt, schon vorab zu bedenken und für eine ebenso besonnene wie nutzbringende zukünftige Nutzung zur Erhaltung der Gesundheit Sorge zu tragen. Diesem Ziel ist die nachfolgende Stellungnahme gewidmet.

Diskutiert werden umfassend Fragestellung, Begriffsbestimmungen, Belastung, Belastungsverarbeitung und Grenzwerte sowie arbeitsmedizinische Untersuchungen.

Die Stellungnahme schließt mit der Schlußbetrachtung und rechtlichen Bewertung:

6.1
● Nach geltendem Recht ist der Arbeitnehmer grundsätzlich weder verpflichtet, seine genetische Veranlagung zu offenbaren, noch sich genetisch untersuchen zu lassen. Gesetzliche Ausnahmen sind nur zum Schutz anderer und begrenzt im Rahmen des Arbeitsschutzes zu erwägen. In keinem Falle dürfen genetische Analysen zwangsweise durchgeführt werden. Jedoch muß der Arbeitnehmer gegebenenfalls arbeitsrechtliche Konsequenzen einer verweigerten Einwilligung in Kauf nehmen. Soweit er nicht zur Auskunft über seine genetische Veranlagung verpflichtet ist, kann er die unzulässige Frage wahrheitswidrig beantworten.

Einzelheiten wurden von *G. Wiese* dargestellt.

6.2
● Genetische Analysen können Aufschluß geben über Eignung beziehungsweise Nichteignung des Arbeitnehmers hinsichtlich des in Aussicht genommenen oder von ihm bereits besetzten Arbeitsplatzes.

6.3
● Außerdem können präventive Maßnahmen zur Verbesserung des Arbeitsschutzes am Arbeitsplatz ergriffen werden. Auch sind therapeutische Konsequenzen für den Arbeitnehmer denkbar.

6.4
● Schließlich vermag der Arbeitnehmer aus der ihm bekannt gewordenen genetischen Veranlagung persönliche Konsequenzen bis hin zu einer entsprechenden Familienplanung ziehen.

6.5
● Die Ergebnisse genetischer Analysen auf der Ebene der zytogenetischen Untersuchung (Chromosomen) sind für die Arbeitsmedizin ohne praktische Bedeutung, während die Ergebnisse der protein-chemischen und klinischen Routine-Diagnostik den Arbeitnehmer in der Regel nicht vor existentielle Probleme stellen. Eine der hierfür besonders wichtigen Voraussetzungen ist die jeweils vor und nach genetischer Analyse durchzuführende umfassende Beratung.

6.6
● Dagegen kann die genetische Analyse auf der molekulargenetischen Ebene (= DNA-Analyse) unter Umständen sehr schwierige Fragen und Probleme aufwerfen. Zur Verdeutlichung soll als Beispiel die bereits erwähnte Chorea Huntington angeführt werden, obgleich ihre Diagnostik keine typisch arbeitsmedizinische, sondern eine humangenetische beziehungsweise neurologisch-psychiatrische Aufgabe darstellt. Diese Erkrankung entsteht durch einen angeborenen genetischen Defekt

und wird dominant vererbt. Sie wird aber erst im Alter zwischen 30 und 50 Jahren klinisch manifest und endet nach meist schwerem Verlauf tödlich. Bei der Chorea Huntington ist eine prädiktive Diagnostik durch DNA-Analyse in jeder Altersstufe (einschließlich der Schwangerschaft) möglich. So kann zum Beispiel der gesunde Nachkomme einer (später erst an Chorea Huntington) erkrankten Mutter mit Hilfe einer DNA-Analyse zu jedem Zeitpunkt in Erfahrung bringen, ob er mit dieser genetischen Krankheitsanlage belastet ist oder nicht. Wenn diese nachgewiesen wird, muß er mit dem Wissen um den möglichen späteren Ausbruch der Chorea Huntington unter Umständen Jahrzehnte leben!

6.7
● Aus diesem bewußt extrem gewählten Beispiel einer arbeitsmedizinisch nur selten relevanten Erkrankung ergibt sich für die postnatale prädiktive Diagnostik – ungeachtet der erforderlichen Einwilligung – für den Betroffenen das Recht auf umfassende Aufklärung sowohl vor als auch nach der Durchführung einer genetischen Analyse. Unberührt hiervon bleibt sein „Recht auf Nichtwissen".

6.8
● Weiterhin sollte kein Zweifel daran bestehen, daß die Daten der prädiktiven genetischen Diagnostik zum Kernbereich der Persönlichkeit gehören, so daß für Betroffene der Anspruch auf optimalen Schutz der personenbezogenen Daten besteht. Deshalb kann ein Arbeitnehmer grundsätzlich weder bei Begründung noch im Verlaufe eines Arbeitsverhältnisses dazu verpflichtet werden, eine vererbte Krankheitsanlage zu offenbaren oder sich einer genetischen Analyse zu unterziehen (vgl. 6.1).

Außerdem muß gemäß den Bestimmungen des Arbeitssicherheitsgesetzes gewährleistet sein, daß bei einer mit Einwilligung des Arbeitnehmers durchgeführten genetischen Analyse die Diagnose nur dem Arzt und gemäß den schon erwähnten Sicherungen (ärztli-

che Schweigepflicht, Datenschutz) nur dem Betroffenen bekannt wird, sofern er nicht ausdrücklich auf Mitteilung des Befundes verzichtet hat („Recht auf Nichtwissen"). Der Arbeitgeber hat nach geltendem Recht keinen Anspruch auf Offenbarung der Diagnose des Arbeitnehmers. Vielmehr kann er nur eine Information darüber erhalten, ob und gegebenenfalls inwieweit die Eignung für den vorgesehenen Arbeitsplatz besteht.

6.9
● Das wichtigste Ziel bei der Anwendung von genetischen Analysen in der Arbeitsmedizin ist die Verhütung von Krankheiten, deren Anlagen zwar vererbt worden sind, deren Manifestationen aber erst durch die spezifischen Umweltbelastungen am Arbeitsplatz eintreten können.

6.10
● Die gegen derartige genetische Analysen nicht selten erhobenen Vorbehalte und die häufig geäußerte Warnung vor dem Mißbrauch dieser neuen Methoden ist – gerade in Deutschland – durchaus verständlich. Dagegen gibt es andere Länder, in denen die Bevölkerung – gerade umgekehrt – einer staatlichen Reglementierung der Zulässigkeit genetischer Analysen skeptisch beziehungsweise ablehnend gegenübersteht.

6.11
● Der Verzicht auf die weitere Forschung an und die Nicht-Anwendung von wissenschaftlichen Erkenntnissen im Bereich der genetischen Analyse kann nicht als erfolgversprechende Abwehr der potentiellen Gefahren betrachtet werden. Vielmehr sind der verantwortliche Umgang mit den sich neu eröffnenden diagnostischen Verfahren, die Weiterführung der wissenschaftlichen Arbeit im internationalen Verbund sowie die sorgfältige Beobachtung ihrer Ergebnisse unter strenger Beachtung der ethischen und juristischen Grenzen geboten. Den möglichen Gefahren einer derartig dynamischen wissenschaftlichen Entwicklung sollte zunächst

durch innerärztliche und wissenschaftliche Selbstkontrolle begegnet werden. Ein optimal funktionstüchtiges Regulativ dieser Art war im Bereich des Embryonenschutzes die „Zentrale Kommission zur Wahrung ethischer Grundsätze in der Fortpflanzungsmedizin, Forschung an menschlichen Embryonen und Gentherapie". Über die Grundsätze einer gesetzlichen Regelung, die sicher nach Vorliegen angemessener und einschlägiger Erfahrungen nicht nur wünschenswert, sondern auch notwendig sein wird, sind bereits sachgerechte Vorstellungen entwickelt und zur Diskussion gestellt worden.

12.7 Stellungnahme: Postnatale prädiktive genetische Diagnostik

Kommission für Öffentlichkeitsarbeit und ethische Fragen der Gesellschaft für Humangenetik e.V.

I. Prädiktive genetische Diagnostik bedeutet die Untersuchung eines gesunden Menschen auf Anlagen hin, die zu Erkrankungen im späteren Leben disponieren. Im Hinblick auf Erkrankungen, die verhinderbar oder behandelbar sind, kann diese Untersuchung im individuellen Fall eine wichtige Hilfe bei Entscheidungen über eventuelle präventive oder therapeutische Maßnahmen sein. Bei nicht verhinderbaren und nicht behandelbaren Erkrankungen kann prädiktive genetische Diagnostik Personen, die ein Erkrankungsrisiko für sich oder ihre Nachkommen befürchten, wichtige Entscheidungsoptionen hinsichtlich der Lebens- und Familienplanung eröffnen. Aus ethischen Gründen kann deshalb prädiktive genetische Diagnostik betroffenen Personen nicht vorenthalten werden. Die Anwendung wirft jedoch zahlreiche, regelungsbedürftige Probleme auf, die ein behutsames Vorgehen unter Berücksichtigung der folgenden Forderungen verlangt:
1. Für alle Betroffenen muß ein umfangreiches Informationsangebot einschließlich einer Beratung über alternative Handlungsweisen sichergestellt sein.
2. Die Freiwilligkeit der Inanspruchnahme und damit das Recht auf Nicht-Wissen muß gewährleistet sein.
3. Aufklärung und Beratung über das Testangebot müssen nichtdirektiv erfolgen
4. Prädiktive genetische Diagnostik darf nur bei Volljährigen erfolgen. Ausnahmen sind Erkrankungen, bei denen wichtige präventive oder therapeutische Maßnahmen schon im Kindesalter eingeleitet werden können.
5. Die Eigentumsrechte am Untersuchungsmaterial sowie die Rechte an der Verwendung der Untersuchungsergebnisse bedürfen eindeutiger Regelungen. Dabei ist datenschutzrechtlichen Belangen im weitesten Umfang Rechnung zu tragen. Ein Fragerecht von Dritten nach Durchführung oder Ergebnissen dieser Art von Diagnostik muß ausgeschlossen sein.
6. Prädiktive genetische Diagnostik darf keine Routinediagnostik sein. Bei der Entwicklung von Richtlinien zur Durchführung sollen weitgehend die Vorstellungen der Betroffenen berücksichtigt werden, wie dies international beispielhaft für die Huntingtonsche Krankheit erfolgt. Insbesondere ist auf die Einhaltung längerer Bedenkzeiten vor Beginn einer Diagnostik sowie die jederzeitige Widerruflichkeit der Einwilligung zu achten. Hinsichtlich der Umsetzung dieser Art von Diagnostik in die medizinische Praxis wird ausdrücklich auf die entsprechenden Erklärungen des Berufsverbandes Medizinische Genetik verwiesen.

II. Bei prädiktiver genetischer Diagnostik werden Daten erhoben, die dem Kernbereich der Privatsphäre zuzurechnen sind und deshalb die Gefahr der Diskriminierung und Ausgrenzung Betroffener in sich bergen. Dieser Gefahr ist durch das individuelle Angebot der Testverfahren, breite Aufklärung der Öffentlichkeit und durch rechtliche Regelungen, wie z.B. Richtlinien der Bundesärztekammer bzw. Verankerung von Vorgehensweisen in die Berufsordnung für Ärzte, sowie gesetzliche Regelungen für das Versicherungswesen und den Bereich der Arbeitsmedizin entgegenzuwirken.

III. Wegen der voraussehbaren, vielschichtigen Probleme sollte prädiktive genetische Diagnostik nur im Rahmen von wissenschaftlich begleiteten Pilotprojekten eingeführt werden.

IV. Humangenetische Institute und genetische Beratungsstellen sind gegenwärtig trotz fachlicher Kompetenz aufgrund ihrer personellen und sachlichen Ausstattung nur in begrenztem Umfang in der Lage, prädiktive genetische Diagnostik unter den geforderten Rahmenbedingungen sicherzustellen. Eine Ansiedlung dieser Art von Diagnostik einschließlich der erforderlichen Beratung an qualifizierte, nicht kommerziell arbeitende Institutionen ist jedoch anzustreben.

Ulm, 12. April 1991
gez. Prof. Dr. *Traute Schroeder-Kurth,* Vorsitzende der Kommission für Öffentlichkeitsarbeit und ethische Fragen
gez. Prof. Dr. *Eberhard Passarge,* Vorsitzender der Gesellschaft für Humangenetik e.V.

12.8 Auszug aus dem Bericht der Enquete-Kommission „Chancen und Risiken der Gentechnologie" 1987

gemäß Beschlüssen des Deutschen Bundestages – Drucksachen 10/1581, 10/1693

Einleitung

Die Enquete-Kommission hat zu verschiedenen Anwendungsbereichen, Querschnittsthemen und Rechtsfragen der Gentechnologie Empfehlungen an den Deutschen Bundestag erarbeitet. Diese Empfehlungen sind die Schlußfolgerungen der Kommission aus der Bewertung des Standes von Forschung, Entwicklung und Anwendungsmöglichkeiten der Gentechnologie und den von der Kommission erkannten Chancen und Risiken dieser Technologie.

Die Empfehlungen richten sich grundsätzlich an den Auftraggeber der Kommission, den Deutschen Bundestag. Zur Verwirklichung der Empfehlungen sind teilweise gesetzgeberische Maßnahmen erforderlich; teilweise werden von der Kommission die Adressaten genannt, die vom Bundestag aufzufordern sind, die Empfehlungen in Entscheidungs- und Handlungsmaßnahmen umzusetzen.

Aus den Erfahrungen der Kommission als parlamentarisches technologiebezogenes Beratungsorgan werden Empfehlungen für künftige Entscheidungen zur Verbesserung der Bearbeitungs- und Beratungskapazität des Deutschen Bundestages gegeben.

Im folgenden werden alle* Empfehlungen der Kommission mit kurzen Einleitungen zusammenfassend und entsprechend der Gliederung des Gesamtberichtes wiedergegeben. Für die Begründung der Empfehlungen wird auf die einzelnen ausführlichen Kapitel dieses Kommissionsberichts verwiesen.

Zu Abschnitt C: Anwendungsbereiche der Gentechnologie

C6. Humangenetik (Genomanalyse und Gentherapie)

1. Genomanalyse

Die gentechnische Methode der Genomanalyse kann als diagnostisches Verfahren zur Feststellung genetisch bedingter Krankheiten, Anfälligkeiten oder bestimmter Eigenschaften genutzt werden. Mögliche Anwendungsbereiche sind die pränatale Diagnostik, das Neugeborenen-Screening, Pharmako- und Ökogenetik, Genomanalyse bei Arbeitnehmern, Versicherungsnehmern sowie Straf- und Zivilverfahren. Die Chancen und Risiken der Gentechnologie ergeben sich für jeden Anwendungsbereich spezifisch und sind entsprechend unterschiedlich zu bewerten.

---

* hier nur die zum Abschnitt C: „Anwendungsbereiche der Gentechnologie" gehörige Empfehlung zu C6.1.1, S. XI bis XII.

1.1 Genetische Beratung und pränatale Diagnostik

Durch die Einführung gentechnischer DNA-Analysen werden Umfang und Genauigkeit pränataler Diagnosen erhöht und die Möglichkeiten der genetischen Beratung erweitert. Dies ist nach Ansicht der Kommission im Interesse der betroffenen Eltern zu begrüßen. Es ist aber dafür Sorge zu tragen, daß die DNA-Analyse in Verbindung mit einem möglichen Schwangerschaftsabbruch nicht dazu mißbraucht wird, Kinder nach erwünschten oder unerwünschten genetischen Eigenschaften auszuwählen. Ferner muß bei der pränatalen Datenerhebung das Recht auf informationelle Selbstbestimmung des Kindes gewahrt bleiben. Die Entscheidungsfreiheit der Eltern für die Fortsetzung einer Schwangerschaft darf nicht beeinträchtigt werden.

Empfehlungen

Die Kommission empfiehlt dem Deutschen Bundestag, die *Regierungen von Bund und Ländern sowie die Standesorganisation der Ärzte aufzufordern,*

1. durch geeignete Maßnahmen die Beratungspraxis den erweiterten Möglichkeiten der genetischen Analyse anzupassen, die personelle und technische Kapazität sowie die Anzahl der Genetischen Beratungs- und Diagnosestellen zu vergrößern und die Qualifikation der Mitarbeiter in diesen Stellen − soweit erforderlich − zu verbessern. Die heute geltenden Prinzipien der genetischen Beratung sollen auch in Zukunft zur Anwendung kommen, insbesondere wenn die genetische Analyse auf der DNA-Ebene in der pränatalen Diagnostik verstärkt genutzt wird. Im einzelnen wird empfohlen:

● Zur Beratungspraxis:

1.1 Die Inanspruchnahme von genetischer Beratung und pränataler Diagnostik muß für die Eltern freiwillig bleiben.

1.2 Es ist grundsätzlich sicherzustellen, daß die erweiterten Möglichkeiten der pränatalen Diagnostik keine „eugenisch" be-

stimmte Abtreibungspraxis etablieren. Einem möglichen gesellschaftlichen Zwang zur Abtreibung von Embryonen, die nachweislich Träger eines genetischen Defekts sind, ist rechtlich entgegenzuwirken.

1.3 Der beratende Arzt hat die Aufgabe, im Gespräch mit den Eltern auf das Lebensrecht des behinderten Kindes hinzuweisen. Eine „direktive" Beratung darf in der Genetischen Beratungsstelle nicht stattfinden. Der beratende Arzt darf auf den Ratsuchenden keinen Druck im Hinblick auf eine bestimmte Entscheidung, beispielsweise für eine eventuelle Abtreibung ausüben.

1.4 Eine „aktive" Beratung darf durch die Genetische Beratungsstelle grundsätzlich nicht stattfinden. Der beratende Arzt soll nicht von sich aus potentielle Patienten aufsuchen.

1.5 Die genetische Beratung sollte verpflichtende Voraussetzung für eine pränatale Diagnostik sein und einige Tage vor der Zellentnahme für die Durchführung einer pränatalen Diagnose erfolgen. Damit sollen den Eltern Informationen und Zeit gegeben werden, das Risiko der Zellentnahme für Embryo und Mutter und den möglichen Entscheidungskonflikt nach der Erhebung der genetischen Daten zu überdenken.

● Zur Beratungskapazität und Qualifikation:

1.6 Die genetische Beratung und die Integration der Diagnoseergebnisse in die Beratung hat durch einen Arzt zu erfolgen. Die Erstellung der genetischen Diagnose hat in humangenetischen Instituten zu erfolgen.

1.7 Die Genetische Beratungsstelle sollte in engem Kontakt mit einem Klinikum arbeiten, um differentialdiagnostische Aufgaben lösen zu können; denn oftmals kommen Ratsuchende mit nicht oder nicht nur genetisch bedingten Fehlbildungen oder Krankheiten in die genetische Beratungsstelle, da sie diese Leiden für erblich halten. Deshalb ist grundsätzlich bereits an die differentialdiagnostischen Kenntnisse des ärztlichen Leiters der Genetischen Beratungsstelle eine hohe Anforderung zu stellen.

1.8 Die Genetische Beratungsstelle sollte – sofern sie nicht bereits interdisziplinär besetzt ist – in engem Kontakt mit einer Sozialfürsorgestelle arbeiten, um im Konfliktfall den Ratsuchenden über die sozialen Folgen seiner möglichen Entscheidungen beraten zu können.

Die Kommission empfiehlt dem Deutschen Bundestag, die *Standesorganisationen der Ärzte* aufzufordern,

2. unter Beteiligung verschiedener ärztlicher Disziplinen, Vertretern der Selbsthilfegruppen von Patienten mit Erbkrankheiten und Vertretern gesellschaftlicher Gruppen einen empfehlenden Katalog von Kriterien zu erarbeiten, der dem beratenden Arzt als Entscheidungshilfe dient, welche genetisch bedingten Eigenschaften diagnostiziert werden sollen.

Um zu verhindern, daß beliebige genetische Daten als verdeckte Motivation für einen Schwangerschaftsabbruch nach der sozialen Indikation mißbraucht werden, empfiehlt die Kommission, daß seitens der *Standesorganisationen der Ärzte* festgelegt wird, daß vor Ablauf der 12. Schwangerschaftswoche nur solche bei einer pränatalen Diagnose gewonnenen genetischen Daten an die Eltern weitergegeben werden, die eine schwere, nicht behandelbare Krankheit anzeigen.

Die Kommission empfiehlt dem *Deutschen Bundestag* sicherzustellen,

3. daß die datenschutzrechtlichen Regelungen den bei der genetischen Beratung und pränatalen Diagnostik erhobenen genetischen Daten einen ausreichenden Schutz bieten.

(Deutscher Bundestag, 10. Wahlperiode. Drucksache 10/6775, 06. 01. 87)

12.9 Facharzt für Humangenetik

Voraussetzungen zur Weiterbildung nach dem Grundsatzbeschluß des Deutschen Ärztetags 1992. Einzelheiten müssen in jedem Einzelfall bei der zuständigen Landesärztekammer erfragt werden.

Definition

Die Humangenetik umfaßt die Erkennung genetisch bedingter Erkrankungen (monogen, multifaktoriell, chromosomal oder mitochondrial) des Menschen, ihrer Diagnostik mittels klinischer, zytogenetischer, biochemischer und molekulargenetischer Methoden, einschließlich der Differentialdiagnose zu nicht genetisch bedingten Erkrankungen, sowohl pränatal als auch postnatal, die Beratung der Patienten und ihrer Familien, sowie die Beratung und Unterstützung der in der Vorsorge und in der Krankenbehandlung tätigen Ärzte bei Erkennung und Behandlung von genetisch bedingten Krankheiten.

Weiterbildungszeit

5 Jahre an einer Weiterbildungsstätte gem. § 7 Abs. 1.
1 Jahr im Stationsdienst in Augenheilkunde oder Hals-Nasen-Ohrenheilkunde oder Haut- und Geschlechtskrankheiten oder Frauenheilkunde und Geburtshilfe oder Innere Medizin oder Kinderheilkunde oder Neurologie oder Orthopädie oder Psychiatrie und Psychotherapie oder Urologie
2 Jahre in der genetischen Beratung
1 Jahr im zytogenetischen Labor
1 Jahr im molekulargenetischen Labor
1 Jahr der Weiterbildung kann bei einem niedergelassenen Arzt abgeleistet werden.

Inhalt und Ziel der Weiterbildung

Vermittlung, Erwerb und Nachweis eingehender Kenntnisse, Erfahrungen und Fertigkeiten in der klinischen, zytogenetischen, biochemischen und molekulargenetischen Diagnostik genetisch bedingter Erkrankungen und der Beratung der Patienten und ihrer Familien sowie in den theoretischen Grundlagen genetisch bedingter Erkrankungen, der Entstehung und Wirkung von Mutationen, der Genwirkung und molekularen Genetik, der Vererbung von Mutationen in der Bevölkerung sowie den ethischen, psychologischen und rechtlichen Grundlagen genetischer Beratung und Diagnostik.

Hierzu gehören in der Humangenetik

eingehende Kenntnisse, Erfahrungen und Fertigkeiten in

- der humangenetischen Diagnostik; dazu gehören
  - die klinisch genetische Diagnostik erblich bedingter Krankheiten, angeborener Fehlbildungen und Fehlbildungssyndrome in einer Mindestzahl von Fällen
  - die Chromosomendiagnostik einschließlich Zellkultur und der relativen differentiellen Chromosomenfärbung in einer Mindestzahl von Fällen, einschließlich der Befundbewertung für die weiterbehandelnden Ärzte
  - molekulargenetische Diagnostik genetisch bedingter Krankheiten einschließlich Risikoberechnung und ärztlicher Bewertung der Befunde mittels direkter und indirekter Methoden in einer Mindestzahl von Familien.
- der Ermittlung genetischer Risiken, dazu gehören
  - Risikoberechnungen bei monogen bedingten Krankheiten aufgrund von Stammbaumdaten
  - Prinzipien der empirischen Risikobestimmung bei multifaktoriellen Krankheiten
  - Wiederholungsrisiken bei Chromosomenaberrationen
  - Risiken durch exogene Noxen vor und während der Schwangerschaft
  - Risikoberechnungen aufgrund molekulargenetischer Marker
- der Durchführung einer Mindestzahl genetischer Beratungen bei genetisch bedingten Erkrankungen aus allen Gebieten der Medizin einschließlich Angaben zum Wiederholungsrisiko, zur Prognose (Risikoabschätzung) und zum Krankheitswert, sowie zu deren Bedeutung für die Ratsuchenden einschließlich Erstellung einer schriftlichen Zusammenfassung für die Ratsuchenden und die weiterbehandelnden Ärzte
- den theoretischen Grundlagen der Humangenetik, dazu gehören
  - die molekulare Genetik und die Prinzipien der Genwirkung
  - die Zytogenetik mit Zellkultur, normale Chromosomenstruktur mit differentieller Färbung sowie numerische und strukturelle Chromosomenaberrationen, deren Entstehung und Folgen; dies schließt Tumorzytogenetik und Molekularzytogenetik ein
  - die wichtigsten Stoffwechselerkrankungen, ihre genetischen Ursachen und ihre Auswirkungen, ihr klinisches Bild, die biochemischen Grundlagen, sowie die biochemischen Nachweismöglichkeiten
  - die Wirkung exogener Noxen vor (Mutagenese) und während (Teratogenese) der Schwangerschaft
  - die medizinische Statistik (mathematische Behandlung) der Vererbung von Genen in Populationen (Populationsgenetik) und Familien (Kopplungsanalyse), einschließlich der Kriterien genetischen Screenings
- den Grundlagen der genetischen Beratung einschließlich der prädiktiven DNA-Diagnostik unter Berücksichtigung psychologischer und ethischer Gesichtspunkte sowie einer die Weiterbildung zur Beratung begleitenden psychologischen Supervision
- den Prinzipien der Behandlung genetisch bedingter Krankheiten
- den rechtlichen Grundlagen genetischer Beratung und Diagnostik, einschließlich Datenschutz, biologischer Sicherheit, Strahlenschutz und Laborbetrieb
- der Qualitätssicherung ärztlicher Berufsausübung

Besitzt ein Arzt die Anerkennung zum Führen von Facharztbezeichnungen für mehrere Gebiete, so darf er folgende Facharztrichtungen nebeneinander führen:

Facharzt für Humangenetik

mit Anästhesist oder Arbeitsmediziner oder Augenarzt oder Facharzt für Diagnostische Radiologie oder Frauenarzt oder Hals-Nasen-Ohrenarzt oder Hautarzt oder Facharzt für Hygiene und Umweltmedizin oder Internist oder Kinderarzt oder Facharzt für Kinder- und Jugendpsychiatrie und

-psychotherapie oder Klinischer Pharmakologe oder Laborarzt oder Facharzt für Mikrobiologie und Infektionsepidemiologie oder Mund-Kiefer-Gesichtschirurg oder Nervenarzt oder Neurochirurg oder Neurologe oder Neuropathologe oder Facharzt für Öffentliches Gesundheitswesen oder Orthopäde oder Pathologe oder Facharzt für Pharmakologie und Toxikologie oder Facharzt für Phoniatrie und Pädaudiologie oder Facharzt für Physikalische und Rehabilitative Medizin oder Facharzt für Plastische Chirurgie oder Psychiater und Psychotherapeut oder Facharzt für Psychotherapeutische Medizin oder Rechtsmediziner oder Facharzt für Strahlentherapie oder Transfusionsmediziner oder Urologe

12.10 Zusatzbezeichnung Medizinische Genetik

Definition

Die Medizinische Genetik umfaßt die Klinische Diagnostik und Differentialdiagnostik genetisch bedingter Erkrankungen unter Berücksichtigung labordiagnostischer Möglichkeiten sowie die Risikoermittlung und genetische Beratung der Patienten und deren Familien.

Weiterbildungszeit

(1) 4jährige klinische Tätigkeit oder Anerkennung für ein Gebiet.

(2) 2jährige Weiterbildung an einer Weiterbildungsstätte gemäß § 7 Abs. 1 in klinischer Genetik und genetischer Beratung.

(3) Nachweis der selbständigen Durchführung der genetischen Beratung in mindestens 100 Fällen bei mindestens 30 verschiedenen Problemstellungen oder Krankheitsbildern.

(4) Die Weiterbildung wird mit einer Prüfung abgeschlossen.

Weiterbildungsinhalt

Vermittlung, Erwerb und Nachweis besonderer Kenntnisse und Erfahrungen in
– den theoretischen Grundlagen der molekularen Genetik und der Zytogenetik
– den wichtigsten Stoffwechselerkrankungen
– der genetischen Diagnostik einschließlich Pränataldiagnostik
– der genetischen Beratung
– den Prinzipien der Behandlung genetischer Krankheiten
– der Begutachtung

Die hier wiedergegebenen Weiterbildungsrichtlinien 12.9 und 12.10 stellen einen Rahmen dar. Die Einzelheiten sind jeweils bei der zuständigen Landesärztekammer zu erfragen.

Literatur

Lehrbücher, Nachschlagewerke

Borgaonkar, D. S. Chromosomal Variation in Man. Wiley Liss, New York 1991

Cavalli-Sforza, L. L., Bodmer, W. F. The Genetics of Human Populations. Freeman & Co., San Francisco 1971

Connor, J. M., Ferguson-Smith, M. A. Essential Medical Genetics. Blackwell, Oxford 1991

Emery, A. E. H., Rimoin, D. L. Principles and Practice of Medical Genetics. Churchill Livingstone, Edinburgh 1990

Enders, G. Infektionen und Impfungen in der Schwangerschaft. Urban & Schwarzenberg, München 1988

Gelehrter, T. D., Collins, F. S. Principles of Medical Genetics. Williams & Wilkins, Baltimore 1990

Leiber, B., Olbrich, G. Die klinischen Syndrome. Urban & Schwarzenberg, Berlin 1990

McKusick, V., Claiborne, R. Medical Genetics HP Publishing Co. New York 1973

McKusick, V. Medelian Inheritance of Man. Johns Hopkins, Baltimore 1992

Papp, Z. Obstetric Genetics. Akadémiai Kiadó, Budapest 1990

Propping, P. Psychiatrische Genetik. Springer, Berlin 1989

Scriver, R. C., Beaudet, A. L., Sly, W. S., Valle, D. The Metabolic Basis of Inherited Disease. McGraw-Hill, New York 1989

Schwidetzky, I. Das Menschenbild der Biologie. Fischer, Stuttgart 1959

Smith, D. W. Recognizable patterns of human malformation. Saunders, Philadelphia 1988

Theile, U. Checkliste Genetische Beratung. Thieme, Stuttgart 1992

Vogel, F., Motulsky, A. G. Human Genetics. Springer, Berlin 1986

Witkowski, R., Prokop, O., Ullrich, E. Wörterbuch für die genetische Familienberatung. Akademie Verlag, Berlin 1991

Monographien, Übersichten, spezielle weiterführende Literatur

Angerpointner, Th. Katamnestische und klinisch-epidemiologische Untersuchungen zu kinderchirurgisch relevanten Fehlbildungen. Med. Fakultät, LMU München, 1987

Bartram, C. R. et al. Oncogenes: clues to carcinogenesis. Eur. J. Pediatr. **141:** 134–142, 1984

Bouchard, T. J. and *McGue, M.* Familial studies of intelligence: A review. Science **212:** 1055–1059, 1981

Carter, C. O. Monogenetic Disorders. J. Med. Genet. **14:** 316–320, 1977

Caskey, C. T. Presymptomatic diagnosis: a first step toward genetic health care. Science **262:** 48–49, 1993

Collins, F. and *Galas, D.* A new five-year plan for the U.S. human genome project. Science **262:** 43–46, 1993

Dehaene, P. G. et al. Aspects épidémiogiques du syndrome d'alcoholisme foetal. La Nouv. Press. Méd. **10:** 2639–2643, 1981

Edwards, J. H. et al. A new trisomic syndrome. Lancet **I:** 787–790, 1960

Evans, J. et al. (Eds.): Children and Young Adults With Sex Chromosome Aneuploidy. Birth Defects: Original Article Series 26. Wiley Liss, New York 1990

Ferguson-Smith, M. A. and *Yates, J. R. W.* Maternal age specific rates for chromosome aberrations and factors influencing them: report of a collaborative European study on 52965 amniocenteses. Prenatal Diagnosis 4: 5 – 44, 1984

Fleischmann, C. Darstellung der wichtigsten Normwerte für das Wachstum unter Berücksichtigung der Akzeleration. Inaug. Diss. LMU München, 1989

Gardner, R. J. M. and *Sutherland, G. R.* Chromosome Abnormalities and Genetic Counseling. Oxford Monographs on Medical Genetics 17. Oxford University Press, New York, Oxford 1989

Gregg, N. Congenital cataract following German measles in mother. Transact. Ophthal. Soc. Austral. 3: 35 – 46, 1941

Gusella, J. F. et al. A polymorphic DNA marker genetically linked to Huntington's disease. Nature 306: 234 – 238, 1983

Hagermann, R. J. and *Cronister Silverman, A.* (Eds.): Fragile X Syndrome. Diagnosis, Treatment and Research, John Hopkins University Press, Baltimore, London 1991

Hall, J. G. et al. Maternal and fetal sequelase of anticoagulation during pregnancy. Am. J. Med. 68: 122 – 140, 1980

Hanson, J. W. et al. Risks of the offspring of women treated with hydantoin anticonvulsants with emphasis on the fetal hydantoin syndrome. J. Pediat. 89: 662 – 668, 1976

Happle, R. Lyonization and the lines of Blaschko. Hum. Genet. 70: 200 – 206, 1985

Hassold, T. et al. Trisomy in humans: incidence, origin and etiology. Current opinion in Genetics and Development 3: 398 – 403, 1993

Hook, E. B. et al. Chromosomal abnormality rates at amniocentesis and in liveborn infants. JAMA 249: 2034 – 2038, 1983

Huisman, T. H. J. Advances in clinical chemistry. Academic Press 1972

Iosub, P. et al. Fetal alcohol syndrome revisited. Pediatrics 68: 475 – 479, 1981

Jacobs, P. A. et al. Evidence for the existence of the human «superfemale». Lancet II: 423, 1959

Jeffreys, A. J. et al. Repeat unit sequence variation in minisatellites: a novel source of DNA polymorphism for studying variation and mutation by single molecule analysis. Cell 60: 473 – 485, 1990

Kleinebrecht, J. Arzneimittel in der Schwangerschaft. Apothekerverlag, Stuttgart 1982

Lejeune, J. et al. Étude des chromosomes somatiques de neuf enfants mongoliens. C.R. Acad. Sci. Paris 248: 1721 – 1722, 1959

Lejeune, J. et al. Trois cas de délétion partielle du bras court d'un chromosome 5. C.R. Acad. Sci. Paris 257: 3098, 1963

Lenz, W. Malformations caused by drugs in pregnancy. Am. J. Dis. Child. 112: 99 – 108, 1966

Lichter, P. et al. Delineation of individual human chromosomes in metaphase and interphase cells by in situ suppression hybridisation using recombinant DNA libraries. Hum. Genet. 80: 224 – 234, 1988

Lorda-Sanchez, I. et al. Reduced recombination and paternal age effect in Klinefelter-Syndrome. Hum. Genet. 89: 524 – 530, 1992

Lykken, D. R. T. and *Bouchard, T. J.* Genetische Aspekte menschlicher Individualität (Minneapolis-Zwillingsstudie). Mannheimer Forum, 79 – 118, 1984

Lott, I. and *McCoy, E.* (Eds.): Down Syndrome. Advances in Medical Care. Wiley Liss, New York 1991

Lotze, R. Zwillinge – Einführung in die Zwillingsforschung. Hohenlohesche Buchhandlung Ferd. Rau, Oehringen 1937.

Majewski, F. Teratogene Schäden durch Alkohol. In: *Kisker, K. P.* et al. (Eds.):

Psychiatrie der Gegenwart, pp. 250 – 272, Springer, Berlin 1987

May, K. M., Jacobs, P. A., Lee, M. et al. The parental origin of the extra X chromosome in 47,XXX females. Hum. Genet. **46:** 754 – 761, 1990

Müller-Hill, B. Tödliche Wissenschaft – Die Aussonderung von Juden, Zigeunern und Geisteskranken 1933 – 1945. Rowohlt, Reinbek 1984

Murken, J. (Hrsg.): Pränatale Diagnostik und Therapie. Enke, Stuttgart 1987

Özcelik, T. et al. Small nuclear ribonucleoprotein polypeptide N (SNRPN), an expressed gene in the Prader-Willi syndrome region. Nature Genetics **2:** 265 – 269, 1992

Patau, K. Multiple congenital anomaly caused by an extra chromosome. Lancet **I:** 790, 1960

Piekarski, G. Toxoplasmose-Infektionswege. Gynäkologie **10:** 9 – 14, 1977

Post, R. H. Possible cases of relaxed selection in civilized populations. Humangenetik **13:** 253 – 284, 1971

Rath, B. Rotgrünblindheit in der Clambacher Blutersippe. Nachweis des Faktorenaustausches beim Menschen. Archiv für Rassen- und Gesellschaftsbiologie **32:** 397 – 407, 1938

Rott, H.-D. und *Fahsold, R.* Klinik und Genetik der Tuberösen Sklerose. Dt. Ärztebl. **90:** A1-422 – 436, 1993

Saiki, R. K. et al. Primer-directed enzymatic amplification of DNA with a thermostable DNA polymerase. Science **239:** 487 – 491, 1988

Schmidtke, J. Molekulargenetische Diagnostik in der BRD und Nachbarländern. Med. Genet. **2:** 203 – 207, 1993

Shields, J. Monozygotic twins brought up apart and brought up together. Oxford University Press, London 1962

Smith, H. O. Nucleotide sequence specificity of restriction endonucleases. Science **205:** 455, 1979

Southern, E. M. Detection of specific sequences among DNA fragments separated by gel electrophoresis. J. Mol. Biol. **98:** 503 – 517, 1975

Spranger, J. et al. Errors of morphogenesis: Concepts and terms. J. Pediat. **100:** 160 – 165, 1982

Stengel-Rutkowski, S. et al. Risk estimates in balanced reciprocal translocations Monogr. Ann. Genet. Paris, 1988

Tolarová, M. Further data confirming apparent prevention of orofacial clefts by periconceptional supplementation with vitamins and folic acid. J. Med. Genet. **23:** 4670, 1986

Turner, H. H. A syndrome of infantilism: congenital webbed neck and cubitus valgus. Endocrinology **23:** 566 – 574, 1938

Vogel, F. Wir sind nicht die Sklaven unserer Gene. Mannheimer Forum, 61 – 114, 1985

Weingart, P. et al. Rasse, Blut und Gene. Geschichte der Eugenik und Rassenhygiene in Deutschland. Suhrkamp, Frankfurt 1988

Wolf, U. et al. Defizienz an den kurzen Armen eines Chromosoms Nr. 4. Hum. Genet. **1:** 397 – 413, 1965

Zielske, F. et al. Schwangerschaften bei Intrauterinpessaren in situ. Geburth. Frauenheilk. **37:** 473 – 484, 1977

Sachregister

Selbsthilfegruppen und Humangenetiker im Dialog

Erwartungen und Befürchtungen

Herausgegeben von *K. Zerres/R. Rüdel*

1993. XXII, 256 Seiten, 35 Abbildungen, 4 Tabellen, kartoniert DM 58,–/ÖS 453,–/SFr 59,80
ISBN 3 432 25481 4

Das Buch enthält die umfassende Dokumentation einer ersten Arbeitstagung, zu der sich Vertreter von Selbsthilfeverbänden, in denen vorwiegend Betroffene mit genetisch bedingten Krankheiten oder Veränderungen bzw. ihre Angehörigen zusammengeschlossen sind, und Humangenetiker zusammengefunden haben. Neben einer Einführung in die wissenschaftlichen Grundlagen der Humangenetik werden die vielschichtigen Wechselbeziehungen zwischen beiden Gruppen ausführlich dargestellt. Die Problematik der bestehenden Vorurteile, aber auch die Fülle der gemeinsamen Ziele werden besonders durch die Wiedergabe wesentlicher Teile der an die Referate anschließenden Diskussionen verdeutlicht. Zahlreiche Dokumente, persönliche Stellungnahmen und ein Pressespiegel vermitteln die Bedeutung, die dieser Tagung zugemessen wurde. Dieses Buch stellt einen wichtigen Beitrag zur Versachlichung einer Beziehung dar, die durch die modernen Möglichkeiten der Molekularbiologie neu bestimmt wird.

Preisänderung vorbehalten

 Enke